中国轻工业“十三五”规划教材

生物化学知识清单

刘洪艳 主编

化学工业出版社

·北京·

内容简介

《生物化学知识清单》是中国轻工业“十三五”规划教材。本教材有别于其他教材的特色是以知识清单方式构建知识网络，不仅可用于线下教学，也适用于线上线下混合式教学模式。全书共分十五章，整理出211个知识点。每个知识点内容力求精简，并配套1个习题，题目精选代表性考研试题、易错题，并给出详细的解答，可以帮助学习者检查知识点的掌握情况。本书内容注重基础与前沿相结合，每章末补充介绍了相关领域的诺贝尔案例成果，激发学生的学习兴趣。

《生物化学知识清单》可用作生命科学相关专业的本科教材，能够帮助学习者高效率完成学习任务。

图书在版编目（CIP）数据

生物化学知识清单／刘洪艳主编．—北京：化学工业出版社，2021.7

ISBN 978-7-122-38940-4

Ⅰ.①生…　Ⅱ.①刘…　Ⅲ.①生物化学-高等学校-教材　Ⅳ.①Q5

中国版本图书馆CIP数据核字（2021）第066561号

责任编辑：傅四周　　文字编辑：刘洋洋

责任校对：王素芹　　装帧设计：王晓宇

出版发行：化学工业出版社（北京市东城区青年湖南街13号　邮政编码100011）

印　　装：涿州市般润文化传播有限公司

787mm×1092mm　1/16　印张23½　字数496千字　2021年9月北京第1版第1次印刷

购书咨询：010-64518888　　售后服务：010-64518899

网　　址：http：//www.cip.com.cn

凡购买本书，如有缺损质量问题，本社销售中心负责调换。

定　　价：75.00元

版权所有　违者必究

前言

PREFACE

本书是中国轻工业“十三五”规划教材，是生命科学相关专业本科生课程生物化学的教学用书。

在基于网络教学平台的混合式教学模式中，教学关键与教学难点在于学生的线上自主学习。线上视频教学时间比较短，一般不超过15分钟，课程知识点需要进行碎片化处理。教师的教学角色重点在于引导学生的学习过程，防止出现“只见树木，不见森林”的教学状况。因此，捋清教学知识点，是混合式教学模式提升教学质量，打造一流课程的重要途径。教材《生物化学知识清单》就在这种新型教学模式下应需而生。

本教材内容的组织注意系统性和逻辑性，有助于学习者自主学习。每章开头是一份知识清单，接着是以知识清单为脉络的具体知识点梳理，最后是知识网络的构建。教材编写注重知识难度的螺旋式上升。

本教材内容可满足学习者需求，即每个知识点至少包含一道例题，有效帮助学生检查知识点的掌握情况，题目精选代表性考研试题和易错题，并给出详细的解答。

教材中，每章末介绍了相关领域的诺贝尔奖案例成果。从诺贝尔奖案例可以看出生物化学的发展历程，反映学科的进展，帮助学习者激发学习动力与树立专业自信。

全书共分十五章，编写分工是：绪论、蛋白质、核酸、酶、维生素与辅酶、糖、代谢导论与生物氧化、糖代谢、脂代谢、氨基酸代谢、核苷酸代谢、物质代谢的联系与调节、蛋白质的生物合成由刘洪艳编写；DNA的生物合成、RNA的生物合成由宋东辉编写；脂由徐仰仓编写。

编写工作中，康博伦、袁媛、张蕊琳、王傲、冯雨、徐晨宁、曲可欣、赵炳赫、谢雨珊、齐媛媛等同学从读者角度对教材进行审阅与校对，并提出积极改进的意见，在此表示衷心感谢。

由于编者水平有限，书中难免存在疏漏和错误，衷心期待读者的批评与指正。

编者

2020年12月于天津

目录

CONTENTS

目录

CONTENTS

目录
CONTENTS

目录

CONTENTS

目录

CONTENTS

目录

CONTENTS

目录
CONTENTS

目录
CONTENTS

绪 论

（1）生物化学的研究内容

生物界是一个多层次的复杂结构体系，生物学具有不同水平的研究内容。①生物种群与生物群落的研究是群体水平；②生物个体的研究是个体水平；③生物体中组织和器官的研究是组织水平；④生物体内组织单位的细胞研究是细胞水平；⑤生物分子的结构单位及其组成的生物大分子与超分子复合体研究是分子水平。前三者都属于宏观生物学研究，后两者都属于微观生物学研究。由此可见，人们可以通过不同的水平去研究生命现象与本质。但最有挑战性的是分子水平，而生物化学恰恰就是在分子水平进行探究的一门学科。

生物化学是利用化学的理论和方法在分子水平上研究生物学的一门科学，是在微观水平上研究生物体的结构与功能。生物化学研究对象就是生物分子的结构单位及其组成的生物大分子与超分子复合体，即生物分子。

生物化学的研究内容包括：①生物分子的结构、性质和功能。②生物分子的分解与合成，即生物体内的物质代谢、能量转换和代谢调控。③生物信息分子的合成及其调控，即生物体遗传信息的储存、传递与表达。

（2）生物化学的研究发展

生物化学作为一个学科，其发展历程包括三个阶段。①二十世纪二十年代以前。德国科学家李比希于1842年首次提出“新陈代谢”一词，将食物分成糖、脂、蛋白质等，最先写出两本生物化学相关专著。德国医生霍佩·赛勒于1877年首次提出“biochemistry，biological chemistry”。德国科学家费歇尔被公认为生物化学的创始人，因为：他首次证明了蛋白质是多肽；发现酶的专一性，提出并验证了酶催化作用的“锁-钥”学说；合成了糖及嘌呤，于1902年获诺贝尔奖。有机化学和生理学的发展为生物化学的研究积累了丰富的知识和经验。这个时期，生物分子的结构已经被阐明，即静态生物化学时期。②二十世纪前半叶。这个时期生物化学的研究取得许多重要突破，物质代谢的研究十分突出，生物体内基本的代谢途径也已经被揭示，代表性成果是英国科学家克雷布斯于1937年发现三羧酸循环途径。这一时期为动态生物化学时期。③二十世纪五十年代以后。这个时期代表性开始是DNA分子的双螺旋结构模型的提出，该结构能够直接地解释遗传物质自我复制的机制，将生命科学研究引入分子生物学时期。至今，与生物化学相关的诺贝尔奖已有百余项，从诺贝尔奖案例可以看出生物化学的发展史。生物化学不仅有着辉煌的研究历史，而且由于是在分子水平研究生命的本质，生物化学仍将有广阔的发展空间，继续探索生命的奥秘。

（3）生物化学的研究意义

生物化学与人类的生存和发展有着密切关系，生物化学因众多科学家的研究成果，在农业、工业、医药卫生、环境保护等方面都发挥着越来越大的作用。①农业上，抗旱和抗病虫害等新作物品种的培育离不开生物化学的理论根据和实验分析。②工业上，生物化学的研究为食品、发酵、轻工、制药等工业生产提供可靠的科学依据。③医药卫生上，一些生化分析方法已成为临床诊断的重要手段，癌症和艾滋病等威胁人类生存的疾病的致病机理的研究和有效药物的研制，有待于生物化学研究的进一步探索。④环境保护上，用生物化学知识开拓富有经济价值的生物资源的同时，生物修复方法也成为环境保护技术的重要手段。此外，身边的生物化学也无处不在，例如，为什么豆浆可用于重金属中毒的抢救？为什么不能频繁烫发？摄入过多的糖容易变胖的原因是什么？为什么有的人喝酒后脸红，而有的人不会脸红？为什么硝化甘油这种炸药可治疗心脏病？

(4) 生物化学的学习方法

生物化学是生命科学相关专业的一门专业基础课，也是研究生入学考试的经典科目，课程内容涉及生物学和化学的交叉知识。生物化学的先修课程是有机化学，这是由于生物分子都是含碳元素的有机化合物，同时含有氮、氧、硫和磷元素构成的氨基、羟基、羧基、巯基和磷酸基等功能基团。生物化学利用这些化学知识与原理认识生命的本质。同时，生物化学的先修课程还有普通生物学，这是由于生物化学是生物学科的一个分支，和生物学科的其他分支具有相互联系，生物化学研究的生物分子是定位于细胞的某部位而发挥功能，不能抛开生物体单纯研究生物分子，生物体是一个统一的有机体。因此，可以这样说，生物体是生物分子以最基本的化学组合方式，通过最基本的化学反应，构成了最复杂的生命反应系统。

生物化学的内容十分丰富，既需要化学知识理解生物分子的结构，又需要生物知识记忆生物分子的功能，更需要代谢的规律理解生物分子的动态变化。这也增加了生物化学的学习难度。本教材《生物化学知识清单》的编写是在现有教学核心内容不变的基础上，将生物化学的研究内容以知识点碎片化形式进行介绍，同时辅助以知识清单方式构建知识网络，建立生物化学学习的框架认识，以适应基于网络教学平台的线上线下混合式教学模式。

第一章 蛋白质

第一节 / 氨基酸

知识点 1 氨基酸的结构

蛋白质是由 22 种氨基酸（amino acid）组成的。每种氨基酸中心碳原子（α-碳）结合 1 个羧基、1 个氨基、1 个氢原子和 1 条侧链，结构通式见图 1-1。α-碳相连的四个原子或基团是不同的，它们在空间的不同排布方式可形成不同的构型，如 L 型和 D 型。从天然蛋白质水解得到的氨基酸都属于 L 型，甘氨酸除外。因为甘氨酸的侧链是一个氢原子，这样导致两个相同基团（即氢原子）都结合到 α-碳原子上，α-碳不是不对称碳原子，即甘氨酸分子中不存在手性碳原子。因此，甘氨酸不存在立体异构体。由于在 α-碳上同时连接一个氨基和一个羧基，构成蛋白质的氨基酸即为 α-氨基酸，脯氨酸除外。因为脯氨酸的 α-碳连接的是一个亚氨基，属于 α-亚氨基酸。

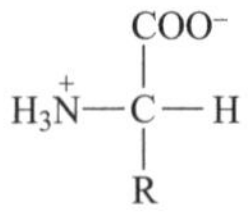

$$H_3\overset{+}{N}-\underset{R}{\overset{COO^-}{C}}-H$$

图 1-1　氨基酸的结构通式

例题

在构成蛋白质的 22 种氨基酸中，(　　　　) 是一种亚氨基酸，(　　　　) 不含不对称碳原子。

解析

构成蛋白质的 22 种氨基酸，除脯氨酸外，在 α-碳上皆有一个氨基，即 α-氨基酸，脯氨酸是一种亚氨基酸。除甘氨酸外，其余氨基酸中 4 种不同基团围绕 α-碳排列呈四面体形状。因此，α-碳是不对称碳，可形成 D 型或 L 型。

答案

脯氨酸，甘氨酸。

知识点 2 氨基酸的分类

用于合成蛋白质的氨基酸一共有 22 种，其中硒半胱氨酸和吡咯赖氨酸是新发现的，比较不常见。下面主要介绍 20 种常见氨基酸，按侧链的不同，氨基酸可以分为：脂肪族、芳香族、含硫、含醇、酸性、碱性和酰胺类氨基酸。氨基酸常采用缩写符号表示，三字母缩写或单字母缩写。如，甘氨酸可表示为 Gly 或 G。

脂肪族氨基酸有 6 个，其结构式见图 1-2。甘氨酸（Gly）：20 种氨基酸中结构最简单，α-碳不是不对称碳；丙氨酸（Ala）：丙氨酸侧链是一个简单的甲基；缬氨酸（Val）：缬氨酸含有带支链的 3 碳侧链；亮氨酸（Leu）：亮氨酸含有带支链的 4 碳侧链；异亮氨酸(Ile)：异亮氨酸分子中的 α-碳和 β-碳都是不对称碳；脯氨酸（Pro）：脯氨酸有一个环形的饱和烃侧链，所以严格地讲，脯氨酸是一个亚氨基酸。

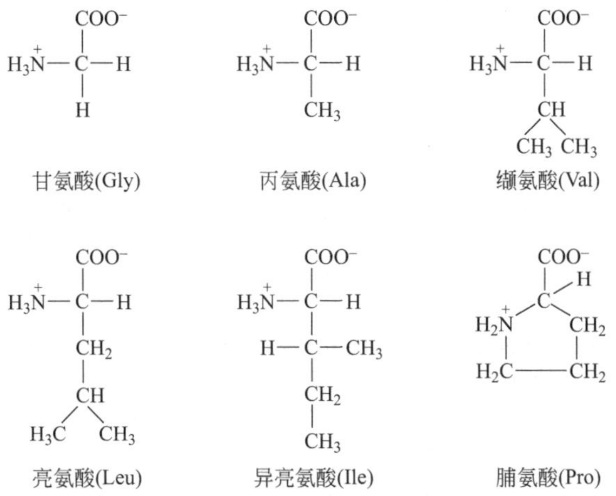

甘氨酸(Gly)　丙氨酸(Ala)　缬氨酸(Val)

亮氨酸(Leu)　异亮氨酸(Ile)　脯氨酸(Pro)

图 1-2　脂肪族氨基酸

芳香族氨基酸包括苯丙氨酸（Phe）、酪氨酸（Tyr）和色氨酸（Trp），结构式见图 1-3。这 3 种氨基酸的紫外吸收峰出现在 280nm 附近。测定蛋白质溶液 280nm 吸光度是估算蛋白质浓度的一种方法。

含硫氨基酸包括甲硫氨酸（Met）和半胱氨酸（Cys），结构式见图 1-4。甲硫氨酸侧链上带有一个非极性的甲基硫醚基，它是体内代谢中甲基的供体。半胱氨酸侧链上含有一个巯

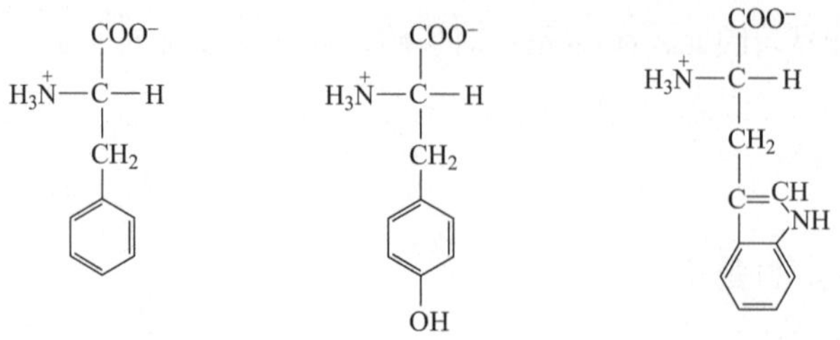

苯丙氨酸(Phe)　　酪氨酸(Tyr)　　色氨酸(Trp)

图 1-3　芳香族族氨基酸

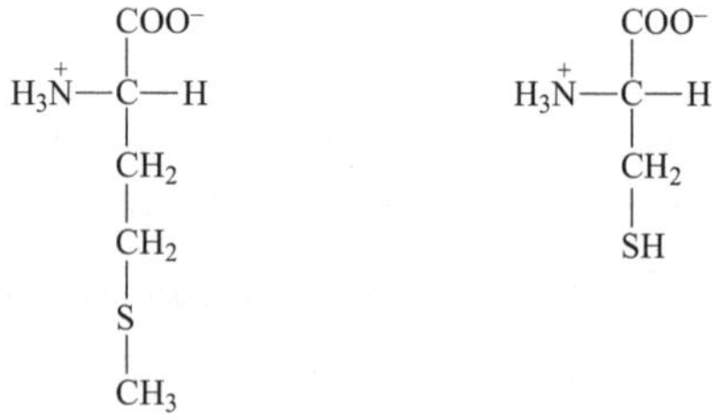

甲硫氨酸(Met)　　半胱氨酸(Cys)

图 1-4　含硫氨基酸

基（—SH），是高反应性的基团。

含醇氨基酸包括丝氨酸（Ser）和苏氨酸（Thr），结构式见图 1-5。丝氨酸侧链是羟甲基（—CH_2OH）。苏氨酸具有两个不对称碳原子。

丝氨酸(Ser)　　苏氨酸(Thr)

图 1-5　含醇氨基酸

酸性氨基酸包括天冬氨酸（Asp）和谷氨酸（Glu），结构式见图 1-6。酸性氨基酸含有两个羧基，生理条件下带负电荷。

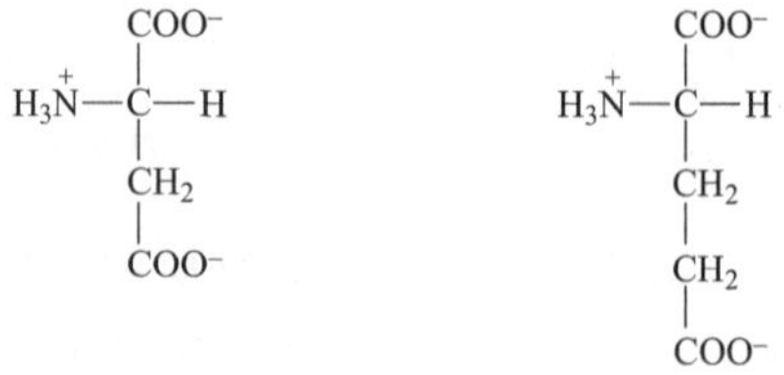

天冬氨酸(Asp)　　谷氨酸(Glu)

图 1-6　酸性氨基酸

碱性氨基酸包括赖氨酸（Lys）、精氨酸（Arg）和组氨酸（His），结构式见图 1-7。碱性氨基酸在生理条件下带正电荷。赖氨酸（Lys）是一个双氨基酸，带正电荷；精氨酸（Arg）侧链带正电荷的胍基，含氮量最高；组氨酸（His）侧链咪唑环 pK 值在生理 pH 附近。在 20 种氨基酸中，组氨酸是唯一在生理 pH 条件下具有缓冲作用的氨基酸。

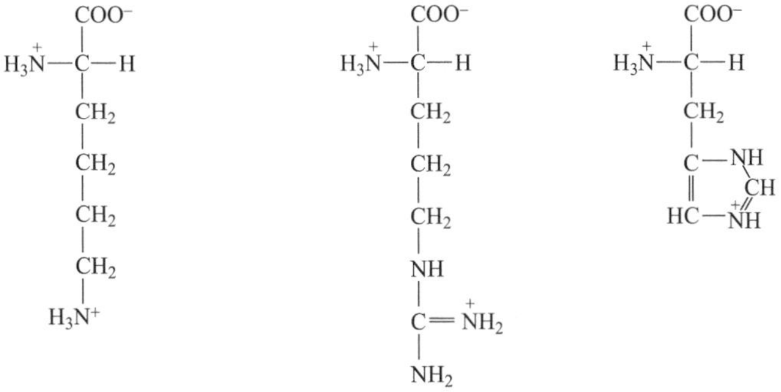

赖氨酸(Lys)　精氨酸(Arg)　组氨酸(His)

图 1-7　碱性氨基酸

此外，具有酰胺基的氨基酸是谷氨酰胺（Gln）和天冬酰胺（Asn），结构式见图 1-8。

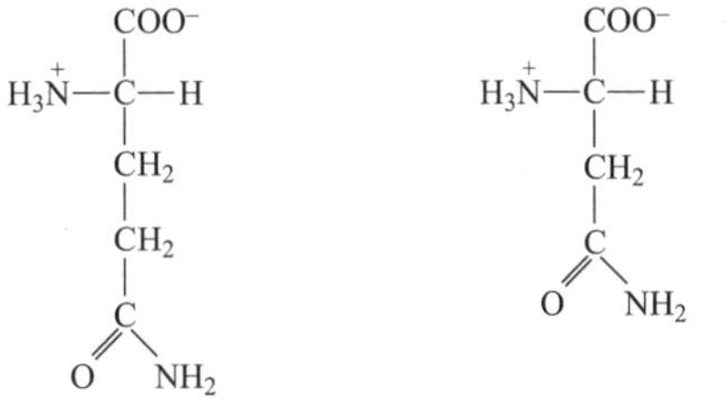

谷氨酰胺(Gln)　天冬酰胺(Asn)

图 1-8　酰胺类氨基酸

根据侧链基团 R 化学特征的不同，自然界中构成蛋白质的氨基酸又可以分为非极性疏水性氨基酸和极性氨基酸两种，见表 1-1。**非极性疏水性氨基酸**是指氨基酸侧链基团 R 不带电荷或极性极微弱，具有疏水性。**极性氨基酸**是指氨基酸侧链基团 R 带电荷或有极性，它们又可分为以下三类。①极性中性氨基酸：R 基团有极性，但不解离，或仅极弱地解离，它们的 R 基团有亲水性。②酸性氨基酸：R 基团有极性，且解离，在中性溶液中显酸性，亲水性强。③碱性氨基酸：R 基团有极性，且解离，在中性溶液中显碱性，亲水性强。

表 1-1　氨基酸的分类

分类	氨基酸	三字母缩写	单字母缩写
非极性疏水性(8 个)	丙氨酸	Ala	A
	缬氨酸	Val	V
	亮氨酸	Leu	L
	异亮氨酸	Ile	I
	甲硫氨酸	Met	M

续表

分类	氨基酸	三字母缩写	单字母缩写
非极性疏水性(8个)	脯氨酸	Pro	P
	色氨酸	Trp	W
	苯丙氨酸	Phe	F
极性中性(7个)	甘氨酸	Gly	G
	半胱氨酸	Cys	C
	丝氨酸	Ser	S
	苏氨酸	Thr	T
	谷氨酰胺	Gln	Q
	天冬酰胺	Asn	N
	酪氨酸	Tyr	Y
带负电荷的酸性(2个)	天冬氨酸	Asp	D
	谷氨酸	Glu	E
带正电荷的碱性(3个)	赖氨酸	Lys	K
	精氨酸	Arg	R
	组氨酸	His	H

例题

关于氨基酸的叙述哪项是错误的（　　）。

A. 酪氨酸和丝氨酸含羟基　　B. 酪氨酸和苯丙氨酸含苯环

C. 亮氨酸和缬氨酸是支链氨基酸　　D. 谷氨酸和天冬氨酸含两个氨基

解析

酪氨酸可以命名为 α-氨基-β-对羟苯基丙酸，含有羟基，丝氨酸侧链是羟甲基（$—CH_2OH$）含有羟基，因此，A 正确。酪氨酸和苯丙氨酸因含苯环，紫外吸收峰出现在 280nm 附近，因此，B 正确。亮氨酸含有带支链的 4 碳侧链，缬氨酸含有带支链的 3 碳侧链，因此，C 正确。谷氨酸和天冬氨酸含两个羧基，D 错误。

答案

D

知识点 3 氨基酸的光学活性和光谱性质

除甘氨酸外，所有天然 α-氨基酸都有不对称碳原子。因此，所有天然氨基酸都具有旋光性。

芳香族氨基酸苯丙氨酸、酪氨酸和色氨酸由于含有苯环共轭双键系统，在紫外区（200～400nm）具有光吸收能力，显示特征的吸收谱带，最大光吸收（λ_{max}）分别为259nm、278nm 和 279nm，即在 280nm 附近有最大吸收峰。

例题

在近紫外区能吸收紫外线的氨基酸有（　　　）、（　　　）和（　　　）。其中（　　　）的摩尔吸光系数最大。

解析

芳香族氨基酸包括苯丙氨酸、酪氨酸和色氨酸，这 3 种氨基酸的紫外吸收峰出现在280nm 附近。色氨酸、酪氨酸和苯丙氨酸在 280nm 的摩尔吸光系数分别为 5500、540、120，显然色氨酸的光吸收最大。

答案

苯丙氨酸、酪氨酸，色氨酸。色氨酸。

知识点 4 氨基酸的酸碱性质

氨基酸的羧基等酸性基团脱去质子带负电荷，同时氨基酸的氨基等碱性基团结合质子带正电荷，这种既有带负电荷基团，又有带正电荷基团的离子称兼性离子或两性离子。

（1）氨基酸是两性电解质

酸碱质子理论：酸是质子的供体，碱是质子的受体，氨基酸既是酸又是碱。因此，氨基酸是两性电解质。

$$H_3\overset{+}{N}-\underset{R}{\overset{COO^-}{C}}-H \rightleftharpoons H_2N-\underset{R}{\overset{COO^-}{C}}-H + H^+ \qquad H_3\overset{+}{N}-\underset{R}{\overset{COO^-}{C}}-H + H^+ \rightleftharpoons H_3\overset{+}{N}-\underset{R}{\overset{COOH}{C}}-H$$

质子的供体　　　　质子的受体

（2）氨基酸的解离

在低 pH 下，氨基酸的酸碱基团充分质子化，可以看作是二元酸，随着碱的滴入，它的两个可解离基团逐步解离。

$$H_3\overset{+}{N}-\underset{R}{\overset{COOH}{C}}-H \underset{+H^+}{\overset{+OH^-}{\rightleftharpoons}} H_3\overset{+}{N}-\underset{R}{\overset{COO^-}{C}}-H \underset{+H^+}{\overset{+OH^-}{\rightleftharpoons}} H_2N-\underset{R}{\overset{COO^-}{C}}-H$$

阳离子　　　　兼性离子　　　　阴离子

在不同 pH 条件下，两性离子的状态也随之发生变化。利用 Henderson-Hasselbalch 方程：

$$pH = pK + \lg \frac{[质子受体]}{[质子供体]}$$

可以描述在任意 pH 下的氨基酸可解离基团浓度的相对变化。

（3）氨基酸的等电点

在某一 pH 的溶液中，氨基酸解离成阳离子和阴离子的程度相同，成为兼性离子，净电荷为零，此时溶液的 pH 称为该氨基酸的等电点 **pI**（isoelectric point）。

pI =（$pK_x + pK_y$）/2，其中，pK_x、pK_y 为相应的两个可解离基团。对于只含 1 个氨基和 1 个羧基的氨基酸，上式中的 pK_x 和 pK_y 为它的 pK_1 和 pK_2，即是由 α-羧基和 α-氨基的解离常数的负对数 pK_1 和 pK_2 决定的。如果一个氨基酸中有三个可解离基团，其等电点由 α-羧基、α-氨基和侧链 R 基团的解离状态决定。对于天冬氨酸和谷氨酸这类酸性氨基酸，上式中的 pK_x 和 pK_y 为它的 pK_1 和 pK_R；对于赖氨酸、组氨酸和精氨酸这类碱性氨基酸，上式中的 pK_x 和 pK_y 为它的 pK_2 和 pK_R，见图 1-9 和图 1-10。

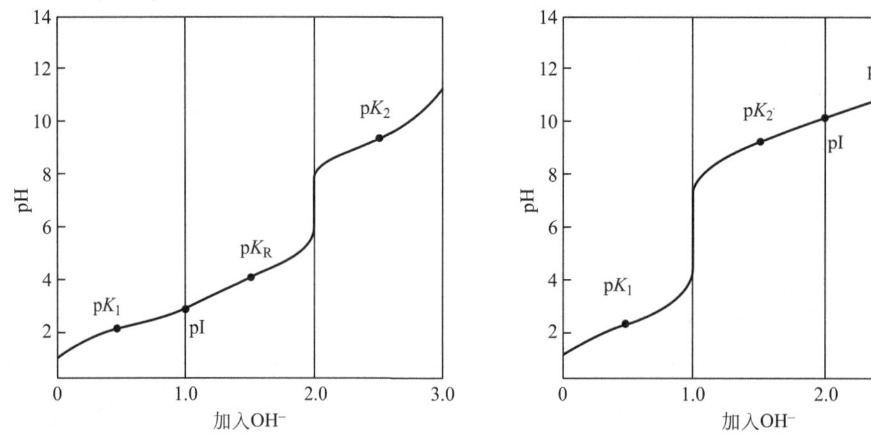

图 1-9　谷氨酸（左）和赖氨酸（右）的滴定曲线和等电点

氨基酸的带电状况与溶液的 pH 值有关，一般来讲，在 pH = pI 时，氨基酸在电场中既不向正极也不向负极移动，处于两性离子状态。若改变 pH，则可以使氨基酸带上正电荷或负电荷。当 pH> pI 时，大部分氨基酸都带净负电荷，在电场中将向正极移动；在低于等电点的任意 pH，氨基酸带有净正电荷，在电场中将向负极移动。在一定 pH 范围内，氨基酸溶液的 pH 离等电点 pI 愈远，氨基酸所携带的净电荷愈大。表 1-2 给出了 20 种氨基酸的 pK 和 pI。

$$H_3\overset{+}{N}-CH(COOH)-CH_2-COOH \underset{1.88}{\overset{pK_1}{\rightleftharpoons}} H_3\overset{+}{N}-CH(COO^-)-CH_2-COOH \underset{3.65}{\overset{pK_R}{\rightleftharpoons}} H_3\overset{+}{N}-CH(COO^-)-CH_2-COO^- \underset{9.60}{\overset{pK_2}{\rightleftharpoons}} H_2N-CH(COO^-)-CH_2-COO^-$$

阳离子　　兼性离子　　阴离子　　阴离子

(a) 天冬氨酸解离式

$$H_3\overset{+}{N}-CH(COOH)-(CH_2)_4-\overset{+}{N}H_3 \underset{2.18}{\overset{pK_1}{\rightleftharpoons}} H_3\overset{+}{N}-CH(COO^-)-(CH_2)_4-\overset{+}{N}H_3 \underset{8.95}{\overset{pK_2}{\rightleftharpoons}} H_2N-CH(COO^-)-(CH_2)_4-\overset{+}{N}H_3 \underset{10.53}{\overset{pK_R}{\rightleftharpoons}} H_2N-CH(COO^-)-(CH_2)_4-NH_2$$

阳离子　　阳离子　　兼性离子　　阴离子

(b) 赖氨酸解离式

图 1-10　氨基酸解离式

表 1-2　氨基酸的 pK 和 pI

氨基酸	$pK_1(\alpha\text{-COOH})$	$pK_2(\alpha\text{-}\overset{+}{N}H_3)$	pK_R(侧链基团)	pI
甘氨酸(Gly)	2.34	9.60		5.97
丙氨酸(Ala)	2.34	9.69		6.02
缬氨酸(Val)	2.32	9.62		5.97
亮氨酸(Leu)	2.36	9.60		5.98
异亮氨酸(Ile)	2.36	9.68		6.02
脯氨酸(Pro)	1.99	10.60		6.30
苯丙氨酸(Phe)	1.83	9.13		5.48
酪氨酸(Tyr)	2.20	9.11	10.07(—OH)	5.66
色氨酸(Trp)	2.38	9.39		5.89
甲硫氨酸(Met)	2.28	9.21		5.75
半胱氨酸(Cys)	1.96	10.28	8.18(—SH)	5.02
丝氨酸(Ser)	2.21	9.15		5.68
苏氨酸(Thr)	2.63	10.43		6.53
天冬氨酸(Asp)	1.88	9.60	3.65(β-COOH)	2.77
谷氨酸(Glu)	2.19	9.67	4.25(γ-COOH)	3.22
赖氨酸(Lys)	2.18	8.95	10.53(ε-$\overset{+}{N}H_3$)	9.74
精氨酸(Arg)	2.17	9.04	12.48(胍基)	10.76
组氨酸(His)	1.82	9.17	6.00(咪唑基)	7.59
谷氨酰胺(Gln)	2.17	9.13		5.65
天冬酰胺(Asn)	2.02	8.80		5.41

例1

氨基酸在等电点时，主要以（　　）离子形式存在；在 pH> pI 的溶液中，大部分以（　　）离子形式存在；在 pH< pI 的溶液中，大部分以（　　）离子形式存在。

解析

一个氨基酸带电状况取决于所处溶液的 pH。当 pH> pI 时，氨基酸带净负电荷；当 pH< pI 时，带净正电荷。

答案

兼性（两性）；阴，阳。

例2

组氨酸的 pK_1（α-COOH）值是 1.82，pK_R（咪唑基）值是 6.00，pK_2（R-$\overset{+}{N}H_3$）值是 9.17；天冬氨酸的 pK_1（α-COOH）= 1.88，pK_R（R-COOH）= 3.65，pK_2（R-$\overset{+}{N}H_3$）= 9.60。分别求它们的等电点。

解析

pI =（pK_x + pK_y）/2，对于赖氨酸、组氨酸和精氨酸等碱性氨基酸 pK_x 和 pK_y 为它的 pK_2 和 pK_R。同样的，pI =（pK_x + pK_y）/2，对于酸性氨基酸天冬氨酸和谷氨酸，pK_x 和 pK_y 是它的 pK_1 和 pK_R。

答案

组氨酸等电点 7.59。天冬氨酸等电点 2.77。

知识点 5 氨基酸的化学反应

氨基酸的化学反应主要是指 α-氨基和 α-羧基以及侧链上的功能基团所参与的反应。

（1）氨基酸中 α-氨基的反应

① 二硝基氟苯（DNFB），与蛋白质或多肽的 N 末端自由氨基（—NH_2）反应，水解后能得到与 DNP 相连的末端氨基酸，结合薄层色谱，可用于 N 末端氨基酸的定性鉴定。

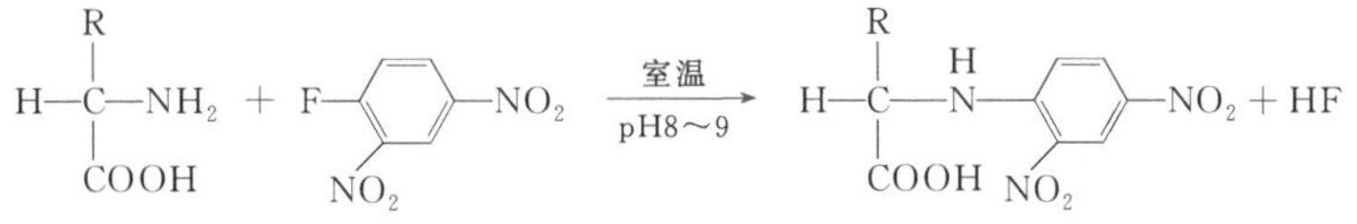

$$\mathrm{H{-}\underset{COOH}{\overset{R}{C}}{-}NH_2 + F{-}C_6H_3(NO_2){-}NO_2 \xrightarrow[pH8\sim9]{室温} H{-}\underset{COOH}{\overset{R}{C}}{-}NH{-}C_6H_3(NO_2){-}NO_2 + HF}$$

氨基酸　　二硝基氟苯　　DNP-氨基酸

② 异硫氰酸苯酯（PITC），在弱碱性条件下能够与氨基酸反应生成苯乙内酰硫脲（PTH）衍生物，即 PTH-氨基酸，可以用来鉴定多肽或蛋白质 N 末端氨基酸。

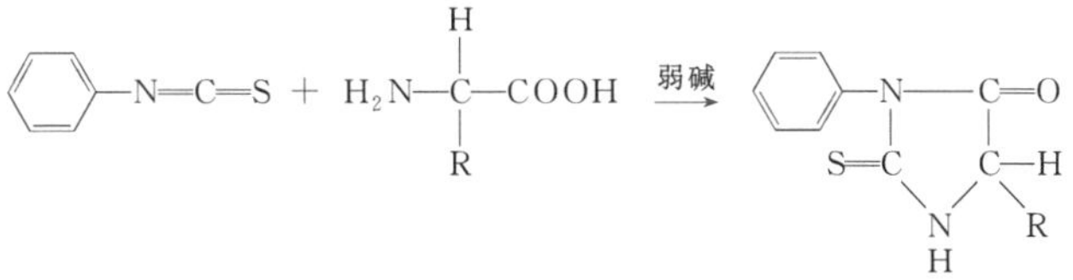

$$\mathrm{C_6H_5{-}N{=}C{=}S + H_2N{-}\underset{R}{\overset{H}{C}}{-}COOH \xrightarrow{弱碱} PTH\text{-}氨基酸}$$

PITC　　氨基酸　　PTH-氨基酸

③ 氨基酸的甲醛滴定，是测定氨基酸的一种常见方法。氨基酸虽然是一种两性电解质，既是酸又是碱，但是它却不能直接用酸或碱滴定来进行定量测定。这是因为氨基酸的酸或碱的滴定终点 pH 或过高（12～13）或过低（1～2），没有适当的指示剂可被选用。然而向氨基酸溶液中加入甲醛，可以降低氨基的碱性。先加入过量的甲醛，用标准氢氧化钠滴定时，由于甲醛与氨基酸的—NH_2 作用形成—NH·CH_2OH、—N（CH_2OH）$_2$ 等羟甲基衍生物，而降低了氨基的碱性，相对地增强了—$\overset{+}{N}H_3$ 的酸性解离，使 pK 减少 2～3 个 pH 单位，使滴定终点由 pH 12 左右移至 pH 9 附近，亦即达到的酚酞指示剂的变色区域。

（2）氨基酸中 α-羧基的反应

α-羧基参加的反应有：成盐成酯反应、成酰氯反应、叠氮反应和脱羧基反应等。氨基酸在脱羧酶的作用下，脱掉羧基生成相应的一级胺类化合物并放出二氧化碳。

（3）氨基和羧基共同参与的反应

① 茚三酮反应。在弱酸性溶液中，茚三酮与氨基酸共同加热，引起氨基酸氧化分解，茚三酮被还原。茚三酮还原产物与氨基酸分解产生的氨及另一分子茚三酮缩合成蓝紫色化合物（最大吸收峰在 570nm）。蓝紫色化合物颜色的深浅与氨基酸分解产生的氨成正比。茚三酮反应是用来测定氨基酸的一种反应，它要求氨基酸的游离 α-氨基及羧基共同存在。除脯氨酸与茚三酮反应生成的是黄色化合物，其余 α-氨基酸与茚三酮反应生成的是蓝紫色化合物。

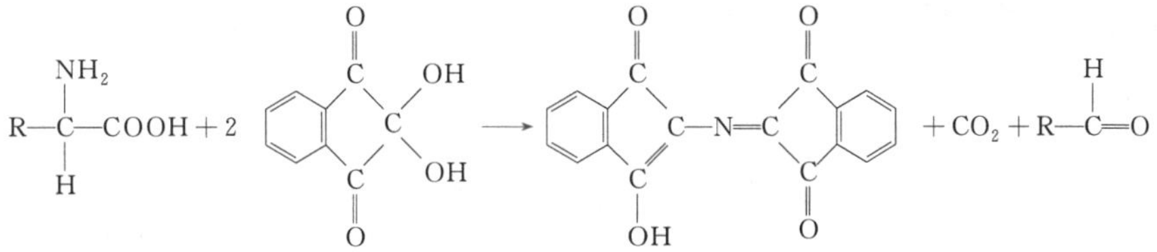

$$\mathrm{R{-}\underset{H}{\overset{NH_2}{C}}{-}COOH + 2\,茚三酮 \longrightarrow 蓝紫色化合物 + CO_2 + R{-}\overset{H}{C}{=}O}$$

氨基酸　　茚三酮　　蓝紫色化合物　　醛

② 成肽反应。一个氨基酸的氨基与另一个氨基酸的羧基可以脱水缩合成肽，见图 1-11。

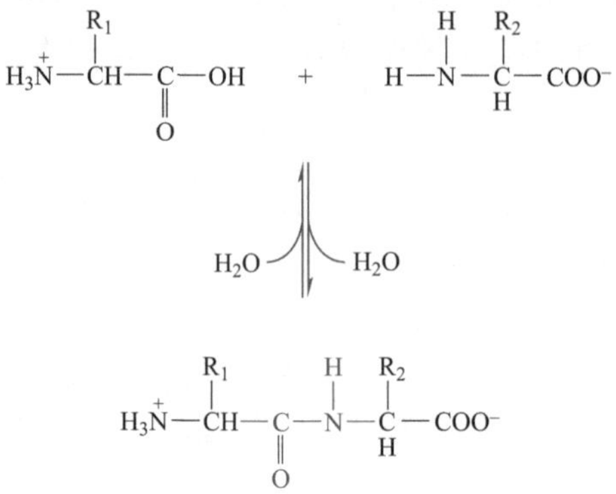

$$H_3\overset{+}{N}-\underset{}{\overset{R_1}{\overset{|}{CH}}}-\underset{\underset{O}{\|}}{C}-OH \quad + \quad H-\overset{H}{\overset{|}{N}}-\underset{H}{\overset{R_2}{\overset{|}{C}}}-COO^-$$

$$\underset{H_2O}{\overset{-H_2O}{\rightleftharpoons}}$$

$$H_3\overset{+}{N}-\overset{R_1}{\overset{|}{CH}}-\underset{\underset{O}{\|}}{C}-\overset{H}{\overset{|}{N}}-\underset{H}{\overset{R_2}{\overset{|}{C}}}-COO^-$$

图 1-11　氨基酸的成肽反应

例题

氨基酸不具有的化学反应是（　　）。

A. 双缩脲反应　　B. 茚三酮反应　　C. DNFB 反应

D. PITC 反应　　E. 甲醛滴定

解析

氨基酸的 α-氨基和 α-羧基具有化学反应性。2, 4-二硝基氟苯（DNFB）、丹黄酰氯和苯异硫氰酸酯（IPTG）都能与氨基酸的 α-氨基反应。α-氨基还能与甲醛反应。茚三酮可与氨基酸共同加热引起氨基酸氧化分解。而双缩脲反应是含有两个及两个以上肽键化合物具有的一种显色反应。

答案

A

知识点 6　氨基酸的分离

离子交换色谱常用来分离氨基酸。离子交换色谱是以人工合成的高分子化合物（如苯乙烯-苯二乙烯树脂）做支持物，其上交联着可交换的阳离子或阴离子。阳离子交换树脂可解离出 H^+，溶液中的阳离子与其交换而结合在树脂上。阴离子交换树脂可解离出 OH^-，溶液中的阴离子能与其交换而结合在树脂上。例如，阳离子交换树脂对于带有正电荷的阳离子有较强的吸附作用，而对带有负电荷的阴离子吸附力则较弱。氨基酸的 pI 值不同，故在同一 pH 条件下，它们所带电荷的性质或多少也不相同。这样它们与阳离子交换树脂的吸附作用也就有差异。洗脱时，从离子交换树脂色谱柱洗出的顺序也就有先后之别。顺序的判断依据是 $\Delta pH = pH - pI$，氨基酸 ΔpH 愈小（也就是 pI 愈高），带的正电荷也就愈多，对离子交换树脂的吸附力也就愈强，洗脱时所需时间愈长，见图 1-12。

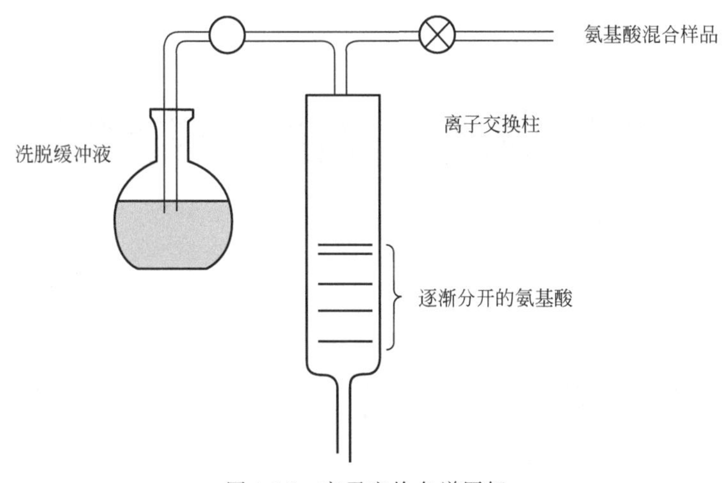

图 1-12　离子交换色谱图解

例题

将赖氨酸、精氨酸、天冬氨酸、谷氨酸、酪氨酸和丙氨酸的混合物在高 pH 下放入阳离子交换树脂中，用连续降低 pH 的溶液洗脱，请预测洗脱顺序。

解析

结合牢固程度主要取决于静电引力，也受到疏水相互作用的影响。这六种氨基酸的 pI 不同，赖氨酸 9. 74、精氨酸 10. 76、天冬氨酸 2. 77、谷氨酸 3. 22、酪氨酸 5. 66、丙氨酸 6. 02。在同一 pH 条件下，pI 高，意味着对离子交换树脂的吸附性也就强，洗脱时间因此而更长，洗脱顺序排在后面。

答案

洗脱的先后顺序为：天冬氨酸，谷氨酸，酪氨酸，丙氨酸，赖氨酸，精氨酸。

第二节 肽与蛋白质的一级结构

知识点 7 肽

（1）肽键和肽

一个氨基酸的 α-羧基与另一个氨基酸的 α-氨基缩合，形成的酰胺键，通常用羰基碳和酰胺氮之间的单键表示，也称为肽键。氨基酸通过肽键连接形成的产物，即肽。肽中的氨基酸已经不是游离的氨基酸了，所以称为氨基酸残基。两个氨基酸通过肽键相互连接形成二肽。二肽利用肽键与另一个氨基酸缩合形成三肽。如此依次形成四肽、五肽……多肽。肽的结构通式见图 1-13。

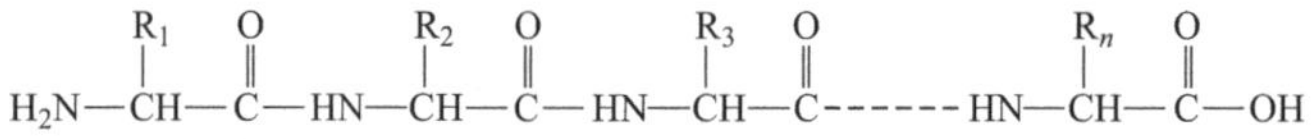

$$H_2N-\overset{R_1}{\overset{|}{CH}}-\overset{O}{\overset{\|}{C}}-HN-\overset{R_2}{\overset{|}{CH}}-\overset{O}{\overset{\|}{C}}-HN-\overset{R_3}{\overset{|}{CH}}-\overset{O}{\overset{\|}{C}}\text{------}HN-\overset{R_n}{\overset{|}{CH}}-\overset{O}{\overset{\|}{C}}-OH$$

图 1-13　肽的结构通式

双缩脲是两分子尿素缩合并释放出一分子氨而成的化合物。双缩脲遇到稀硫酸铜碱性溶液就生成铜与四个氮原子的络合物，呈现紫色或青紫色，称为双缩脲反应。因为肽及蛋白质与双缩脲结构类似，含两个或两个以上肽键，所以具有双缩脲反应。通常此反应可定性定量测定蛋白质。

（2）肽平面

肽链分子中的氨基酸相互衔接，形成长链，称为多肽链。多肽链主链骨架的重复单位是肽单位，它是由组成肽键的 4 个原子和相邻的 2 个 α-碳原子组成，6 个原子位于同一酰胺平面内，形成多肽主链的酰胺平面，即肽平面，见图 1-14。肽键其键长（0. 132nm）介于单键（0. 149nm）和双键（0. 127nm）之间，具有部分双键的性质，所以不能自由旋转。肽平面中 α-碳原子分别与酰胺 N 和羰基 C 相连的键都是单键，可以自由旋转。肽平面中 α-碳原子所连的两个单键的自由旋转角度，决定了两个相邻的肽平面的相对空间位置。除脯氨酸的—NH_2 参与形成的肽键外，其余的肽平面上，两个 α-碳都是处于更稳定的反式构象。

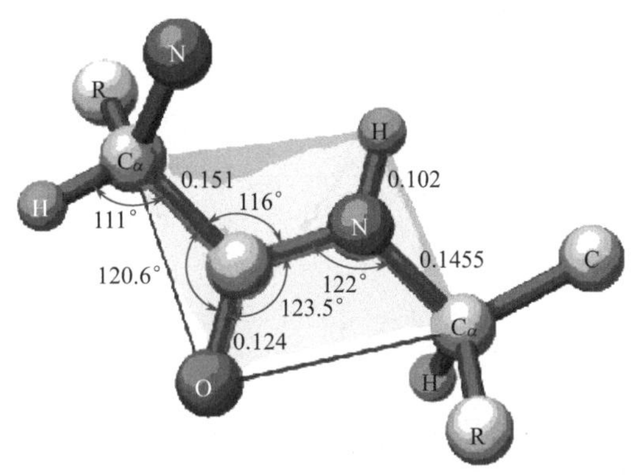

图 1-14 肽平面

（3）肽的酸碱性质

当氨基酸合成多肽后，多肽 pK 值与原来简单氨基酸的 pK 值有一定差异。所以多肽的 pI 值一般只能通过试验来测定，而计算只能找出等电点的大概 pH 范围。根据该范围就可确定给定的多肽链的带电状况。一般来说，当 pH > pI 时，多肽链带净负电荷，在电场中将向阳极移动，在低于等电点的任一 pH，多肽链带净正电荷，在电场中将向阴极移动。肽的酸碱性质主要决定于游离末端 α-氨基、α-羧基以及侧链的可解离基团。

例1

在一个肽平面中含有的原子数为（　　）。

A. 3　　B. 4　　C. 5　　D. 6　　E. 7

解析

一个肽平面上的原子有 C_α—（C═O）—（N—H）—C_α 共 6 个。

答案

D

例2

在 pH7. 0 时，三肽 Lys—Ala—Gly 所带的净电荷为（　　）；
十肽 Ala-Met-Phe-Glu-Tyr-Val-Leu-Trp-Gly-Ile 所带的净电荷为（　　）。

解析

三肽 Lys—Ala—Gly 中，α-氨基带 1 个正电荷，α-羧基带 1 个负电荷以及 Lys 侧链的可解离基团带 1 个正电荷。十肽 Ala-Met-Phe-Glu-Tyr-Val-Leu-Trp-Gly-Ile 中，α-氨基带 1 个正电荷，α-羧基带 1 个负电荷以及 Glu 侧链的可解离基团带 1 个负电荷。

答案

+1，-1。

知识点 8 蛋白质的一级结构

蛋白质一级结构指通过共价键（肽键和二硫键）连接在一起的氨基酸线性序列。这是蛋白质最基本的结构，包含决定蛋白质高级结构和生物功能的信息。一级结构两端是自由的氨基和羧基，分别称为 N 端和 C 端。氨基酸按照从 N 端至 C 端的顺序进行排列。一级结构近似的蛋白质，功能也相似。同源蛋白质（指不同机体中具有同一功能的蛋白质）的一级结构，且亲缘关系越接近者，差异越小。人胰岛素与猪、牛的胰岛素均由 51 个氨基酸所组成。人的胰岛素与牛的胰岛素有 3 个氨基酸残基的差异，而人的胰岛素与猪的胰岛素只有 1 个氨基酸残基不同，两者生物活性的大小相近。

1953 年，英国剑桥大学科学家 Sanger 首次测定出牛胰岛素的一级结构。牛胰岛素分为 A 链和 B 链，A 链含 21 个氨基酸残基，B 链含 30 个氨基酸残基，两个链之间有两个二硫键相连，A 链本身还有一个二硫键，见图 1-15。

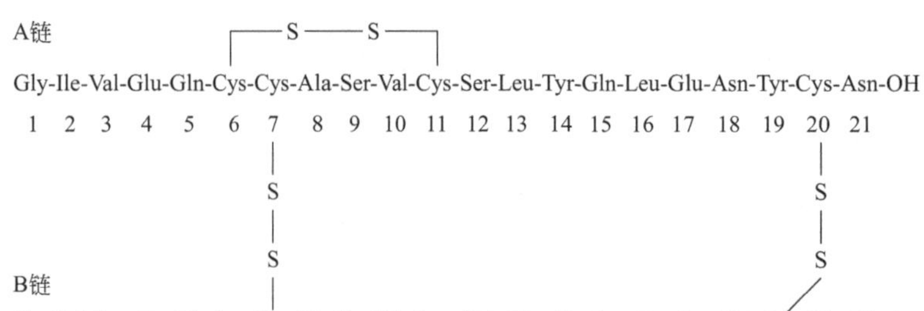

图 1-15　牛胰岛素一级结构

例题

下列关于人胰岛素的叙述，哪项是正确的（　）？

A. 由 60 个氨基酸残基组成，分成 A、B 和 C 三条链

B. 由 51 个氨基酸残基组成，分成 A、B 两条链

C. 由 46 个氨基酸残基组成，分成 A、B 两条链

D. 由 65 个氨基酸残基组成，分成 A、B 和 C 三条链

解析

人、猪、牛、羊的胰岛素都是由 51 个氨基酸残基组成的蛋白质，含有两条肽链，A 链有 21 个氨基酸，有一个链内二硫键，B 链有 30 个氨基酸。A 链和 B 链之间有两个链间二硫键。

答案

B

知识点 9 蛋白质一级结构的测定

自从 1953 年 Sanger 测定了第一个蛋白质——胰岛素的一级结构以来，现在已经有数万种蛋白质的一级结构被测定。蛋白质数据库：EMBL、GenBank、PIR 等收集了大量蛋白质结构资料，为深入研究蛋白质的结构和功能提供了有利条件。一级结构测定的基本实验步骤包括以下几步。

（1）氨基酸组成分析

采用化学方法，用酸或碱将蛋白质样品完全水解，目的是切断蛋白质主链中的肽键。再采用氨基酸自动分析仪，利用高效液相色谱法或离子交换色谱法对样品中游离的氨基酸进行定性和定量分析。酸水解时，色谱图中的谷氨酸和谷氨酰胺的总量用 Glx 表示，而天冬氨酸和天冬酰胺的总量用 Asx 表示，也就是酸水解后无法辨别样品中酸性氨基酸与其酰胺产物。同时色氨酸的吲哚环也几乎都被破坏了，无法获得色氨酸的鉴定信息。

（2）氨基末端与羧基末端分析

① 氨基末端氨基酸分析的方法：2, 4-二硝基氟苯法、丹磺酰氯法、苯异硫氰酸酯法和氨肽酶法。

2, 4-二硝基氟苯法是在碱性条件下，2, 4-二硝基氟苯（DNFB）能够与肽链 N 端的游离氨基作用，生成二硝基苯衍生物（DNP）。在酸性条件下水解，得到黄色 DNP-氨基酸。该产物能够用乙醚抽提分离。不同的 DNP 氨基酸可以用色谱法进行鉴定。该反应首先被科学家 Sanger 用来鉴定多肽和蛋白质的 N-末端氨基酸，又称为 **Sanger** 反应。

丹磺酰氯法是在碱性条件下，丹磺酰氯（二甲氨基萘磺酰氯）可以与 N 端氨基酸的游离氨基作用，得到丹磺酰-氨基酸。此法的优点是丹磺酰-氨基酸有很强的荧光性质，检测灵敏度可以达到 1×10^{-9} mol。

苯异硫氰酸酯法是在弱碱性条件下，苯异硫氰酸酯（PITC）能与多肽或蛋白质 N 端的游离氨基反应，生成苯硫乙内酰脲（PTH）衍生物，即 PTH-氨基酸，切下与之反应的那个氨基酸残基，可以用来鉴定多肽或蛋白质 N 末端氨基酸。该反应首先被科学家 Edman 用来鉴定多肽和蛋白质的 N 末端氨基酸，该反应又称为 **Edman** 反应。

氨肽酶法是利用肽链外切酶，从多肽链的 N 端逐个向里水解。根据不同的反应时间测出酶水解所释放出的氨基酸种类和数量，按反应时间和氨基酸残基释放量作动力学曲线，从而知道蛋白质的 N 末端残基顺序。最常用的氨肽酶是亮氨酸氨肽酶。

② 羧基末端氨基酸分析的方法：羧肽酶法、还原法和肼解法。

羧肽酶法是常用的检测方法，通过控制反应条件，使羧基端氨基酸逐一释放出来，以检测鉴定。羧肽酶是一种肽链外切酶，它能从多肽链的 C 端逐个水解氨基酸。根据不同的反应时间测出酶水解所释放出的氨基酸种类和数量，从而知道蛋白质的 C 端残基顺序。目前常用的羧肽酶有四种：A、B、C 和 Y。羧肽酶 A 和 B 来自胰脏，C 来自柑橘叶，Y 来自面包酵母。羧肽酶 A 能水解除 Pro、Arg 和 Lys 以外的所有 C 末端氨基酸残基；B 只能水解 Arg 和 Lys 为 C 末端残基的肽键。

肼解法也是多肽链 C 端氨基酸分析法。多肽与肼在无水条件下加热，C 端氨基酸即从肽链上解离出来，其余的氨基酸则变成肼化物。肼化物能够与苯甲醛缩合成不溶于水的物质而与 C 端氨基酸分离。

（3）多肽链断裂成多个肽段

可采用水解酶或化学试剂不同的断裂方法将多肽样品断裂成两套或多套肽段或肽碎片，并将其分离开来。水解酶包括胰蛋白酶和胰凝乳蛋白酶等，胰蛋白酶特异地催化赖氨酸残基和精氨酸残基羧基侧的肽键水解，胰凝乳蛋白酶特异地催化苯丙氨酸、酪氨酸和色氨酸三种芳香族氨基酸残基羧基一侧的肽键水解。化学试剂溴化氰（BrCN）可以特异地与蛋白质中的甲硫氨酸残基反应生成一个 C 末端为高丝氨酸内酯的肽和一个带有新的 N 末端残基的肽。

（4）肽段的氨基酸序列测定

Edman 反应中，多肽链 N 末端氨基酸残基被苯异硫氰酸酯修饰。然后从多肽链上切下修饰的残基，再经色谱鉴定，余下的多肽链（少了一个残基）被回收再进行下一轮降解循环。Edman 降解法测序每次只能测定几十个氨基酸残基。

（5）确定肽段在多肽链中的次序

不同的水解断裂方法切口彼此错位，两套肽段正好互跨切口重叠，这种跨切口而重叠的肽称重叠肽。借助重叠肽可确定肽段在原肽链中的位置，拼凑出整条多肽链的氨基酸顺序。

例题

假定有 1 mmol 的五肽，酸水解生成 2 mmol Glu， 1 mmol Lys，没有能够定量回收其他氨基酸。将原来的五肽用胰蛋白酶水解成两个肽段，在 pH7. 0 进行电泳，一个肽段向阳极移动，另一个则向阴极移动。用 DNFB 处理胰蛋白酶水解的一个肽段，再用酸水解，生成 DNP-Glu。用胰凝乳蛋白酶处理原来五肽生成两个肽段及游离 Glu。请给出五肽的正确氨基酸顺序。

解析

做这类多肽序列分析，首先要掌握酶或化学试剂的水解位点。胰蛋白酶特异地催化赖氨酸残基和精氨酸残基羧基侧的肽键水解，胰凝乳蛋白酶特异地催化苯丙氨酸、酪氨酸和色氨酸三种芳香族氨基酸残基羧基一侧的肽键水解。化学试剂溴化氰（BrCN）可以特异与蛋白质中的蛋氨酸残基反应生成一个 C 末端为高丝氨酸内酯的肽和一个带有新的 N 末端残基的肽。在酸水解时，色氨酸容易破坏而不能定量回收，所以该五肽的氨基酸组成为：2Glx，2Trp，1Lys。用胰蛋白酶水解五肽得两个肽段，说明 Lys 不是末端氨基酸。因胰凝乳蛋白酶可水解 Trp 的羧基形成的肽键，所以可推知该肽的氨基酸序列为：X-Trp-Y-Trp-Glu（X， Y 为未知氨基酸）。根据该肽氨基酸组成及 DNFB 处理胰蛋白酶水解的一个片段继以酸水解后生成 DNP-Glu，可知该五肽为 Glx-Trp-Lys-Trp-Glu。根据题意，Glx-Trp-Lys 向阴极移动，在 pH7. 0 时此肽向阴极移动说明 Glx 是 Gln 而不是 Glu。

答案

肽的氨基酸序列为 Gln-Trp-Lys-Trp-Glu。

第三节 / 蛋白质的空间结构

知识点 10 蛋白质的二级结构

由各种氨基酸通过肽键连接而成多肽链，再由一条或一条以上的多肽链按各自特殊的方式组合成的具有较稳定构象并具有一定生物活性的大分子叫作蛋白质。蛋白质结构水平分为四级，见图 1-16。一级结构指的是氨基酸序列。二级结构是指在局部肽段中相邻氨基酸的空间关系。三级结构是整个多肽链的三维构象。四级结构是指能稳定结合的两条或两条以上多肽链（亚基）的空间关系。

二级结构是指蛋白质中多肽链骨架中原子的局部空间排列，是通过肽键中的酰胺氢和羰基氧之间形成的氢键维持的。二级结构不涉及氨基酸残基侧链的构象。基本类型包括 α-螺旋、β-折叠和 β-转角。

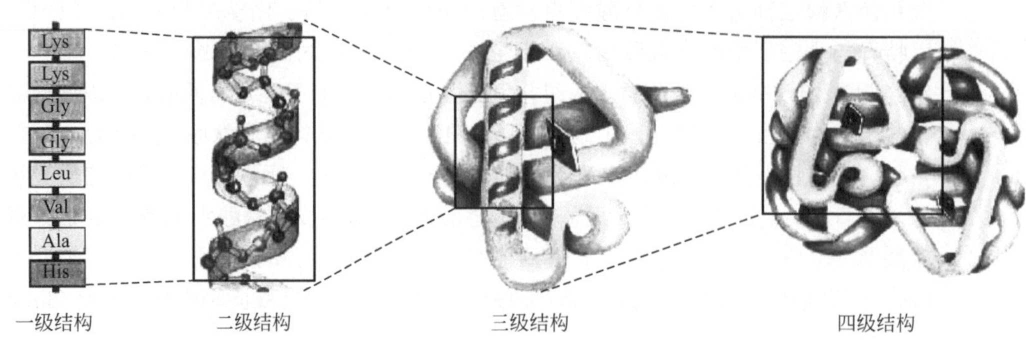

图 1-16 蛋白质的结构层次

（1）α-螺旋

α-螺旋是蛋白质中最常见和含量最丰富的二级结构。1951 年，由美国化学家 Pauling 和 Corey 提出 α-螺旋的结构特点。结构示意图见图 1-17。

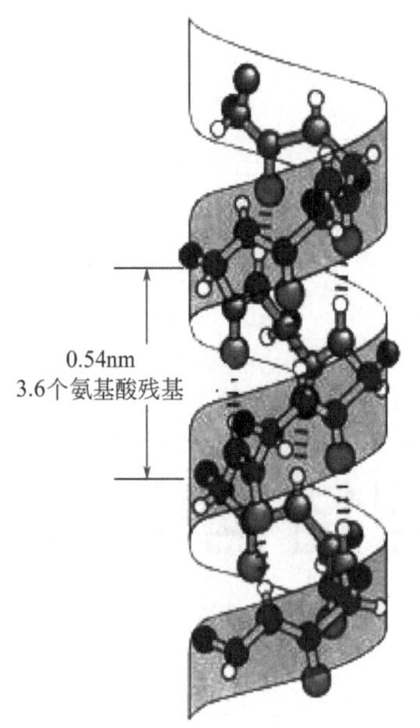

图 1-17 α-螺旋结构示意图

① 螺旋的方向为右手螺旋，每 3.6 个氨基酸旋转一周，螺距为 0.54 nm，每个氨基酸残基的高度为 0.15 nm，肽键平面与螺旋长轴平行。

② 氢键是 α-螺旋稳定的次级键，相邻的螺旋间形成链内氢键，即从 N 端开始，每个氨基酸残基中 C ═O 的 O 与它后面第四个残基中 N—H 的 H 形成氢键。

③ 在 α-螺旋中，氨基酸残基的侧链分布在螺旋的外侧，它的形状、大小及电荷均影响螺旋的形成和稳定。

④ α-螺旋也叫 3.6_{13} 螺旋，13 表示氢键封闭的环内含有 13 个原子。

（2）β-折叠

β-折叠结构也是 Pauling 等人提出来的，它是蛋白质中第二种最常见的二级结构。β-折叠是两条或多条几乎完全伸展的多肽链侧向聚集在一起，靠链间氢键连结为片层结构，见图 1-18。β-折叠结构的特点有以下几个。

① β-折叠结构中两个氨基酸残基之间轴心距为 0.35 nm（反平行式）及 0.325 nm（平行式）。

② 肽链按层排列，靠链间氢链维持其结构的稳定性，β-折叠结构的氨键是由相邻肽键主链上的—N—H—和—C ═O—之间形成。

③ 相邻肽链走向可以平行，也可以反平行，肽链的 N 端在同侧为平行式，不在同侧为反平行式（即相邻肽链的 N 端一顺一倒地排列），从能量角度考虑，反平行式更为稳定。

④ 肽链中氨基酸残基的 R 侧链交替分布在片层的上下。

（3）β-转角

β-转角在球状蛋白质中存在的一种二级结构。当蛋白质多肽链以 180° 回折时，这种回折部分是 β-转角，它是由第一个氨基酸残基的 C ═O 与第四个氨基酸残基的 N—H 之间形成

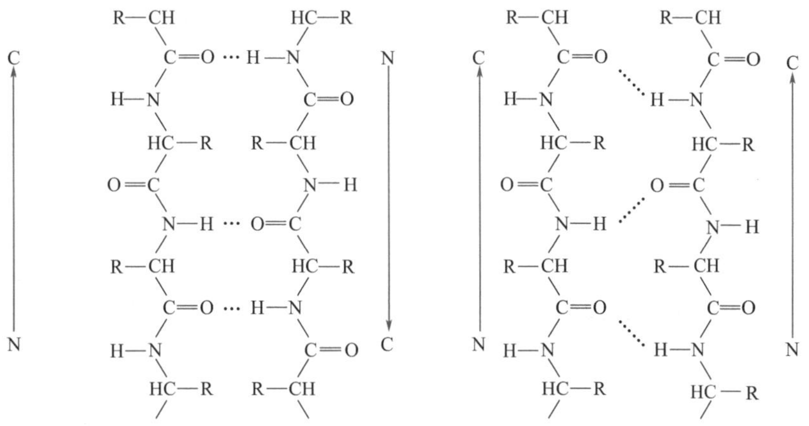

反平行　　平行

图 1-18　β-折叠结构

氢键，产生一种不是很稳定的环形结构。β-转角结构可使多肽链走向发生改变，目前发现的β-转角多数处在球状蛋白质分子的表面，在这里改变多肽链的方向阻力比较小。

例题

一个 α-螺旋片段含有 180 个氨基酸残基，该片段中有多少圈螺旋？ 计算该 α-螺旋片段的轴长。

解析

每 3.6 个氨基酸旋转一周，螺距为 0.54nm，螺旋的圈数 = 180/3.6 = 50。因为每个氨基酸残基的高度 0.15nm，轴长 = 0.15× 氨基酸残基数目 = 0.15×180 = 27nm。

答案

该片段中含有 50 圈螺旋，其轴长为 27nm。

知识点 11　影响 α-螺旋形成的因素

影响 α-螺旋形成的因素包括肽链中氨基酸侧链的电荷性质、形状和大小等。带电荷的氨基酸集中一起，由于同性电荷排斥，不利于 α-螺旋形成，如酸性或碱性氨基酸。侧链基团较大的氨基酸集中的区域，侧链基团造成空间位阻不利于 α-螺旋形成，如异亮氨酸。脯氨酸因亚氨基不能形成氢键，脯氨酸的出现即在多肽链形成一个结节，不易形成 α-螺旋。甘氨酸的侧链为 H，空间占位很小，过于灵活也会影响 α-螺旋的稳定。那么在什么蛋白质组成中 α-螺旋比例高？ 毛发的角蛋白，肌肉的肌动蛋白以及血凝块中的纤维蛋白中 α-螺旋比例都比较高。它们的多肽链几乎全长都卷曲成 α-螺旋，数条 α-螺旋状的多肽链缠绕起来，形成绳索，增强其机械强度和伸缩性。

例题

合成的多肽多聚谷氨酸（Glu）$_n$，当处在 pH3.0 以下时，在水溶液中形成 α-螺旋，而在 pH5.0 以上时却为伸展的形态。请解释该现象。

解析

溶液的 pH 值决定了侧链是否带有电荷，由单一一种氨基酸构成的聚合物只有当侧链不带电荷时才能形成 α-螺旋，相邻残基的侧链上带有同种电荷会产生静电排斥力，从而阻止多肽链堆积成 α-螺旋构象。谷氨酸侧链 pK_a 约为 4.1，当 pK_a 值远远低于 4.1（大约 3.0 左右）时，几乎所有的多聚谷氨酸侧链为不带电荷的状态，多肽链能够形成 α-螺旋。在 pH 值为 5.0 或更高时，几乎所有的侧链都带负电荷，相邻电荷之间的静电排斥力阻止螺旋的形成。因此，使同聚物呈现出一种伸展的构象。

知识点 12 蛋白质的三级结构

三级结构是指蛋白质的一条多肽链在二级结构基础上再进一步盘曲或折叠形成的具有一定规律的空间结构，是一条多肽链中所有原子的三维空间排布，不仅包括蛋白质主链，也包括侧链所形成的构象。蛋白质三级结构特点有以下几个。

① 一般都是球状蛋白，物理外形几乎成球形或椭球状，而且整个分子紧密包裹，内部只能容纳几个水分子或者空间更小。

② 大多数亲水性氨基酸分布在球状蛋白质分子的表面，形成亲水表面，从而使球状蛋白质可溶于水。

③ 大多数疏水性氨基酸侧链埋藏在蛋白质分子内部，形成疏水“口袋”。

蛋白质三级结构的稳定主要靠次级键，包括氢键、疏水键、离子键和范德瓦耳斯力等，其中疏水键是最主要的稳定作用力。

肌红蛋白是第一个被确定的具有三级结构的蛋白质，是含有 153 个残基，8 个 α-螺旋的紧凑的球状结构，见图 1-19。肌红蛋白是肌肉的储氧蛋白，是由一条肽链和一个血红素组成的结合蛋白质。辅基血红素处于肌红蛋白分子表面的一个空穴内。

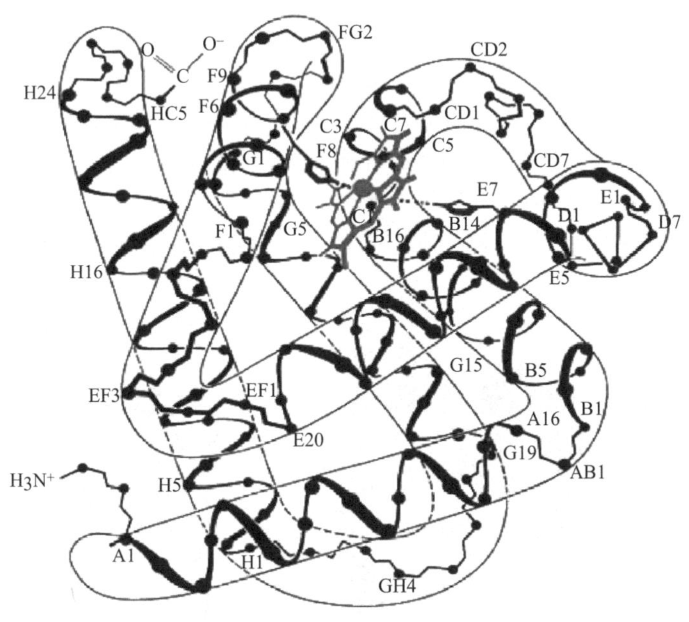

图 1-19　抹香鲸肌红蛋白三级结构示意图

例题

关于蛋白质三级结构的叙述，下列哪项是正确的（　　）?

A. 疏水基团位于分子内部　　　　B. 亲水基团位于分子内部

C. 亲水基团及可解离基团位于分子内部

解析

蛋白质在形成二级结构的基础上，形成三级结构时，疏水基团趋向于远离水相，处于蛋白质分子内部。而亲水基团则趋向于位于蛋白质分子的表面。

答案

A

知识点 13　蛋白质的四级结构

不是所有的蛋白质都具有四级结构。如肌红蛋白与胰岛素分子就不具有四级结构。对于那些由两条或两条以上多肽链组成的蛋白质，其每一条多肽链都有完整的三级结构，每一条肽链也称为亚基，亚基是肽链。四级结构指的是亚基的空间排布及亚基之间的相互作用。亚基本身都具有球状三级结构，一般只包含一条多肽链，也有的由两条或两条以上由二硫键连接的肽链组成。四级结构中各亚基之间的作用力主要是疏水作用。另外，氢键和离子键也参与维持四级结构。对称性是四级结构蛋白质最重要的性质之一。四级结构在功能上有很多优越性：增强结构稳定性；提高遗传经济性和效率；使催化基团汇集在一起；具有协同性和别构效应。图 1-20 是血红蛋白（左）和烟草花叶病毒外壳蛋白（右）四级结构示意图。

(a) 血红蛋白

(b) 烟草花叶病毒外壳蛋白

图 1-20　四级结构示意图

例题

不具四级结构的蛋白质是（　　）。

A. 血红蛋白　　B. 乳酸脱氢酶

C. 烟草花叶病毒外壳蛋白　　D. 肌红蛋白

解析

只有肌红蛋白由一条肽链组成，不具有四级结构。而其他蛋白质都是由多个亚基组成的，具有四级结构。

答案

D

第四节 / 蛋白质的结构与功能

知识点 14 蛋白质一级结构与功能的关系

蛋白质复杂的组成和结构是其多种多样生物学功能的基础，而蛋白质独特的性质和功能则是其结构的反映。蛋白质一级结构包含了其分子的所有信息，并决定其高级结构，高级结构和其功能密切相关。

蛋白质一级结构是空间结构形成的基础，而只有具备了特定的空间结构的蛋白质才具有生物学活性。同时，一级结构也是蛋白质功能的基础，一级结构相似的蛋白质具有相似的功能。在不同的机体中实现同一功能的蛋白质称为同源蛋白。通过同源蛋白一级结构的比较可以看出生物的亲缘关系的远近。例如，作为广泛存在于不同生物体内的一种蛋白质，细胞色素 c 在生物氧化中起传递电子的作用。基于植物、动物和微生物等数百种生物细胞色素 c 的一级结构研究表明：不同物种内细胞色素 c 一级结构相似度越高，亲缘关系越近，见表 1-3。

表 1-3　不同生物与人关于细胞色素 c 的氨基酸差异数

生物名称	与人类不同的氨基酸数目/个
黑猩猩	0
恒河猴	1
兔	9
袋鼠	10
牛、猪、羊、狗	11
马	12
鸡、火鸡	13
响尾蛇	14
海龟	15

续表

生物名称	与人类不同的氨基酸数目/个
金枪鱼	21
小蝇	25
蛾	31
小麦	35
粗糙链孢霉	43
酵母	44

相反，蛋白质一级结构不同则其功能也不同。当蛋白质一级结构改变，有时仅仅是一个氨基酸残基的改变，蛋白质的功能也会受到影响导致功能异常。例如，镰状细胞贫血病，正常的血红蛋白（HbA）分子中的 β 链的第六位 Glu 被 Val 取代后形成异常的血红蛋白（HbS）。由于 Val 的疏水性，导致异常血红蛋白水溶性下降，聚集成丝，相互黏着，导致红细胞变形成镰刀状而极易破碎，见图 1-21。再者，发生镰变的细胞黏滞加大，易栓塞血管；由于血液流速较慢，输氧机能降低，使脏器供血出现障碍，从而引起头昏、胸闷甚至导致死亡。

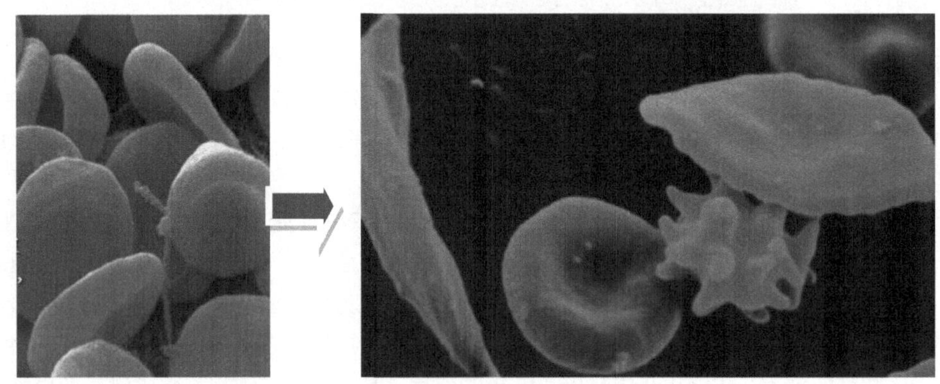

图 1-21　圆盘状红细胞与镰刀状红细胞

例题

分析蛋白质一级结构与功能的关系。

答案

①一级结构是功能的基础：每一种蛋白质都有特定的一级结构，蛋白质的任何功能都是通过其肽链上各种氨基酸残基的不同功能基团来实现的，所以蛋白质的一级结构一旦确定，蛋白质的可能功能也就确定了。②一级结构改变与分子病：血红蛋白的 β 链中的 N 末端第六位上的谷氨酸被缬氨酸取代，就会产生镰状细胞贫血病，使血红蛋白不能正常携带氧。

知识点 15 蛋白质空间结构与功能的关系

蛋白质的功能不仅与一级结构有密切关系，更要依赖于空间结构。当蛋白质空间结构改变后，可导致蛋白质生理功能丧失。蛋白质变性后，其一级结构没有改变，但是其空间结构被破坏了，导致生理功能丧失。可见，蛋白质空间结构对于蛋白质功能的重要性。例如核糖核酸酶肽链上的一级结构信息控制着肽链本身盘绕与折叠，曾经被称为生物大分子的“自我装配”。当天然的核糖核酸酶在 8 mol/L 尿素存在下，用 β-巯基乙醇处理后，分子内的四对二硫键即被还原成为巯基，整个肽链伸展而变成无规卷曲，同时酶的活性完全丧失。但是，当用透析方法将尿素和巯基乙醇除去后，核糖核酸酶活性又逐渐恢复，见图 1-22。

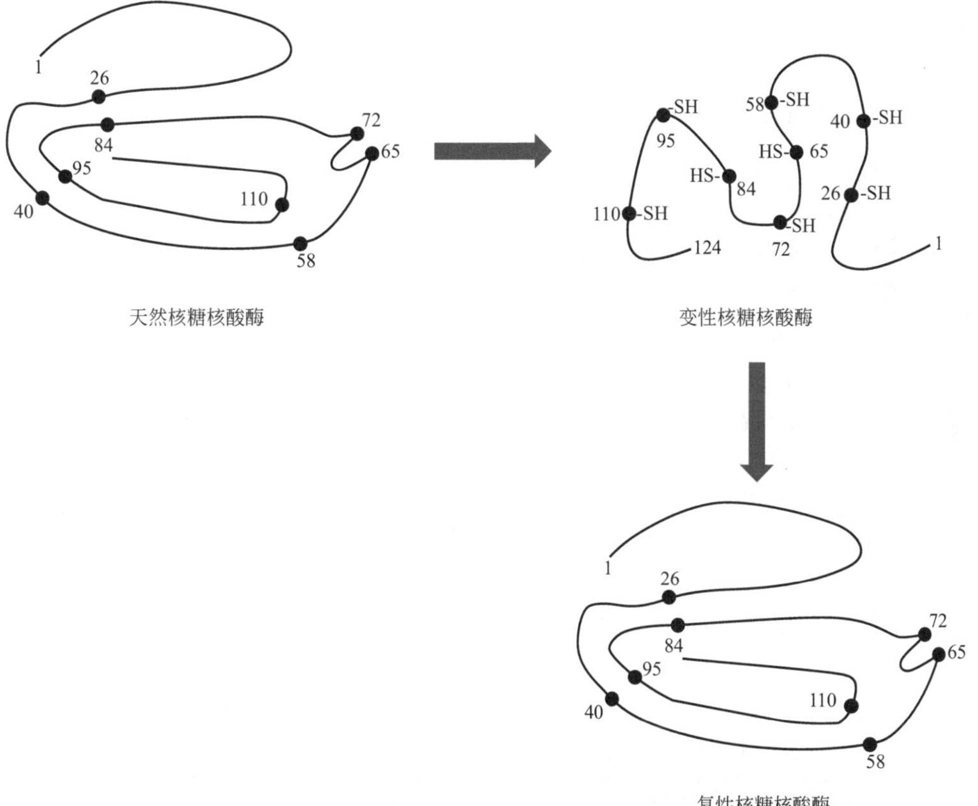

图 1-22　核糖核酸酶的变性与复性

血红蛋白的变构现象也说明了蛋白质空间结构与功能的关系。血红蛋白是一个四聚体蛋白质，具有氧合功能，可在血液中运输氧。研究发现，脱氧血红蛋白与氧的亲和力很低，不易与氧结合。一旦血红蛋白分子中的 1 个亚基与 O_2 结合，就会引起该亚基构象发生改变，并引起其他 3 个亚基的构象相继发生变化使它们易于和氧结合，说明变化后的构象最适合与氧结合。

由此可见，只有当蛋白质以特定的适当空间构象存在时才具有生物活性。此外，蛋白质空间结构改变与疾病的产生存在密切联系。蛋白质一级结构不变，而空间结构发生改变，仍可影响其功能，甚至导致疾病的发生，包括阿尔茨海默病、亨廷顿舞蹈症、疯牛病等。

例题

蛋白质变性的实质是什么?

解析

蛋白质的功能依赖于特定的空间结构。蛋白质的变性作用表明蛋白质空间结构与功能的关系十分密切。

答案

蛋白质空间结构被破坏。

知识点16 肌红蛋白和血红蛋白的结构与功能

（1）肌红蛋白和血红蛋白的结构特点

肌红蛋白（myoglobin）是第一个被确定的具有三级结构的蛋白质。结构特点是含有 153 个残基，8 个 α-螺旋，为紧凑的球状结构。含有一个血红素辅基，血红素能结合氧，位于蛋白质疏水的裂隙中。血红蛋白（hemoglobin）具有典型的四级结构，由四个亚基组成，成年人的血红蛋白是一个由两个 α 亚基和两个 β 亚基两种类型亚基组成的四聚体。α 亚基和 β 亚基都类似于肌红蛋白，只是肽链稍微短一点。每个亚基都有一个血红素辅基和一个氧结合部位。两种蛋白质的结构见图 1-23。

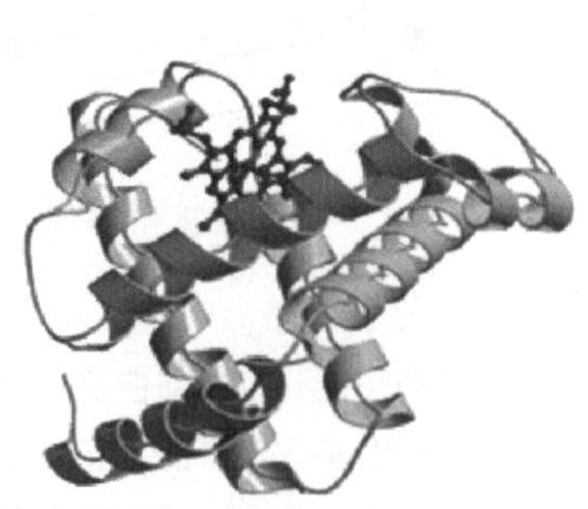

肌红蛋白

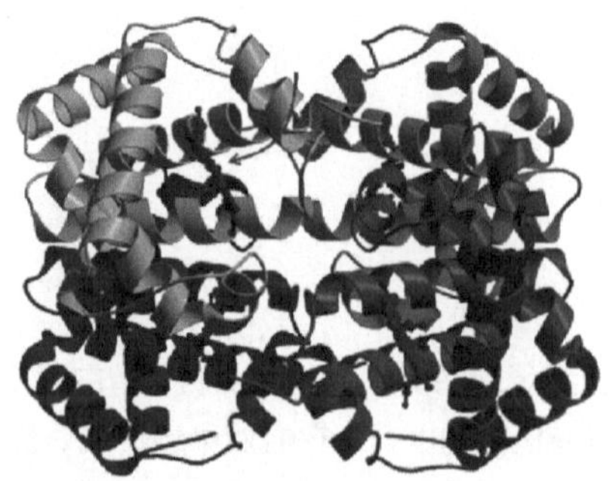

血红蛋白

图 1-23　肌红蛋白与血红蛋白结构示意图

（2）肌红蛋白和血红蛋白的氧合曲线

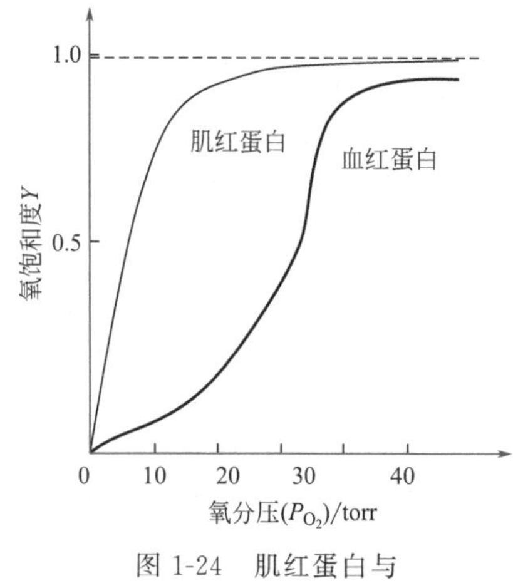

图 1-24　肌红蛋白与血红蛋白的氧合曲线

肌红蛋白和血红蛋白都能结合氧，而且氧都是结合在分子中的血红素辅基上。肌红蛋白和血红蛋白的生理功能依赖于血红素辅基可逆地结合氧。结合氧的情况可以通过氧合曲线看出。Y 为氧饱和度，P_{O_2} 为氧分压。以 Y 对 P_{O_2} 作图 1-24。当 Y = 1，蛋白质的氧结合部位都被氧占据，即完全饱和。当 Y = 0. 5，蛋白质的氧结合部位的一半都被氧占据，即半饱和，此时对应的氧分压，称为**半饱和氧分压**，用 P_{50} 表示。从图 1-24 可以看出，当氧分压为 2. 8torr（1torr = 133. 3Pa，1atm = 760torr）时，肌红蛋白处于半饱和状态。当氧分压为 26torr 时，血红蛋白处于半饱和状态。所以在同样的条件下，肌红蛋白的 P_{O_2}（2. 8torr）比血红蛋白的 P_{O_2}（26 torr）低得多，反映了肌红蛋白对氧的高亲和性。

肌红蛋白的氧合曲线呈双曲线。血红蛋白的氧合曲线呈 S 形，具体来说，氧气与血红蛋白中一个亚基结合后，导致其他亚基构象发生改变，提高了他们对氧气的亲和力，更容易与氧气结合。氧气与血红蛋白的结合具有协同效应，结合 1 分子氧气都会使血红蛋白对另 1 分子氧气的亲和性增加，这种起促进作用的结合现象称为正协同效应，反之，则为负协同效应。

（3）肌红蛋白和血红蛋白的功能

氧合曲线上的差别使得血红蛋白承担着将氧由肺运输到外周组织的任务，而肌红蛋白主要是接收血红蛋白释放的氧。肌红蛋白和血红蛋白对氧亲和性的差异形成了一个有效的将氧从肺转运到肌肉的氧转运系统。

例题

比较肌红蛋白与血红蛋白的异同。

答案

可以从结构、氧合曲线性质和功能三个方面比较肌红蛋白与血红蛋白。肌红蛋白是单个亚基的氧结合蛋白，肌红蛋白的氧合曲线是双曲线，不存在协同效应，主要功能是储存氧。血红蛋白是含有 4 个亚基的氧结合蛋白，由两个 α 亚基（141 个残基）和两个 β 亚基（146 个残基）组成，即 $\alpha_2\beta_2$，血红蛋白的氧合曲线是 S 曲线，存在协同效应，主要的功能是运输氧。

知识点 17 血红蛋白是一种别构蛋白

血红蛋白是研究蛋白质结构与功能关系的典型例子。血红蛋白是一种寡聚蛋白，由两个 α 亚基和两个 β 亚基组成。每个亚基都有一个血红素辅基，具有与氧结合的高亲和力。血红蛋白是一种别构蛋白，当四个亚基组成血红蛋白后，其结合氧的能力就会随着氧分压及其他因素如 2,3-二磷酸甘油酸（2,3-BPG）和 H^+ 的改变而改变。这是由于血红蛋白分子的构象可以发生一定程度的变化，从而影响了血红蛋白与氧的亲和力。

（1）2,3-二磷酸甘油酸（2,3-bisphospho glycerate， 2,3-BPG）

2,3-BPG 是一种有机磷酸分子，带多个负电荷，位于血红蛋白四个亚基缩合形成的中央空穴，高负电荷的 2,3-BPG 分子和 β 亚基之间的离子键有助于稳定血红蛋白的紧张态构象，促进 O_2 的释放，即降低了对 O_2 的亲和力。在红细胞中，2,3-BPG 与血红蛋白的浓度几乎是等物质的量的。红细胞中的 2,3-BPG 实质上是降低了血红蛋白对氧的亲和性，使得血红蛋白在组织中氧分压低的情况下可以将氧释放出来，见图 1-25。

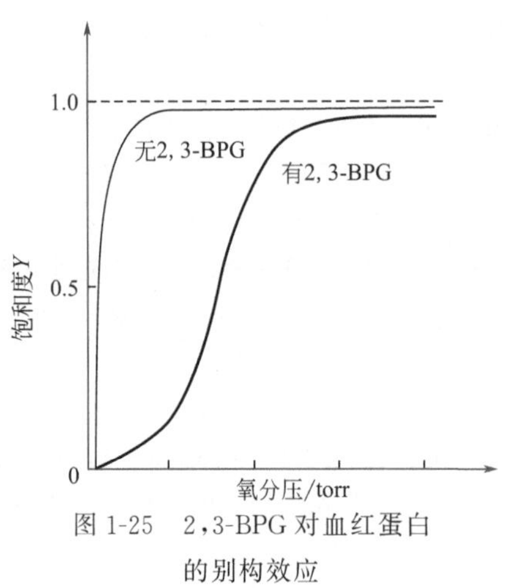

图 1-25　2,3-BPG 对血红蛋白的别构效应

胎儿中存在另外一种类型的血红蛋白，即胎儿血红蛋白（HbF），HbF 和成年人血红蛋白（HbA）不同。成年人血红蛋白的中央腔存在组氨酸，其正电荷有利于结合 2,3-BPG，而在胎儿血红蛋白中该位置被丝氨酸取代。这种差异在于，当结合 2,3-BPG 时，与 HbF 相比，HbA 氧饱和曲线发生了更大的漂移，表明 HbA 结合 2,3-BPG 比 HbF 结合 2,3-BPG 更紧密，而结合 2,3-BPG 就减少了对氧亲和性。在生理条件下，HbF 对氧的高亲和性可确保氧可以由母体血液流向胎盘中的胎儿血液。

此外，处于高原时，人体能通过改变红细胞内 2,3-BPG 的浓度来调节对组织的供氧。机体会增加体内 2,3-BPG 的浓度，2,3-BPG 的增加使血红蛋白更充分地释放氧气，增加机体利用氧气的效率。

（2）波耳效应

CO_2 浓度的增加以及相应的 pH 降低能够提高血红蛋白亚基的协同效应，降低血红蛋白对氧气的亲和力，这一现象称为波耳效应（Bohr effect）。波耳效应主要描述 H^+ 或 pH 以及 CO_2 分压的变化，对血红蛋白结合氧的影响，见图 1-26。波耳效应具有的生理意义在于，在肺部，CO_2 水平低，氧很容易被血红蛋白占有，同时释放出质子；而在代谢的组织中，CO_2 水平相对来说比较高，pH 较低，氧容易从氧合血红蛋白卸载。提高了氧转运系统的效率。例如，休克病人组织中严重缺乏氧气供应，

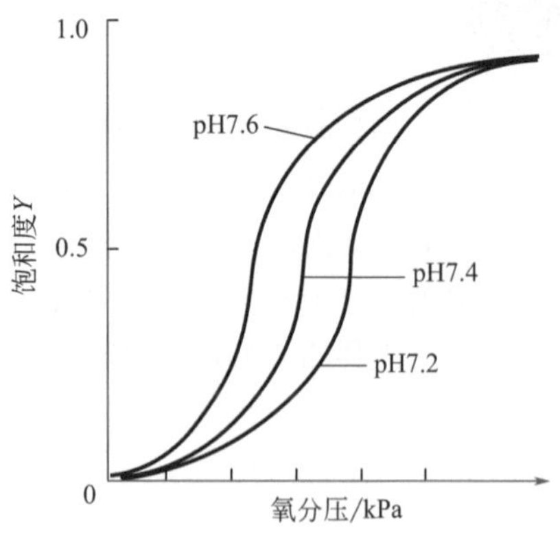

图 1-26　pH 对血红蛋白与氧亲和力的影响

向休克病人静脉注射碳酸氢根，其实就是提供了一种 CO_2 的来源。根据波耳效应可知，CO_2 通过降低血红蛋白对氧气的亲和力，促使氧合血红蛋白向组织中释放氧气。

例题

胎儿血红蛋白（HbF）对氧的亲和力与成人血红蛋白（HbA）对氧亲和力相比，增强还是减弱?

解析

胎儿的 HbF 的 γ 链的 143 位是 Ser（HbA 的 β 链 143 位是 His），使得 HbF 对 2,3-BPG 结合能力减弱。由于 2,3-BPG 是血红蛋白的别构效应物，使血红蛋白对 O_2 的亲和力下降。当氧分压为 4kPa 时，HbA 只有 33%的氧饱和度，而 HbF 为 58%，表明 HbF 比 HbA 对氧的亲和性更高。因此，HbF 对 O_2 的亲和力增加，这有利于胎儿血液流经胎盘时，HbF 能从胎盘的另一侧母体的 HbA 中获得 O_2。

答案

增强。

第五节 蛋白质的性质与分离纯化

知识点 18 蛋白质的酸碱性质

（1）两性解离

蛋白质两性解离的基础在于蛋白质分子两端分别有 α-氨基和 α-羧基，以及氨基酸侧链的可解离基团。这些基团在一定的 pH 溶液中可以结合或者释放出 H^+，蛋白质分子因而带正电荷或负电荷的基团。同样的，蛋白质解离呈正离子与负离子的趋势相同，蛋白质净电荷为零，此时溶液 pH 就是蛋白质等电点 pI。当蛋白质溶液的 pH> pI，蛋白质解离成阴离子，带负电荷；反之，当蛋白质溶液的 pH< pI，蛋白质解离成阳离子，带正电荷。例如，人体内各种蛋白质的等电点大多数接近于 pH 5.0。所以，人体内大多数蛋白质解离成阴离子，带负电荷。当蛋白质溶液的 pH = pI，蛋白质兼性离子带相等的正电荷和负电荷，成为中性微粒，所以，在等电点时，蛋白质不稳定而易于沉淀。

（2）胶体性质

蛋白质分子质量变化范围大约从 6000 到 1000000Da。从蛋白质分子大小可以看出其介于胶体范围内。蛋白质是一种亲水胶体，蛋白质分子表面的亲水基团，在水中起水化作用，使分子表面有水化膜。蛋白质分子表面上的可解离基团在适当的 pH 带有相同的静电荷，与周围的反离子构成稳定的双电子层。如果去掉水化膜和电子层两个稳定因素，蛋白质很容易从溶液中沉淀出来。

（3）蛋白质的沉淀

若能去除蛋白质的水化膜并中和其电荷，蛋白质就会沉淀。沉淀蛋白质的方法包括：①有机溶剂沉淀，如甲醛、乙醇、丙酮等有机溶剂可降低溶液介电常数，引起蛋白质脱去水化层，增加带电质点的相互作用引起沉淀。使用丙酮沉淀时，必须在 0～4℃低温下进行，丙酮用量一般 10 倍于蛋白质溶液的体积，蛋白质被丙酮沉淀时，应立即分离，否则蛋白质会变性。②重金属盐沉淀，如汞、铅、铜、银等重金属离子，可与带负电荷蛋白质结合，使蛋白质沉淀。例如，临床上常用口服大量蛋白质和催吐剂抢救重金属中毒的病人。③实验室沉淀蛋白质的常用方法是盐析法，在蛋白质溶液中加入大量的硫酸铵、硫酸钠或氯化钠等中性盐，去除蛋白质的水化膜，中和蛋白质表面的电荷，使蛋白质颗粒相互聚集，发生沉淀。盐析法是对蛋白质进行粗分离的常用方法。

例题

某蛋白质的等电点为 7.5，在 pH6.0 的条件下进行电泳，它的泳动方向是（　　）。

A. 在原点不动　　B. 向正极移动　　C. 向负极移动　　D. 无法预测

解析

在 pH6.0 的条件下，pI 为 7.5 的蛋白质带正电荷，向负极移动。

答案

C

知识点19 蛋白质的变性

环境的变化或是化学处理都会导致蛋白质中维持空间结构的次级键断裂，引起蛋白质空间结构的破坏，并伴随着生物活性的丧失，这一过程称为蛋白质变性。引起蛋白质变性的物理因素有加热、紫外线照射、超声波和剧烈振荡；化学因素有强酸、强碱、有机剂溶剂和重金属盐等。变性后的蛋白质溶解度降低，黏度下降，失去生物活性，失去结晶能力，易被蛋白酶水解。

蛋白质变性的本质是蛋白质的特定构象被破坏，而不涉及蛋白质的一级结构的变化。由于蛋白质变性不破坏一级结构，有些蛋白质在发生轻微变性后，可因去除变性因素而恢复活性，这种现象称为蛋白质复性。White 和 Anfinsen 进行的牛胰核糖核酸酶（RNase Ⅰ）变性和复性的经典实验中，牛胰核糖核酸酶（RNase Ⅰ）在尿素和还原剂 β-巯基乙醇存在时，分子内的四对二硫键即被还原成为巯基，整个肽链伸展而变成无规卷曲，会发生蛋白质变性，同时酶的活性完全丧失。但是，当用透析方法将尿素和巯基乙醇除去后，可重新形成次级键，恢复其三级空间结构，同时生物活性也恢复。虽然存在蛋白质的复性，但大多数蛋白质变性后，因空间结构严重破坏而无法复性。蛋白质变性的理论可应用于实际生活中，一方面注意低温保存蛋白质使其保持生物活性，另一方面可利用变性因素应用于杀菌消毒。

例题

关于蛋白质变性的叙述哪些是正确的（　　）?

A. 蛋白质变性是由于特定的肽键断裂

B. 蛋白质变性是由非共价键破裂引起的

C. 用透析法除去尿素有时可以使变性蛋白质复性

D. 变性的蛋白质一定会沉淀

解析

蛋白质变性是由于次级键破裂引起空间结构破坏，但一级结构保持完整，用透析法除去尿素有时可以使变性蛋白质复性，稀溶液中的蛋白质用弱酸、弱碱等变性后，有时可以不沉淀。

答案

BC

知识点 20 蛋白质的分离纯化

蛋白质分离与纯化的基本步骤包括：

① 破碎生物组织，并用适当的缓冲液将蛋白质抽提出来。

② 应用盐析和有机溶剂将蛋白质分级沉淀下来。

③ 进一步用层析和电泳法使它们各自分开。

④ 在适当的条件下使其结晶。

⑤ 蛋白质纯度及其含量的测定。

（1）破碎方法

机械破碎法，如玻璃匀浆器、组织捣碎机、研钵等。渗透破碎法，利用低渗使细胞溶胀破碎。交替冻融法，将生物组织冻结后，细胞内溶液冰冻使细胞胀破。超声波法，超声振荡，使细胞膜受张力不均匀而解体。酶消化法，利用蛋白酶、溶菌酶、纤维素酶等对细胞壁和膜的分解作用使细胞解体。

（2）沉淀蛋白质的方法

如前面所述，常用的是盐析和有机溶剂方法，此外还有调节 pH 和改变温度等方法。盐析中常用的中性盐有硫酸铵、硫酸钠和氯化钠等。高浓度的中性盐通过夺取蛋白质周围的水化膜，破坏了蛋白质溶液的稳定性。有机溶剂，如丙酮、正丁醇、乙醇和甲醇，通过降低溶液的介电常数，使蛋白质分子之间相互吸引而沉淀。同时，有机溶剂沉淀蛋白质应在低温下进行，这样能够避免蛋白质变性。

（3）根据分子大小不同的分离法

① 透析和超过滤。利用蛋白质分子不能透过半透膜的性质，使蛋白质和其他小分子物质如无机盐、单糖、水等分开。常用的半透膜是玻璃纸和火棉及其他合成材料。透析法常用在盐析之后，用以去除盐析中溶液存在的大量中性盐。超过滤是在一定压力下使蛋白质截留在超滤膜上，而小分子物质和溶剂从超滤膜过滤出来。根据待分离蛋白质的分子量，可以选择不同孔径的超滤膜。这种方法不仅可以分离蛋白质还能达到浓缩蛋白质的目的。

② 离心沉降法。在强大离心力作用下蛋白质分子会发生沉降。蛋白质沉降速率取决于离心机转速和蛋白质分子大小、密度和形状等。通过控制离心机速度，能够达到分离蛋白质的目的。

③ 凝胶过滤。又称分子筛色谱或大小排阻色谱，是根据蛋白质分子量大小进行分离。色谱柱内填充微孔胶粒，这种带孔的颗粒由不溶于水但高度亲水性的多聚物组成，如交联葡聚糖，小分子能够进入凝胶颗粒内部，大分子不能进入凝胶颗粒内部，见图 1-27。由于不同大小的分子所经的路径不同而得到分离。大分子蛋白质先被洗脱下来，小分子蛋白质后被洗脱下来。达到按不同分子大小将混合蛋白质溶液中各蛋白质组分分开的目的。

（4）根据电荷不同的分离方法

① 离子交换色谱。是利用蛋白质两性解离特性和等电点作为分离依据的一种方法。根据色谱柱内填充物的电荷性质不同，离子交换色谱可分为两种，阳离子交换色谱和阴离子交换色谱。例如羧甲基纤维素（CM-纤维素），是阳离子交换色谱的交换剂；二乙氨基乙基纤维素（DEAE-纤维素），是阴离子交换色谱的交换剂。

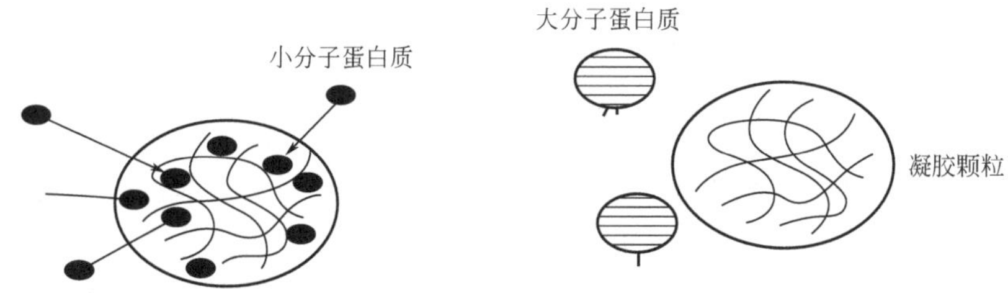

图 1-27 凝胶颗粒与蛋白质

蛋白质与离子交换剂的结合与溶液 pH 有关，因为 pH 决定离子交换剂与蛋白质的电离程度。在某一 pH 值时，不同蛋白质因等电点不同而带不同电荷，与离子交换色谱的交换剂带相同电荷的蛋白质会被吸附在该离子交换剂上，带同种电荷越多，与离子交换剂结合的牢固程度也越高。因此，通过一系列 pH 递增或递减的缓冲液洗脱，可以降低蛋白质与离子交换剂的亲和力，将不同蛋白质逐步洗脱下来，达到分离的目的。

② 电泳。带电颗粒在电场中移动的现象称为电泳。蛋白质分子在电场中移动的速度受到其所带电荷的性质、数目，蛋白质分子的大小及形状等因素的影响。净电荷越大，蛋白质分子在电场中移动越快。电泳装置见图 1-28。

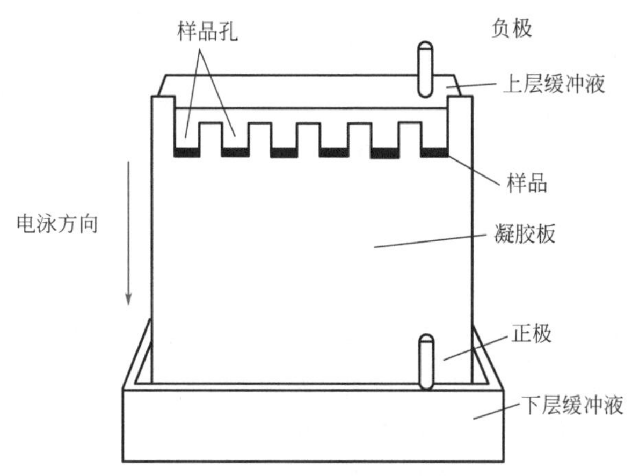

图 1-28 电泳装置示意图

SDS-聚丙烯酰胺凝胶电泳（SDS-PAGE）是有去污剂十二烷基硫酸钠（SDS）存在下的聚丙烯酰胺凝胶电泳。由于 SDS 是带有负电荷的分子，同时它有一个长的疏水尾巴，所有结合 SDS 的蛋白质复合物的形状近似于长的椭圆棒，它们的短轴是恒定的，而长轴与蛋白质分子量的大小成比例。因此，SDS-蛋白质复合物在凝胶中的迁移率不再受蛋白质原有电荷和形状的影响，而主要取决于蛋白质分子量。电泳时，因蛋白质的迁移距离与它们质量的对数成线性的正比关系，利用已知分子量的蛋白质与待测样品一起电泳，就可以测定出蛋白质分子量。

a. 等电聚焦电泳。依据蛋白质所带正电荷和负电荷的相对含量进行分离。等电聚焦电泳（IFE）的聚丙烯酰胺凝胶介质中含有两性电解质的混合物，这些混合物是由分子量较低的脂肪族多氨基、多羧基化合物组成，它们等电点不同。当将电场加到凝胶两侧时，两性电解质混合物迁移并产生 pH 梯度。利用等电聚焦电泳分离蛋白质时，某一蛋白质迁移到电场中 pH

等于其等电点时，该蛋白质因电中性而停止移动。这样每个蛋白质分子被聚焦在其等电点的条带中，各种蛋白质按其等电点不同得以分离。

b. 双向电泳。利用蛋白质所带电荷和分子量的差异，将 IFE 和 SDS-PAGE 结合，能获得高分辨率的分离效果。第一向电泳在玻璃管中进行 IFE，将等电点不同的蛋白质予以分离。第二向电泳在玻璃平板上进行 SDS-PAGE，将 IFE 的胶条横放在平板顶端，电泳方向与 IFE 相互垂直，因等电点差异而分离的蛋白质再进行一次因分子量不同的分离。双向电泳后的凝胶经染色后，蛋白质呈二维分布图。水平方向的 IFE 分离等电点有差异的蛋白质，垂直方向的 SDS-PAGE 分离分子量有差异的蛋白质。所以双向电泳的分辨率很高，是研究蛋白质组不可缺少的工具，见图 1-29。

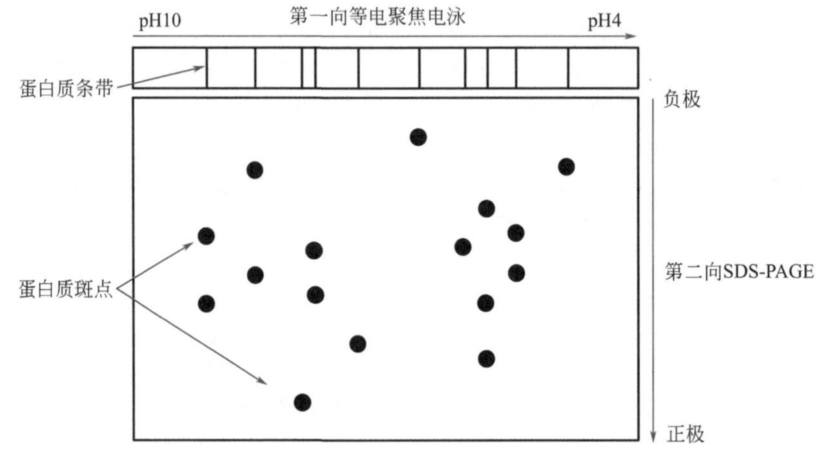

图 1-29　双向电泳装置示意图

（5）蛋白质含量的测定方法

① 凯氏定氮法。蛋白质平均含氮量为 16%，这是凯氏定氮法测蛋白质含量的理论依据：蛋白质含量 = 蛋白质含氮量 × 6. 25。含氮有机物与浓硫酸共热，即分解产生氨（消化），氨又与硫酸作用，变成硫酸铵。经强碱碱化使之分解放出氨，借蒸气将氨蒸至酸液中，根据此酸液被中和的程度可计算得样品的氮含量。

② 双缩脲法。含两个或两个以上肽键的化合物（肽及蛋白质）遇到稀硫酸铜碱性溶液就生成铜与四个氮原子（两个肽键各提供两个氨）的络合物，呈现紫色或青紫色，这叫双缩脲反应。蛋白质含有两个以上的肽键，因此有双缩脲反应。在碱性溶液中，蛋白质与 Cu^{2+} 形成紫色络合物，此紫色络合物颜色的深浅与蛋白质含量成正比，而与蛋白质的分子量及氨基酸成分无关，故可用来测定蛋白质含量。测定范围为 1 ~ 10μg 蛋白质。干扰这一测定的物质主要有：硫酸铵、Tris 缓冲液和某些氨基酸等。此法的优点是较快速，不同的蛋白质产生颜色的深浅相近，以及干扰物质少。主要的缺点是灵敏度差。因此双缩脲法常用于需要快速，但并不需要十分精确的蛋白质测定。

③ Folin-酚试剂法。这种蛋白质测定法是最灵敏的方法之一。过去此法是应用最广泛的一种方法，由于其试剂配制较为困难，近年来逐渐被考马斯亮蓝法所取代。此法的显色原理与双缩脲方法是相同的，只是加入了第二种试剂，即 Folin-酚试剂，以增加显色量，从而提高了检测蛋白质的灵敏度。此法可检测的最低蛋白质质量达 5mg。通常测定范围是

20～250mg。

④ 紫外吸收法。紫外吸收法简便、灵敏、快速，不消耗样品，低浓度的盐类不干扰测定，特别适用于柱色谱洗脱液的快速连续检测。在 280nm 进行紫外检测，来判断蛋白质吸附或洗脱情况是最常用的方法。此法的特点是测定蛋白质含量的准确度较差，干扰物质多，在用标准曲线法测定蛋白质含量时，对那些与标准蛋白质中酪氨酸和色氨酸含量差异大的蛋白质，有一定的误差。故该法适用于测定与标准蛋白质氨基酸组成相似的蛋白质。

⑤ 考马斯亮蓝法。该方法是根据蛋白质与染料相结合的原理设计的。这种蛋白质测定法具有超过其他几种方法的突出优点，因而正在得到广泛的应用。考马斯亮蓝 G-250 的磷酸溶液呈棕红色，当它与蛋白质经过疏水作用后变成蓝色，最大吸收波长从 465nm 转移到 595nm 处。考马斯亮蓝 G-250-蛋白质复合物具有很高的消光系数，因此蛋白质测定的灵敏度较高，最低检出量为 1μg 蛋白质。考马斯亮蓝 G-250 与蛋白质的结合，大约只需 2min，结合物的颜色在 1h 内是稳定的。一些阳离子，如 K^+、Na^+、Mg^{2+} 以及 $(NH_4)_2SO_4$、乙醇等物质不干扰测定，但去污剂如 Triton x-100、SDS 等严重干扰测定，少量的去污剂可通过用适当的对照消除。本法试剂配制简单，操作简便快捷，灵敏度高，测定范围 1～1000μg。这一方法是目前灵敏度最高的蛋白质测定法。

⑥ 胶体金法。胶体金（colloidal gold）是氯金酸的水溶胶，呈洋红色，具有高电子密度，并能与多种生物大分子结合。胶体金法是一种带负电荷的疏水胶体遇蛋白质转变为蓝色，颜色的改变与蛋白质有定量关系，可用于蛋白质的定量测定。

例题

用凝胶过滤色谱柱分离蛋白质时，下列哪项是正确的（　　）？

A. 分子体积最大的蛋白质最先洗脱下来　B. 分子体积最小的蛋白质最先洗脱下来

C. 不带电荷的蛋白质最先洗脱下来　D. 带电荷的蛋白质最先洗脱下来

解析

小分子能进入颗粒的孔内，而较大的分子不能进入孔内。因此，当不同分子大小的蛋白质混合物流进凝胶色谱柱时，比凝胶颗粒网孔大的分子不能进入孔内网状结构，排阻在凝胶颗粒以外，在凝胶颗粒间隙中向下移动；比凝胶颗粒孔径小的分子不同程度地进入凝胶颗粒内，向下流动的路径长，移动缓慢。

答案

A

知识网络框图

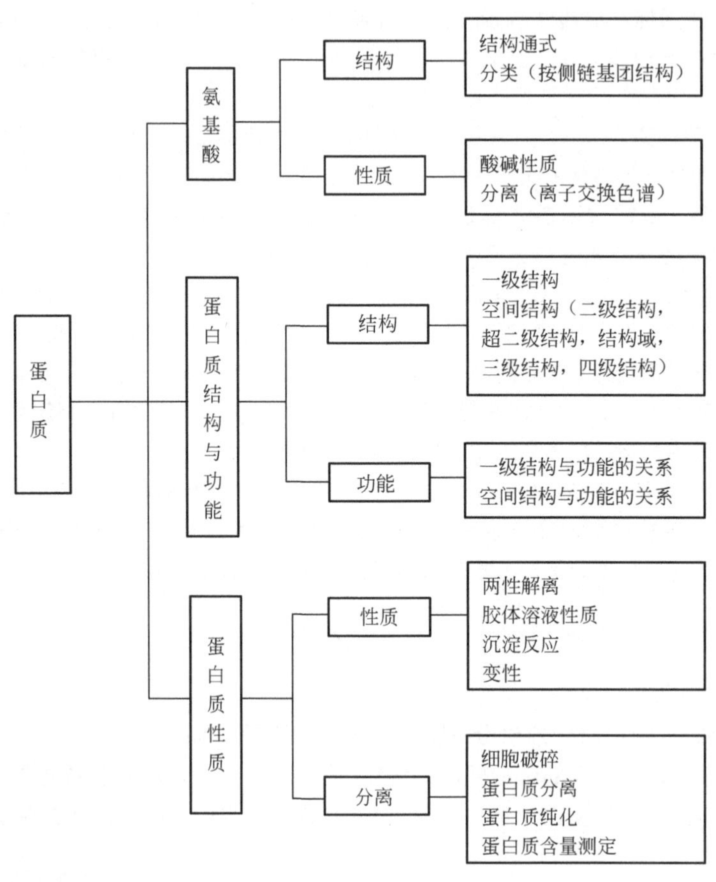

在生物体中，蛋白质几乎参与了生命过程的各个环节。因此，关于蛋白质结构与功能的多项突破性研究，获得了诺贝尔奖。其中关于蛋白质结构方面，费歇尔等首次阐明氨基酸是组成蛋白质的基本单位并提出肽，分析了蛋白质的分子组成及其一级结构，该成果于1902年获得诺贝尔化学奖。鲍林等提出螺旋和折叠是多肽链局部三维结构的主体，即为蛋白质的二级结构，该成果于1954年获得诺贝尔化学奖。佩鲁茨等通过X射线衍射技术发现血红蛋白和肌红蛋白空间构象而提出蛋白质三级结构，并于1962年获得诺贝尔化学奖。安芬森等发现，当核糖核酸酶变性后又恢复空间构象时仍保持其生物学功能，说明空间结构是由一级结构决定的，阐明了蛋白质一级结构与空间结构

之间的相互关系，该成果于1972年获诺贝尔化学奖。关于蛋白质功能方面，萨姆纳等提出，在生物体内发挥催化作用的酶的化学本质是蛋白质，并于1946年获得诺贝尔化学奖。布鲁希纳等发现，朊蛋白空间结构的改变是致病因素朊蛋白形成的原因，并于1997年获得诺贝尔生理学或医学奖，该成果是蛋白质结构与功能关系的诠释。关于蛋白质的研究技术方面，因发明蛋白质一级序列的测定方法，桑格等于1953年获得诺贝尔化学奖。芬恩、田中耕一和维特里希等利用质谱和核磁共振分析等方法鉴定生物大分子及空间结构，并于2002年获得诺贝尔化学奖。

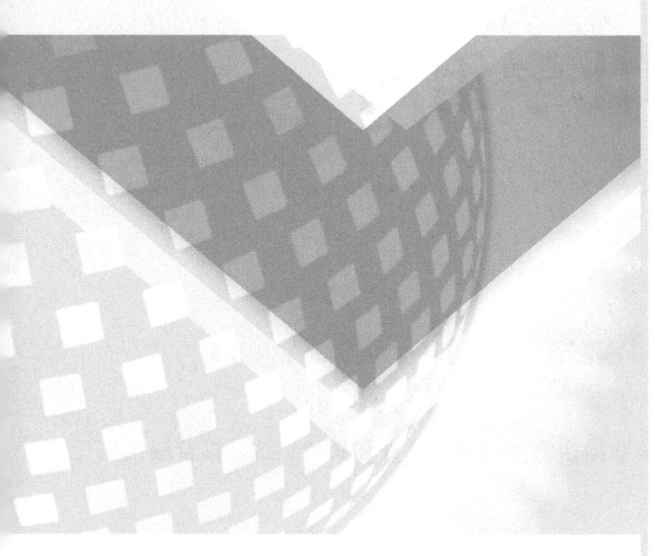

第二章
核　酸

第一节 核酸的化学组成

知识点1 核苷酸的组成

核酸的基本结构单位是核苷酸。核苷酸由含氮碱基、戊糖和磷酸组成。核苷酸结构见图 2-1。

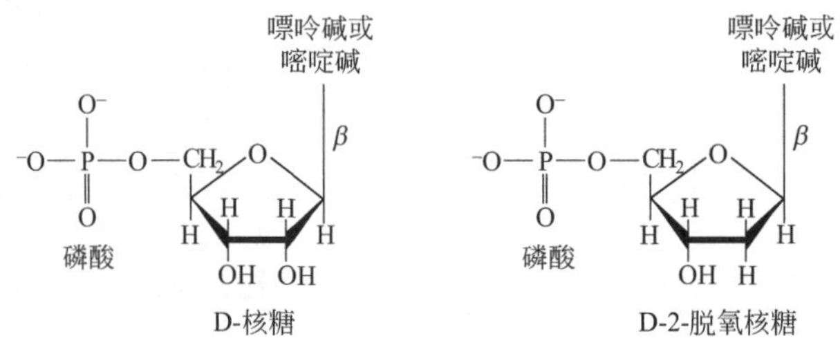

图 2-1 核苷酸的一般结构

核酸中碱基分两类：嘧啶碱和嘌呤碱。DNA 和 RNA 都含有胞嘧啶（cytosine，C）、腺嘌呤（adenine，A）和鸟嘌呤（guanine，G）。胸腺嘧啶（thymine，T）只在 DNA 中存在，尿嘧啶（uracil，U）只在 RNA 中存在。5 种碱基的结构如图 2-2 所示。

核酸分子中除常见的几种嘌呤和嘧啶外，还含有一些含量很少的碱基，称为稀有碱基。它们种类多，目前已知稀有碱基和核苷近百种。最普通的稀有碱基是碱基的甲基化产物。稀有碱基的命名可能有些复杂。在这里通常规定，对于修饰碱基的核苷，在核苷符号的左侧以小写字母及右上角数码表示其碱基上的取代基团的性质、数目及位置，如 2-甲基腺苷表示为：m^2A。对于修饰糖环的核苷，在核苷符号右侧以小写字母表示，如 2′-O-甲基腺苷表示为：Am^2。如图 2-3 所示。

嘧啶　　嘌呤

(a) 嘌呤和嘧啶的母体化合物结构

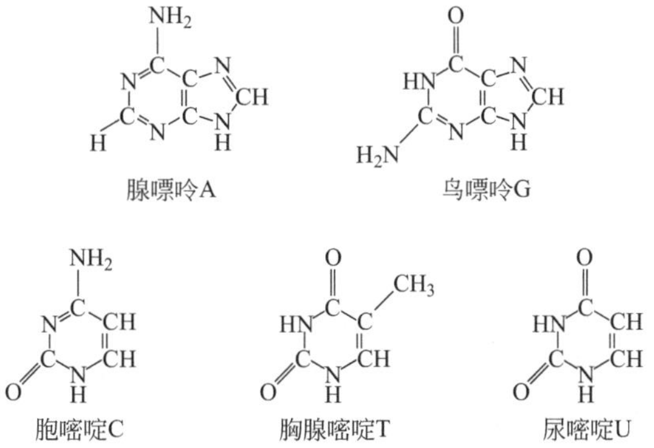

腺嘌呤A　　鸟嘌呤G

胞嘧啶C　　胸腺嘧啶T　　尿嘧啶U

(b) 核酸中主要的嘌呤和嘧啶

图 2-2　常见的嘌呤和嘧啶结构

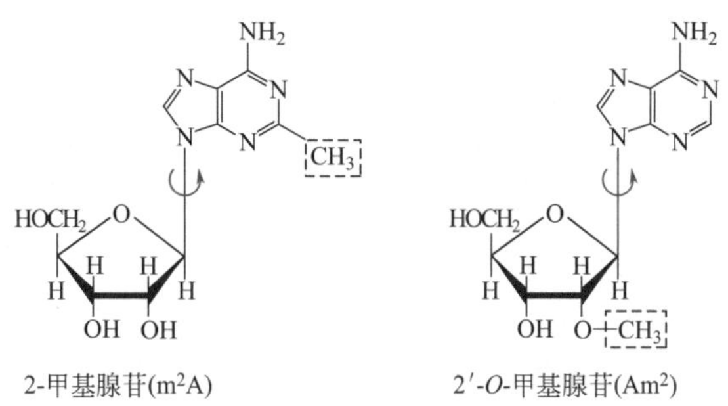

2-甲基腺苷(m^2A)　　2′-*O*-甲基腺苷(Am^2)

图 2-3　修饰碱基及糖环的核苷

例题

稀有碱基主要存在于（　　）中。

A. 染色体 RNA　　B. rRNA　　C. tRNA　　D. mRNA

解析

RNA 中存在着许多稀有碱基，特别是在 tRNA 中含有较多的稀有碱基，可达到 10%。

答案

C

知识点 2 核苷及核苷酸

核苷是一种糖苷，由戊糖和碱基缩合而成。组成核酸的戊糖主要有 2 种：DNA 的脱氧核糖核苷酸含有 D-2′-脱氧核糖，RNA 的核糖核苷酸含有 D-核糖。在核苷酸中，两种戊糖都是 β-呋喃型。糖与碱基之间以糖苷键相连接。碱基氮原子与戊糖的 C1′ 形成 *N*-β-糖苷键（嘌呤碱在 N9，嘧啶碱在 N1）。*N*-β-糖苷键形成时缩合去掉一个水分子（羟基来自戊糖，氢原子来自碱基），如图 2-4 所示。

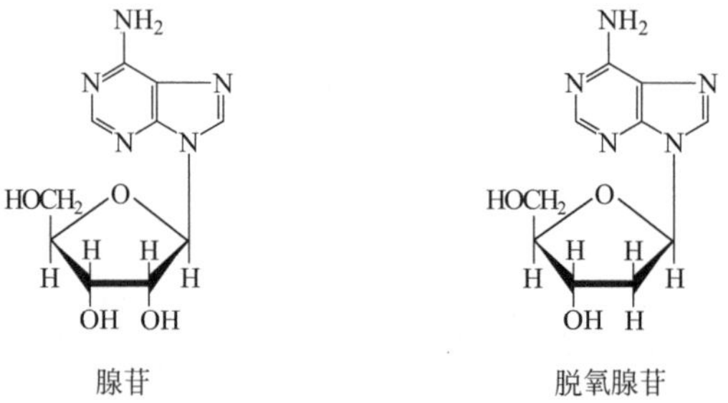

腺苷　　　　脱氧腺苷

图 2-4　核苷的结构

核苷酸是核苷的磷酸酯。核苷含有 3 个可以被磷酸酯化的羟基（2′、3′ 和 5′ 羟基），而脱氧核苷含有 2 个这样的羟基（3′ 和 5′ 羟基）。通常，磷酸与戊糖 5′ 羟基成酯。四种主要核糖核苷酸和脱氧核糖核苷酸的结构和名称如图 2-5。

核糖核苷酸通常简写为 AMP、GMP、UMP 和 CMP；脱氧核糖核苷酸通常简写为 dAMP、dGMP、dTMP 和 dCMP。核苷酸的系统命名给出了该分子中存在的磷酸基团数目，例如腺苷的 5′-单磷酸酯就称为腺苷一磷酸（adenosine monophosphate，AMP），也可简称为腺苷酸（adenylate）。

核苷一磷酸可以进一步磷酸化，形成核苷二磷酸和核苷三磷酸。例如：腺苷一磷酸（AMP）、腺苷二磷酸（ADP）、腺苷三磷酸（ATP）（图 2-6）。

ATP 在腺苷酸环化酶的作用下可以生成 **3′,5′**-环腺苷酸（3′,5′-cyclic adenosine monophosphate，cAMP）。同样，GTP 在鸟苷酸环化酶催化下也可生成 3′,5′-环鸟苷酸（3′,5′-cyclic guanosine monophosphate，cGMP），结构见图 2-7。当激素经血液到达靶细胞后，与靶细胞相应的激素受体作用，诱导腺苷酸环化酶（或鸟苷酸环化酶）催化 ATP（或 GTP）环化生成 cAMP（或 cGMP）。

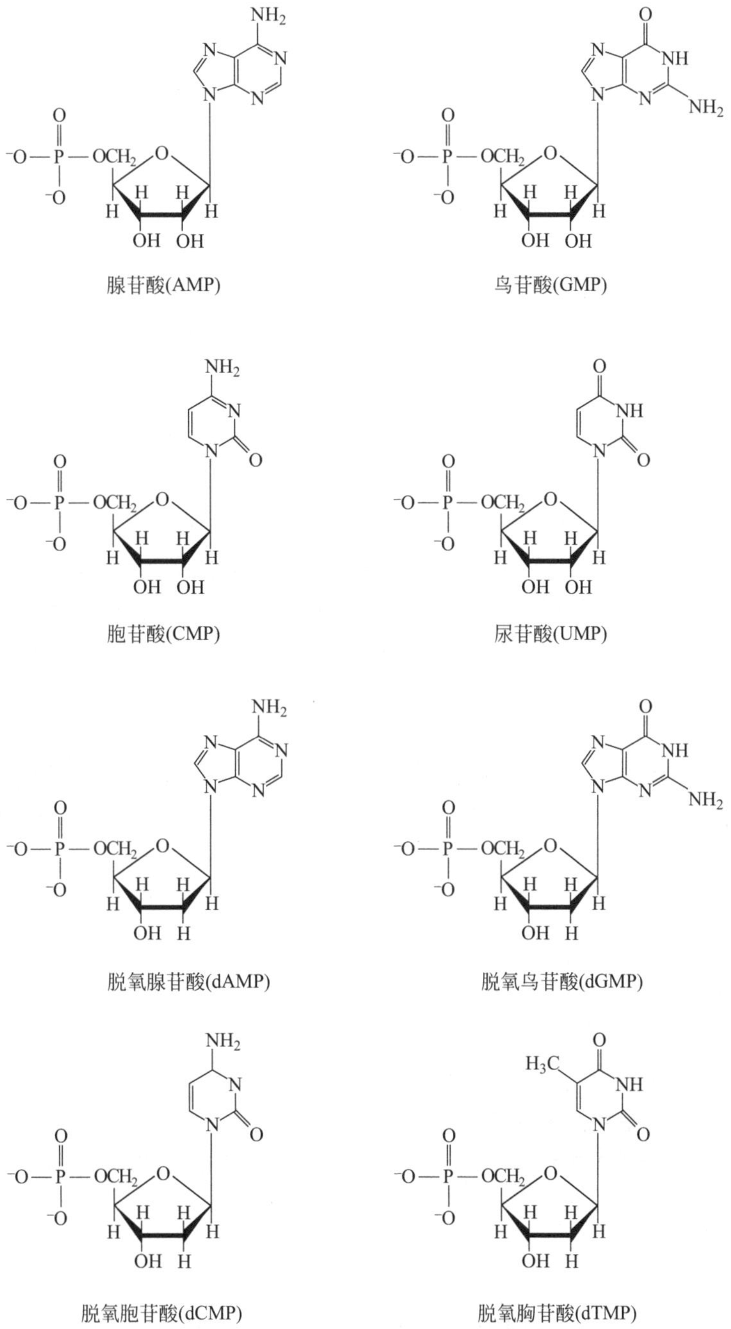

腺苷酸(AMP)

鸟苷酸(GMP)

胞苷酸(CMP)

尿苷酸(UMP)

脱氧腺苷酸(dAMP)

脱氧鸟苷酸(dGMP)

脱氧胞苷酸(dCMP)

脱氧胸苷酸(dTMP)

图 2-5　核糖核苷酸和脱氧核糖核苷酸

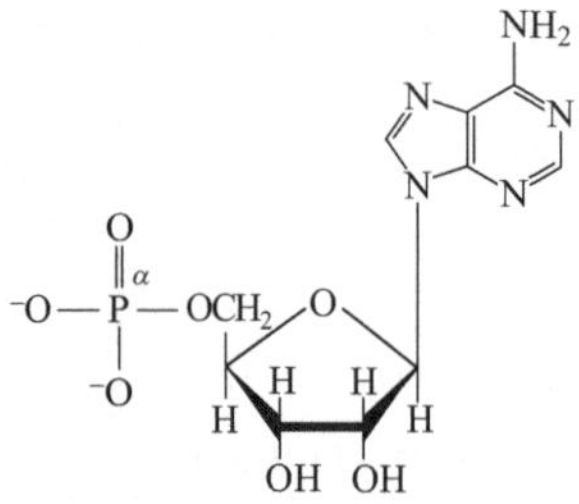

腺苷酸(AMP) 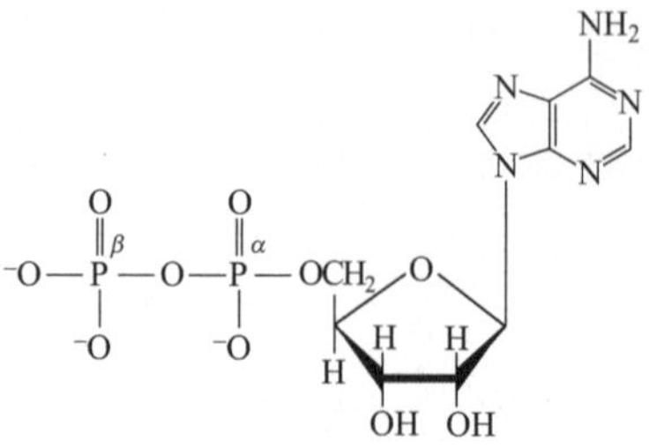　　腺苷二磷酸(ADP)

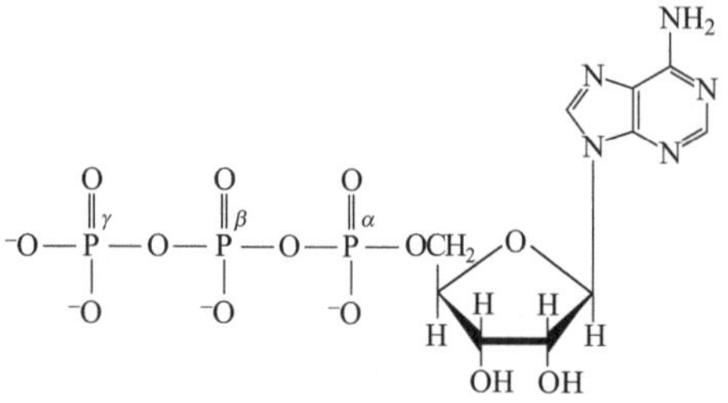

腺苷三磷酸(ATP)

图 2-6　腺苷酸及其多磷酸化合物

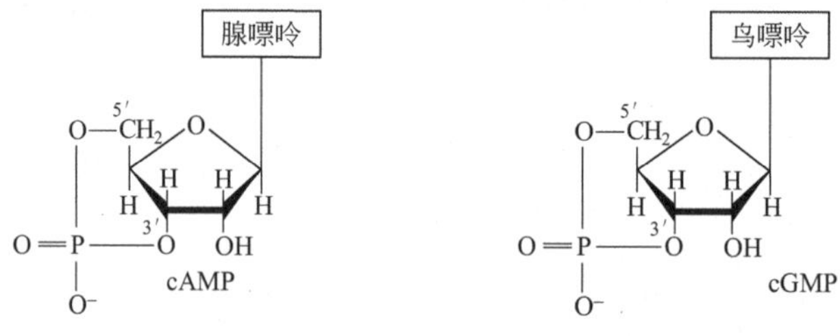

图 2-7　cAMP 和 cGMP 的结构

例题

游离核苷酸中，磷酸最常位于（　　）。

A. 核苷酸中戊糖的 C5′ 上　　B. 核苷酸中戊糖的 C3′ 上

C. 核苷酸中戊糖的 C2′ 上　　D. 核苷酸中戊糖的 C2′ 和 C3′ 上

解析

在自然界中出现的核苷酸，磷酰基通常都是连接在 5′ 羟基的氧原子上。因此，不做特别指定时，提到核苷酸都是 5′-磷酸酯。

答案

A

知识点 3 DNA 和 RNA 的组成差异

组成 DNA 的核苷酸称为脱氧核糖核苷酸（dNMP），组成 RNA 的核苷酸称为核糖核苷酸（NMP），DNA 和 RNA 的组成最主要的差异表现在戊糖，还有碱基成分，如表 2-1 所示。

表 2-1　DNA 和 RNA 的组成差异

	戊糖	碱基	核苷酸
RNA	核糖	A、U、C、G	腺苷酸(AMP)、鸟苷酸(GMP)、胞苷酸(CMP)、尿苷酸(UMP)
DNA	脱氧核糖	A、T、C、G	脱氧腺苷酸(dAMP)、脱氧鸟苷酸(dGMP)、脱氧胞苷酸(dCMP)、脱氧胸苷酸(dTMP)

例题

DNA 与 RNA 完全水解后产物的特点是（　　）。

A. 核糖相同、碱基小部分相同　　B. 核糖不同、碱基相同

C. 核糖相同、碱基不同　　D. 核糖不同、碱基不同

解析

DNA 与 RNA 的结构单位是核苷酸。每一种核苷酸都由三部分组成：磷酸、戊糖和碱基。构成 DNA 的单体是脱氧核糖核苷酸，其中糖是脱氧核糖，碱基是 A、G、C、T；构成 RNA 的单体是核糖核苷酸，其中糖是核糖，碱基是 A、G、C、U。

答案

D

第二节

核酸的结构

知识点 4 核酸的一级结构

磷酸二酯键是一种化学基团，一个磷酸分子与一个核苷酸的 3′ -OH 以及相邻核苷酸上 5′ -OH 形成两个酯键相连接，即形成磷酸二酯键。核酸的一级结构就是通过 3′，5′ -磷酸二酯键连接的核苷酸序列（图 2-8）。一级结构有方向性，没有特别指定时，核苷酸序列都是按照 5′ →3′ 方向读写。

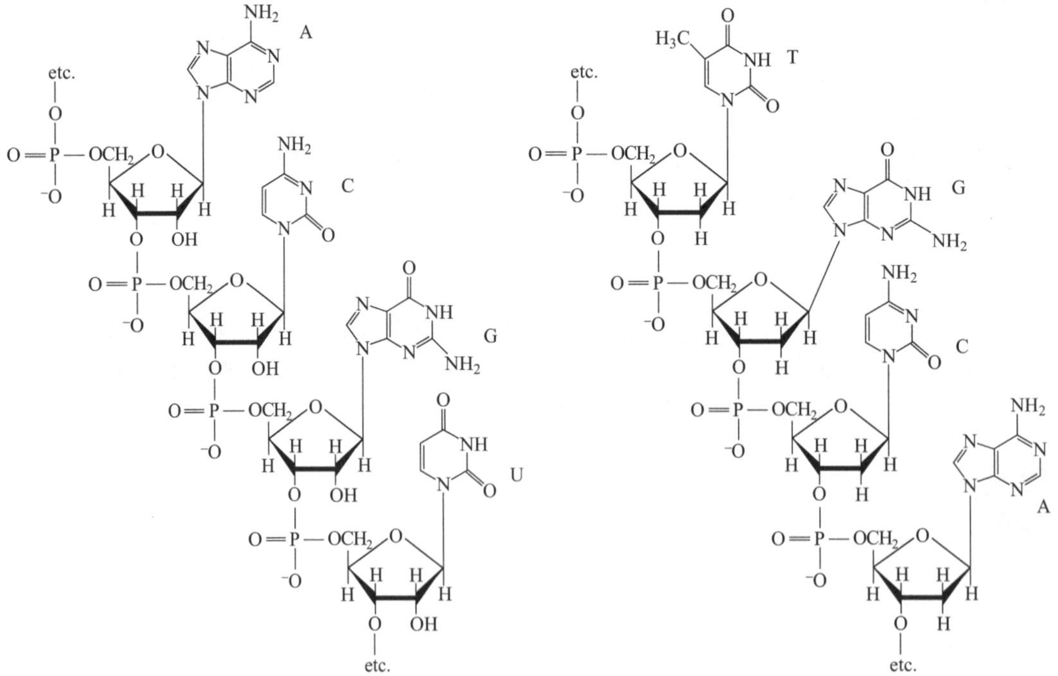

图 2-8　RNA（左）和 DNA（右）一级结构

核酸的核苷酸序列可以简化表示。如图 2-9 表示，一个由 4 个核苷酸构成的 DNA 片段，磷酸基团用 P 表示，脱氧核糖用直线表示，从上到下为 C1′ 到 C5′。核苷酸之间的连接线中间有 P，连接线从一个核苷酸的脱氧核糖中部（C3′）到相邻核苷酸脱氧核糖底部（C5′）。通常一条单链核酸的结构按从左边的 5′ 端到右边的 3′ 端进行编号，即 5′→3′ 的方向。还有更简便的表示方法，例如，pA-C-G-T-AOH，pApCpGpTpA，pACGTA。

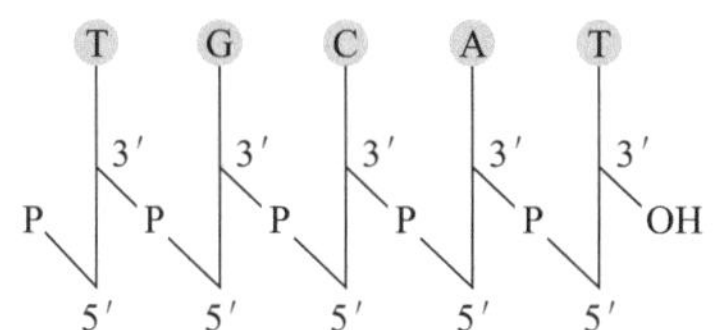

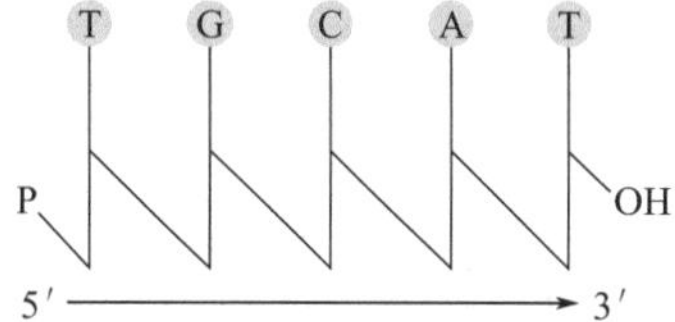

图 2-9　核苷酸序列的简化表示

例题

比较 DNA 和 RNA 一级结构的异同点。

答案

	组成成分	核苷酸数目	碱基配对
RNA	核糖核苷酸	几十到几千个	多为单链，局部 A=U，G≡C 形成配对
DNA	脱氧核糖核苷酸	几千到几千万个	多为双链，A=T，G≡C 形成配对
相同点是 DNA 和 RNA 都以单核苷酸为基本单位，由 3′，5′-磷酸二酯键连接			

知识点 5　核酸一级结构的测定

核酸一级结构测定就是分析 4 种核苷酸构成的序列。20 世纪 60 年代霍利首先测定了酵母 tRNA 的序列，该测序法的基本方法与蛋白质的测序相同，都是利用小片段的重叠。这种测序方法工作量非常大，而且只能应用于几十个核苷酸的较小分子，要用来测定 DNA 的序列就非常困难了。目前通用的两种 DNA 序列测定法是 Maxam 和 Gilbert 提出的化学降解法和 Sanger 的双脱氧链终止法（酶法）。

双脱氧链终止法是由 Sanger 于 1977 年建立的。其原理是利用 2′, 3′ -双脱氧核苷三磷酸（2′, 3′ -ddNTP，图 2-10）来终止 DNA 的复制反应。大肠杆菌 DNA 聚合酶在 DNA 复制过程中催化多核苷酸链的延伸，单核苷酸是接在延伸链的 3′ -OH 上。所以，如果掺入的底物中有 2′, 3′ -ddNTP，由于其 3′ 位缺少羟基，导致多核苷酸链的延伸终止。

设计四组反应，每组反应中都含有正常的四种脱氧核苷三磷酸 dNTP，单链 DNA 模板

P
P
P
OCH₂
O
碱基
H H
H H
H H

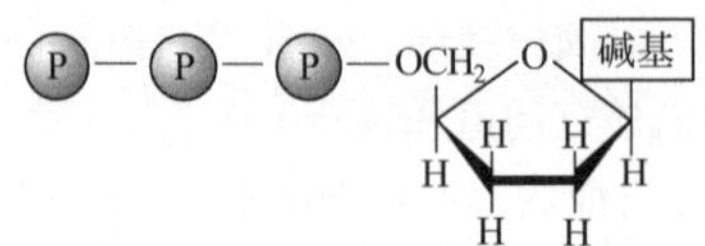

图 2-10　2′,3′-ddNTP 的结构

（即待测的 DNA）和引物及 DNA 聚合酶，各组反应还加入一种 2′,3′-ddNTP（为 ^{32}P 标记），反应结果是：在加入 2′,3′-ddATP 的反应中，凡碰到需要 dATP 的时候，如果掺入的不是 dATP，而是 2′,3′-ddATP 时，链延伸反应即终止。各种不同大小片段的末端核苷酸必定为 2′,3′-ddAMP。用变性凝胶电泳分离这四组反应中随机得到的大小不等的片段产物，即可从放射自显影上读出 DNA 的序列（图 2-11）。

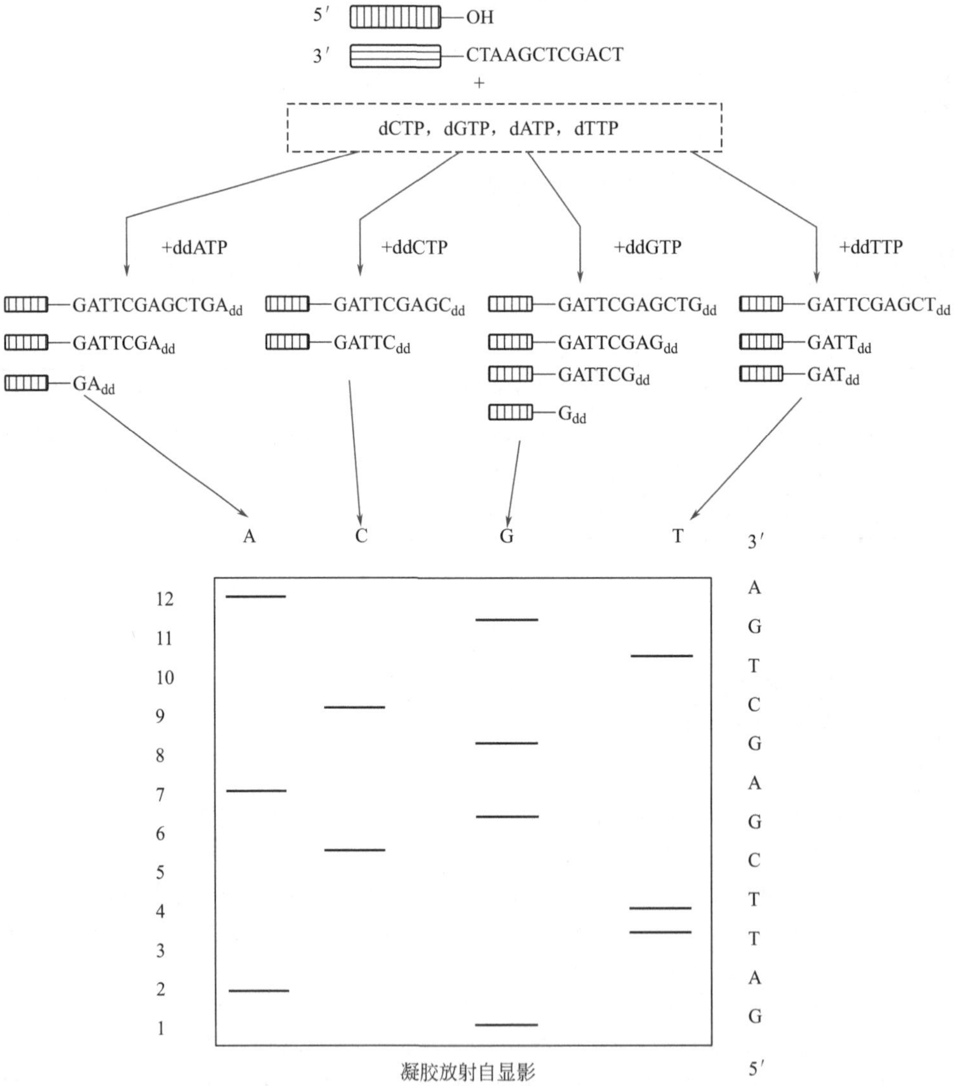

5′
OH
3′
CTAAGCTCGACT
+
dCTP，dGTP，dATP，dTTP
+ddATP
+ddCTP
+ddGTP
+ddTTP
GATTCGAGCTGAdd
GATTCGAdd
GAdd
GATTCGAGCdd
GATTCdd
GATTCGAGCTGdd
GATTCGAGdd
GATTCGdd
Gdd
GATTCGAGCTdd
GATTdd
GATdd
A
C
G
T
3′
12
11
10
9
8
7
6
5
4
3
2
1
A
G
T
C
G
A
G
C
T
T
A
G
凝胶放射自显影
5′

图 2-11　Sanger 双脱氧链终止法测定 DNA 序列图解

例题

用 Sanger 双脱氧法测定下面的 DNA 序列：

3′ ATTACGCAAGGACATTAGAC5′

5′ -引物

一个 DNA 样品和 DNA 聚合酶与下列核苷酸混合物反应（含有双脱氧核苷酸 ddNTP）

（1）dATP，dTTP，dCTP，dGTP，ddTTP

（2）dATP，dCTP，dTTP，ddGTP

（3）dATP，dTTP，dCTP，dGTP，ddATP

（4）dATP，dTTP，dCTP，dGTP

反应后生成的 DNA 利用琼脂糖凝胶电泳进行分离，电泳后荧光带显示在胶上，请在胶上画出 4 种混合物反应后的条带。

解析

如果样品管内 ddNTP 和 dNTP 都有存在，就可获得在不同部位终止反应的长短不同的 DNA 链，经电泳分离，用放射自显影就可读出 DNA 序列。对于样品管（1），长度不同 DNA 链序列分别是 T，TAAT，TAATGCGT，TAATGCGTT，TAATGCGTTC-CT，TAATGCGTTCCTGT，TAATGCGTTCCTGTAAT，TAATGCGTTCCTGTA-ATCT。对于样品管（2），只存在 ddGTP，缺少 dGTP，只存在一种长度片段 DNA，序列是 TAATG。对于样品管（3），长度不同 DNA 链序列分别是 TA，TAA，TAAT-GCGTTCCTGTA，TAATGCGTTCCTGTAA。对于样品管（4），不存在 ddGTP，能够合成一条和模板链长度相同的 DNA 链，TAATGCGTTCCTGTAATCTG。

答案

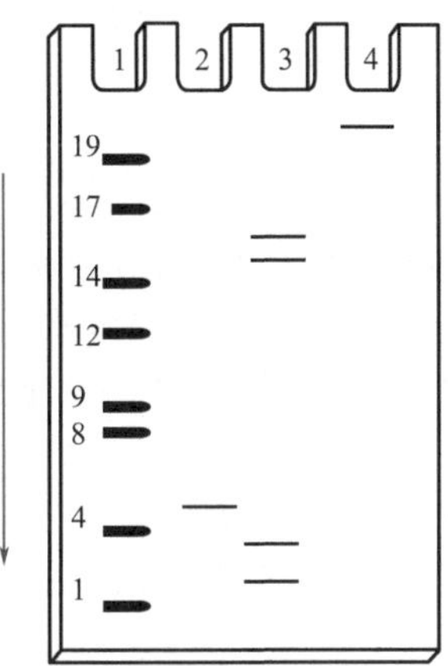

知识点 6 DNA 的二级结构

1953 年，Watson 和 Crick 提出了 DNA 三维结构模型。**DNA 双螺旋结构**（见图 2-12）的特点是：①两条反向平行的多核苷酸链围绕同一中心轴缠绕，形成一个右手的双螺旋，即两条链均为右手螺旋，一条是 5′→3′ 方向，另一条是 3′→5′ 方向。②一条链上的碱基通过氢键与另一条链上的碱基连接，形成碱基对。G 与 C 配对，A 与 T 配对（碱基互补），G 和 C 之间可以形成 3 个氢键，而 A 和 T 之间只能形成两个氢键。③交替的脱氧核糖和带负电荷的磷酸基团骨架位于双螺旋的外侧，糖环平面几乎与碱基平面成直角。④两条链上的嘌呤碱基与嘧啶碱基堆积在双螺旋的内部，由于它们的疏水性和近似平面的环结构而紧密叠在一起，碱基平面与螺旋的长轴垂直。⑤双螺旋的平均直径为 2nm，相邻碱基对的距离是 0.34nm，相邻核苷酸的夹角为 36°。沿螺旋的长轴每一转含有 10 个碱基对，其螺距为 3.4nm。

由于碱基对的堆积和糖-磷酸骨架的扭转，螺旋的表面形成了两条不等宽的沟：宽的、深的沟叫大沟；窄的、浅的称为小沟。在这些沟内，碱基对的边缘是暴露给溶剂的，所以能够与特定的碱基对相互作用的分子可以通过这些沟去识别碱基对，而不必将螺旋破坏。

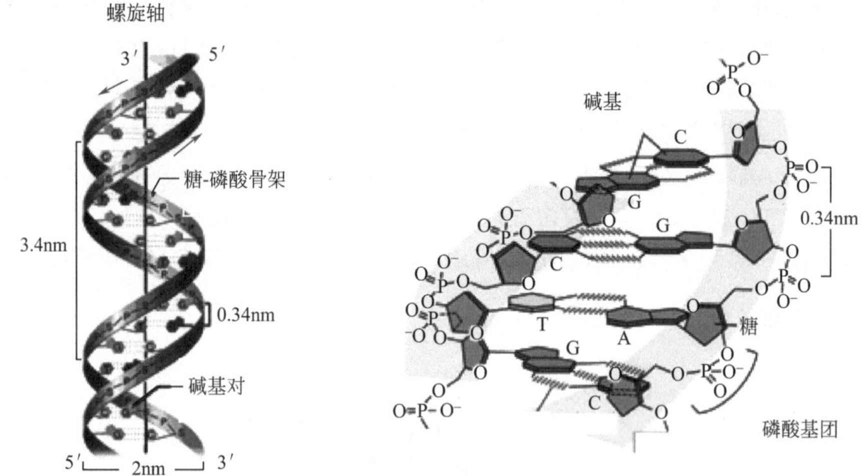

图 2-12 DNA 双螺旋结构模型

DNA 结构双螺旋模型得到许多化学和生物学实验的支持。此外，该模型直接表明了遗传信息传递的机制。该模型的主要特点是两条链之间的互补性。正如 Watson 和 Crick 所提出的，在可以提供确凿数据之前，这种结构在理论上是可以被复制的，因为双链可以分离，每一条链可以合成自己的互补链。在每一条新链上核苷酸以特定的顺序被添加上去，而这一添加遵循上面所陈述的碱基配对原则。已经存在的链，其功能是作为引导互补链合成的模板。以上的构想通过实验得以证实，使我们对生物遗传的理解产生了革命性的进步。

例1

根据 DNA 双螺旋结构模型，求 1μm 的 DNA 双螺旋中核苷酸对的平均数是多少?

解析

双螺旋的平均直径为 2nm，沿螺旋的长轴每一转含有 10 个碱基对，其螺距为 3. 4nm。相邻碱基对的距离是 0. 34nm。因此，核苷酸对数目 = 1000/0. 34 = 2941。

答案

2941。

例2

有一 DNA 长 17μm，它含有多少对碱基？ 螺旋数是多少?

解析

因为 17 μm = 17000nm，所以 DNA 分子的碱基对数：17000/0. 34 = 50000 对。螺旋数为 50000/10 = 5000 圈。

答案

50000 对碱基，螺旋数是 5000 圈。

知识点 7 DNA 的三级结构

DNA 的三级结构是指 DNA 分子（双螺旋）通过扭曲和折叠所形成的特定构象，包括不同二级结构单元间的相互作用、单链与二级结构单元间的相互作用以及 DNA 的拓扑特征。超螺旋是 DNA 三级结构的一种形式（图 2-13）。

假如向右捻动（即沿原右手螺旋方向捻动），等于紧旋（所谓的“上劲”），是一种超过原有旋转状态的状态，称为过旋。由于 DNA 分子另一个位置被固定，捻动施加的力释放不掉，所以过旋给分子增加了额外的扭转张力。为了消除张力，过旋 DNA 会自动形成额外左手螺旋，这样的超螺旋称为**正超螺旋**（positive supercoil），如果向左捻动（即沿与原右手螺

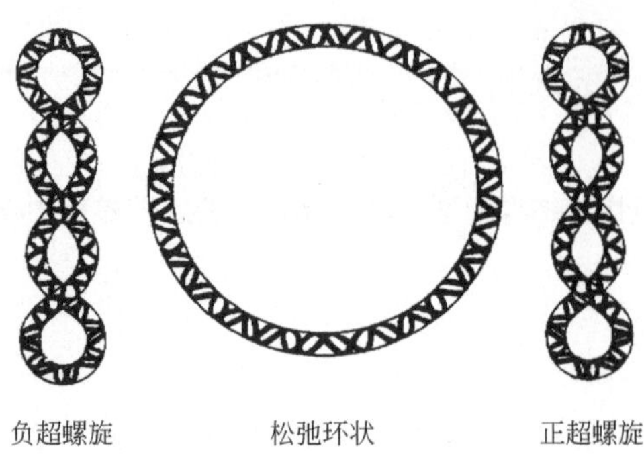

图 2-13　DNA 三级结构

旋方向相反的方向捻动)，等于解旋(所谓的“卸劲”)，处于这样状态的 DNA 分子相对于松弛状态是一种旋转减少的状态，所以称为欠旋。同样，由于 DNA 分子另一个位置被固定，欠旋也给双螺旋 DNA 分子增加了额外的张力。为了消除张力，欠旋形成额外右手螺旋，这样的螺旋称为负超螺旋(negative supercoil)。

下面讨论环状 DNA 的一些重要的拓扑学特征(图 2-14)。

① 连环数(linking number)。这是环状 DNA 的一个重要的特性。连环数指的是在双螺旋 DNA 中，一条链以右手螺旋绕另一条链缠绕的次数，用字母 *L* 表示。

② 扭转数(twisting number)。指 DNA 分子中的螺旋数，以 *T* 表示。

③ 超螺旋数(number of turns of superhelix)或缠绕数(writhing number)，以 *W* 表示。

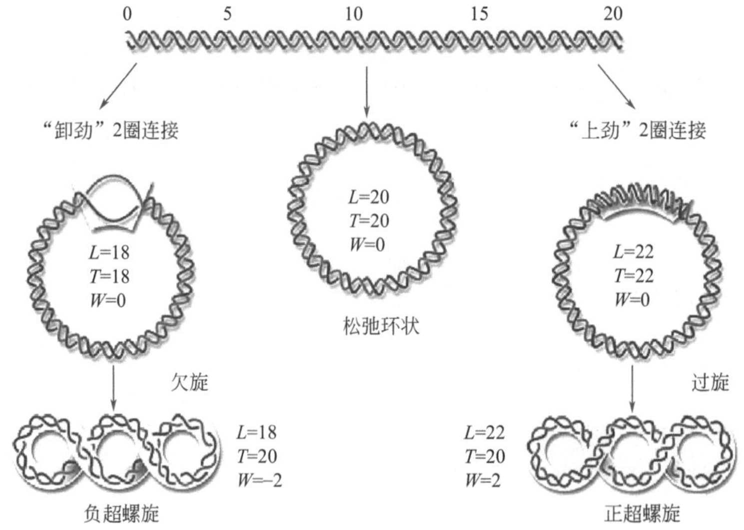

图 2-14　DNA 的拓扑学特征

例题

DNA 超螺旋数 *W* 与连环数 *L* 和扭转数 *T* 之间的关系是(　　)。

解析

连环数 L 与扭转数 T 之差就是超螺旋数 W。

答案

$L = T + W$。

知识点 8 RNA 的结构与功能

RNA 的三种主要类型：转运核糖核酸（tRNA）、核糖体核糖核酸（rRNA）、信使核糖核酸（mRNA）。

（1）转运核糖核酸（transfer RNA， tRNA）

tRNA 载有激活的氨基酸，并将其运到核糖体，将氨基酸掺入生长着的肽链中。tRNA 的主要功能是在蛋白质生物合成的过程中，起转运氨基酸的作用。tRNA 一般是由 73~95 个核苷酸组成，其中含有许多修饰的碱基。自 1965 年霍利等人首次测出酵母丙氨酸 tRNA 的一级结构即核苷酸排列顺序以来，已有 200 多个 tRNA（包括不同生物来源、不同器官和细胞器的同功受体 tRNA 以及校正 tRNA）的一级结构被阐明。按照 A-U、G-C 以及 G-U 碱基配对原则，个别除外，tRNA 分子均可排布成三叶草模型的二级结构（图 2-15）。它由氨基酸臂、二氢尿嘧啶环、反密码环、额外环和 TΨC 环等 5 个部分组成。

① 氨基酸臂。由 7 对碱基组成，富含鸟嘌呤，末端是 CCA，能接受活化的氨基酸。

② 二氢尿嘧啶环。由 8~12 个核苷酸组成，具有两个二氢尿嘧啶，故得名。通过由 3~4 对碱基组成的双螺旋区（也称二氢尿嘧啶臂）与 tRNA 的其余部分相连。

③ 反密码环。由 7 个核苷酸组成。环中部为反密码子，由 3 个碱基组成。次黄嘌呤核苷酸（I）常出现在反密码子中。反密码环通过由 5 对碱基组成的双螺旋区（反密码臂）与 tRNA 的其余部分相连。反密码子可识别信使 RNA 的密码子。

④ 额外环。由 3~18 个核苷酸组成，不同的 tRNA 具有不同大小的额外环，所以是 tRNA 分类的重要指标。

⑤ 假尿嘧啶核苷-胸腺嘧啶核糖核苷环（TΨC 环）。由 7 个核苷酸组成，通过由 5 对碱基组成的双螺旋区（TΨC 臂）与 tRNA 的其余部分相连。除个别例外，几乎所有 tRNA 在此环中都含有 TΨC 环。

1974 年，X 射线晶体衍射法测出第一个 tRNA——酵母苯丙氨酸 tRNA 晶体的三维结构，分子全貌像倒写的英文字母 L（图 2-15），它是在 tRNA 二级结构基础上，通过氨基酸臂与 TΨC 臂形成一个连续的双螺旋区，构成字母 L 下面的一横。而二氢尿嘧啶臂与它相垂直，二氢尿嘧啶臂与反密码臂及反密码环共同构成字母 L 的一竖。

（2）核糖体核糖核酸（ribosomeRNA， rRNA）

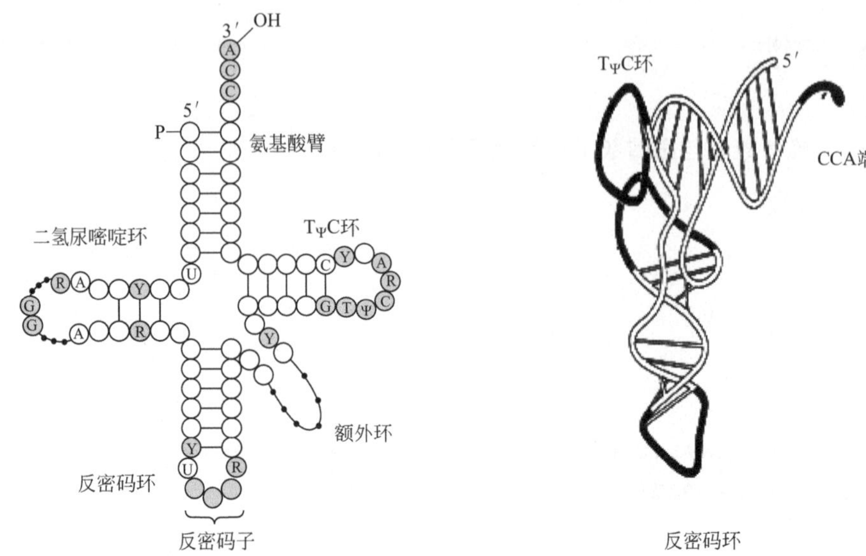

图 2-15 tRNA 的高级结构

rRNA 是核糖体的组成成分。核糖体是细胞内蛋白质和 RNA 的复合体。核糖体含有大约 60%RNA，40%蛋白质，整个核糖体由大小不同的两个亚基组成。

E. coli 等原核生物核糖体中含有 3 种 rRNA：5S rRNA、16S rRNA 和 23S rRNA。动物细胞等真核生物核糖体中含有 4 种 rRNA：5S rRNA、5.8S rRNA、18S rRNA 和 28S rRNA。

（3）信使核糖核酸（messenger RNA，mRNA）

mRNA 编码蛋白质中的氨基酸序列，mRNA 作为一个“信使”，载有来自 DNA 的信息，然后进入蛋白质合成场所——核糖体，作为蛋白质合成的模板指导蛋白质的合成。mRNA 约占细胞总 RNA 的 3%，一般来说，mRNA 是细胞内最不稳定的一类 RNA。

此外，细胞内还有以下 RNA：

① 不均一核 RNA（hnRNA），hnRNA 是真核生物成熟 mRNA 的前体。

② 核内小分子 RNA（snRNA），其功能是参与 hnRNA 的剪接与转运。

③ 小胞浆 RNA（scRNA），scRNA 是蛋白质内质网定位合成的信号识别体组成成分。

④ 小核仁 RNA（snoRNA），其功能是参与 rRNA 的加工与修饰。

例1

有关 RNA 二级结构的叙述哪一项是错误的（ ）？

A. 大多数以单链形式存在　　B. RNA 二级结构可呈发夹结构

C. RNA 二级结构中有时可形成突环　　D. RNA 二级结构中有稀有碱基

E. RNA 二级结构中一定是 A 不等于 U，G 不等于 C

解析

RNA 二级结构邻近的自身互补的碱基对之间形成双螺旋区，碱基配对的规则是 A-

U、G-C。RNA 一般都存在这样的二级结构，这样的一种结构称为发夹结构。RNA 二级结构中有时可形成突环，如 tRNA 具有不同大小的额外环。RNA 二级结构中有稀有碱基，如 tRNA 中含有较多的稀有碱基，可高达 10%。

答案

E

例2

比较 DNA 和 RNA 分子空间结构的异同点。

答案

分类	二级结构	三级结构
RNA	多为单链，局部发生碱基配对形成双链，如发夹结构	二级结构进一步卷曲，折叠，如 tRNA 的倒 L 形
DNA	多为双链，碱基完全配对形成双螺旋	形成超螺旋

第三节 / 核酸的性质

知识点 9 核酸的水解

核苷酸中嘌呤碱的 N9 和嘧啶碱的 N1 与戊糖的 C1′ 形成 N—C 糖苷键。磷酸基与戊糖的 C5′ 羟基形成磷酸酯键。核苷酸之间通过磷酸二酯键相连接。核酸的水解就是指这些糖苷键和磷酸酯键被酸、碱和酶水解。

（1）酸水解

糖苷键和磷酸酯键都能被酸水解，但糖苷键比磷酸酯键更易被酸水解。嘌呤碱的糖苷键比嘧啶碱的糖苷键对酸更不稳定。对酸最不稳定的是嘌呤碱与脱氧核糖之间的糖苷键。

（2）碱水解

DNA 的脱氧核糖没有 2′-OH，DNA 的磷酸酯键则不易被碱水解，不能形成碱水解的中间产物，故对碱有一定抗性。RNA 的磷酸酯键易被碱水解，产生核苷酸。这是因为 RNA 的核糖上有 2′-OH。

（3）酶水解

能水解核酸的酶称为核酸酶。核酸酶都是“磷酸二酯酶”，它们催化磷酸二酯键的切断。由于核酸链是由两个酯键连接核苷酸而成的，核酸酶切割磷酸二酯键的位置不同会产生不同的末端产物。核酸酶分为内切核酸酶和外切核酸酶。外切核酸酶只从一条核酸链的一端逐个切断磷酸二酯键释放单核苷酸。而内切核酸酶在核酸链的内部切割核酸链，产生核酸链片段。核酸酶对它们作用底物的性质表现出选择性或特异性。例如，有些核酸酶只作用于 DNA，称为脱氧核糖核酸酶（DNase），而有些核酸酶只作用于 RNA，称为核糖核酸酶（RNase）。既能水解 DNA 也能水解 RNA 的称非特异性核酸酶。

核酸限制性内切酶是分离自细菌的一类酶，它们能够切割双链 DNA，对分子生物学家来说，是实验室切割和操作核酸的工具。这些限制性内切酶来自原核生物，用于防御或“限制”可能入侵细胞的外来 DNA。此酶可被分成三种类型。Ⅰ型和Ⅲ型限制性内切酶水解 DNA 需要消耗 ATP。Ⅰ型限制性内切酶切割 DNA 在随机位点；Ⅲ型限制性内切酶识别双链 DNA 的特异核苷酸顺序，并在这个位点内或附近切开 DNA 双链。Ⅱ型限制性内切酶具有高度专一性，识别双链特定的位点，将两条链切开成黏性或平头末端（图 2-16）。

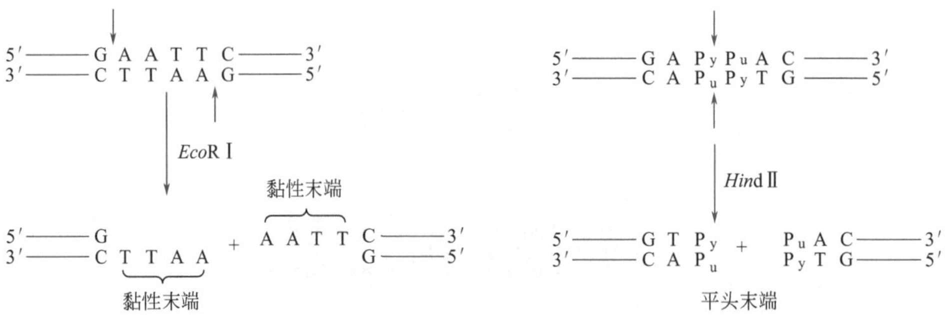

图 2-16　酶切 DNA 形成的黏性或平头末端

核酸限制性内切酶所识别的特殊核苷酸顺序就是回文结构。回文结构常常含 4 个或 6 个核苷酸残基，并具有二倍对称性，即两条链以 5′→3′ 方向阅读顺序都一样的结构。

已知的限制性内切酶大约有 1000 种，它们的名称用三个斜体字母来表示，第一个大写字母来自菌种属名的第一字母，第二、三两个小写字母来自菌株种名的前两个字母。由于一种细菌常会有不同菌株，且一株菌可能有几种限制性内切酶，在这三个字母的后面常写明菌株名和该酶以发现次序编的号。因此，“*Eco*R Ⅰ”表明此酶来自 *E. coli* R 株。

例1

用 1mol/L 的 KOH 溶液水解核酸，两类核酸的水解产物是否相同？

解析

DNA 的脱氧核糖无 2′-OH，则 DNA 的磷酸酯键不易被碱水解，不能形成碱水解的产物。RNA 的核糖上有 2′-OH，RNA 的磷酸酯键易被碱水解，形成磷酸三酯。磷酸三酯极不稳定，随机水解，产生核苷 2′, 3′-OH 环磷酸酯。该环磷酸酯继续水解产生 2′-核苷酸和 3′-核苷酸。RNA 用碱水解，产生 2′-核苷酸和 3′-核苷酸的混合物。

答案

不同。

例2

大肠杆菌产生核酸限制性内切酶的意义是什么？它本身的核酸限制性内切酶是否作用于其细胞内的 DNA，为什么？

答案

原核生物利用它们独特的限制性内切酶把外来的 DNA 切成无感染性的片段，即大肠杆菌产生核酸限制性内切酶是为了水解破坏外源的 DNA。该酶不能水解自己细胞的染色体 DNA，因为大肠杆菌本身的 DNA 已经被甲基化修饰，不被其本身的核酸限制性内切酶所水解，使之得到保护。

例3

用适当的碱基取代下面序列中的 X，给出一个完整的回文结构。

5′ G－A－T－C－A－T－X－X－X－X－X－X 3′

3′ X－X－X－X－X－X－X－X－X－X－X－X5′

解析

根据回文结构二倍对称性，即两条链以 5′-3′ 方向阅读顺序都一样的结构，以及碱基配对原则，即可写出序列。

答案

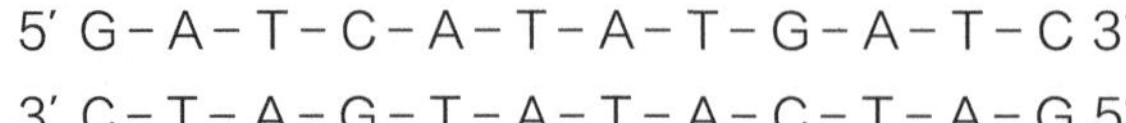

5′ G-A-T-C-A-T-A-T-G-A-T-C 3′
3′ C-T-A-G-T-A-T-A-C-T-A-G 5′

知识点10 核酸的一般理化性质

（1）紫外吸收

核酸具有紫外吸收的特点，这是由于嘌呤碱和嘧啶碱具有共轭双键，使碱基、核苷、核苷酸和核酸在240～290nm的紫外波段有一强烈的吸收峰，最大吸收峰在260nm附近。核酸的光吸收值常比其各核苷酸成分的光吸收值之和少30%～40%，这是在有规律的双螺旋结构中碱基紧密地堆积在一起造成的。据此特性可定性和定量检测核酸和核苷酸。

（2）解离

核酸是两性电解质（含碱性基团、磷酸基团），因磷酸的酸性强，常表现酸性。由于核酸分子在一定酸度的缓冲液中带有电荷，可利用电泳进行分离和研究其特性。核酸的碱基、核苷和核苷酸均能发生解离。

① 碱基的解离。由于嘧啶碱和嘌呤碱化合物杂环中的氮以及各取代基具有结合和释放质子的能力，这些物质既有碱性解离又有酸性解离的性质。胞嘧啶环所含氮原子上有一对未共用电子，可与质子结合，使═N—转变成带正电的═N^+H—基团。此外，胞嘧啶上的烯醇式羟基与酚基很相像，具有释放质子的能力，呈酸性。因此，在水溶液中，胞嘧啶的中性分子、阳离子和阴离子之间，具有一定的平衡关系。

② 核苷和核苷酸的解离。由于戊糖的存在，核苷中碱基的解离受到一定的影响。例如，腺嘌呤环的pK_1'值原为4.15，在核苷中则降至3.63；胞嘧啶pK_1'为4.6，在胞嘧啶核苷中则降至4.15。pK'值的下降说明糖的存在增强了碱基酸性解离。核糖中的羟基也可以发生解离，其pK_1'值通常在12以上，所以一般不去考虑它。

由于磷酸基的存在，核苷酸具有较强的酸性。在核苷酸中，碱基部分的pK'值与核苷的相似，额外两个解离常数是由磷酸基引起的。这两个解离常数分别是$pK_1'=0.7～1.6$，$pK_2'=5.9～6.5$。但是在多核苷酸中，除了末端磷酸基外，磷酸二酯键中的磷酸基只有一个解离常数，$pK_1'=1.5$。

综上所述，由于核苷酸含有磷酸与碱基，是两性电介质，它们在不同pH的溶液中解离程度不同，在一定条件下可形成兼性离子。在腺苷酸、鸟苷酸、胞苷酸中，pK_1'值是由于第一磷酸基—PO_3H_2的解离，pK_2'是由于含氮环═N^+H—的解离，pK_3'则是由于第二磷酸基—PO_3H^-的解离。在第一磷酸基和含氮环解离曲线的交叉处，带负电荷的磷酸基正好与带正电荷的含氮环数目相等，此时的pH即为核苷酸的等电点。

例题

计算下列碱基的浓度［以 mol/L 表示，溶液的 pH 为 7.0，按 260nm 处的摩尔吸光系数：ε（G）= 72×10^3，ε（T）= 74×10^3 计算］（1）鸟嘌呤溶液的 $A_{260}=0.325$；（2）胸腺嘧啶溶液的 $A_{260}=0.090$。

解析

公式 $A_{260}=\varepsilon CL$ 中，A_{260} 为光密度（嘌呤碱及嘧啶碱对紫外线的最大吸收峰是 260nm），ε 为 260nm 处的碱基摩尔吸光系数，C 为每升溶液中碱基的物质的量，L 为比色杯内径的厚度。已知 $A_{(G)}=0.325$、$\varepsilon_{(G)}=7.2\times10^3$；$A_{(T)}=0.090$、$\varepsilon_{(T)}=74\times10^3$；$L=1\text{cm}$。所以，$C=A_{260}/(\varepsilon L)$，即

$C_{(G)}=0.325/(72\times10^3\times1)=4.5\times10^{-6}$（mol/L）

$C_{(T)}=0.090/(74\times10^3\times1)=1.2\times10^{-6}$（mol/L）

答案

$C_{(G)}=4.5\times10^{-6}$（mol/L）；$C_{(T)}=1.2\times10^{-6}$（mol/L）。

知识点 11　核酸的变性与复性

核酸变性是指核酸双螺旋区的氢键断裂变成单链结构以及生物活性丧失的过程。核酸复性是指变性 DNA 在适当的条件下，两条彼此分开的单链可以重新缔合成为双螺旋结构，这一过程称为复性（图 2-17）。

能够引起核酸变性的因素很多，如热、强酸、强碱、有机溶剂、变性剂（甲醛和尿素）、射线、机械力等。RNA 本身只有局部的双螺旋区，所以由变性行为所引起的性质变化没有 DNA 那样明显。

利用紫外吸收的变化，可以检测核酸变性的情况。例如，天然状态的 DNA 在完全变性后，紫外吸收（260nm）值增加 25%～40%。而 RNA 变性后约增加 1.1%。当 DNA 分子从双螺旋结构变为单链状态时，它在 260nm 的紫外吸收值便增大，此现象称为增色效应。见图 2-18。

DNA 的变性过程是突变性的，它在很窄的温度区间内完成。因此，通常把加热变性使 DNA 的双螺旋结构失去一半时的温度称为该 DNA 的熔点或熔解温度（melting temperature），用 T_m 表示。变性作用发生在一个很窄的温度范围之内（爆发式的）。T_m 也可以用吸光值表示。

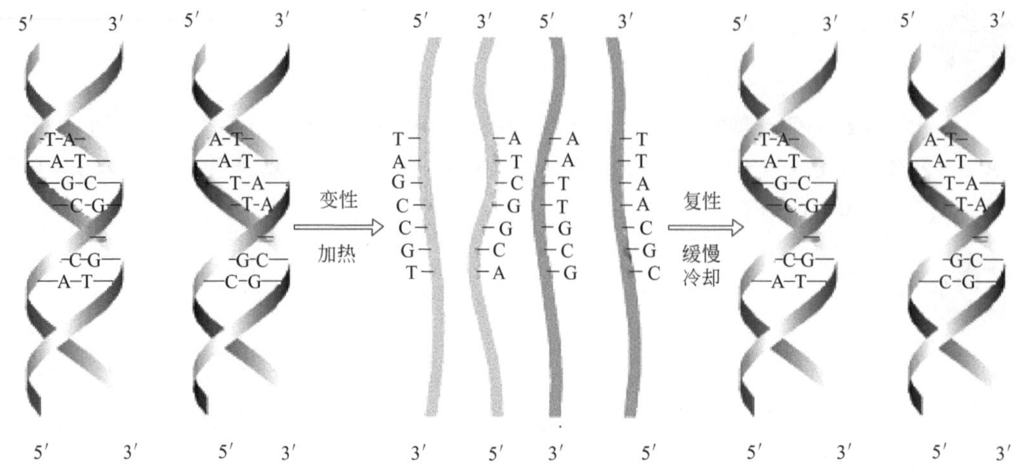

图 2-17　DNA 的变性与复性过程

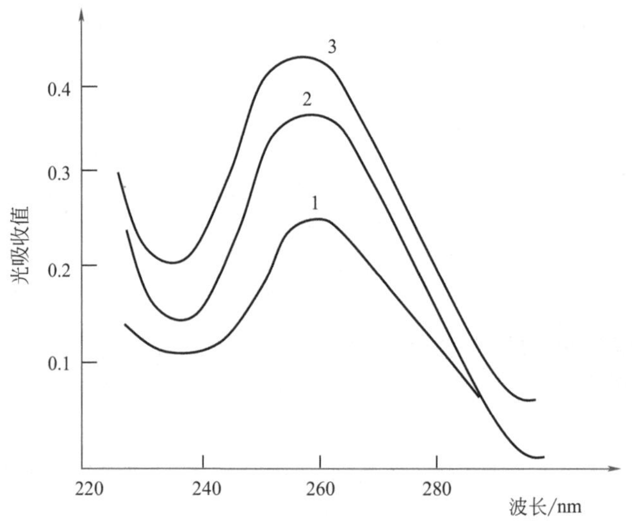

图 2-18　DNA 的紫外吸收光谱

1—天然 DNA；2—变性 DNA；3—核苷酸总吸收值

一般 DNA 的 T_m 值在 70 ~85℃之间。DNA 的 T_m 的大小与 DNA 分子中 G-C 的百分含量成正相关。G-C 的含量高，T_m 值高（图 2-19）。测定 T_m 值，可反映 DNA 分子中 G-C 含量，可通过经验公式计算：$(G+C)\% = (T_m - 69.3) \times 2.44$。

T_m与下列因素有关：

① 核酸的均一程度，均一性愈高的样品，变性过程的温度范围愈小。

② T_m 值与 G-C 含量成正比。

③ T_m 值与介质离子强度成正比（图 2-20）。

DNA 复性后，一系列性质将得到恢复，但是生物活性一般只能得到部分恢复。DNA 复性的程度、速率与复性过程的条件有关。将热变性的 DNA 骤然冷却至低温时，DNA 不可能复性。但是将变性的 DNA 缓慢冷却时，可以复性。分子量越大复性越难。浓度越大，复性越

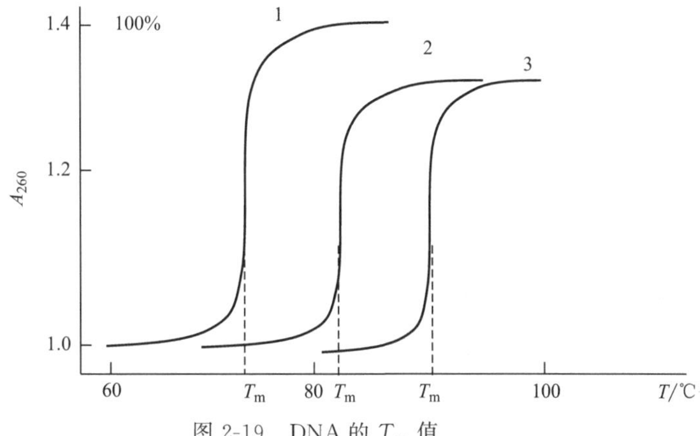

图 2-19 DNA 的 T_m 值

1—Poly d（A-T）；2—DNA；3—Poly d（G-C）

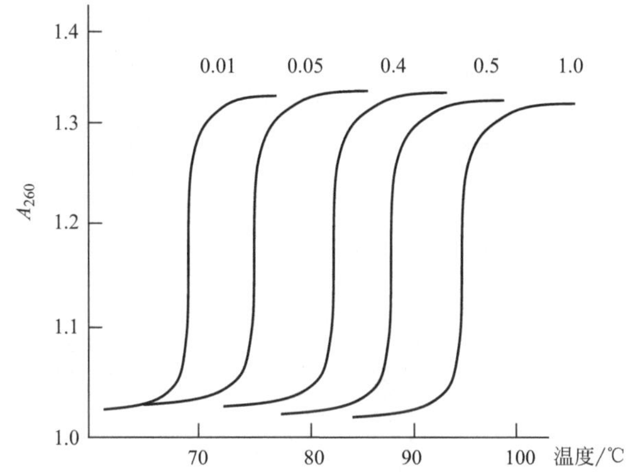

图 2-20 大肠杆菌 DNA 在不同 KCl 浓度（mol/L）下的熔解温度曲线

容易。此外，DNA 的复性也与它本身的组成和结构有关。

例题

DNA 变性是指（　　）。

A. 分子中磷酸二酯键断裂　　B. 多核苷酸链解聚

C. DNA 分子由超螺旋→双螺旋　　D. 互补碱基之间氢键断裂

解析

DNA 的变性是指 DNA 双螺旋区的氢键断裂变成单链，并不涉及共价键断裂。

答案

D

知识点12 核酸的杂交

核酸的杂交是指热变性的 DNA 单链，在复性时并不一定与同源 DNA 互补链形成双螺旋结构，它也可以与不同来源的 DNA 单链互补形成双螺旋结构，或者单链 DNA 与 RNA 之间只要有碱基配对的区域，在复性时可形成局部双螺旋区，见图 2-21。

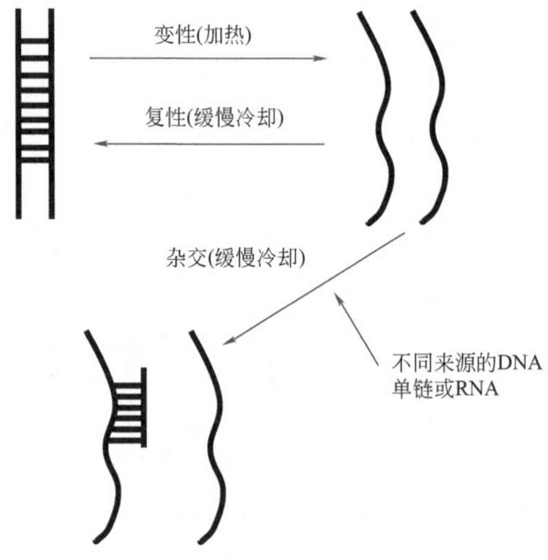

图 2-21 核酸的杂交过程

核酸杂交的分子基础是单链间碱基互补，这在分子生物学和遗传学的研究中具有重要意义。制备特定的探针通过杂交技术可进行基因的检测和定位研究。如 **Southern** 印迹法（图 2-22）。

例1

单链 DNA: 5′-pCpGpGpTpA-3′，能与下列哪一种 RNA 单链分子进行杂交（　　）？

A. 5′-pGpCpCpTpA-3′　　B. 5′-pGpCpCpApU-3′

C. 5′-pUpApCpCpG-3′　　D. 5′-pTpApGpGpC-3′

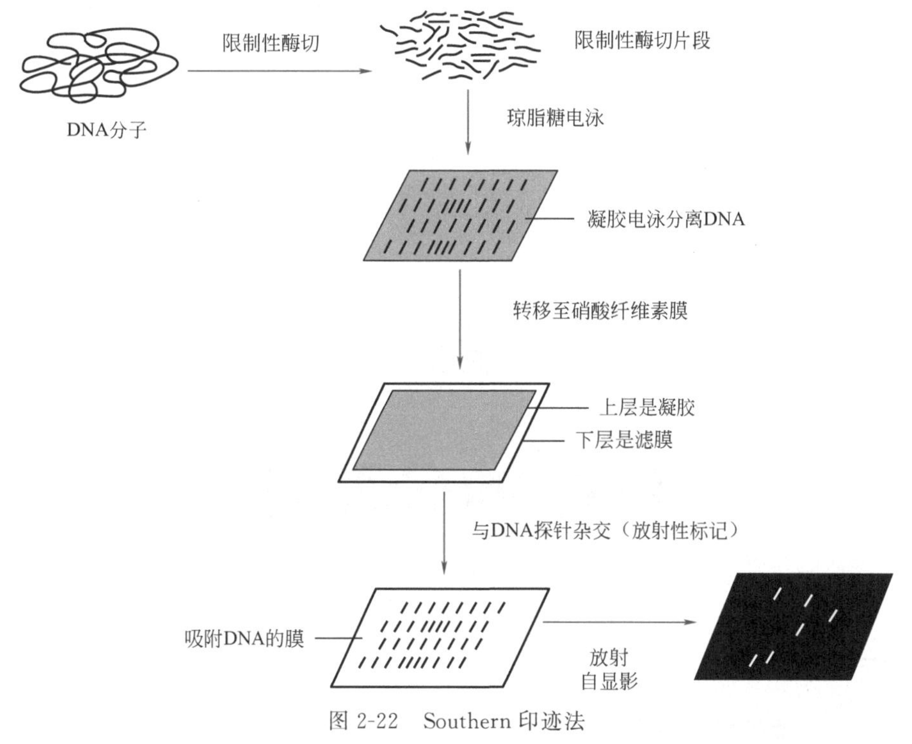

图 2-22　Southern 印迹法

解析

核酸杂交的分子基础是单链间碱基互补，按照碱基配对原则，同时注意序列的方向性。

答案

C

例2

核酸杂交有什么应用价值？

答案

热变性后的 DNA 片段在进行复性时，不同来源的变性核酸（DNA 或 RNA）只要有一定数量的碱基互补（不必全部碱基互补），就可形成杂化的双链结构。这种使不完全互补的单链在复性的条件下结合成双链的技术称为核酸杂交。用被标记的已知碱基序列的单链核酸小分子作为探针，可确定待检测的 DNA 或 RNA 分子中是否有与探针同源的碱基序列。用此原理，制作探针，再通过杂交，可用于细菌、病毒、肿瘤和分子病的诊断（基因诊断）。也可用于基因定位、目的基因筛选以及基因表达状况的分析等研究工作。

第四节 核酸的分离纯化

知识点13 核酸的分离

（1）DNA 的分离

细胞中的核酸都是和蛋白质结合在一起的。在制备核酸的过程中首先将核酸和蛋白质的复合物（核蛋白）提取出来，而后再将其分开。核蛋白溶于水和浓盐溶液（1mol/L 氯化钠），但不溶于生理盐溶液（0.14mol/L 氯化钠）。利用这一性质，可将细胞破碎后用浓盐溶液提取，然后用水稀释到 0.14mol/L 盐溶液，使核蛋白沉淀出来。用苯酚抽提，除去蛋白质。苯酚是很强的蛋白质变性剂，用水饱和的苯酚与核蛋白一起振荡，冷冻离心，DNA 溶于上层水相，不溶性变性蛋白质残留物位于中间界面，一部分变性蛋白质留在酚相。如此操作反复多次以除净蛋白质。将含 DNA 的水相合并，在有盐存在的条件下加 2 倍体积冷的乙醇，可将 DNA 沉淀出来。例如，用高盐溶液处理染色质，可以使组蛋白与 DNA 解离。这是由于组蛋白中带正电荷的碱性基团和 DNA 中带负电荷的磷酸基团之间形成静电作用。高盐溶液处理，阳离子能够与磷酸基团结合，取代组蛋白，组蛋白与 DNA 解离。

（2）RNA 的分离

目前最常用的制备 RNA 的方法有两个。其一，用酸性盐/苯酚/氯仿抽提。异硫氰酸是极强烈的蛋白质变性剂，它几乎能使所有的蛋白质变性。然后用苯酚和氯仿多次除净蛋白质。此方法用于小量制备 RNA。其二，用盐/氯化铯将细胞抽提物进行密度梯度离心。蛋白质密度 $< 1.33g/cm^3$，在最上层；DNA 密度在 $1.71g/cm^3$ 左右，位于中间；RNA 密度 $> 1.89g/cm^3$，沉在底部。用此方法可制备较大量高纯度的 RNA。RNA 比 DNA 更不稳定，而且 RNase 又无处不在，RNA 的分离更加困难。制备 RNA 通常需要注意 3 点：

① 所有用于制备 RNA 的玻璃器皿都要经过高温焙烤，塑料用具经过高压灭菌，不能高

压灭菌的用具要用0.1%焦碳酸二乙酯（DEPC）处理，再煮沸以除净DEPC。DEPC能使蛋白质乙基化而破坏RNase活性。

② 在破碎细胞的同时加入强变性剂使RNase失活。

③ 在RNA的反应体系内加入RNase的抑制剂。

例题

一个单链DNA与一个单链RNA分子量相同，如何将它们区分开？

答案

利用DNA和RNA在理化性质方面的差异，达到鉴定的目的。

①用专一性的RNA酶与DNA酶分别对两者进行水解。②用碱水解。RNA能够被水解，而DNA不被水解。③进行颜色反应。二苯胺试剂可以使DNA变成蓝色，甲基间苯二酚（苔黑酚，地衣酚）试剂能使RNA变成绿色。④用酸水解后，进行单核苷酸的分析（色谱法或电泳法），含有U的是RNA，含有T的是DNA。

知识点 14 核酸的含量测定

（1）紫外分光光度法

紫外分光光度法利用核酸在260nm处有最高吸收峰，对于纯的样品，只要读出260nm的OD值即可算出含量。通常以OD值为1相当于50μg/mL双螺旋DNA，或40μg/mL单链RNA，或20μg/mL寡核苷酸计算。这个方法既快速又相当准确，而且不会浪费样品。对于不纯的核酸，可以用琼脂糖凝胶电泳分出区带后，经溴化乙锭染色在紫外灯下粗略地估计其含量。如何判断核酸样品的纯度？ 蛋白质在280nm有一吸收峰。因此，利用OD_{260}/OD_{280}比值可判断核酸样品的纯度。纯DNA：OD_{260}/OD_{280}值=1.8。纯RNA：OD_{260}/OD_{280}值=2.0。当OD_{260}/OD_{280}值>1.8，含RNA；OD_{260}/OD_{280}值<1.8时，含蛋白质和苯酚。

（2）定磷法

磷的测定最常用的是钼蓝比色法。此法需要先用浓硫酸或过氯酸将有机磷水解成无机磷。在酸性条件下正磷酸与钼酸作用生成磷钼酸，在还原剂存在下被还原成钼蓝，其最大吸收峰在660nm处，在一定范围内溶液光密度与磷含量成正比，据此可以计算出核酸含量。

（3）定糖法

定糖法常用的也是比色法。当RNA与盐酸共热时核糖转变为糠醛，它与甲基间苯二酚（地衣酚）反应呈鲜绿色，最大吸收峰在670nm处，反应需要三氯化铁作催化剂。DNA在酸性溶液中与二苯胺共热，其脱氧核糖可参与反应生成蓝色化合物，最大吸收峰在595nm处。此外，还有一些比色反应也可给出灵敏的结果。

例题

如何进行核酸的分离？

答案

核酸溶于水和高盐溶液（1 mol/L 氯化钠），但不溶于生理盐溶液（0. 14 mol/L 氯化钠）。利用这一性质，可将细胞破碎后用高盐溶液提取，然后用水稀释成 0. 14 mol/L 盐溶液，使核酸沉淀出来。

知识网络框图

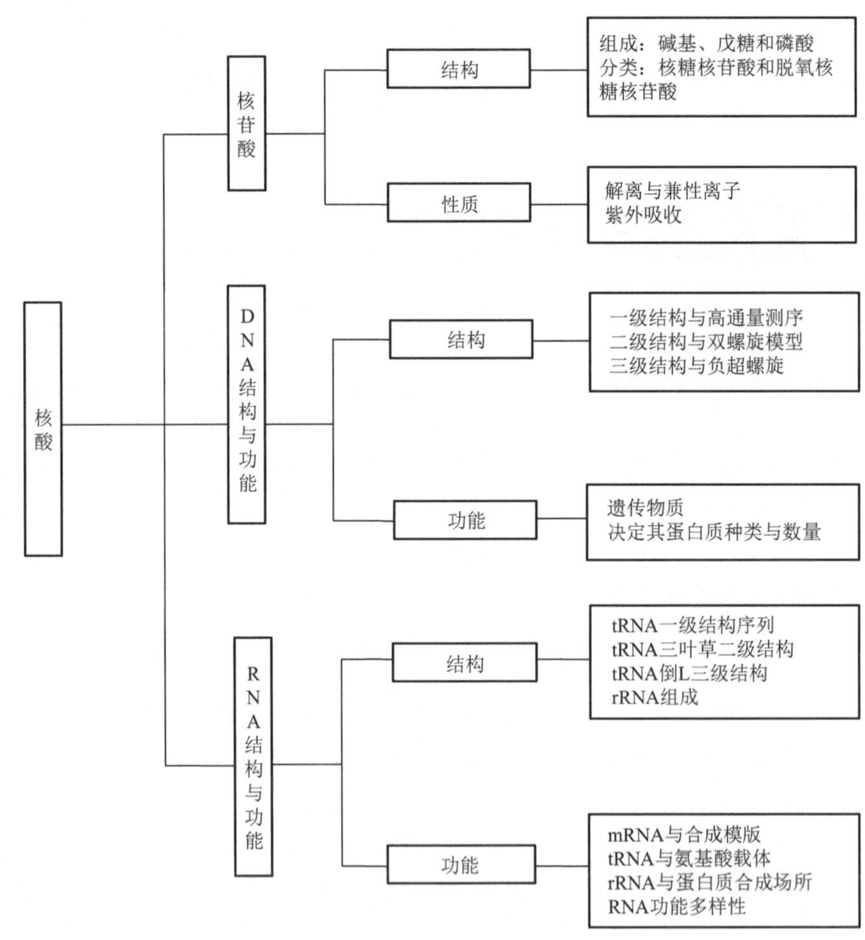

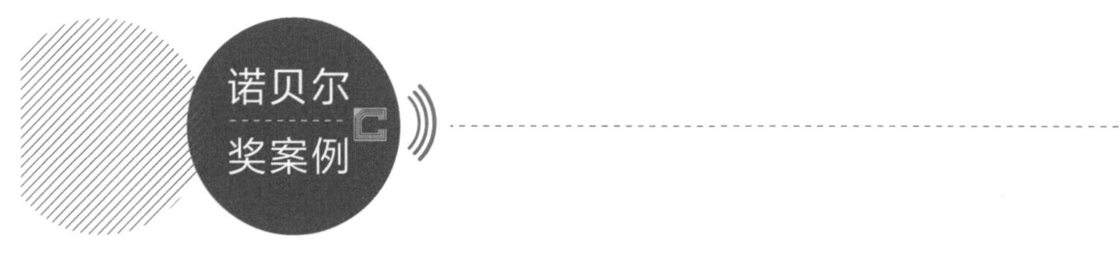

基于核酸在生物体生命过程中的重要地位，许多关于核酸的研究都具有里程碑意义，推动生物学及自然科学的迅速发展。

科学家科塞尔水解核酸，得到了组成核酸的基本成分，因阐明核酸的化学成分，为探明生命的起源及遗传奥秘提供细胞化学基础，获 1910 年诺贝尔生理学或医学奖。科学家缪勒发现 X 线照射引起基因突变，获 1946 年诺贝尔生理学或医学奖。科学家托德研究发现核糖核苷酸是由核糖、磷酸、碱基 3 部分组成，碱基分为 A、U、C、G 四种，而脱氧核糖核苷酸是由脱氧核糖、磷酸和碱基组成，碱基分为 A、T、C、G 四种。这是关于核酸的分子组成的重大研究发现，为 DNA 分子结构的提出指明了方向，获 1957 年诺贝尔化学奖。科学家奥乔亚和科恩伯格发现了 RNA 和 DNA 的生物合成机理，获 1959 年诺贝尔生理学或医学奖。科学家沃森、克里克及威尔金斯提出了 DNA 的双螺旋结构模型，获 1962 年诺贝尔生理学或医学奖。科学家霍利测定了转运 RNA 的核苷酸序列，解析其化学结构，同科学家科拉纳和尼伦伯格解读了遗传密码及其在蛋白质合成方面的机能，获 1968 年诺贝尔生理学或医学奖。科学家德尔布吕克、赫尔希和卢里亚因证明病毒遗传物质是 DNA，发现病毒的遗传机制，获 1969 年诺贝尔生理学或医学奖。核酸一级结构的揭示是核酸功能研究的基础，DNA 测序方法是现代分子生物发展的技术保障。科学家桑格因发明 DNA 序列的测定方法，获 1980 年诺贝尔化学奖。科学家奥尔特曼和切赫发现了 RNA 的自催化作用，获 1989 年诺贝尔化学奖。科学家罗伯茨和夏普发现基因在 DNA 上的排列由一些不相关的片段隔开，是不连续的，获 1993 年诺贝尔生理学或医学奖。科学家穆利斯发明了聚合酶链式反应（PCR）的方法，科学家史密斯建立了一种寡聚核苷酸定点突变的方法，两人共同获得 1993 年诺贝尔化学奖。科学家科恩伯格揭示了真核生物体内的细胞如何利用基因内存储的信息生产蛋白质，获 2006 年诺贝尔化学奖。科学家林达尔、莫德里奇和桑贾尔因 DNA 修复机制和遗传信息保护方面的卓越研究成果，获获 2015 年诺贝尔化学奖。

从诺贝尔奖可看出核酸的发展。诺贝尔奖如此钟爱核酸的研究，核酸作为遗传信息的载体，其对生命的重要意义不言而喻。

第三章

酶

第一节 / 概述

知识点1 酶的概念

酶是高效的生物催化剂。酶的催化作用具有高度特异性，分为绝对特异性和相对特异性。只能催化一种或两种结构极相似的化合物，如脲酶的水解底物只能是尿素，称为酶的绝对特异性；能够作用于一类化合物或一种化学键，如脂肪酶或酯酶催化酯键水解，称为酶的相对特异性，具体如，α-D-葡萄糖苷酶催化葡萄糖形成糖苷键，而对糖苷键连接的 R 基团没有要求。

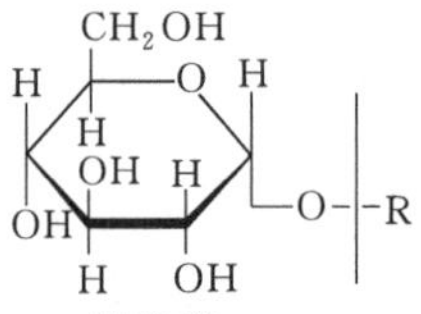

葡萄糖

此外，酶的特异性还包括立体异构特异性，即酶作用的底物需具有特定的立体结构才能被催化，分为光学异构性和几何异构性。只能催化一对镜像异构体中的一种，如精氨酸酶只催化 L-精氨酸水解，而对 D-精氨酸没有催化作用，称为酶的光学异构性；只能催化立体异构中的顺式或反式，α 或 β 构型中的一种，如延胡索酸酶只能催化延胡索酸（反丁烯二酸），而对顺丁烯二酸不起作用，称为酶的几何异构性。

酶催化的反应要比没有催化剂的反应快 $10^3 \sim 10^{17}$ 倍。与化学催化剂相比，酶作为生物催化剂，能大幅度降低反应所需的活化能。例如，0℃时，1mol 过氧化氢酶能使 5×10^6mol H_2O_2 分解为 H_2O 和 O_2；而相同条件下，1g 铁离子只能使 6×10^{-4}mol H_2O_2 分解，生物催化剂酶的催化速率比化学催化剂铁离子提高了 10^{10} 倍。绝大多数的酶是活细胞产生的蛋白质，酶催化的反应条件温和，常温和常压即可。同时，酶作为生物大分子容易失活，特别是运输和保存环节需注意。

酶作为催化剂的优点：①专一性高，副反应很少，后处理容易。②催化效率高，酶用量少。③反应条件温和，不需要高温和高压。④酶的催化活性可以进行人工调节控制。

酶作为催化剂的缺点：①酶容易失活，酶催化反应的温度、pH以及离子强度等要有效控制。②酶制品价格相对昂贵。③酶不易保存。

例题

下面关于酶的描述，哪一项不正确（　　）？

A. 所有的蛋白质都是酶　　B. 酶是生物催化剂

C. 酶具有专一性　　D. 酶在强碱、强酸条件下会失活

解析

A项，绝大多数的酶是蛋白质。B项，酶是生物催化剂，发挥催化作用并不局限于细胞内，如蛋白酶、脂肪酶等水解酶就属于细胞内合成后分泌到细胞外的胞外酶。C项，酶具有专一性。D项，酶是生物分子，一定条件下容易失活，如强碱、强酸条件。

答案

A

知识点2 酶的命名及分类

（1）习惯命名法

主要原则是根据酶所作用的底物来命名，如水解淀粉的酶称为淀粉酶，水解蛋白质的酶称为蛋白酶；还可以根据酶催化反应的性质和类型来命名，如转移氨基的酶称为转氨酶，催化底物氧化脱氢的酶称为脱氢酶；有些酶结合上述两方面来命名，如乳酸脱氢酶、谷丙转氨酶等；此外，还有一些酶加上其来源来命名，如胰蛋白酶等。

习惯命名因为缺乏科学性和系统性，有时会出现一个酶几个不同名或几个名指同一个酶的情况。但由于习惯命名比较简单方便，至今日常生活生产中，关于酶的习惯命名使用频率仍比较高。

（2）国际系统命名法

1961年，国际生化学会酶学委员会规定了酶的系统命名法。该命名法中，酶学委员会根据化学反应的性质，将酶分为六大类。

① 氧化还原酶类。主要包括脱氢酶和氧化酶。脱氢酶催化的反应通式为：

$$A \cdot 2H + NAD^+ \rightleftharpoons A + NADH + H^+$$

例如，乳酸脱氢酶催化乳酸的脱氢反应。

$$HO-\overset{\displaystyle COOH}{\underset{\displaystyle CH_3}{\overset{|}{\underset{|}{C}}}}-H + NAD^+ \xrightleftharpoons{\text{乳酸脱氢酶}} \overset{\displaystyle COOH}{\underset{\displaystyle CH_3}{\overset{|}{\underset{|}{C}}}}=O + NADH + H^+$$

② 转移酶类。主要催化基团转移反应，即将一个底物分子的基团或原子转移到另一个底物的分子上。转移酶催化的反应通式为：A·X+B $\rightleftharpoons$ A+B·X

例如，谷丙转氨酶催化氨基转移反应。

```
    COOH                                             COOH
     |                                                |
  (CH2)2            CH3                            (CH2)2           CH3
     |               |          谷丙转氨酶            |               |
H—C—NH2    +    C=O        ⇌            C=O      +    H—C—NH2
     |               |                                |               |
    COOH           COOH                              COOH           COOH
   谷氨酸           丙酮酸                          α-酮戊二酸          丙氨酸
```

③ 水解酶类。主要催化底物的加水分解反应。可以水解的键包括酯键、糖苷键及肽键等，水解酶主要包括核酸酶、淀粉酶及蛋白酶等。水解酶催化的反应通式为：

$$A-B+H_2O \rightleftharpoons AOH+BH$$

④ 裂合酶类。主要催化一个化合物分解为几个化合物的反应及其逆反应。主要包括醛缩酶、脱水酶及脱氨酶等。例如，醛缩酶催化分子中 C—C 键断裂，产生醛；脱水酶催化分子中 C—O 断裂，产生 H_2O；脱氨酶催化分子中 C—N 键断裂，产生氨。裂合酶催化的反应通式为：

$$A \cdot B \rightleftharpoons A+B$$

例如，醛缩酶催化果糖-1,6-二磷酸裂解反应。

```
      CH2OPO3(2-)
       |
       C=O
       |                                  CH2OPO3(2-)           H—C=O
  HO—C—H            醛缩酶            |                        |
       |                 ⇌              C=O          +       H—C—OH
   H—C—OH                                |                        |
       |                                  CH2OH                  CH2OPO3(2-)
   H—C—OH
       |
      CH2OPO3(2-)
  果糖-1,6-二磷酸                     磷酸二羟丙酮              甘油醛-3-磷酸
```

⑤ 异构酶类。主要催化各种同分异构体的相互转化，即底物分子内基团或原子的重排过程。异构酶催化的反应通式为：A $\rightleftharpoons$ B。

例如，葡萄糖-6-磷酸异构为果糖-6-磷酸的反应。

```
      CHO                                   CH2OH
       |                                     |
   H—C—OH                                   C=O
       |                                     |
  HO—C—H         磷酸己糖异构酶         HO—C—H
       |                  ⇌                  |
   H—C—OH                                H—C—OH
       |                                     |
   H—C—OH                                H—C—OH
       |                                     |
      CH2OPO3(2-)                           CH2OPO3(2-)
   葡萄糖-6-磷酸                          果糖-6-磷酸
```

⑥ 合成酶类。又称为连接酶，必须与 ATP 分解反应相互偶联，使两个分子连接的反应。催化 C—C、C—O、C—N 以及 C—S 键的形成反应。合成酶催化的反应通式为：

$$A+B+ATP \rightleftharpoons AB+ADP+Pi$$

国际系统命名法规定，每个酶都有一个编号，由四个阿拉伯数字组成，每个数字之间用“·”分开。第一个数字代表酶所属的大类，即酶学委员会规定酶的六大类。第二个数字代表大类下的亚类。第三个数字代表各亚类下的亚亚类。第四个数字代表亚亚类下具体的酶发

现时间的序号。按照此分类方法，包括新发现的酶在内，任何一个酶都可得到一个独立的编号。当然每个编号须标明 EC（Enzyme Commision，酶学委员会）。如，乳酸脱氢酶的编号就是 EC 1.1.1.27。

国际系统命名法科学性强，可以消除习惯命名中的一些混乱现象。但是系统命名太长，使用不方便。因此，酶学委员会建议：每一种酶应有一个系统名称、一个习惯名称和一个系统编号。

例题

按照酶的系统分类法，编号为 EC 3.1.1.11 酶应属于（　　）酶类。

解析

酶一共可以分成六类，分别是氧化还原酶类、转移酶类、水解酶类、裂合酶类、异构酶类和合成酶类。每个酶都有一个编号，由四个阿拉伯数字组成。第一个数字代表酶所属的大类。EC 3.1.1.11 中“3”代表第三类水解酶。

答案

水解酶。

第二节 / 酶的结构与催化机制

知识点 3 酶的化学本质及其组成

1926 年，Sumner 从刀豆种子中分离并纯化得到脲酶结晶，首次证明酶是具有催化活性的蛋白质。1982 年，Cech 在四膜虫的研究中发现 RNA 具有催化作用。目前认为，绝大多数酶的化学本质是蛋白质，仅有少数是核酸。

对于化学本质是蛋白质的酶，根据其组成成分，分为简单蛋白质和结合蛋白质。简单蛋白质是指那些活性仅仅决定于其本身蛋白质结构的酶，如脲酶、蛋白酶、淀粉酶以及脂肪酶等；结合蛋白质是指那些结合非蛋白质组分（辅助因子）才具有活性的酶，如脱氢酶等。辅助因子在酶催化反应中运输转移电子、原子或某些功能基团，其本身没有催化作用。酶蛋白与辅助因子结合后所形成的复合物称为全酶，即全酶 = 酶蛋白 + 辅助因子。

辅助因子包括辅酶、辅基和金属离子。辅酶和辅基是具有特殊化学结构的小分子有机化合物，主要参与的酶催化反应是氧化还原反应或基团转移反应，如传递氢、传递电子以及承担某些物质分解代谢时的载体。例如，脱氢酶的辅酶 NAD^+ 参与氧化还原反应中脱氢过程，其本身形成还原态 NADH。辅酶与辅基的区别在于，辅酶与酶蛋白结合得比较疏松，可以通过透析方法除去。辅基与酶蛋白形成共价键，结合得比较紧密，不能通过透析方法除去。与种类繁多的酶蛋白相比，辅酶和辅基的种类并不多，大多数辅酶或辅基的前体是维生素，主要是 B 族维生素。每一种辅酶或辅基都有特殊的功能，可以特定地催化某一类型的反应。同一种辅酶或辅基可以和多种不同的酶蛋白结合形成不同的全酶。一般来说，全酶中的辅酶或辅基决定酶所催化反应的类型，即反应专一性，而酶蛋白决定酶所催化反应的底物种类，即底物专一性。

根据金属离子与酶蛋白结合的程度，可以分为金属酶和金属激活酶。金属酶中酶蛋白与金属离子结合紧密，这些金属离子通常以配位键形式与酶蛋白中氨基酸残基侧链基团相连（表 3-1），或者与酶蛋白中的辅基，如血红素的卟啉环相连。金属离子在金属酶催化反应中辅助传递电子、原子或官能团。金属激活酶中金属离子与酶蛋白结合比较松散，这类金属离子一般是碱金属离子，对酶有一定选择性。某种金属只对某一种或几种酶具有激活作用。

表 3-1　金属酶中金属离子与配位体

金属离子	配位体	酶
Fe^{2+}/Fe^{3+}	卟啉环、咪唑、含硫配体	血红素、氧化还原酶和过氧化氢酶
Mn^{2+}	咪唑	丙酮酸脱氢酶
Zn^{2+}	$—NH_2$、咪唑	碳酸酐酶、醇脱氢酶
Ni^{2+}	$—NH_2$	脲酶

例题

下列哪一种酶是简单蛋白质（　　）?

A. 牛胰核糖核酸酶　　B. 丙酮酸激酶

C. 乳酸脱氢酶　　D. 烯醇化酶

E. 醛缩酶

解析

上述除 A 选项外，其他酶主要催化的反应是氧化还原反应或基团转移反应，都需要辅酶或辅基。因此，这些酶都是结合蛋白质。

答案

A

知识点4 酶的活性中心

酶蛋白的一级结构决定酶的空间构象，酶的特定空间构象是酶活性功能的结构基础。酶蛋白的空间结构构象中，能与底物分子结合并完成特定催化反应的空间区域，被称为酶的活性中心。酶活性中心主要特征是：①相对酶整个体积来说，活性部位占据的空间很小，活性中心以外的部位是形成和稳定酶天然结构的必需基团。②大多数底物都是通过相对弱的力与酶结合。③活性中心负责与底物分子结合的部位，即为结合部位，主要是某些氨基酸残基的侧链基团，所以也称为结合基团；活性中心负责催化底物反应的部位，即为催化部位，是由参与催化底物转化为产物的氨基酸残基的侧链基团组成，所以也称为催化基团。研究发现，在酶的活性中心出现频率最高的氨基酸残基有 Ser、His、Cys、Tyr、Asp、Glu 和 Lys，主要是这些氨基酸的极性侧链基团。④活性中心通常位于酶蛋白的两个结构域或亚基之间的裂隙，或位于蛋白质表面的凹槽。

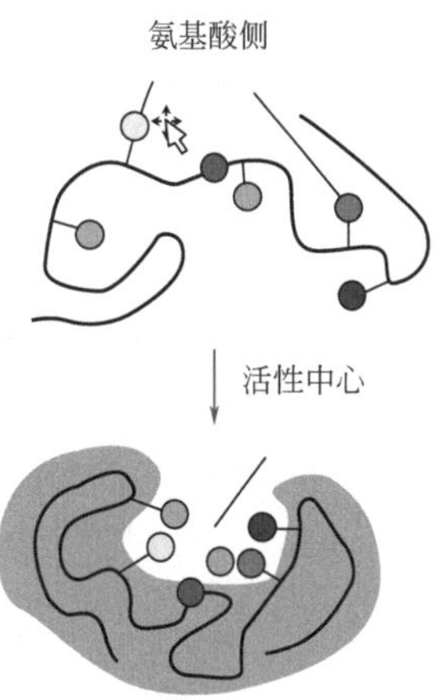

图 3-1 酶活性中心的形成

活性中心是酶蛋白的多肽链折叠形成的一个特殊的空间结构，一些在一级结构序列相距较远的氨基酸残基经折叠后会相距比较近（图 3-1）。

例题

酶的活性中心是指（　　）。

A. 酶分子上的几个必需基团

B. 酶分子与底物结合的部位

C. 酶分子结合底物并发挥催化作用的三维结构区

D. 酶分子的一种特殊结构

解析

酶活性中心包括结合基团和催化基团，必需基团是指除活性中心外，对于形成和稳定酶结构所必需的部位。所有的酶至少有一个活性中心。

答案

C

知识点5 酶具有高催化效率的因素

（1）靠近和定向效应

酶活性中心的底物结合部位对底物有亲和力，能将底物分子结合于催化基团作用的部位。相比化学反应中分子间随机碰撞，酶催化反应中底物分子被结合到活性中心，使底物在活性中心的有效浓度极大增加，有利于提高反应速率。另外，当底物与活性中心结合时，酶蛋白发生一定的构象改变，使底物和活性中心相互间精确定位。这种定向效应也是酶高效催化反应的一个重要因素，见图 3-2。

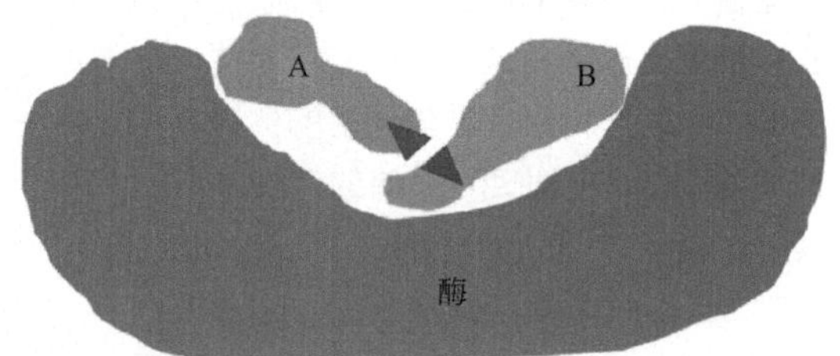

图 3-2　靠近和定向效应的示意图(A 和 B 为底物)

（2）酸碱催化

从广义上讲，给出质子为酸，接受质子为碱。许多细胞内的酶催化反应都是广义的酸碱催化作用。酶的活性中心具有可以给出或接受质子的氨基酸侧链基团，如氨基、羧基和咪唑基等，这些氨基酸侧链基团能够在酶蛋白中起酸碱催化作用，见表 3-2。其中咪唑基最为重要，His 咪唑基的解离常数是 6.0，在生理条件下，咪唑基既可以作为质子供体，又可以作为质子受体，能够提供一个相当于酸或碱的生物环境，在酶促反应中发挥催化作用。此外，咪唑基提供质子或接受质子的速度很快，半衰期小于 10^{-10}s。这也是 His 在蛋白质中的含量很少，却很重要，常作为酶分子活性中心的构成成分的原因。

表 3-2　酸碱基团

氨基酸残基	质子供体	质子受体
Glu　Asp	R—COOH	$R—COO^-$
Lys　Arg	$R—NH^{3+}$	$R—NH_2$
Cys	R—SH	$R—S^-$
Ser	R—OH	$R—O^-$
His	$R—NH^+$(咪唑基带电荷)	R—N(咪唑基不带电荷)

（3）共价催化

共价催化是通过底物与酶分子形成共价键加快反应速度，主要进行基团转移。酶活性中心的氨基酸残基，还有酶的辅助因子都可以参与基团转移。某些酶与底物之间通过共价键形成复合物，这样底物只需要越过比较低的活化能阈值就能形成产物，从而提高催化反应效率。共价键一般都是通过酶分子的亲核基团与底物上的亲电基团反应形成的。因此，这种形式的催化也称为亲核催化。

（4）底物分子的敏感键产生张力或变形

许多活性中心与底物的结合，开始并不适合，是通过酶活性中心构象改变适应了底物。一旦与底物结合，酶分子某些基团可使底物分子的敏感键中电子云密度部分地增高或降低，从而产生“电子张力”，使敏感键易于反应，有的甚至使底物分子发生变形，这样更容易形成酶-底物复合物，见图 3-3。

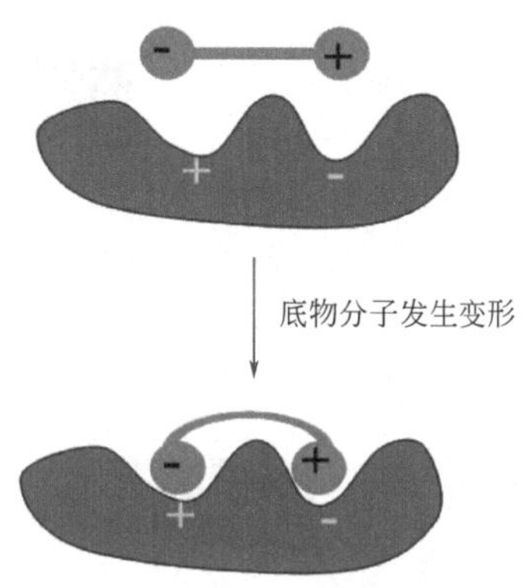

图 3-3　底物分子发生变形的示意图

（5）低介电区的形成

某些酶分子表面部分常常出现凹陷，而活性中心一般靠近或位于疏水微环境的凹陷中。由于疏水环境的介电常数较极性环境的介电常数低，所以在疏水环境中两个带电物之间的作用力比在极性环境中要明显增加。

例题

羧肽酶 A 中的 Zn^{2+} 对酶活性至关重要，它的作用可能是（　　）。

A. 诱导酶的构象变化

B. 共价催化

C. 使底物敏感键产生电子张力

D. 提供低介电区

解析

羧肽酶 A 紧密结合一个 Zn^{2+}，它属于酶分子的辅基，对于酶的活性很重要。这是由于羧肽酶 A 与底物结合时，酶分子中 Zn^{2+} 可使底物分子敏感键的电子云密度降低，从而产生“电子张力”。因此，Zn^{2+} 给底物造成的电子张力极大促进了底物的水解过程。

答案

C

第三节 酶促反应动力学

知识点6 米氏方程

酶促反应动力学是研究反应速度及影响反应速度的各种因素的科学。对于一个酶促反应体系来说，酶和底物是最基本的两个构成因素。因此，酶和底物之间的动力学关系是酶促反应动力学的基础。在一定条件下，当酶浓度不变时，酶所催化的化学反应的速度与底物浓度之间的规律，如图3-4所示的关系曲线，称为v-[S]关系曲线。具体描述为：①当底物浓度比较低时，酶所催化的化学反应的速度随着底物浓度的增加，呈正比例增加。这一段称为一级反应。②当底物浓度继续增加时，反应速度虽然仍在增加，但比较缓慢，不再与底物浓度成正比。这一段称为混合级反应。③当底物浓度很高时，几乎所有的酶的活性中心都被底物饱和了，这时反应速度逐渐趋近极限值，此时的反应速度为最大速度 V_{max}。这一段称为零级反应。

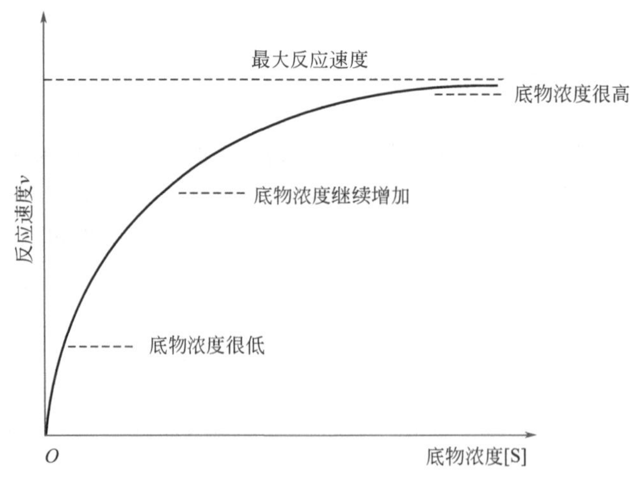

图 3-4　底物浓度对反应速度的影响

对于反应速度和底物浓度之间这种曲线关系的解释，中间产物学说认为，酶促反应的历程是：酶与底物首先生成中间复合物，中间复合物是一种稳定的过渡态，再由中间复合物分解成产物和游离酶。

$$E+S \underset{k_2}{\overset{k_1}{\rightleftharpoons}} ES \xrightarrow{k_3} E+P$$

这里 E、S、P 和 ES 分别表示酶（enzyme）、底物（substrate）、产物（product）以及酶与底物形成的复合物。图 3-5 是酶与底物形成中间产物的模型示意图。

图 3-5　酶与底物结合的模型

1913 年，Michaelis 和 Menten 根据中间产物学说，分析酶促反应动力学，推导出酶促反应速度与底物浓度之间关系的基本公式，称为米氏方程。米氏方程为描述酶促反应历程的中间产物学说提供了动力学依据。

$$v=\frac{V_{max}[S]}{K_m+[S]}$$

式中，v 为反应初速度；V_{max} 为最大反应速度；K_m 为米氏常数；[S] 为底物浓度。

米氏方程的推导是假定存在一个稳态期，即中间复合物的生成速度与它的分解速度相等。

ES 生成速度，$v_1=k_1[E][S]$

ES 分解速度，$v_2=k_2[ES]+k_3[ES]=(k_2+k_3)[ES]$

对于稳态期，$v_1=v_2$

$k_1[E][S]=(k_2+k_3)[ES]$

该式移项得：

$$\frac{[E][S]}{[ES]}=\frac{k_2+k_3}{k_1} \tag{3-1}$$

令 $K_m=\frac{k_2+k_3}{k_1}$，K_m 称为米氏常数，并代入上式（3-1），化简为：

$$\frac{[E][S]}{[ES]}=K_m \tag{3-2}$$

E 作为游离酶以及 ES 作为中间复合物，其浓度很难测定。因此，设定总酶浓度为 $[E_t]$，游离酶浓度 [E] 可转化为：

$$[E]=[E_t]-[ES] \tag{3-3}$$

将此式代入上式（3-2），则得：

$$K_m=\frac{([E_t]-[ES])[S]}{[ES]} \tag{3-4}$$

进一步变换式子，则得：$K_m[ES]=([E_t]-[ES])[S]$

$$K_m[ES]+[ES][S]=[E_t][S]$$

上式移项则得:

$$[ES]=\frac{[E_t][S]}{K_m+[S]} \tag{3-5}$$

酶促反应速度用产物的生成速度表示，因此:

$$v=k_3[ES] \tag{3-6}$$

将式（3-5）代入式（3-6），则得:

$$v=\frac{k_3[E_t][S]}{K_m+[S]} \tag{3-7}$$

当 $[S]>>[E_t]$ 时，所有的酶都被底物饱和，即不存在游离酶，E_t 都以 ES 形式存在。此时，反应速度达到最大值，用 V_{max} 表示。V_{max} 是一个常数，只与 $[E_t]$ 成正比关系，即 $V_{max}=k_3[E_t]$，此式子代入式（3-7），则得米氏方程:

$$v=\frac{V_{max}[S]}{K_m+[S]}$$

当 $v=1/2V_{max}$ 时，代入米氏方程，则得到底物浓度 $[S]=K_m$，见图 3-6。因此，米氏常数 K_m 其物理意义是反应速度达到最大反应速度一半时的底物浓度。它的单位就是底物浓度的单位，一般为 mol/L。

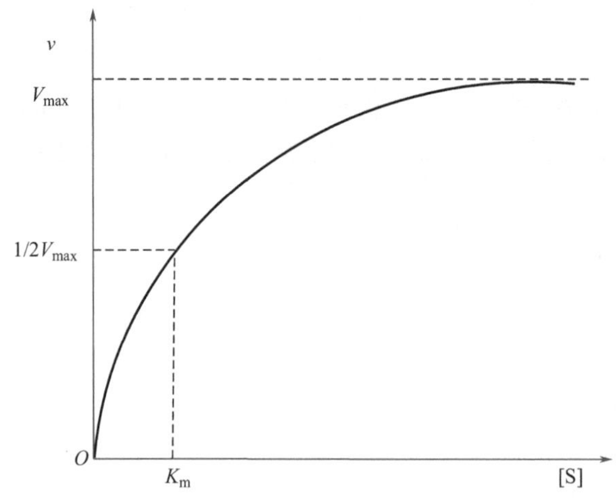

图 3-6　米氏常数 K_m

关于米氏常数 K_m，需要注意:

① K_m 是酶的特征常数，只与酶本身性质有关，而与酶浓度无关。

② K_m 可以判断酶的专一性和最适底物，有的酶可作用于几种底物，因此就有几个 K_m。

③ K_m 可用来表示 E 和 S 亲和力，K_m 值大表示亲和力小，反之，K_m 值小表示亲和力大，为最适底物。

根据酶的 v-[S] 曲线，直接确定酶的 K_m 和 V_{max} 值是行不通的。这是因为曲线接近 V_{max} 是一个渐进的过程，即使用很大的底物浓度，也只能得到趋近 V_{max} 的反应速度。为了得到准确的 K_m 值，将米氏方程两边取倒数，即得到双倒数方程:

$$\frac{1}{v}=\frac{K_m}{V_{max}[S]}+\frac{1}{V_{max}}$$

利用 1/v 对 1/［S］作图即得到一条直线，直线斜率是 K_m/V_{max}，截距是 $1/V_{max}$，见图 3-7。利用一系列［S］及对应反应速度 v，按上述方法作图，则可以准确求出 K_m 和 V_{max}，即**双倒数作图法**。

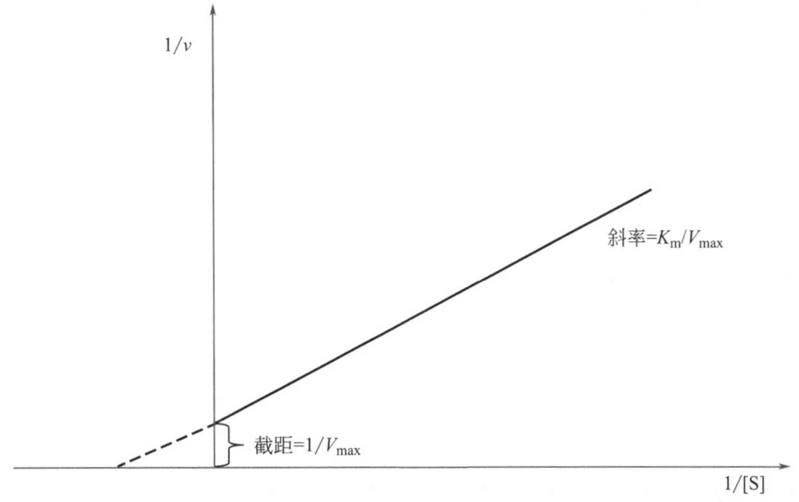

图 3-7　双倒数法求 K_m 和 V_{max}

例1

某一个酶的 $K_m=24\times10^{-4}$mol/L，当［S］= 0.05mol/L 时测得 v = 128μmol/(L·min)，计算出底物浓度为 1×10^{-4}mol/L 时的初速度。

解析

$v=(V_{max}[S])/([S]+K_m)$

$128\times10^{-6}=(V_{max}\times0.05)/(0.05+24\times10^{-4})$

$V_{max}=134\times10^{-6}$mol/L

当［S］= 1×10^{-4}mol/L 时，

$v=(V_{max}[S])/([S]+K_m)$

$=(134\times10^{-6}\times1\times10^{-4})/(1\times10^{-4}+24\times10^{-4})$

$=5.36\times10^{-6}$mol/(L·min) = 5.36μmol/(L·min)

答案

5.36μmol/(L·min)。

例2

1/v 对 1/[S]的双倒数作图得到的直线斜率为 1.2×10^{-3}min，在 1/v 轴上的截距为 2.0×10^{-2}nmol/(L·min)。计算 V_{max} 和 K_m。

解析

利用公式 $\frac{1}{v}=\frac{K_m}{V_{max}[S]}+\frac{1}{V_{max}}$

直线斜率是 $K_m/V_{max}=1.2\times10^{-3}$，截距是 $1/V_{max}=2.0\times10^{-2}$，即可计算出 V_{max} 和 K_m。

答案

$V_{max}=50$nmol/(L·min)；$K_m=6.0\times10^{-2}$nmol/L。

例3

在一组 10mL 的反应体系中，加入不同浓度的底物。分别测反应初速度，得数据如下：

[S] mol/L	v μmol/(L·min)
5.0×10^{-7}	0.0096
5.0×10^{-6}	0.071
5.0×10^{-5}	0.20
5.0×10^{-4}	0.25
5.0×10^{-3}	0.45
5.0×10^{-2}	0.45

不作图计算，求 V_{max} 和 K_m。

解析

[S]浓度逐渐增加，反应速度开始随之增加，当达到最大反应速度时，不再增加，即 $V_{max}=0.45$μmol/(L·min)。因为该题不要求作图，可直接利用[S]和其对应反应 v 数据，再代入米氏方程计算。

答案

$V_{max}=0.45$μmol/(L·min)，$K_m=6.25\times10^{-5}$mol/L。

知识点7 酶浓度对反应速度的影响

不同酶浓度下的反应速度，即 v-[E] 关系曲线，见图 3-8。在 [S] 足够大，其他反应条件也都一定的前提下，反应速度与酶浓度成正比。酶浓度与反应速度之间存在的这种线性关系，也是测定酶活力的依据。有时这种直线也会出现向横坐标弯曲的现象，可能的原因是：底物浓度不足，或是酶浓度过高，或是酶发生了变性。

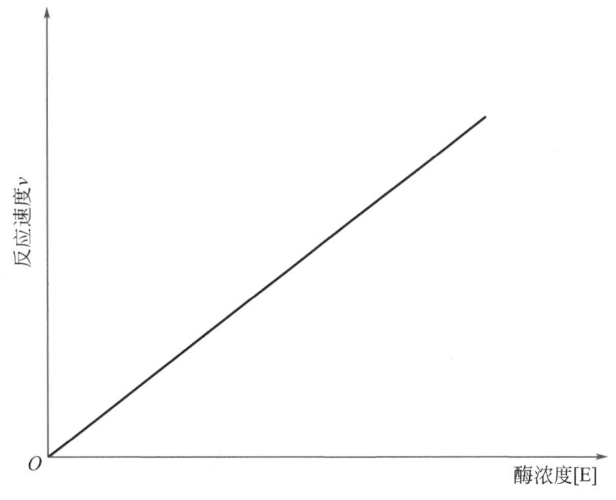

图 3-8 酶浓度对反应速度的影响

例题

测定酶活性时要测定酶促反应的初速度，其目的是为了（ ）。

A. 节约底物 B. 使酶促反应速度与酶浓度成正比

C. 尽快完成测定工作 D. 防止出现底物抑制

解析

反应速度在最初一段时间内保持恒定，随着反应时间的延长，反应速度逐渐下降。原因很多，如酶浓度与反应速度保持正比，防止产物增加抑制效应等。

答案

B

知识点 8 pH 对反应速度的影响

大多数酶的活性受 pH 影响比较大。在一定 pH 条件下，酶促反应速度最大，高于或低于此 pH，酶促反应速度都会下降，此 pH 为酶促反应的最适 **pH**，见图 3-9。最适 pH 不是酶的特征常数，会受到酶的浓度、底物以及缓冲液的种类等因素的影响。pH 对酶促反应的作用是复杂的，它不但影响酶的稳定性，如过酸或过碱会影响酶蛋白的构象，甚至使酶变性而失去活力。pH 还影响酶活性中心中氨基酸的解离状态，以及底物分子的解离状态。例如，最适 pH 与酶活性中心结合基团及催化基团的解离常数有关。

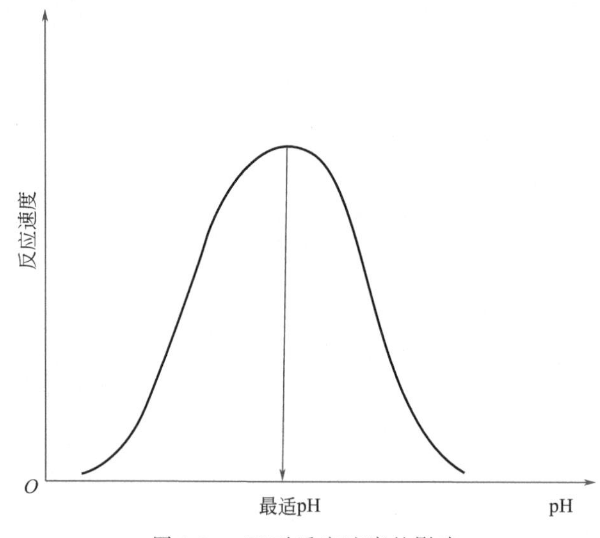

图 3-9　pH 对反应速度的影响

例题

关于 pH 对酶活性的影响，正确的表述是（　　）。

A. 影响酶的必需基团的解离状态　　B. 影响底物的解离状态

C. 酶在一定 pH 范围内发挥最高活性　　D. pH 改变能影响酶的 K_m 值

解析

pH 对酶活性的影响表现在，过酸或过碱会影响酶蛋白的构象；pH 影响底物分子的解离状态，使底物不能与酶结合，影响产物的产生以及 K_m 值；pH 影响酶活性中心相关基团的解离，影响酶活性。

答案

ABCD

知识点9 温度对反应速度的影响

与酶的最适 pH 类似，酶反应速度与温度之间的关系曲线一般也是钟形，也存在一个使酶促反应速度达到最大的最适温度，见图 3-10。在最适温度两侧反应速度都会降低。温度对酶促反应速度的影响是两方面的，一方面，温度升高反应速度加快；另一方面，温度升高而使酶逐渐变性。各种酶的变性温度是不一样的，大部分酶 60℃以上变性。同样的，最适温度不是酶的特征常数，要受到酶的纯度、底物以及酶促时间等因素影响。在酶促反应体系中，通常用温度系数 Q10 表示酶对温度变化的敏感程度。在达到最适温度之前，温度升高 10℃，其反应速度与原速度的比值，即为 Q10。一般酶的 Q10 为 1～2。

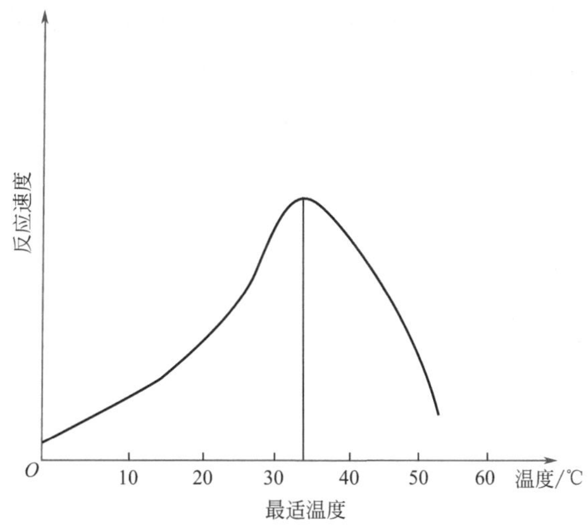

图 3-10　温度对反应速度的影响

例题

新掰下的玉米很甜是由于玉米粒中的糖浓度比较高。可是掰下的玉米储存几天后就不那么甜了，这是由于 50%的糖已经转化为淀粉。如果将新鲜玉米去外皮浸入沸水几分钟，然后于冷水中冷却，储存在冰箱中可保持其甜味，这是什么生化原理？

答案

采下的玉米浸在沸水中几分钟，能够使其中将糖转化为淀粉的酶基本失去活性，而后将玉米放在冰箱中，可以使残存的酶处于一种低活性状态，从而保持了玉米的甜度。

知识点10 激活剂对反应速度的影响

提高酶活性，加速酶促反应的物质称为酶的激活剂。激活剂大部分是离子或有机化合物。按分子大小，激活剂可分为两类：①无机离子。可作为辅酶或辅基的一个组成部分，构成全酶，协助酶的催化作用；可作为底物与酶蛋白之间联系的桥梁，激活相应的酶分子，如 Mg^{2+} 激活激酶，Mn^{2+} 激活醛缩酶，Cl^- 激活唾液淀粉酶。②中等大小的有机分子。某些还原剂，如半胱氨酸，能激活某些酶，使酶中的二硫键还原，从而提高酶活性。再比如，螯合剂 EDTA，能去除酶分子中重金属，以至降低重金属对酶的抑制作用。使用激活剂，要注意到激活剂的选择性，即激活剂对一种酶可能是激活，对另一种酶可能是抑制，彼此间为拮抗作用。还有激活剂的浓度效应，即浓度升高可使激活作用转变为抑制作用。

例题

唾液淀粉酶经透析后，水解淀粉能力显著降低，其主要原因是（　　）。

A. 酶蛋白变性　　B. 失去激活剂 Cl^-

C. 失去辅酶　　D. 酶含量减少

E. 酶的活性下降

解析

凡是提高酶活性的物质都称为酶的激活剂，包括无机离子和简单的有机分子。Cl^- 是唾液淀粉酶的激活剂，所以当唾液淀粉酶经透析失去激活剂 Cl^- 后，其水解淀粉能力降低。

答案

B

知识点11 抑制剂对反应速度的影响

抑制剂（inhibitor，I）是一种与酶结合的化合物，通过防止形成 ES 或防止 ES 生成产物 P，以达到抑制酶活性的目的。实验中抑制剂常用来研究酶的作用机制和揭示代谢途径。抑制作用类型可分为不可逆抑制作用和可逆抑制作用。

（1）不可逆抑制

抑制剂与酶蛋白的必需基团通过共价键结合，使酶失活，不能用超滤和透析的方法去除，即不可逆抑制作用。

（2）可逆抑制

抑制剂与酶蛋白通过非共价键结合，可用超滤和透析的方法去除，即可逆抑制作用。

用动力学的方法可以区分可逆和不可逆抑制作用。在一反应系统中，加入过量底物 S 和一定量抑制剂 I，然后改变［E］，测得 v-［E］曲线，见图 3-11。不可逆抑制剂与酶蛋白共价结合，使酶失活，反应速度为零，如曲线②。只有不存在不可逆抑制剂时，酶浓度与反应速度之间表现线性关系，如曲线①。可逆抑制剂与酶结合，会降低酶活力，但仍具有酶活力，如曲线③。与曲线①相比，反应速度有不同程度下降。曲线①代表没有抑制作用，曲线②代表加入不可逆抑制剂，曲线③代表加入可逆抑制剂。

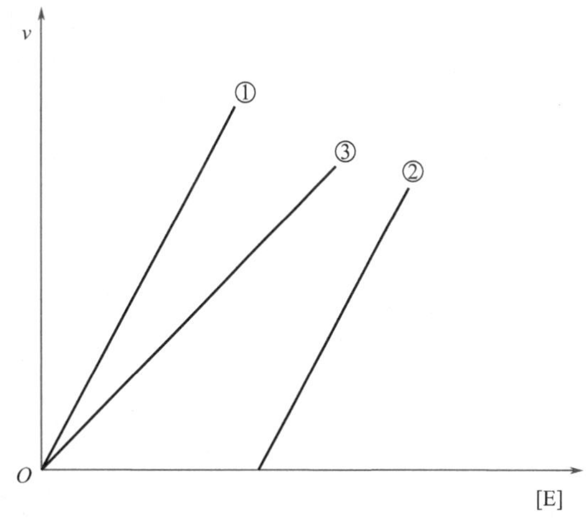

图 3-11　不同抑制作用类型

① 竞争性抑制作用。这是一种比较常见的可逆抑制作用。竞争性抑制剂的化学结构与底物相似，因而能与底物竞争结合酶的活性中心。在酶促反应中，抑制剂 I 和底物 S 竞争与酶的活性中心结合。如果底物和酶形成 ES 复合物，不能再结合抑制剂 I。同样，抑制剂与酶形成 EI 复合物，不能再结合底物 S，而 EI 复合物不能分解为酶和产物，导致酶促反应速度下降。

竞争性抑制作用的动力学曲线见图 3-12（a），可以看出当［S］无限增大时，两曲线重合，这说明竞争性抑制的特点是当［S］很高时抑制作用消除。酶促反应的 V_{max} 不变，米氏

常数 K_m 变大，这表示加入竞争性抑制剂，酶对底物的亲和力减小。双倒数作图见图 3-12（b），即 1/v 对 1/［S］作图，加入竞争性抑制剂后，纵轴截距相等，斜率增大。若增加底物浓度，竞争性抑制作用可以解除。

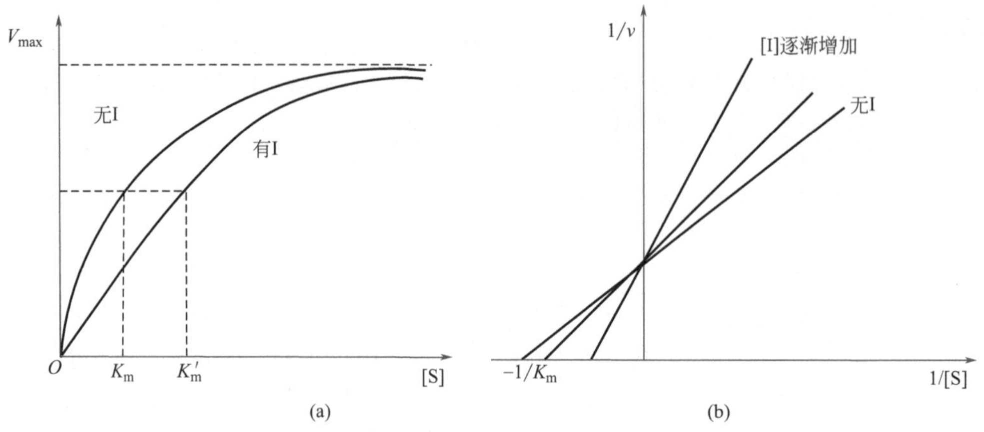

图 3-12　竞争性抑制动力学曲线

② 非竞争性抑制作用。底物与抑制剂两者没有竞争作用，非竞争性抑制剂与酶活性中心以外的基团结合，能形成三元复合物。但因 EIS 或 ESI 复合物都不能进一步分解为酶和产物，同样导致酶促反应速度下降。酶可以同时与底物及抑制剂结合。

非竞争性抑制作用的动力学曲线见图 3-13（a），可以看出当［S］无限增大时，两曲线不重合，可见不能通过增加底物浓度的方法解除抑制作用。非竞争性抑制剂存在时，米氏常数不变，酶促反应的 V_{max} 降低。双倒数作图，即 1/v 对 1/［S］作图，见图 3-13（b），加入非竞争性抑制剂后，横轴截距相等，斜率增大。

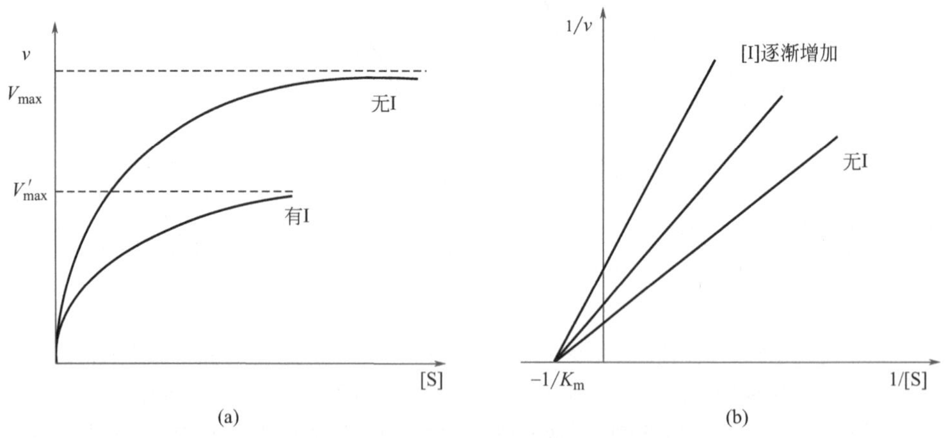

图 3-13　非竞争性抑制动力学曲线

竞争性抑制作用与非竞争性抑制作用的动力学特点比较，见表 3-3。

表 3-3　两种可逆抑制剂类型的动力学特点

类型	公式	最大反应速度	米氏常数
无抑制剂	$v=\frac{V_{max}[S]}{K_m+[S]}$	不变	不变
竞争性抑制	$v=\frac{V_{max}[S]}{K_m(1+[I]/K_i)+[S]}$	不变	增大
非竞争性抑制	$v=\frac{V_{max}[S]}{(1+[I]/K_i)(K_m+[S])}$	减小	不变

例题

图中 I 代表（　　）抑制剂。

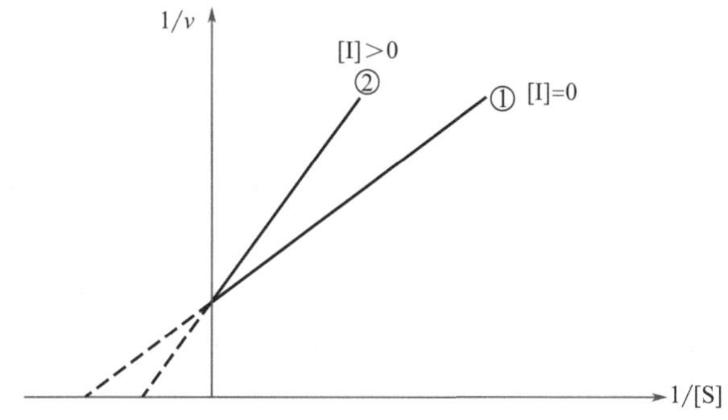

A. 竞争性可逆抑制剂

B. 非竞争性可逆抑制剂

C. 不可逆抑制剂

D. 无法确定

解析

这是 1/v 对 1/［S］作图，即双倒数作图。从图可以看出，酶具有活力，所以这一定不是不可逆抑制剂。根据反应动力学特点，加入竞争性抑制剂后，纵轴截距相等，斜率增大。可以判断抑制剂是竞争性可逆抑制剂。

答案

A

知识点12 不可逆抑制剂

（1）有机磷化合物

能够与酶活性直接有关的 Ser-OH 牢固地结合，从而使酶的活性完全丧失。如敌百虫、敌敌畏、农药 1605 等，这类有机磷化合物在生物学上的作用主要是不可逆抑制乙酰胆碱酯酶，使乙酰胆碱不能分解为乙酸和胆碱，由于乙酰胆碱的堆积引起一系列神经中毒症状，如昆虫失去知觉而死亡，鱼类失去波动平衡而死亡，人、畜产生多种中毒症状而死亡，所以也称为神经毒剂。因对植物无害，可在农业和林业上用作杀虫剂。

（2）有机汞和有机砷化合物

能够与酶蛋白上—SH 结合，导致含—SH 酶的活性丧失。如路易士气、砒霜类、对氯汞苯甲酸等，这类抑制剂产生的抑制作用可以通过加入过量的巯基化合物，如 Cys、还原型谷胱甘肽以及二巯基丙醇等而解除。这些巯基化合物被称作巯基酶保护剂，可被用作砷、汞等中毒的解毒剂。

（3）氰化物

能够与含铁卟啉的酶中 Fe^{2+} 络合，使酶失活。如氰化物与细胞色素氧化酶中 Fe^{2+} 结合，使酶失活而阻止细胞呼吸。临床上抢救氰化物中毒，常先注射亚硝酸钠，使酶分子中 Hb-Fe^{2+} 氧化生成 Hb-Fe^{3+}，而夺取与细胞色素氧化酶（$Cyta_3$）结合的氰化物，生成 Hb Fe^{3+}-CN，再注射硫代硫酸钠，将 Hb Fe^{3+}-CN 中的 CN 逐步释放，在肝脏硫氰生成酶的催化下转变为无毒的硫氰化物，随尿排出，从而解除其抑制。

（4）青霉素

能够与糖肽转肽酶活性部位 Ser-OH 共价结合，使酶失活。作为抗生素类药物，可抑制细菌生长。

（5）烷化剂

能够与酶蛋白中的—SH、—NH_2、—OH 等发生烷基化，使酶失活。

（6）重金属

高浓度重金属能够能使酶变性失活，低浓度重金属能够与酶蛋白—SH、—COOH 以及咪唑基结合，抑制酶的活性。如 Ag^+、Hg^{2+}、Pb^{2+}、Cu^{2+} 能使大多数酶失活。

例题

有机磷农药所结合的胆碱酯酶上的基团是（　　）。

A. —OH　　B. —COOH　　C. —SH　　D. —CH_3　　E. —NH_2

解析

有机磷农药能够与胆碱酯酶活性直接有关的 Ser-OH 牢固地结合，从而使酶的活性完全丧失。

答案

A

知识点13 可逆抑制剂

（1）磺胺类药物

多数病原菌在生长时不能直接利用叶酸，而只能利用对氨基苯甲酸合成二氢叶酸，再转化成四氢叶酸，参与核酸合成。磺胺类药物结构与对氨基苯甲酸相似，见图 3-14。磺胺类药物的设计就是作为二氢叶酸合成酶的竞争性抑制剂，从而抑制细菌生长所必需的二氢叶酸合成，核酸合成受阻，最终细菌的生长和繁殖受到抑制。由于人和动物能够直接从食物中利用叶酸，不存在二氢叶酸合成酶催化的代谢反应。因此，磺胺类药物对人和动物的代谢没有影响。磺胺类药物的发现和应用开创了细菌感染性疾病化学治疗的新纪元，使死亡率很高的脑膜炎、败血症、肺炎等得到了控制。虽然由于青霉素及其他抗生素的出现，磺胺类药物在化学治疗中的地位有所下降，但是磺胺类药物具有的独特特点，如抗菌谱广、可以口服等优点，使之仍占有一定的地位。磺胺类药物的设计，开辟了一条从代谢拮抗来寻找新药的途径，对药物研究具有重要的作用。

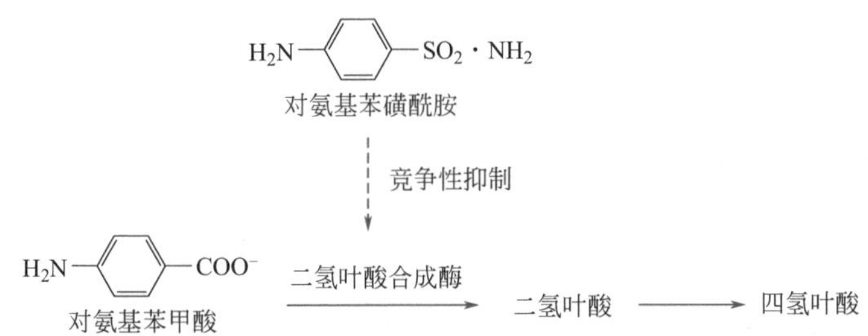

图 3-14　磺胺类药物的抑菌机理

（2）嘧啶类似物

嘧啶类似物主要是通过竞争性抑制作用妨碍癌细胞 DNA 生成。如抗癌药物 5-氟尿嘧啶（5-FU），在体内转变为 5-氟尿嘧啶核苷（5-FUR），再进一步形成 5-氟尿嘧啶核苷酸（5-FURP）和 5-氟尿嘧啶脱氧核苷酸（d-5 FUdRP），由于 d-5 FUdRP 是尿嘧啶脱氧核苷酸类似物，可竞争性抑制胸腺嘧啶核苷酸合成酶。该酶的正常作用是将尿嘧啶脱氧核苷酸转变成胸腺嘧啶脱氧核苷酸。由于该酶受到 5-氟尿嘧啶脱氧核苷酸的抑制，胸腺嘧啶脱氧核苷酸不能正常合成，从而影响癌细胞 DNA 的合成。

例题

磺胺类药物抗菌的作用原理是什么？

答案

磺胺类药物能抑制细菌生长，因为它是对氨基苯甲酸的结构类似物，能竞争性地抑制细菌体内的二氢叶酸合成酶。细菌很难利用对氨基苯甲酸合成细菌生长所必需的二氢叶酸，最终抑制细菌的生长、繁殖。而人体所必需的叶酸是从食物中获得的（人体不合成叶酸）。所以人服用磺胺类药物只是影响了磺胺类敏感细菌的生长繁殖，达到抗菌治病的目的。

第四节 / 酶的调节

知识点14 酶的别构效应

酶的别构效应是指调节物（或效应物）与别构酶的别构中心结合后，诱导出或稳定住酶分子的某种构象，使酶活性中心对底物的结合与催化作用受到影响，从而调节酶的反应速度及代谢过程。别构酶一般具多个亚基，在结构上除具有酶的活性中心外，还具有可结合调节物的别构中心。活性中心负责酶对底物的结合与催化，别构中心负责调节酶反应速度。别构调节剂是指结合在别构酶的别构中心，调节该酶催化活性的生物分子。别构调节剂可以是激活剂，也可以是抑制剂。当调节物就是底物本身，这样的别构效应也称为同促效应；当调节物不是底物分子，这样的别构效应即称为异促效应。

与一般的酶不同，别构酶通常不遵循米氏方程，抑制作用亦不遵循竞争性和非竞争性抑制的数量关系。多亚基的别构酶存在协同效应。效应剂与酶结合后，通过亚基之间构象改变的相互影响，增强酶对后续效应剂的亲和力，这种效应称正协同效应，反之称为负协同效应。具体来说，对于 Rs 表现出不同数值，Rs = 位点被 90% 饱和时的底物浓度/位点被 10% 饱和时的底物浓度。遵循米氏方程的酶，其 Rs = 81；对于具有正协同性效应的酶，其 Rs < 81；对于具负协同性效应的酶，其 Rs > 81。具体见图 3-15。

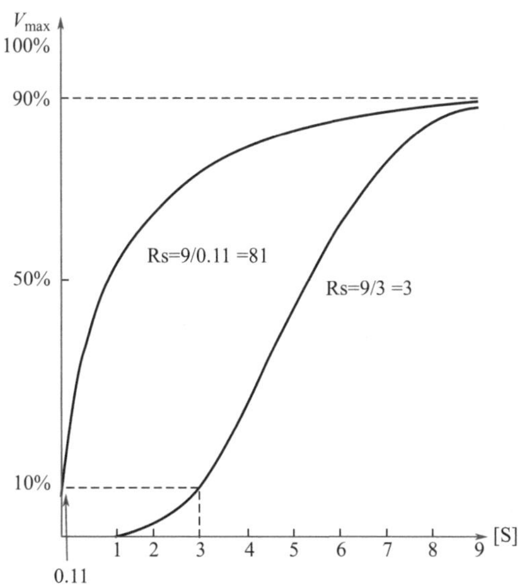

图 3-15　别构酶正协同效应动力学曲线

酶的别构效应在生物体的代谢控制中有着重要作用，别构酶一般是代谢途径中的关键反应催化剂，别构酶的活性对代谢的抑制剂和激活剂很敏感，通过调节该酶可以调控整个代谢途径反应物的流向。别构酶的动力学曲线，如图 3-16。曲线①是遵循米氏方程的酶，动力学曲线是双曲线；曲线②是具有正协同性效应的酶，动力学曲线是 S 形，S 形曲线是由底物的协同结合引起的，这也表明在这样的一个酶中存在着多底物结合部位；曲线③是具有负协同性效应的酶，动力学曲线是表观双曲线。

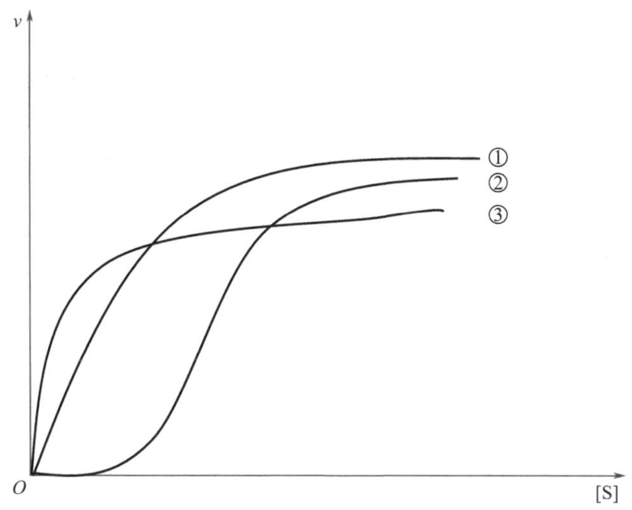

图 3-16　别构酶的动力学曲线

为了解释别构酶 S 形曲线，提出了齐变模型和序变模型两种模型。当酶蛋白改变构象时，仍维持它的分子对称性。因此，存在着两种构象的平衡，一种是对底物具有高亲和性的 R（relaxed）构象，另一种是低亲和性的 T（tense）构象。齐变模型指出，一个给定酶蛋白的所有亚基都具有同样的构象，或都是 R，或都是 T，见图 3-17。

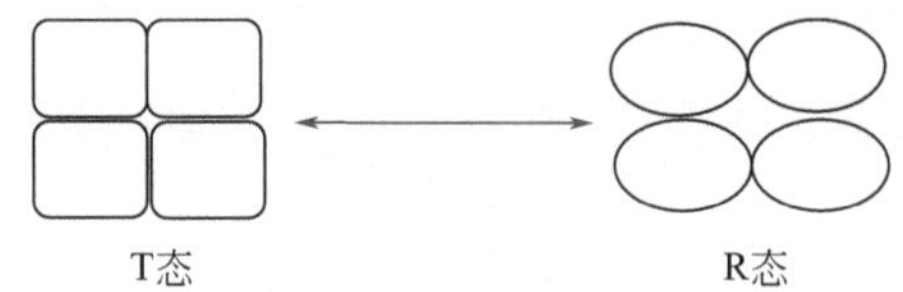

图 3-17　齐变模型

序变模型是近年来更为普遍运用的模型。其主要是依据这样一种设想，即一个底物可以诱导它要结合的亚基的三级结构的变化。这个亚基-底物复合体又能够改变相邻亚基的构象。亚基与底物结合后构象依次变化，亚基有各种可能的中间构象状态，见图 3-18。与齐变模型不同的是，在具有部分饱和的一个寡聚分子中允许存在着高亲和力和低亲和力的亚基。

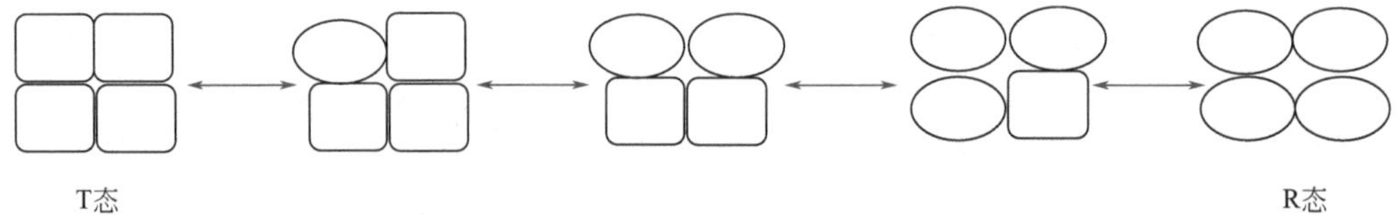

图 3-18　序变模型

天冬氨酸转氨甲酰酶（ATCase）是研究得比较透彻的别构酶。该酶主要参加天冬氨酸与氨甲酰磷酸转变为氨甲酰天冬氨酸的反应，该反应也是胞苷三磷酸（CTP）合成的第一步反应，是一个关键反应。从图 3-19 可以看出，反应速度对天冬氨酸浓度作图得到的就是 S 形曲线。当 CTP 存在时，S 形曲线向右移，酶对天冬氨酸的米氏常数 K_m 值增大，酶的反应速度降低，但并没有改变 V_{max}。当有 ATP 存在时，S 形曲线向左移，降低了底物与酶结合的协同性，提高了酶的反应速度。底物天冬氨酸与氨甲酰磷酸结合在酶的催化亚基，CTP 和 ATP 的结合部位在调节亚基。进一步证明催化和别构效应发生在酶的不同部位。因此，CTP 是反应终产物，是 ATCase 的别构抑制剂，而 ATP 是 ATCase 的别构激活剂。天冬氨酸转氨甲酰酶控制嘧啶生物合成代谢途径，该途径的激活促进嘧啶核苷酸生物合成，进而促进细胞 DNA 复制和转录。ATP 激活该酶符合细胞的代谢调控需要。ATP 含量高表明有充足的能量供应，细菌可以大量繁殖。

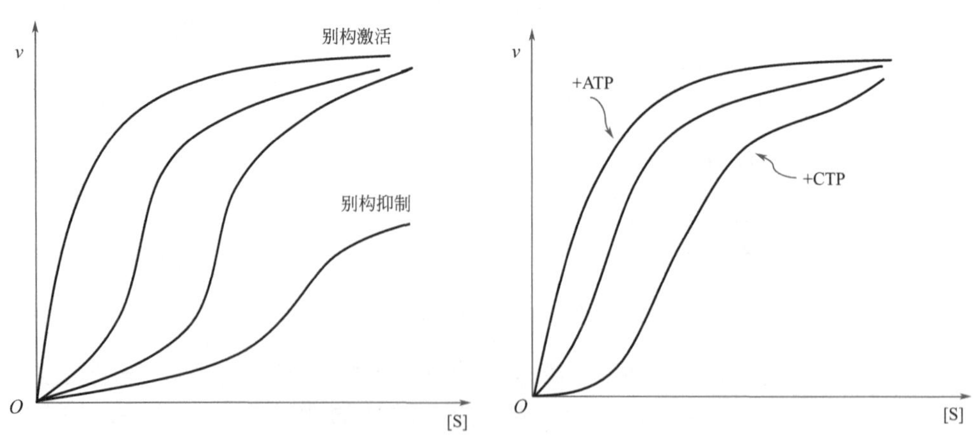

图 3-19　别构酶的激活与抑制

例1

别构效应和协同效应之间是什么关系，举例说明别构效应的生物学意义。

答案

别构效应是生物体内具有多个亚基的蛋白质与别构效应剂结合后而引起其构象的改变，从而导致蛋白质生物活性发生改变。协同效应是别构效应的一种特殊类型，是亚基之间的一种相互作用。例如，血红蛋白就是一种别构蛋白，当它与氧结合时，第一个氧分子与脱氧血红蛋白分子的结合是相当困难的，血红蛋白分子中的一个亚基与氧的结合使亚基本身的构象发生变化，进而影响其他亚基构象的变化，使其他亚基与氧的结合比第一个亚基结合氧更容易，第四个氧分子的结合要比第一个容易几百倍。血红蛋白的别构效应使整个分子以很快的速度与全部四个氧原子完全结合，从而提高血红蛋白的携氧功能。这种现象说明血红蛋白与氧的结合是协同效应。这种协同效应使血红蛋白的氧合曲线呈 S 形。协同效应可以分为两种，正协同效应与负协同效应。以上实际上是正协同效应。正协同效应，使得蛋白质或酶分子对底物浓度的变化极为敏感；负协同效应可以使蛋白质或酶分子对被作用物或底物浓度的变化不作出什么反应，从而使某一个生化反应恒定进行。

例2

下列关于别构酶的叙述，哪一项是错误的（　　）?

A. 所有别构酶都是多聚体，而且亚基数目往往是偶数

B. 别构酶除了活性部位外，还含有调节部位

C. 亚基与底物结合的亲和力因亚基构象不同而变化

D. 亚基构象改变时，要发生肽键断裂的反应

解析

别构酶是两个以上亚基组成的寡聚酶，与普通酶不同，除了与底物结合的活性中心外，还有与效应剂结合的调节中心。当酶与效应剂结合后，酶蛋白构象发生改变，从而导致酶活力升高或降低。值得注意，酶蛋白的亚基构象改变涉及的是酶蛋白的空间结构，不涉及肽键断裂。

答案

D

知识点 15 酶的共价修饰调节

酶蛋白上的一些基团可与某种化学基团发生可逆的共价结合，从而改变酶的活性，这种酶活性的调节方式称共价修饰。酶活性调节的特点是在活性与非活性之间转变。常见的共价修饰调节类型有磷酸化与脱磷酸化、腺苷化与脱腺苷化以及甲基化与脱甲基化等。磷酸化作用是最常见的共价修饰调节类型，磷酸化常发生在酶活性部位的丝氨酸、苏氨酸和酪氨酸残基侧链上。磷酸化主要由蛋白激酶催化 ATP 末端的磷酸基团转移到酶的特定的氨基酸残基上；脱磷酸化主要由蛋白磷酸酶催化酶分子上氨基酸残基上的磷酸基团水解。酶的磷酸化与脱磷酸化是生物体内一个普遍的酶活性调控方式。

如图 3-20，磷酸化酶激酶使无活性的磷酸化酶 b 发生磷酸化，形成有活性的磷酸化酶 a，又通过磷酸化酶磷酸酶催化水解，使有活性的磷酸化酶 a 脱磷酸而形成无活性的磷酸化酶 b。磷酸化酶 a 和磷酸化酶 b 的互变就是磷酸化与脱磷酸化之间的转变。与糖原磷酸化酶情况正相反，丙酮酸脱氢酶催化丙酮酸脱羧生成乙酰辅酶 A 和 CO_2 的反应。由丙酮酸脱氢酶激酶催化丙酮酸脱氢酶磷酸化，导致丙酮酸脱氢酶无活性。由丙酮酸脱氢酶磷酸酶催化磷酸化的丙酮酸脱氢酶水解，脱磷酸的丙酮酸脱氢酶恢复活性。由此可见，丙酮酸脱氢酶由于磷酸化而失活。

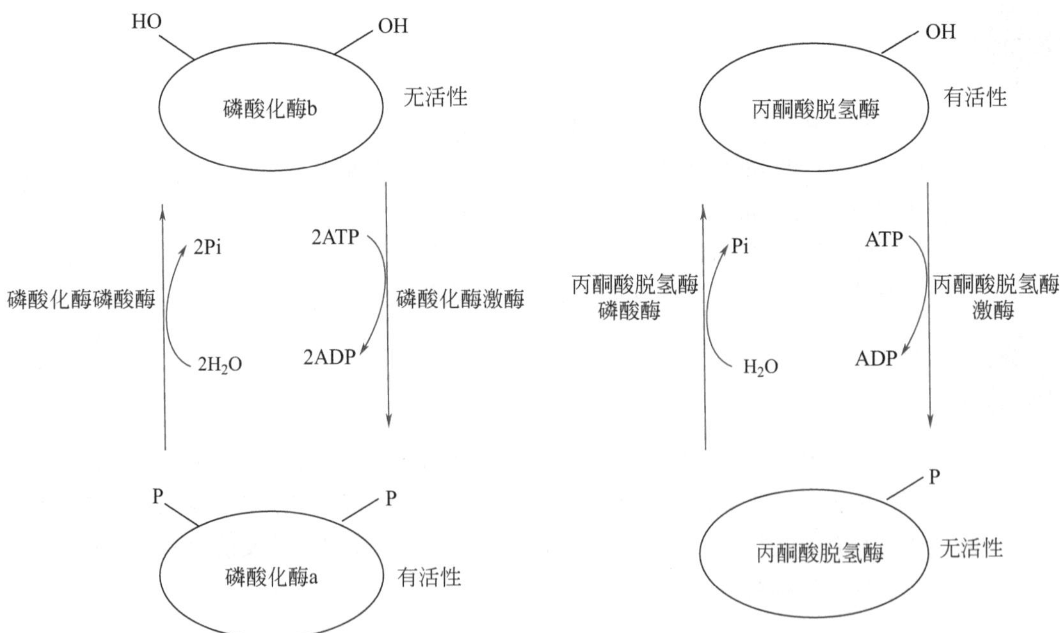

图 3-20 磷酸化和脱磷酸化的互变

例题

共价修饰的主要方式是（　　）。

A. 乙酰化与脱乙酰化　　B. 甲基化与脱甲基化

C. 腺苷化与脱苷化　　D. 磷酸化与脱磷酸化

解析

一个典型的哺乳动物细胞中大约 1/3 的蛋白质都可能含有共价结合的磷酸。磷酸化与脱磷酸化是最主要的共价修饰方式。

答案

D

知识点 16 酶原的激活

消化系统的蛋白水解酶，都是在细胞内合成，在细胞外发生催化作用。为防止蛋白水解酶对合成部位细胞中蛋白质的催化水解，细胞通过一个酶活性调节方式——酶原激活，来解决这个问题。酶原是指某些活性酶的无活性前体蛋白。酶原激活是无活性酶原形成活性酶的过程。酶原激活是生物体的一种调控机制，是由无活性状态转变成活性状态的不可逆过程。即酶原必须经过共价修饰才能具有活性，就是说要进到消化道经修饰后才具有活性。

酶原激活实质是活性中心的暴露或形成过程。例如，胰蛋白酶原，在肠激酶的作用下，水解掉一个六肽，使肽链螺旋度增加，导致含有必需基团的 His、Ser、Val 以及 Leu 聚集在一起，形成活性中心，从而导致胰蛋白酶原形成胰蛋白酶。

例如，胰凝乳蛋白酶原的激活，见图 3-21。首先是在胰蛋白酶的催化下，Arg_{15} 和 Ile_{16} 之间的肽键被切断，生成一个具有很高活性的，但相当不稳定的酶，称为 π-胰凝乳蛋白酶，π-胰凝乳蛋白酶中氨基酸残基 13 和 14、146 和 147 以及 148 和 149 之间的肽键易于被活性的胰凝乳蛋白酶切割，这一过程被称为自动激活作用，切下了 Ser_{14}-Arg_{15} 和 Thr_{147}-Asn_{148} 两个二肽，最后生成了最稳定形式的酶，即 α-胰凝乳蛋白酶，或简称为胰凝乳蛋白酶，它是含有 241 个氨基酸残基的由 3 条链组成的蛋白酶。胰凝乳蛋白酶的三级结构是通过连接残基 1 和 122、42 和 58、136 和 201、168 和 182 以及 191 和 220 的 5 个二硫键稳定。

如果酶原过早激活，例如胰腺中蛋白水解酶的提前激活将导致胰脏本身及其血管遭到破坏，进而导致可致命的急性胰腺炎。

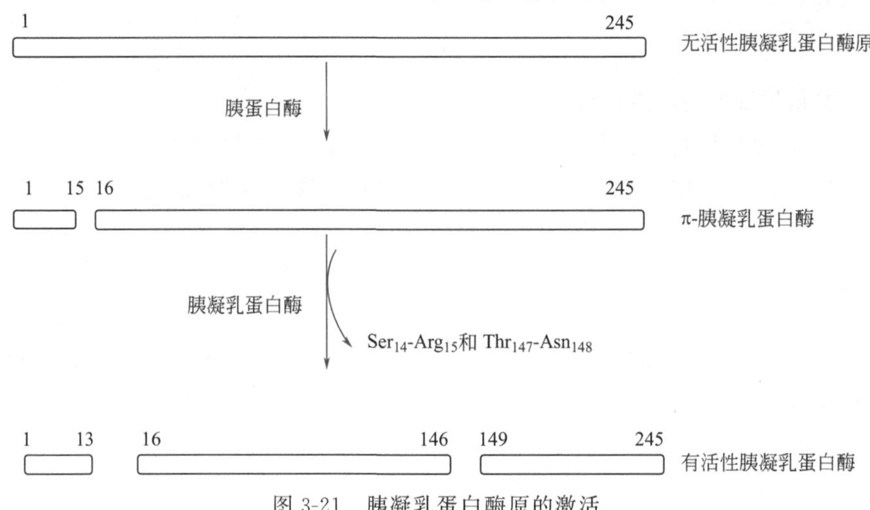

图 3-21　胰凝乳蛋白酶原的激活

例题

酶原激活的生理意义是（　　）。

A. 加速代谢　　B. 恢复酶活性

C. 促进生长　　D. 避免自身损伤

解析

消化系统的蛋白水解酶，都是在细胞内合成，在细胞外发生催化作用。为防止蛋白水解酶对合成部位细胞中蛋白质进行水解，细胞通过一个酶活性调节方式——酶原激活，避免自身损伤。

答案

D

知识点 17 同工酶

催化相同的化学反应，但酶蛋白的分子结构、理化性质、免疫学性质等不同的一组酶称为同工酶（isozyme）。同工酶的化学特征很明显，它们具有不同的 K_m 和 V_{max} 值，可以通过电泳方法区分开。

同工酶是由不同亚基组成的寡聚体。例如，乳酸脱氢酶（lactate dehydrogenase，LDH）是一个四聚体，见图 3-22，是由两种不同的亚基 M 和 H，按照五种不同的组合方式构成的四聚体——M4、M3H、M2H2、MH3 和 H4。它们都催化丙酮酸还原成乳酸或其逆反应。各组织器官中 LDH 同工酶的分布及含量不同，各有其特定的分布酶谱。

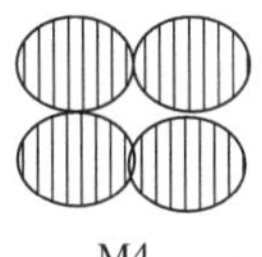

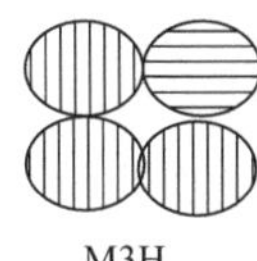

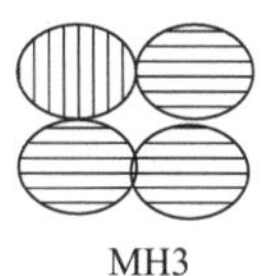

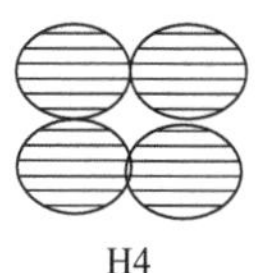

图 3-22 乳酸脱氢酶同工酶

同工酶分布上的不同对生物体内反应的调节具有重要的意义。例如肌肉中富含 LDH5（M4），它对丙酮酸的亲和力高，利于丙酮酸转化为乳酸；而心肌中富含 LDH1（H4），它对乳酸亲和力高，利于乳酸转化为丙酮酸。代谢上有组织器官的特异性，临床上可根据 LDH 酶谱的变化进行疾病的诊断。例如血液中同工酶活性的测定常用于临床诊断，人心脏中 LDH1（H4）和 LDH2（MH3）含量最多，如果心肌受损，它们就会释放到血液中，血液中 LDH1（H4）相比其他的同工酶比例增加，可能被诊断为心肌梗死。如果肝脏受损，血液中 LDH5（M4）增加，可能被诊断为肝硬化或肝炎。

例题

同工酶的特点是（　　）。

A. 催化作用相同，但分子组成和理化性质不同的一类酶

B. 催化相同反应，分子组成相同，但辅酶不同的一类酶

C. 催化同一底物起不同反应的酶的总称

D. 多酶体系中酶组分的统称

E. 催化作用、分子组成及理化性质相同，但组织分布不同的酶

解析

同工酶是催化同一个反应，来自同一个生物，组成和性质不同的一组酶。

答案

A

第五节 酶的分离、纯化、保存及活力测定

知识点18 酶活性

（1）酶活性

酶活性也称酶活力，是指酶催化指定化学反应（酶促反应）的能力。酶活力的大小可以用在一定条件下每次反应的速度来表示，反应速度愈快，就表明酶活力愈高。酶活力与酶反应速度之间存在密切联系，测定酶活力即测定酶反应速度。即测定单位时间、单位体积底物减少量或产物增加量来表示测定初速度。一般常测定产物增加量来表示反应速度，单位是产物浓度/时间。这是因为酶催化反应过程中底物一般都是过量的，而且底物的减少量只是占总量的一小部分，很难准确定量分析。产物的增加量是从无到有，比较容易准确定量。图3-23中纵坐标是产物浓度，横坐标是催化反应时间，斜率是反应速度。从图中可知，反应速

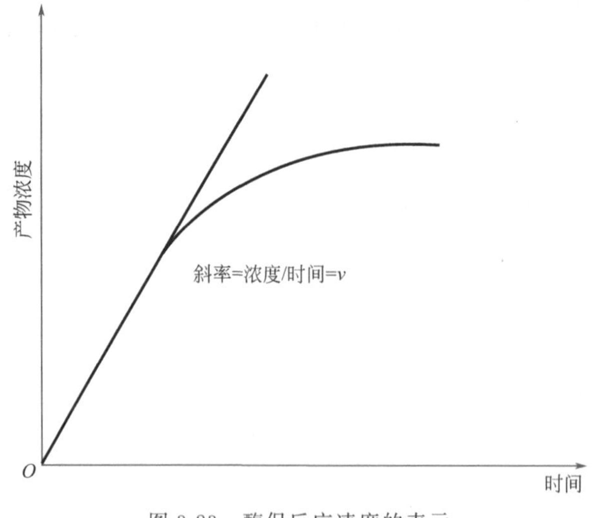

图3-23　酶促反应速度的表示

度在最初一段时间内保持恒定，然而随着反应时间的加长，反应速度开始下降。酶催化反应过程中，底物浓度的降低，酶的部分失活，产物对酶的抑制，还有产物浓度增加而加速了逆反应的进行等，这些因素都有可能引起反应速度下降。

（2）酶活力单位

酶活力单位（U，active unit）用来表示酶活力的大小。按照国际酶学委员会的规定，1个酶活力单位是指在 25℃、测量的最适条件（指最适 pH、温度等）下，1min 内能引起 1μmol 底物转化的酶量。酶活性指的是溶液中总的酶单位数。

（3）比活

比活是酶纯化过程中常用到的一个术语，是指每毫克酶蛋白所具有的酶活力，一般用单位/毫克蛋白来表示。随着酶纯化的进行，酶的总活力单位数下降，但比活会越来越高，当酶已被纯化至纯酶时，比活是个恒定值。所以比活是酶纯化程度的指标。

$$\text{比活} = \frac{\text{活力单位数（U）}}{\text{蛋白质质量（mg）}}$$

例题

称取 25mg 蛋白酶粉配制成 25mL 酶溶液，从中取出 0.1mL 酶液，以酪蛋白为底物，用 Folin-酚比色法测定酶活力，得知每小时产生 1500μg 酪氨酸。另取 2mL 酶液，用凯氏定氮法测得蛋白氮为 0.2mg（蛋白质中氮的含量比较固定：16%）。若以每分钟产生 1μg 酪氨酸的酶量为 1 个活力单位计算。根据以上数据求：①1mL 酶液中所含蛋白质质量及活力单位。②比活力。

解析

根据酶活力单位的规定，0.1mL 酶液的酶活力数 = 1500/60 = 25U。根据凯氏定氮法，蛋白质含量 = 蛋白氮 × 6.25，2mL 酶液中蛋白质含量为 1.25mg。因此，1mL 酶液中所含蛋白质质量 = 1.25mg/2 = 0.625mg，活力单位 = 25U × 10 = 250U。根据比活的定义，比活 = 250U/0.625mg = 400U/mg

答案

①0.625mg，250U；②400U/mg。

知识点 19 酶活性的测定

酶活性的测定实际上就是根据底物或产物的物理或化学特性，采用特定的方法测定不同时刻某一种底物或产物的数量或浓度。常见方法有分光光度法、荧光法、同位素测定法以及电化学方法等。分光光度法是最常用的测定酶活性的方法。根据底物和产物光吸收性质不同，选择一个适当的波长，连续地测出反应过程中反应体系吸光度的变化，进一步计算出底物的减少量或产物的增加量，最终求出酶活性。例如，乙醇脱氢还原为乙醛的反应中，乙醇脱氢酶的辅酶是 NAD^+，反应后生成还原型辅酶 $NADH + H^+$。这些底物和产物中，只有 NADH 在 340nm 具有明显光吸收性质，而其他物质在 340nm 几乎没有光吸收，见图 3-24。因此，测定反应体系在 340nm 光吸收度的变化，可以推算出 NADH 浓度的变化，求出酶活性。分光光度法的优点是操作简便，特异性强，还可用于连续酶活的测定，特别是对于反应速度较快的酶。

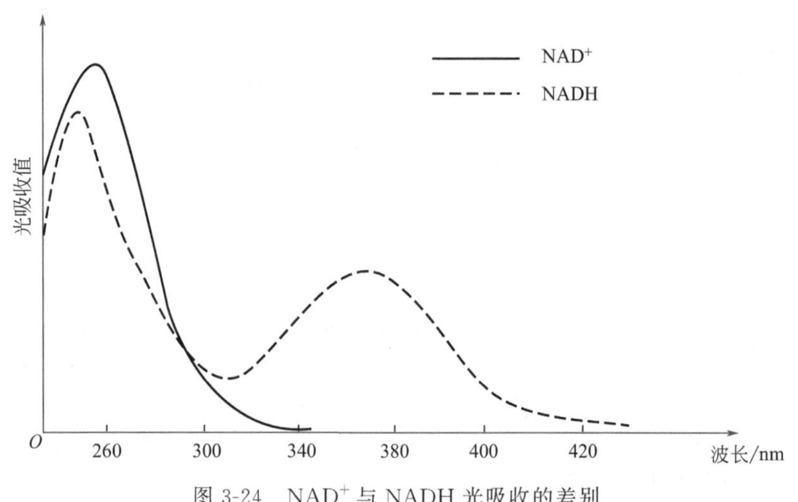

图 3-24 NAD^+ 与 NADH 光吸收的差别

测定酶活性需要注意的是：①底物浓度太低时，5%以下的底物浓度变化实验上很难准确测定。因此，测定酶活性时，往往使底物浓度足够大，这样整个酶反应对底物来说是零级反应，而对酶来说却是一级反应，这样测得的速度就比较可靠地反映酶的含量。②关于酶液的稀释，反应速度在规定的时间内保持恒定不变或者反应在规定的时间内完成，这都取决于酶的浓度，就是说，对酶液进行适当稀释是活性测定的关键技术操作。例如，在 Folin-酚法测定蛋白酶活性中，规定“须将酶液稀释到光吸收度 A 在 0.2～0.4 之间”。

例题

已知 NADH 在 340nm 有光吸收，其氧化型 NAD^+ 在 340nm 没有光吸收。根据 NADH 的出现测定乳酸脱氢酶（LDH）。现有 3mL 反应混合物，内含过量乳酸、缓冲剂、0.1mL 酶制剂和氨基脲（用以捕捉丙酮酸，促使反应进行到底），测 ΔA_{340} = 0.048/min，问 LDH 比活是多少（用酶单位/mL 表示）？（采用国际单位 IU，比色杯直径为 1cm，NADH 的摩尔光吸收系数 = 6220。）

解析

因为 $\Delta A = \Delta C \varepsilon L = \Delta C \times 6220 \times 1 = 0.048/\text{min}$，所以 $\Delta C = 7.72\mu mol/L$，即表

示 0.1mL 酶制剂在 1min 内转化生成 NADH 的量为 7.72μmol，即酶活力单位为 7.72U。这是 0.1mL 酶制剂中的酶活力单位数，那么 LDH 的比活 = 77.2U。

答案

77.2U。

知识点 20 酶的分离纯化

大多数的酶是蛋白质，用来分离纯化蛋白质的方法基本上都适应于酶的分离纯化。

（1）分离纯化步骤

① 原材料的处理，工业上一般利用微生物产生酶，包括胞内酶和胞外酶。对于胞外酶，只需要将发酵液过滤或离心，去除菌体细胞，滤液用于进一步提纯；对于胞内酶，则需要先收集菌体，然后采用不同方法，如细胞自溶法、机械破碎法、超声波破碎法以及酶法等，对细胞进行破碎。

② 酶的抽提，一般采用盐析、等电点沉淀、有机溶剂分级分离等方法获取目标酶。

③ 酶的纯化，酶的抽提液一般浓度比较低，需要浓缩，如可用葡聚糖凝胶、聚乙二醇以及超滤膜等进行浓缩，才能进一步纯化。常用的纯化方法有柱色谱法，如亲和色谱、离子交换色谱以及凝胶过滤色谱等。电泳法，如等电聚焦电泳和聚丙烯酰胺凝胶电泳等。此外，还有梯度离心法。

④ 酶的保存，为了能够让酶易于保存和运输，常需要干燥处理，最常用的方法是冷冻干燥法。此外，酶在保存和运输中，还要注意低温和避光。

（2）纯化步骤的评估

酶是有催化活性的蛋白质，因此在每一步纯化步骤之后，不仅要测量样品的体积和浓度，还需要测定样品的酶活力，对纯化步骤进行监控和评估，评估指标主要有两种：

① 计算总活力，并用回收率评估纯化过程中酶量的损失。

总活力 =（活力单位数/mL 酶样品）× 总体积（mL）

回收率 = 纯化后总活力/粗提物总活力 × 100%

② 计算比活，并用纯化倍数评估纯化方法的效率。

纯化倍数 = 纯化后比活/纯化前比活

综合两个评估指标，酶的纯化过程中总活力不能损失太多，比活应显著增加。就是说需要较高的回收率和纯化倍数，如果两者不能兼得，要根据需要确定合理的纯化目标。

例题

从肝细胞中提取的一种蛋白水解酶的粗提液 300mL，含有 150mg 蛋白质，总活力为 360U。经过一系列纯化步骤以后得到的 4mL 酶制品（含有 0.08mg 蛋白），总活力

为 288U。整个纯化过程的收率是多少？ 纯化了多少倍？

解析

从题意可知，纯化前酶活力 = 360U，酶蛋白是 150mg，可得出比活 = 酶活力/酶蛋白 = 360/150 = 2.4U/mg；纯化后酶活力 = 288U，酶蛋白是 0.08mg，可得出比活 = 酶活力/酶蛋白 = 288/0.08 = 3600U/mg。纯化过程的收率指的是纯化后酶活力/纯化前酶活力 = 288/360 × 100% = 80%。纯化倍数 = 纯化后比活/纯化前比活 = 3600/2.4 = 1500。

答案

80%；1500 倍。

知识网络框图

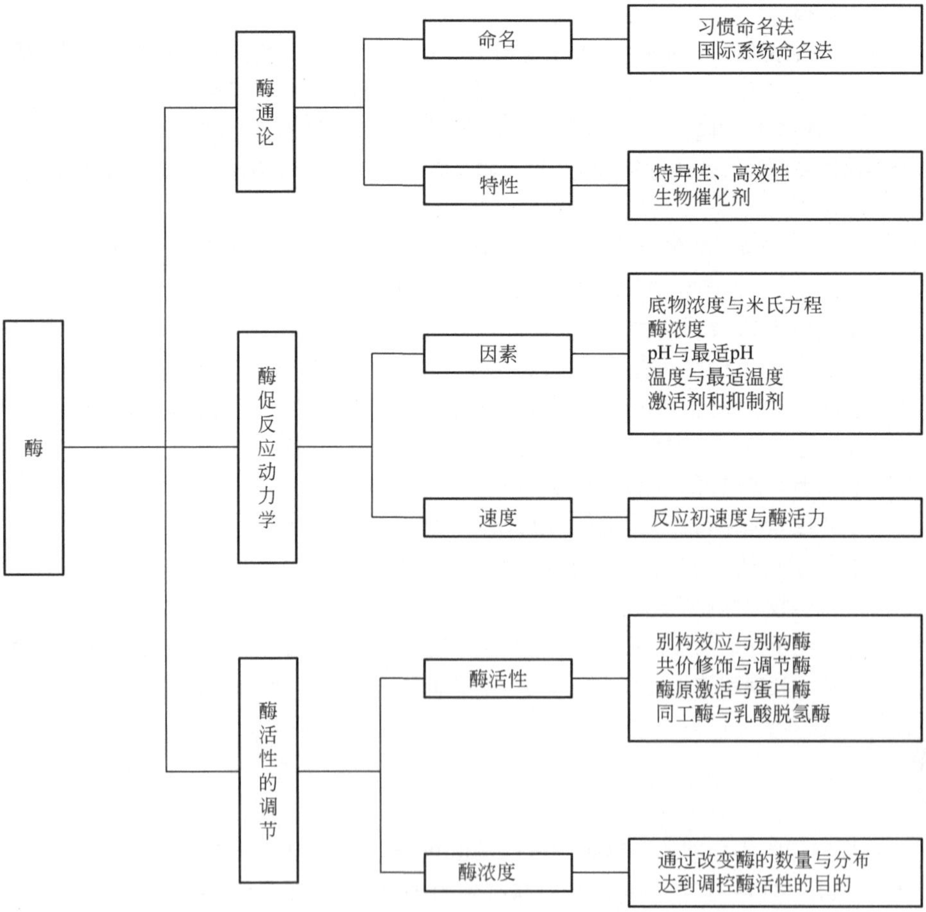

- 酶
  - 酶通论
    - 命名
      - 习惯命名法
      - 国际系统命名法
    - 特性
      - 特异性、高效性
      - 生物催化剂
  - 酶促反应动力学
    - 因素
      - 底物浓度与米氏方程
      - 酶浓度
      - pH与最适pH
      - 温度与最适温度
      - 激活剂和抑制剂
    - 速度
      - 反应初速度与酶活力
  - 酶活性的调节
    - 酶活性
      - 别构效应与别构酶
      - 共价修饰与调节酶
      - 酶原激活与蛋白酶
      - 同工酶与乳酸脱氢酶
    - 酶浓度
      - 通过改变酶的数量与分布达到调控酶活性的目的

从诺贝尔奖可以看出酶学的研究发展。科学家比希纳发现在不含酵母细胞情况下，糖类能够继续发酵，在酵母提取液中证实了酶在发酵中的作用，于 1907 年获得诺贝尔奖。科学家哈登和凯尔平由于揭示了糖发酵过程中酶的作用，特别是阐明辅酶的存在和作用机理，于 1929 年获得诺贝尔奖。科学家瓦尔堡由于发现了呼吸酶的性质及含铁蛋白的催化作用，于 1931 年获得诺贝尔奖。这些酶学研究领域的诺贝尔奖推动了人们对酶学性质的认识过程。

关于酶学机理的研究则是从酶化学本质的揭示开始。三位科学家萨姆那、诺斯罗普和斯坦利因指明酶的化学本质是蛋白质，于 1946 年获得诺贝尔奖。科学家奥尔特曼和切赫关于酶化学本质的深入研究表明，具有生物催化作用的核酶是 RNA，突破了酶是蛋白质的传统观念，于 1989 年获得诺贝尔奖。科学家科恩伯格和德阿尔沃诺斯由于发现 DNA 聚合酶和 RNA 聚合酶，于 1959 年获得诺贝尔奖。科学家博耶、沃克和斯科由于发现 ATP 合酶作用机理，于 1997 年获得诺贝尔奖。科学家布莱克本、格雷德和绍斯塔克揭示端粒酶保护染色体的机制，于 2009 年获得诺贝尔奖。科学家阿诺德、史密斯和温特模拟自然进化机制，通过体外突变基因，根据酶的定向进化技术选择出目标突变酶，2018 年获得诺贝尔奖。酶学的研究已经进入分子生物学水平，人类对于生命的认识更为深入。

此外，磷酸化酶的相关研究先后三次获得诺贝尔奖。1947 年科学家科里由于在糖酵解研究中发现磷酸化酶的两种形式（活性和非活性）而获诺贝尔奖；1971 年，萨瑟兰由于发现环腺苷酸作用，也是与磷酸化有关，而获得诺贝尔奖；1992 年，科学家克雷布斯和费歇尔由于揭示磷酸化酶的两种形式的原因是结构的差异——磷酸化和去磷酸化，获诺贝尔奖。

第四章

维生素与辅酶

第一节 水溶性维生素和辅酶

知识点 1 维生素 B_1 与 TPP

维生素 B_1 由含硫的噻唑环和含氨基的吡啶环组成，又称硫胺素，其结构式如图 4-1。在生物体内，维生素 B_1 在硫胺素焦磷酸合成酶的催化下，从 ATP 接受一个焦磷酸基团，形成硫胺素焦磷酸(**TPP**)。硫胺素焦磷酸是脱羧酶的辅酶，参与一些 α-酮酸的脱羧反应。例如，在丙酮酸氧化脱羧反应中，硫胺素焦磷酸作为辅酶先与丙酮酸结合，形成丙酮酸-TPP 化合物，之后再脱羧生成羟乙基-TPP 中间物，在二氢硫辛酰转乙酰基酶的催化作用下，羟乙基-TPP 中间物可释放出游离的 TPP 碳负离子，结合下一个丙酮酸分子。

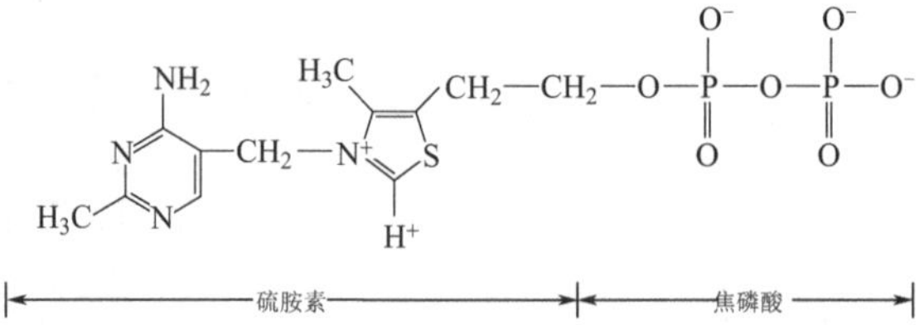

图 4-1　维生素 B_1(硫胺素)化学结构

维生素 B_1 和糖代谢关系密切，例如糖代谢中三羧酸循环的两个关键酶丙酮酸脱氢酶复合体和 α-酮戊二酸脱氢酶复合体都需要利用硫胺素焦磷酸作为辅酶。当人缺乏维生素 B_1，丙酮酸和 α-酮戊二酸的脱羧反应均会受到影响，导致酮酸的累积。当丙酮酸出现累积，使病人的血、尿和脑组织中丙酮酸含量增加，出现神经炎、皮肤麻木、心力衰竭、肌肉萎缩等症状，临床上称为脚气病。

维生素 B_1 还能促进年幼动物的发育，能促进胃肠蠕动，增加消化液，从而增进食欲。此外，维生素 B_1 还具有保护神经系统的作用，这一方面因为它能促进糖代谢，供给神经系统活动所需要的能量，另一方面，维生素 B_1 能抑制胆碱酯酶的活性，导致神经传导所需的乙酰胆碱不被破坏，保持神经的正常传导功能。

例题

下列哪种维生素在缺乏时导致能量障碍（　　）？

A. 维生素 B_1　　B. 维生素 B_2　　C. 维生素 B_{12}　　D. 维生素 B_7

解析

糖是主要能源物质，维生素 B_1 和糖代谢关系密切。糖代谢中三羧酸循环的两个关键酶催化的脱羧反应都需要辅酶硫胺素焦磷酸参与。当人缺乏维生素 B_1，会导致能量障碍。

答案

A

知识点 2　维生素 B_2 与 FMN、FAD

维生素 B_2 由异咯嗪与核糖醇组成，又称核黄素，其结构式如图 4-2。在生物体内，维生素 B_2 在黄素激酶作用下生成黄素单核苷酸（**FMN**）后，进一步在焦磷酸化酶的催化下生成黄素腺嘌呤二核苷酸（**FAD**）。FMN 和 FAD 是核黄素在生物体内的活性形式。在核黄素异咯嗪环的 N1 和 N5 上具有两个活泼的双键，容易发生可逆的加氢或脱氢反应，如，$FMN + 2H \rightleftharpoons FMNH_2$，$FAD + 2H \rightleftharpoons FADH_2$。因此，FMN 和 FAD 存在氧化型和还原型两种形式，见图 4-3。例如，在三羧酸循环中，FAD 是琥珀酸脱氢酶的辅基，可以从底物琥珀酸中得到 2 个电子，形成还原型 $FADH_2$，之后再将这 2 个电子逐一通过酶分子中 Fe-S 簇传递给泛醌。再比如，在电子传递中，FMN 是蛋白复合体 I 的辅基，能够参与从 NADH 到泛醌传递电子的过程。FMN 和 FAD 是一些氧化还原酶的辅因子。

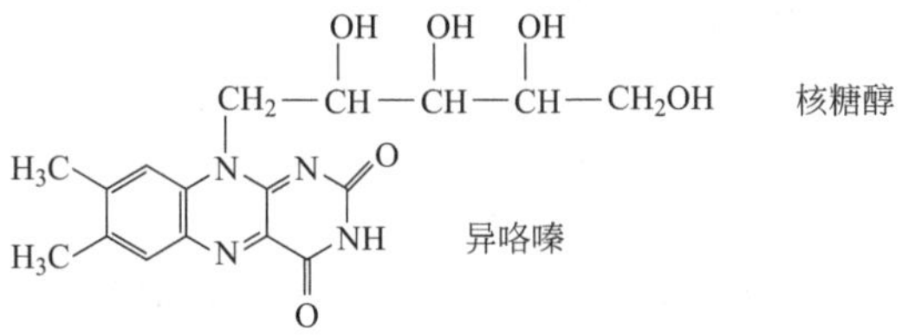

核糖醇

异咯嗪

图 4-2　维生素 B_2（核黄素）的化学结构

维生素 B_2 对糖、脂和氨基酸的代谢都有重要作用。这是由于维生素 B_2 的活性形式 FMN 和 FAD，通过氧化型和还原型两种形式的互相转变，促进底物的脱氢或具有传递氢作用，在

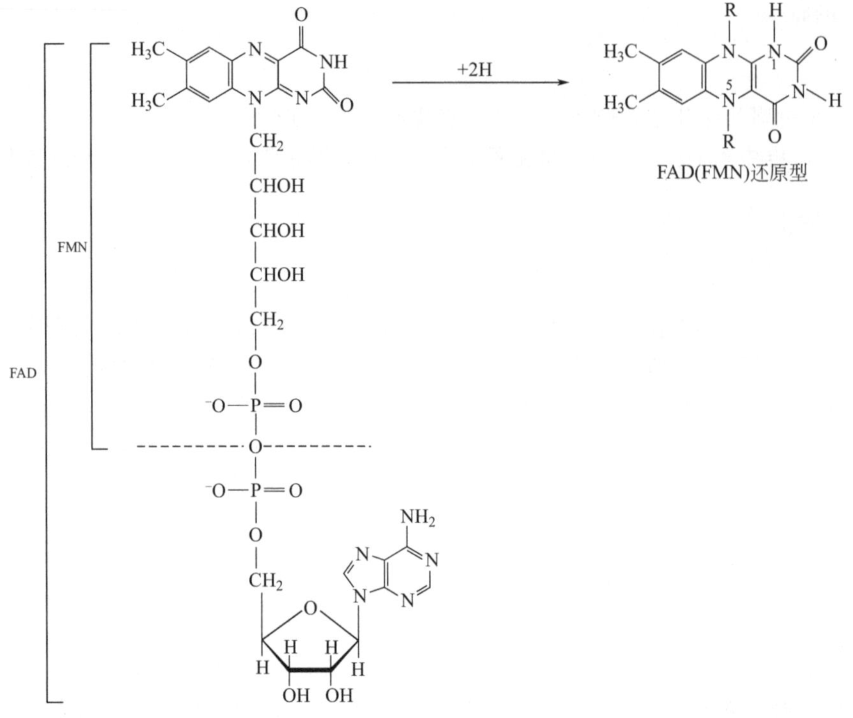

图 4-3　FMN 和 FAD 的化学结构

氧化-还原反应中具有重要的意义。维生素 B_2 还能促进发育，是动物发育及许多微生物生长的必需因素。

维生素 B_2 在酵母、肝脏、乳类、瘦肉、蛋黄、花生、糙米、全粒小麦、黄豆等中含量较多，在牛奶、谷物和肝脏中最丰富，蔬菜及水果也含有。牛奶应避光保存的原因在于防止所含的维生素 B_2 遭到破坏。人体不能合成维生素 B_2，某些微生物能合成。缺乏维生素 B_2 时，组织呼吸减弱，代谢强度降低。主要症状有口角炎、舌炎、唇炎、阴囊炎、眼睑炎等。

例题

黄素辅酶在代谢中起什么作用？ 为什么？

答案

FMN 和 FAD 与酶蛋白紧密结合，这些酶制剂显黄色，常称为黄酶，FMN 和 FAD 被称作黄素辅酶。黄素辅酶在代谢中作为广泛的电子载体和氢载体，参与氧化还原反应。这是由于黄素辅酶存在氧化型和还原型两种不同形式，能够参与电子转移反应，并能够与许多不同的电子受体/电子供体对发生偶联。

知识点 3 维生素 B_3 与 CoA

维生素 B_3 由 β-丙氨酸与 α，γ-二羟-β，β-二甲基丁酸通过肽键缩合组成，又称泛酸，其结构式如图 4-4。泛酸在生物体内的活性形式是辅酶 **A**（简写 CoA 或 CoA-SH）。辅酶 A 由 3 部分组成：泛酸单位、巯基乙胺以及 5′-腺嘌呤核苷酸-3′-磷酸（3′, 5′-ADP），见图 4-5。辅酶 A 分子含有活泼的巯基，可与酰基集合形成硫酯。因此，辅酶 A 可作为酰基转移酶的辅酶。

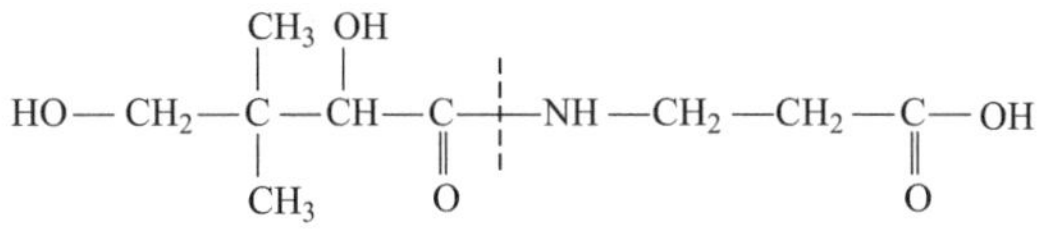

$$HO-CH_2-C(CH_3)_2-CH(OH)-C(=O)-NH-CH_2-CH_2-C(=O)-OH$$

图 4-4 泛酸的化学结构

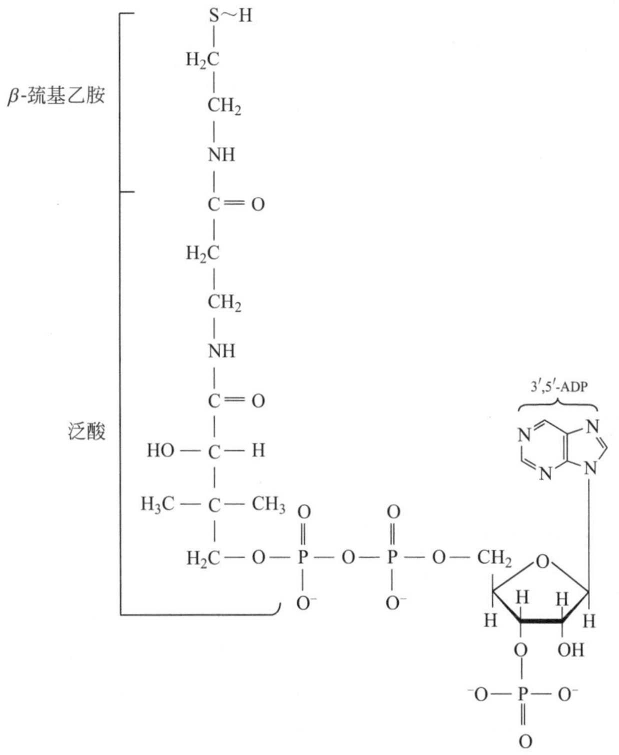

图 4-5 辅酶 A 的化学结构

维生素 B_3 对糖、脂和氨基酸的代谢都有重要作用。辅酶 A 作为酰基载体，能够成为许多酶的辅酶参加酰化反应和氧化脱羧反应。例如，糖代谢中，辅酶 A 作为硫辛酰转乙酰基酶的辅酶，参与丙酮酸脱羧反应生成乙酰辅酶 A。脂代谢中，辅酶 A 与脂肪酸结合生成脂酰辅酶 A，即脂肪酸的活化形式，进入 β-氧化。蛋白质代谢中，氨基酸脱氨生成的 α-酮酸，也需要结合辅酶 A 生成脂酰辅酶 A，再进一步分解。维生素 B_3 还能调节血浆脂蛋白和胆固醇的含量。

维生素 B_3 广泛分布于动植物组织中。肝、肾、蛋、瘦肉、脱脂奶、糖浆、豌豆、菜花、花生、心芋等的泛酸含量都较为丰富。细菌及植物能合成泛酸，哺乳类动物不能。因维生素 B_3 广泛存在于生物界，所以很少有泛酸缺乏症。

例题

泛酸是下列哪一过程的辅酶组成成分（　　）?

A. 脱羧作用　　B. 乙酰化作用

C. 脱氢作用　　D. 氧化作用

解析

辅酶 A 是酰基转移酶辅酶，辅酶 A 是泛酸活性形式。例如，乙酸在乙酰化反应中，乙酰辅酶 A 分子中乙酰基与辅酶 A 通过一个高能硫酯键结合，成为一种活泼的乙酰基团。乙酰辅酶 A 是乙酸在乙酰化反应中的活化形式。

答案

B

知识点 4 维生素 B_5 与烟酰胺辅酶

维生素 B_5 包括烟酸及烟酰胺，两者皆为吡啶衍生物，烟酸为吡啶-3-羧酸，烟酰胺为烟酸的酰胺，又称维生素 PP，结构式见图 4-6。在生物体内，烟酰胺与核糖、磷酸、腺苷形成烟酰胺腺嘌呤二核苷酸（辅酶Ⅰ，NAD^+）和烟酰胺腺嘌呤二核苷酸磷酸（辅酶Ⅱ，$NADP^+$），结构式见图 4-7。需要注意，$NADP^+$ 结构腺苷中核糖 2′ 位还连接磷酸基团。NAD^+ 和 $NADP^+$ 是维生素 PP 在生物体内的活性形式。NAD^+ 和 $NADP^+$ 通常作为脱氢酶的辅酶参与氧化还原反应，在反应中，脱氢酶通过将底物中的两个电子和质子以氢负离子形式转移到 NAD^+ 或 $NADP^+$ 上，吡啶环上 C4 具有碳正离子的性质，可接受电子和质子，得到还原型 NADH 或 NADPH。

维生素 B_5 在糖代谢、脂代谢以及呼吸作用中发挥重要作用。NAD^+ 和 $NADP^+$ 作为脱氢酶的辅酶，是生物氧化过程中不可缺少的递氢体。NAD^+ 常用于产能分解代谢，即 NADH 主要是在分解代谢中生成；$NADP^+$ 则较多和还原性的合成反应有关，即NADPH主要可以提

图 4-6 烟酸（左）和烟酰胺（右）化学结构

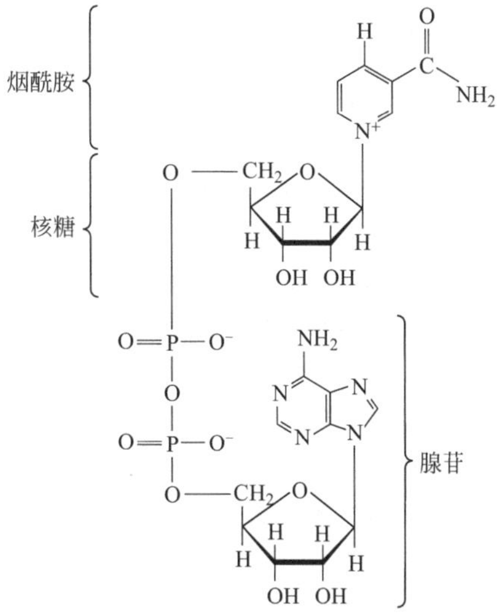

$NADP^+$在2′-羟基位置是磷酸基

图 4-7 NAD^+ 与 $NADP^+$ 化学结构

供还原能力用于生物合成。维生素 B_5 还能维持神经系统组织的健康，以及促进微生物（乳酸菌、白喉杆菌、痢疾杆菌等）的生长。

烟酸和烟酰胺的分布都很广，以酵母、肝脏、瘦肉、牛乳、花生、黄豆等含量较多；谷类皮层及胚芽中含量亦丰富；动物肠道内的细菌可以从色氨酸合成烟酸和烟酰胺。由于玉米中缺乏色氨酸，长期主食玉米会造成烟酸缺乏症，即癞皮病（糙皮病），主要表现是皮炎、腹泻及痴呆等。

例题

下列哪一种物质可防治糙皮病（　　）？

A. 硫胺素　　B. 烟酸

C. 吡哆醇　　D. 维生素 B_{12}

解析

烟酸又称抗糙皮病维生素，缺乏烟酸容易得糙皮病，比如长期主食玉米会造成烟酸缺乏症，主要表现是皮炎。

答案

B

知识点 5 维生素 B_6 与磷酸吡哆醛

维生素 B_6 包括吡哆醛、吡哆醇和吡哆胺，三者都是吡啶衍生物，又称吡哆素，结构式见图 4-8。在生物体内，这三种化合物都是以磷酸酯的形式存在，即在 C5 的醇基上连接一分子磷酸，分别转变为磷酸吡哆醛、磷酸吡哆醇和磷酸吡哆胺，它们之间也可以相互转变。最后都以活性较强的磷酸吡哆醛(PLP)和磷酸吡哆胺（PMP）的形式存在于组织中。PLP 和 PMP 是维生素 B_6 在生物体内的活性形式。PLP 和 PMP 通常作为转氨酶的辅酶参与转氨基反应。在反应中，磷酸吡哆醛（PLP）实际上是一个暂时的氨基中间传递体，首先接受 α-氨基酸的氨基，形成磷酸吡哆胺（PMP），然后再把这个氨基转移到 α-酮酸的 α-碳原子上，使之成为相应的氨基酸，而本身又恢复形成磷酸吡哆醛（PLP）。

吡哆醛　　吡哆醇　　吡哆胺

图 4-8　维生素 B_6 的化学结构

维生素 B_6 与氨基酸的代谢密切相关，在氨基酸的转氨基作用、脱羧作用和消旋作用中起着辅酶作用。此外，维生素 B_6 还可以作为糖原磷酸化酶的组成部分，其中磷酸吡哆醛（PLP）参与糖原分解为葡萄糖-1-磷酸。

维生素 B_6 来源分布较广，酵母、肝脏、肉、谷粒、鱼、蛋、豆类及花生中含量都较多。同时肠道细菌也可以合成维生素 B_6 供人体需要。所以人类一般很少发生维生素 B_6 缺乏症。若缺乏维生素 B_6 可产生呕吐、中枢神经兴奋、低色素性贫血等症状。因此，维生素 B_6 常用于治疗呕吐和动脉粥样硬化等疾病。

例题

辅助治疗婴儿惊厥和妊娠呕吐应选用的维生素是（　　）。

A. 维生素 B_1　B. 维生素 B_2　C. 维生素 B_6　D. 维生素 PP

解析

维生素 B_6 包括吡哆醇、吡哆醛和吡哆胺。它们的活性形式主要是磷酸吡哆醛，是转氨酶、脱羧酶和消旋酶以及异构酶的辅酶，催化多种类型的反应。这种化学多能性主要来源于它能够与酶分子形成席夫碱结构，它的“电子穴”能稳定反应的中间物。因此，维生素 B_6 的功能多样性强。若缺乏维生素 B_6 可产生呕吐或者中枢神经兴奋。

答案

C

知识点 6 维生素 B_7 与生物胞素

维生素 B_7，又称生物素由尿素和噻吩环组成，侧链上有一个戊酸，见图 4-9。在生物体内，生物素的戊酸侧链上的羧基通常与酶蛋白分子中赖氨酸的 ε-氨基通过酰胺键结合，从而结合到酶分子。其中生物素-赖氨酸复合物，又称生物胞素。生物胞素作为羧化酶的辅酶参与细胞内固定 CO_2 的反应，见图 4-10。例如，在丙酮酸羧化酶催化的反应中，生物胞素作为羧基的载体，从酶的一个部位获得羧基后，再利用自身结构的可转动性，将该羧基转移到另一个部位的丙酮酸上，从而形成草酰乙酸。

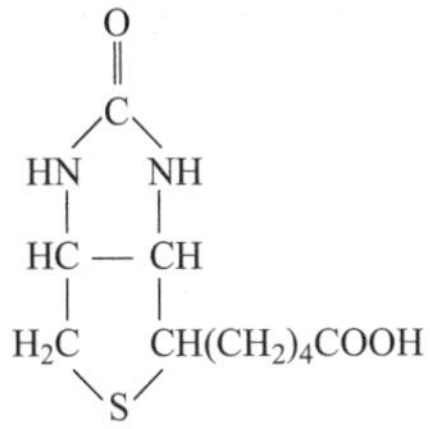

图 4-9　维生素 B_7 的化学结构

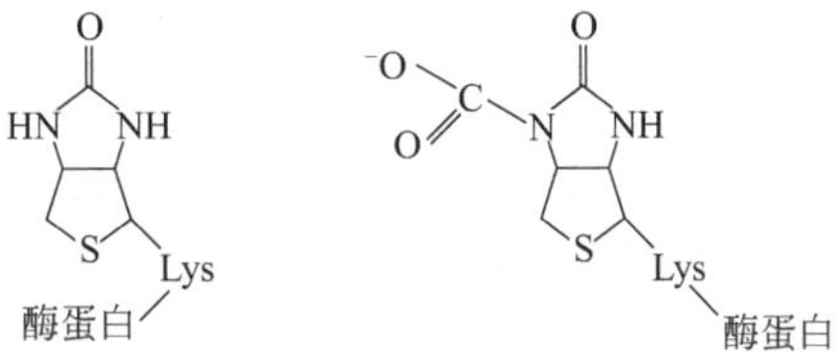

图 4-10　生物胞素的化学结构及固定 CO_2 的生物胞素

维生素 B_7 与糖、脂肪、蛋白质和核酸的代谢密切相关，这是由于这些物质代谢中都有产生或利用 CO_2 的反应。维生素 B_7 还能促进酵母菌和细菌的生长。动物缺乏维生素 B_7，会出现毛发脱落以及皮肤发炎等症状。维生素 B_7 来源于动植物组织中，一部分游离存在，大部分同蛋白质结合。许多生物都能自身合成生物素，牛、羊的合成力最强，人体肠道中的细菌也能合成部分生物素。因此，人类很少出现缺乏症。新鲜鸡蛋的蛋清中有一种抗生物素蛋白，与生物素结合使其失去活性不能被吸收，经常食用生鸡蛋清也会导致生物素缺乏。长期使用抗生素可抑制肠道细菌生长，也会导致生物素缺乏，主要症状是疲乏、恶心、呕吐、食欲不振、皮炎及脱屑性红皮病。

例题

来自食物的抗生物素蛋白不影响哪一种酶的催化反应（　　）？

A. 琥珀酸脱氢酶　　B. 丙酰辅酶 A 羧化酶

C. β-甲基巴豆酰辅酶 A 羧化酶　　D. 乙酰辅酶 A 羧化酶

解析

抗生物素蛋白能够与生物素结合使之失去活性，生物素的活性形式生物胞素是生物体内羧化酶的辅酶。因此，选项中的羧化酶催化的反应都会受到影响。

答案

A

知识点 7 维生素 B_{11} 与四氢叶酸

维生素 B_{11} 由蝶啶、对氨基苯甲酸与 L-谷氨酸连接而成，又称叶酸，其结构式见图 4-11。在生物体内，叶酸在叶酸还原酶的催化下，以 NADPH 为氢供体，经过加氢还原作用，生成 5, 6, 7, 8-四氢叶酸，见图 4-12。叶酸在生物体内的活性形式是其还原产物 5, 6, 7, 8-四氢叶酸（THF）。四氢叶酸是细胞内一碳单位代谢的辅酶，在代谢中主要作为一碳单位的供体，可以传递的一碳单位有甲基、亚甲基或甲酰基等，一碳单位一般结合在四氢叶酸的 N5 和 N10 位置上。例如，在脱氧尿嘧啶核苷酸合成胸苷酸反应中，四氢叶酸作为一碳单位转移酶的辅酶，提供的一碳单位是甲基。

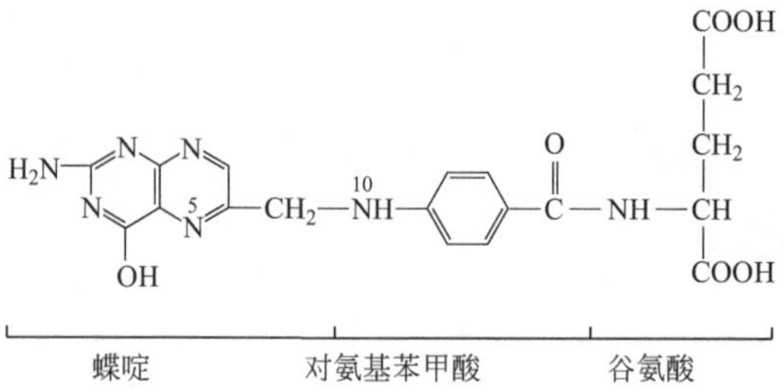

图 4-11　叶酸的化学结构

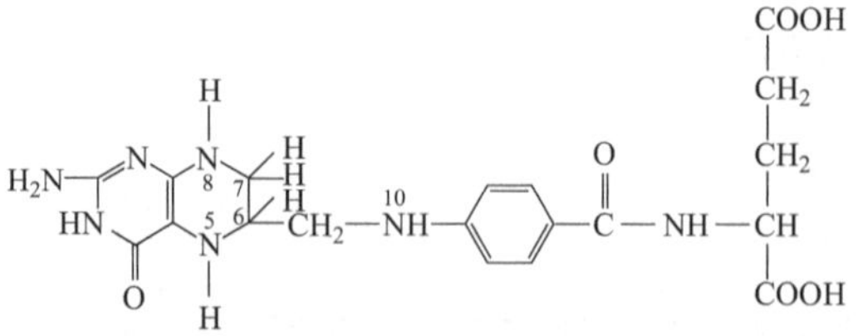

图 4-12　5，6，7，8-四氢叶酸的化学结构

维生素 B_{11} 与许多生物合成反应密切相关，这是由于四氢叶酸是生物合成反应所必需的辅酶。如果细胞内缺乏四氢叶酸，将导致生物合成受阻，细胞不能生长。因此，医药上仿效叶酸的分子结构设计了多种磺胺类药物。例如，在第三章知识点 13 中，磺胺类药物结构与对氨基苯甲酸相似，磺胺类药物的设计就是作为二氢叶酸合成酶的竞争性抑制剂，从而抑制细菌生长所必需的二氢叶酸合成，使四氢叶酸不能合成，核酸合成受阻，最终细菌的生长和繁殖受到抑制。

叶酸的来源分布较广，绿叶菜、肝、肾、菜花、酵母中含量较多，其次为牛肉、麦粒。人体和哺乳动物不能合成叶酸，但肠道微生物可以合成叶酸。所以，人体一般不会发生叶酸缺乏症。由于叶酸间接与核酸及蛋白质合成有关，缺乏叶酸，会出现巨红细胞贫血。怀孕期和哺乳期的人由于细胞快速分裂及分泌乳汁，从而导致代谢比较旺盛，应适当补充叶酸。

例题

下列哪一种水溶性维生素被氨甲蝶呤所拮抗（　　）?

A. 维生素 B_{12}　　B. 核黄素　　C. 维生素 B_6　　D. 叶酸

解析

氨甲蝶呤作为抗癌药物被设计开发，主要是由于氨甲蝶呤与叶酸结构相似，作为二氢叶酸合成酶的竞争性抑制剂，导致四氢叶酸合成量减少，最终抑制癌细胞内嘌呤和胸腺嘧啶核苷酸的合成。

答案

D

知识点 8　维生素 B_{12} 与 B_{12} 辅酶

维生素 B_{12} 的核心结构是咕啉环，其中心有一个钴离子，是唯一含金属元素的维生素，又称氰钴胺素，见图 4-13。在生物体内，维生素 B_{12} 可结合不同的基团，形成多种形式，如羟钴胺素、甲基钴胺素和 5′-脱氧腺苷钴胺素。5′-脱氧腺苷钴胺素是维生素 B_{12} 在体内的主要活性形式，见图 4-14。

5′-脱氧腺苷钴胺素通常参与作为变位酶的辅酶，参与酶催化的分子内重排反应；维生素 B_{12} 另一活性形式甲基钴胺素，参与生物合成中的甲基化作用。例如，参与胆碱的生物合成，而胆碱是乙酰胆碱和卵磷脂的组成部分，而乙酰胆碱和卵磷脂分别是神经传递介质和生物膜的组成物质。因此，维生素 B_{12} 对神经功能有特殊的重要性。此外，维生素 B_{12} 对红细胞的成

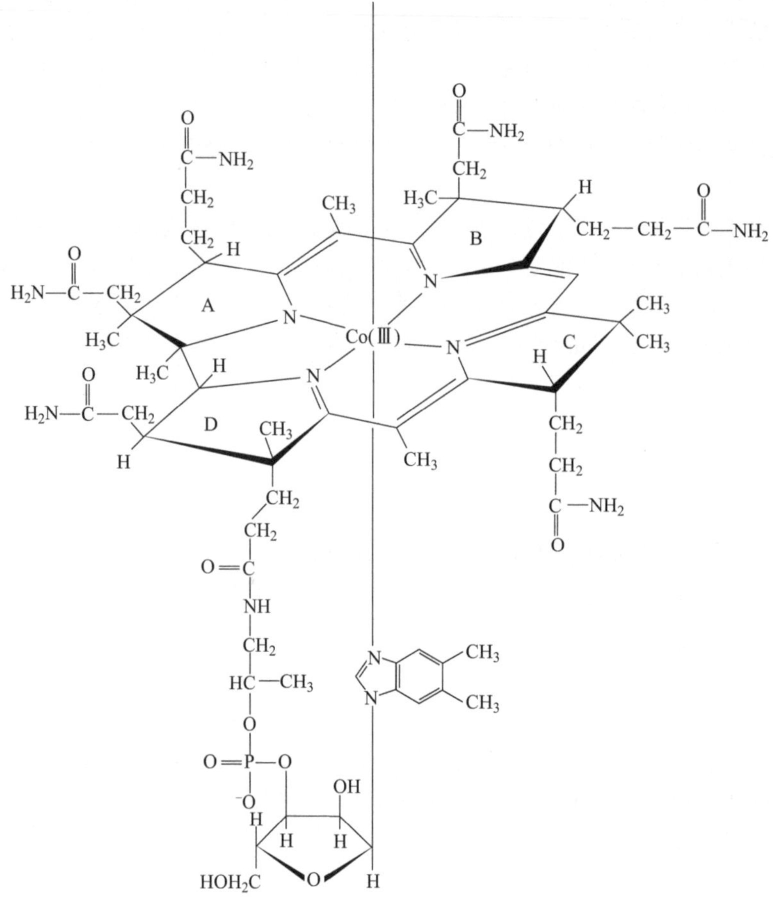

图 4-13　维生素 B_{12} 的化学结构

熟起着重要作用，这是由于维生素 B_{12} 参与 DNA 的合成。

维生素 B_{12} 来源分布有限，植物和动物不能合成，只有某些微生物才能合成维生素 B_{12}。因此，人和动物主要靠肠道细菌合成维生素 B_{12}。

例题

含有金属元素钴的维生素是（　　）。

A. 维生素 B_1　　B. 维生素 B_2　　C. 泛酸　　D. 维生素 B_{12}

解析

维生素 B_{12} 是唯一含金属元素的维生素，其核心结构是咕啉环，类似于血红素的卟啉环。维生素 B_{12} 结构中心有一个钴离子，又称氰钴胺素。

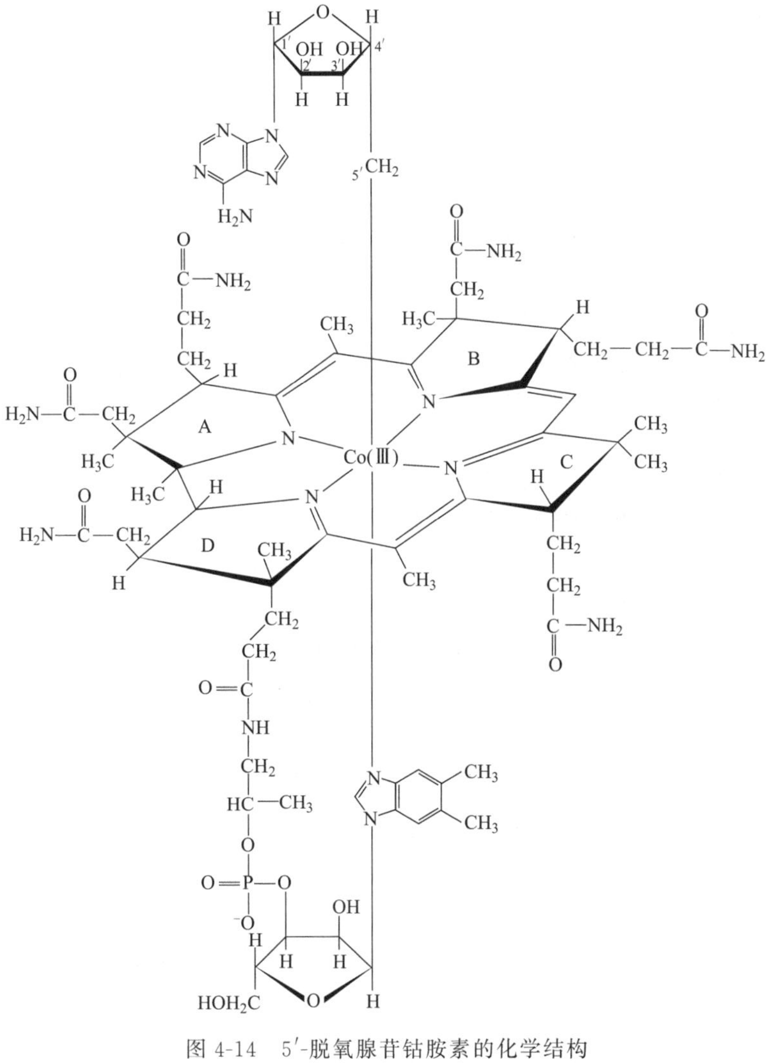

图 4-14　5′-脱氧腺苷钴胺素的化学结构

答案

D

知识点 9　硫辛酸与硫辛酰胺

硫辛酸是一个 8 碳的羧酸（辛酸），其 C6，C8 上的氢原子被二硫键取代，二硫键又能够还原生成巯基。因此，硫辛酸在生物体内以氧化型的硫辛酸和还原型的二氢硫辛酸两种形式存在，见图 4-15。氧化型硫辛酸的结构中两个硫原子之间形成二硫键，是一种闭环结构；还原型的二氢硫辛酸的结构则是开链的。

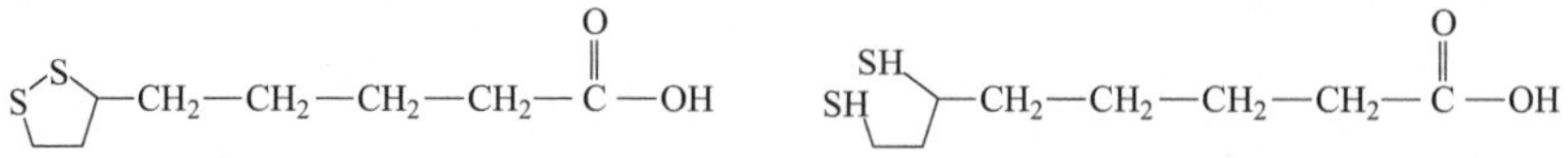

$$\text{(S—S 环)—}CH_2—CH_2—CH_2—CH_2—\overset{O}{\overset{\|}{C}}—OH \qquad \text{(SH、SH 环)—}CH_2—CH_2—CH_2—CH_2—\overset{O}{\overset{\|}{C}}—OH$$

图 4-15 氧化型硫辛酸（左）和还原型硫辛酸（右）

硫辛酸是一种酰基载体。硫辛酸中的羧基与肽链中一个氨基酸的 ε-氨基通过酰胺键结合，硫辛酸转变成硫辛酰胺，结构上形成具有转动灵活性的硫辛酰赖氨酸臂，见图 4-16。例如，在丙酮酸脱氢酶复合体催化丙酮酸氧化脱羧形成乙酰辅酶 A 的反应中，硫辛酰胺 C8 上的硫原子接受来自丙酮酸的乙酰基，然后再将乙酰基转移给 CoA，并形成还原型二氢硫辛酰胺。二氢硫辛酰胺可再经二氢硫辛酰胺脱氢酶（需要 NAD^+）氧化重新生成氧化型硫辛酰胺。

硫辛酸是微生物的生长限制因子，人体能自行合成。在自然界广泛分布，在酵母和肝脏中含量丰富。食物中硫辛酸常常与维生素 B_1 同时存在。

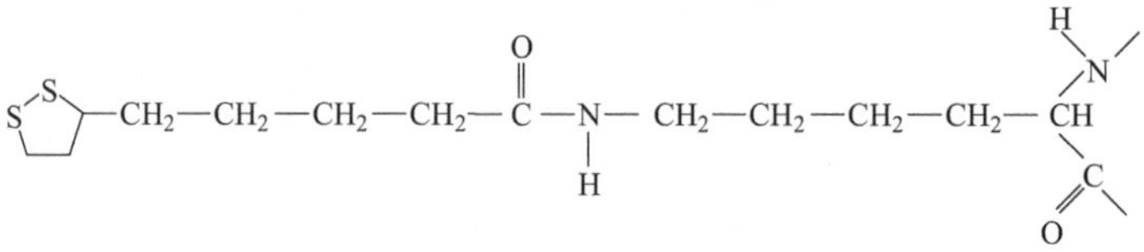

$$\text{(S—S 环)—}CH_2—CH_2—CH_2—CH_2—\overset{O}{\overset{\|}{C}}—\underset{H}{\underset{|}{N}}—CH_2—CH_2—CH_2—CH_2—CH(—NH—)(—C(=O)—)$$

图 4-16 硫辛酰胺复合物

例题

除 CoA 可以作为酰基载体之外，下列哪种物质也可以传递乙酰基（　　）。

A. 生物素　　B. 叶酸　　C. TPP　　D. 硫辛酸

解析

硫辛酸与糖代谢关系密切。丙酮酸氧化脱羧形成乙酰辅酶 A 的反应由丙酮酸脱氢酶复合体催化完成，这个酶复合体由三种酶的 60 个亚基组成，每一种亚基的活性中心之间存在距离，而二氢硫辛酰转乙酰酶的硫辛酰赖氨酸臂凭借其灵活的长臂结构，从不同亚基的活性中心之间转换，起到传递酰基的作用，同时也传递氢。

答案

D

知识点 10 维生素 C

维生素 C 是具有 6 个碳原子的酸性多羟基化合物，又称抗坏血酸。在生物体内，维生素 C 以还原型和氧化型两种形式存在，抗坏血酸中 C2 和 C3 位羟基上两个氢原子可以脱去，形成脱氢抗坏血酸，如果存在供氢体，可以再重新接受 2 个氢原子，再形成抗坏血酸，见图 4-17。

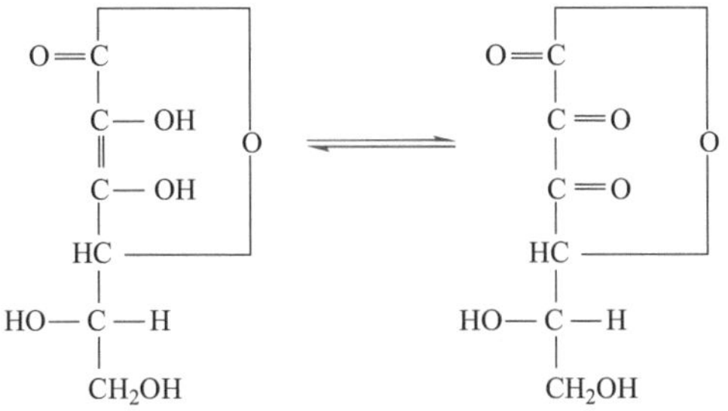

图 4-17　还原型抗坏血酸（左）和氧化型抗坏血酸（右）

抗坏血酸与脱氢抗坏血酸形成一套氧化还原系统，参与体内氧化还原反应，起到抗氧化剂的作用。例如，抗坏血酸能够通过维持酶分子中—SH 的还原状态，使体内各种含巯基的酶保持活性。抗坏血酸还能促进氧化型谷胱甘肽转变形成还原型谷胱甘肽，从而还原细胞膜的脂质过氧化物，清除自由基，保护细胞膜不被自由基破坏。此外，抗坏血酸还参与体内多种羟化反应，比如可促进胶原蛋白的羟基化。抗坏血酸还能够增加机体对铁元素的吸收，防止贫血，提高机体免疫力等。

抗坏血酸来源于新鲜水果及蔬菜。水果中含量最多的首推橙类，其中包括柠檬、橘子及橙子等。蔬菜中以辣椒含量最丰富，每 100g 辣椒中含量 200mg。此外，胡萝卜、甘蓝、萝卜以及绿叶菜和嫩芽中的含量都相当多。当缺乏维生素 C 时，容易患坏血病，主要表现为皮下出血和血管脆弱等症状。

维生素是维持生物正常生命过程所必需的一类有机物质，需要量很少，但对维持健康十分重要。水溶性维生素不容易储存，必须经常从食物中摄取。其中一些主要水溶性维生素的相应活性形式是酶促反应的重要辅酶，见表 4-1。

表 4-1　主要水溶性维生素和相应辅酶

维生素	化学名称	辅酶	参与的酶促反应
VB_1	硫胺素	TPP	脱羧反应
VB_2	核黄素	FMN，FAD	氧化还原反应
VB_3	泛酸	CoASH	酰基转移
VB_5	烟酸，烟酰胺	NAD^+，$NADP^+$	氧化还原反应
VB_6	吡哆醇（醛、胺）	PLP	转氨反应
VB_7	生物素	生物胞素	羧化反应
VB_{11}	叶酸	四氢叶酸	传递一碳单位
VB_{12}	氰钴氨素	5′-脱氧腺苷钴胺素	异构化与甲基化反应
	硫辛酸	硫辛酰胺	酰基转移

例题

下列哪种动物不必从食物中获得抗坏血酸（　　）？

A. 人　　B. 大白鼠　　C. 猴　　D. 豚鼠

解析

抗坏血酸广泛地存在于蔬菜和水果中，绝大多数动物都能在体内合成，不完全需要从外界获取。但是，人、猴、豚鼠以及一些鸟类和鱼类不能合成抗坏血酸，需要从食物中获取。

答案

B

第二节 / 脂溶性维生素及其生理作用

知识点 11 维生素 A

维生素 A 由 β-白芷酮、两个异戊烯单位和一个伯醇基组成，又称视黄醇。视黄醇分子中含有不饱和双键，化学性质活泼。在生物体内，视黄醇被氧化生成视黄醛。11-顺视黄醛是维生素 A 在体内的主要活性形式，见图 4-18。维生素 A 的主要功能表现在：①动物的正常视觉和感光与维生素 A 密切关联。无光时，11-顺视黄醛与视蛋白组成视紫红质；感光时，11-顺视黄醛转变成全反式视黄醛，引起视紫红质的构象发生变化，变成偏视紫红质，构象的变化启动了对大脑的神经脉冲，启动视觉的级联反应。全反式视黄醛会与视蛋白解离，再通过异构酶催化重新形成11-顺视黄醛，与视蛋白组成视紫红质，完成一轮视循环。如果维生素A供应不足，导致11-顺视黄醛不足，视紫红质形成量减少，视紫红质恢复延缓，眼睛对弱光敏感性降低，这就是夜盲症的病因所在。②维生素A维持上皮组织结构的完整。维生素A是糖蛋白合成的一种辅酶，对维持皮肤黏膜完整性具有重要作用。如果缺乏维生素A，就会出现皮肤干燥，甚至角质化。③维生素A促进生长发育。④维生素A提高机体免疫力。

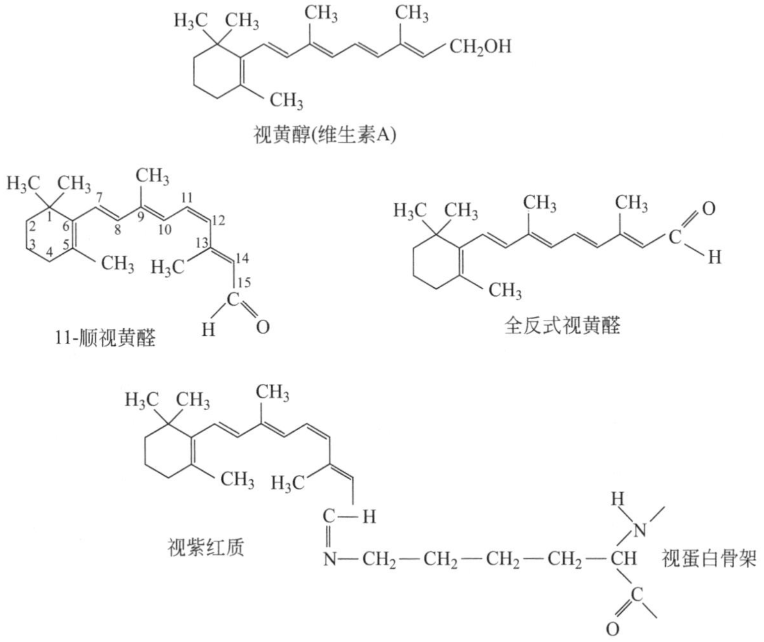

视黄醇(维生素A)

11-顺视黄醛

全反式视黄醛

视紫红质

视蛋白骨架

图 4-18 视黄醇、视黄醛及视紫红质的化学结构

维生素A包括维生素A_1（视黄醇）和维生素A_2（脱氢视黄醇）两种，维生素A_1主要存在于哺乳动物和海水鱼的肝中，维生素A_2主要存在于淡水鱼的肝中。植物中不含维生素A，但含有β-胡萝卜素。一切有色蔬菜都含有β-胡萝卜素。1分子β-胡萝卜素（30碳）在动物肠黏膜经氧化酶和脱氢酶的相继作用可变成2分子维生素A。因此，β-胡萝卜素也被称作维生素A原。

例题

与视蛋白结合构成视紫红质的物质是（　　）。

A. 全反式视黄醛　　B. 全反式视黄醇

C. 11-顺式视黄醛　　D. 11-顺式视黄醇

解析

视紫红质是一个膜结合蛋白，由多肽视蛋白和辅基视黄醛（顺式）组成。当顺式视

黄醛吸收光后，其结构转变为反式视黄醛，引起视紫红质的构象发生变化，变成偏视紫红质。构象的变化启动了对大脑的神经脉冲，启动视觉的级联反应。

答案

C

知识点 12 维生素 D

维生素 D 是固醇类化合物，即环戊多氢菲的衍生物，又称抗佝偻病维生素。维生素 D 是一组与骨骼形成相关的脂，其中主要包括维生素 D_2 和维生素 D_3。维生素 D_2 又称麦角钙化醇，存在于植物与酵母中。维生素 D_3 又称胆钙化醇，存在于动物体内。人体内胆固醇可转变成 7-氢胆固醇，通过日光或紫外照射后转变为维生素 D_3。在生物体内，维生素 D_2 和 D_3 不具有活性。来自食物及皮肤的维生素 D_3 与特异的载体蛋白结合，运输到肝，在 25-羟化酶催化下形成 25-羟维生素 D_3，接着再被运到肾，在 1-α-羟化酶催化下形成 1, 25-羟维生素 D_3。1, 25-羟维生素 D_3，即 1, 25-二羟胆钙化醇，是维生素 D_3 的活性形式，见图 4-19。

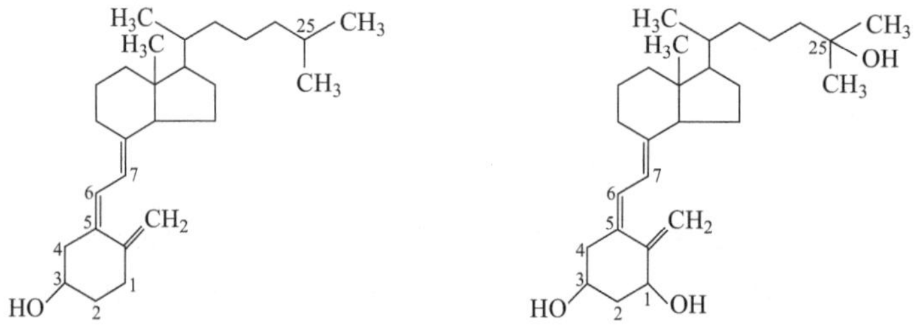

图 4-19 维生素 D_3(左)及其活性形式(右)的化学结构

维生素 D 主要功能是调节钙、磷代谢，维持血液中钙、磷浓度正常，从而促进牙齿、骨骼正常发育。当食物中缺乏维生素 D 时，儿童可发生佝偻病，成人引起软骨病。食物不是维生素 D 的唯一来源，人类可以通过晒太阳将皮肤中的胆固醇转变成维生素 D_3。也就是说维生素 D 也是一种内源性维生素，经常晒太阳可以预防该种维生素的缺乏。

例题

在人体内，维生素 D_3 的主要活性形式是（ ）。

A. 25-OH-D_3　　B. 1, 25-$(OH)_2$-D_3

C. 1-OH-D_3　　D. 7-脱氢胆固醇

解析

维生素 D_3 的主要活性形式是由维生素 D_3 通过两步羟化反应形成。首先，在肝中，第一次羟化反应生成 25-羟维生素 D_3；在肾中，第二次羟化反应生成 1, 25-二羟维生素 D_3。完成两步羟化反应，生成活性形式。

答案

B

知识点 13 维生素 E 和维生素 K

维生素 E 是苯骈二氢吡喃的衍生物，又称生育酚，见图 4-20。维生素 E 在空气中很容易被氧化，所以在食品储藏中常用作抗氧化剂，对其他易被氧化的物质进行保护。在生物体内，维生素 E 也同样容易被氧化，维生素 E 是脂溶性的，可进入生物膜与分子氧反应，能防止磷脂中不饱和脂肪酸被氧化，对生物膜具有保护作用。维生素 E 还能与自由基反应，从而起到清除过量自由基的作用。维生素 E 能抗动物不育症，对动物生育是必需的。缺乏维生素 E，会造成不育。临床上维生素 E 常用作预防流产。近年来研究发现，维生素 E 具有抗衰老功能。植物的绿叶组织能合成维生素 E，动物不能合成维生素 E，需要从食物中取得。维生素 E 来源分布广，以动植物油，尤其是麦胚油、玉米油、花生油及棉籽油含量较多。此外，蛋黄、牛奶、水果、莴苣叶等都含有。

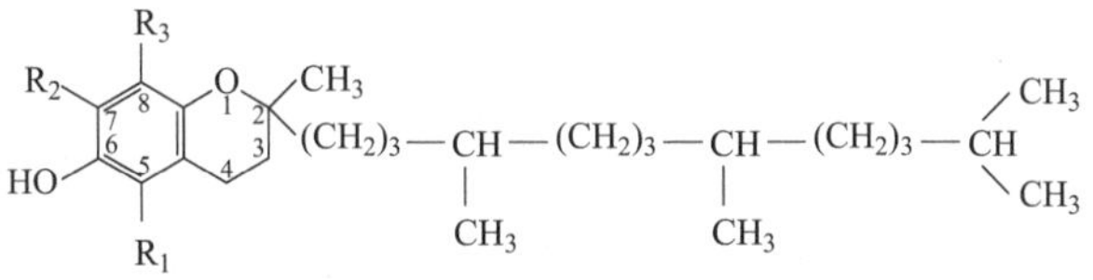

图 4-20 维生素 E 的化学结构

维生素 K 是 2-甲基-1, 4-萘醌的衍生物，又称凝血维生素，见图 4-21。在肝脏合成凝血酶原时，维生素 K 即作为凝血酶原中谷氨酸羧化酶的辅助因子，开始参与凝血作用及血液凝固的级联反应。如果缺乏维生素 K，血液中凝血酶原含量降低，凝血时间延长，会导致皮下、

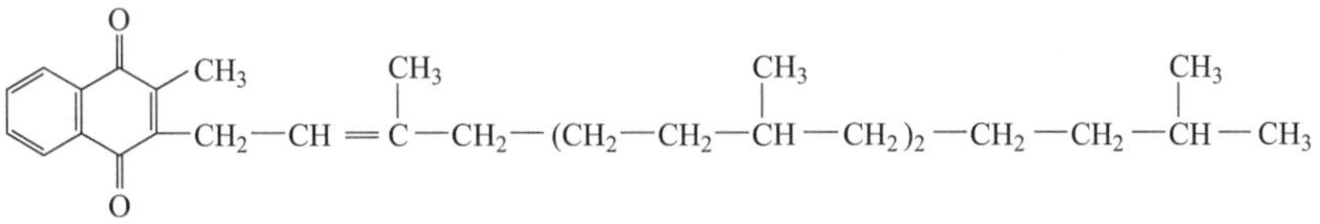

图 4-21 维生素 K 的化学结构

肌肉及肠道出血，或受伤后血凝时间延长。维生素 K 一般有 K_1、K_2、K_3 和 K_4 四种，K_1 常见于绿色植物和动物肝，K_2 由人体肠道细菌产生，K_3 和 K_4 是人工合成，应用于临床治疗。

例题

下列维生素名-化学名-缺乏症组合中，哪个是正确的（　　）？

A. 维生素 B_{12}-钴胺素-恶性贫血

B. 维生素 B_2-核黄素-口角炎

C. 维生素 K-凝血维生素-血液不凝

D. 维生素 E-生育酚-不育症

E. 以上全对

解析

维生素的命名还没有统一标准，按发现顺序和英文名称命名，如 A、B、C、D、E、K；按化学本质命名，如维生素 B_2 为核黄素，维生素 B_{12} 为钴胺素；按生理功能命名，如维生素 E 为生育酚，维生素 K 为凝血维生素。维生素在人体内不能合成或合成量不足时，必须从食物中获取，当食物中同样缺乏这些维生素时，就会引起维生素缺乏症状。

答案

E

知识网络框图

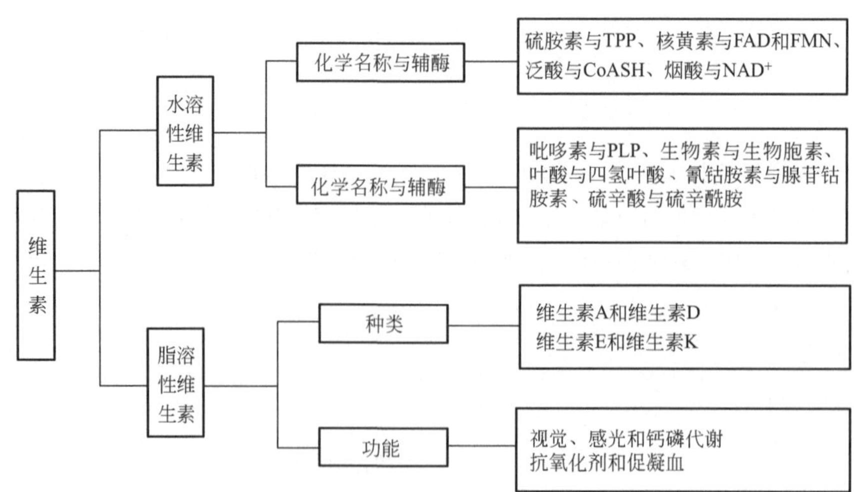

维生素是身体代谢过程中所必需的物质，维生素的近百年研究历史中，有许多诺贝尔奖案例。在B族维生素中，艾克曼因发现维生素B_1能够防治脚气病，于**1929**年获得诺贝尔生理学或医学奖。卡勒成功地人工合成维生素B_2，同时因其在核黄素以及维生素A和维生素B_2方面的杰出研究，于**1937**年获得诺贝尔化学奖。而同年，科学家森特·哲尔吉因关于维生素C结构及功能揭示，获得诺贝尔生理学或医学奖。库恩从牛奶中成功提取维生素B_2，因其在维生素领域的杰出研究，于**1938**年获得诺贝尔化学奖。科学家惠普尔、迈诺特以及墨菲在治疗恶性贫血过程中，发现食用牛肝能明显减轻贫血症状，开创恶性贫血机理研究，于**1934**年获得诺贝尔生理学或医学奖。从牛肝中分离的维生素B_{12}被应用于治疗恶性贫血，科学家霍奇金因确定维生素B_{12}的化学结构，于**1964**年获得诺贝尔化学奖。科学家达姆和多伊西由于发现维生素K以及其结构和生理作用，于**1943**年获得诺贝尔生理学或医学奖。科学家迪维尼奥人工合成生物素，并确定生物素的化学结构，于**1955**年获得诺贝尔化学奖。

第五章

糖

第一节 / 糖的概念及分类

知识点 1 糖的概念

糖类（简称糖）是自然界数量最多的有机化合物，特别是在植物体中，糖类占其干重的 85%～90%。糖类有曾用的概念和现代的概念，曾用的概念是利用 $C_n(H_2O)_m$ 通式表示，认为糖是碳与水的化合物，统称碳水化合物。后来发现有些糖类，如鼠李糖（$C_6H_{12}O_5$）和脱氧核糖（$C_5H_{10}O_4$）等不符合此通式，而一些非糖物质，如甲醛（CH_2O）和乳酸（$C_3H_6O_3$）等却符合此通式，而且有些糖类化合物，除 C、H、O 外，还有 N、S、P 等元素。由此可见，碳水化合物表示糖类明显不准确。现代的概念认为，糖是多羟基的醛或酮及其缩聚物和某些衍生物的总称。

糖类化合物的主要生物学作用包括：①是一切生物体维持生命活动所需能量的主要来源。作为生物体内的主要能源物质，糖类化合物通过在生物体内的分解代谢释放能量。②作为生物体的结构成分，如纤维素、半纤维素和果胶等是植物细胞壁的主要组成成分；肽聚糖是细菌细胞壁的结构多糖；壳多糖是昆虫和甲壳类动物外壁的主要成分；糖蛋白是构成细胞膜的成分。③糖类化合物为其他物质合成提供碳源，如有些糖是氨基酸、核苷酸以及脂等合成的前体。④可以作为细胞识别的信号分子，如细胞的最外层会发生细胞间的信号传递，细胞的最外层由质膜、糖脂和糖蛋白结合而成，特别是糖蛋白中的糖链起着信息分子的作用。糖链的长短、结构组成以及数目在不同糖蛋白中差异很大。细胞间相互识别、相互黏附、相互制约与调控，这些都与糖蛋白的糖链有关。由此发现，糖蛋白的糖链在细胞识别、免疫保护、受精、发育、分化、衰老、癌变等过程中，都起到重要作用。

根据是否水解以及水解产物组成，可将糖类化合物分为单糖、寡糖、多糖和结合糖等。

例题

糖是生物体维持生命活动提供能量的（　　）。

A. 次要来源　　B. 主要来源　　C. 唯一来源　　D. 重要来源

解析

糖类化合物的生物学作用主要包括：①作为生物体内的主要能源物质；②作为生物体的结构成分；③在生物体内转变为其他物质；④作为细胞间的信息分子。

答案

B

第二节 / 单糖

知识点2 单糖的结构

单糖根据含醛基或酮基，可分为醛糖和酮糖；根据其所含碳原子数目，可分为丙糖、丁糖、戊糖和己糖等。最简单的单糖是甘油醛和二羟丙酮。单糖的种类很多，单糖在结构上差异不少，但也有许多共同之处。从数量上讲以葡萄糖（glucose）最多，分布也最广，其中葡萄糖结构具有代表性。葡萄糖的分子式是 $C_6H_{12}O_6$，其结构有开链式和环状式。葡萄糖具有一个醛基和 5 个羟基，开链结构中，碳原子的编号从醛基碳（编号为 1）开始，见图 5-1。

Haworth 最早发现糖的环状结构，并提出用 **Haworth** 投影式表示糖的环状结构。环状结构是由葡萄糖分子中醛基和 C5 上的羟基反应生成半缩醛，形成六元环，也称为吡喃糖。如果单糖是戊糖，环状结构形成五元环，例如核糖，即称为呋喃糖，见图 5-2。

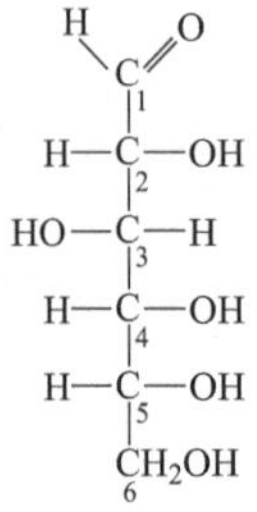

图 5-1　葡萄糖的链状结构

图 5-2　吡喃糖（左）和呋喃糖（右）

葡萄糖的环状结构中，由于 C1 连接 4 个不同的取代基团，从而导致开链结构中原本不是手性碳原子的 C1 变成了手性碳原子，成为新的手性中心。葡萄糖由开链结构变成环状结构后，在醛基碳原子上形成的羟基称为半缩醛羟基，连接半缩醛羟基的碳原子，称为异头碳。由于异头碳上羟基连接的位置不同形成的不同异构体，称为异头物。异头碳的羟基与最末的手性碳原子（葡萄糖是 C4）的羟基具有相同的取向的异构体，称为 α-异头物；具有相反取向，称为 β-异头物。对于葡萄糖的环状结构，半缩醛羟基在环状结构的下方，是 α 型；半缩醛羟基在环状结构的上方，是 β 型，见图 5-3。

葡萄糖的环状结构和开链结构可以互相转换，二者是同分异构体，但主要以环状结构形式存在，见图 5-4。平衡混合物中，α 型约占 36%，β 型约占 64%，开链结构形式的葡萄糖占不到 0.024%。

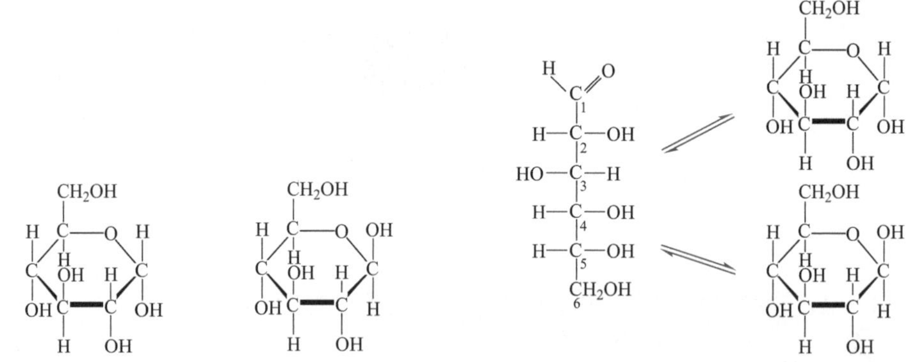

图 5-3　葡萄糖环状结构 α 型（左）和 β 型（右）

图 5-4　葡萄糖的链状与环状结构转换

例题

D-葡萄糖的 α 和 β 异头物的比旋分别是 +112.2° 和 +18.7°。当 α-D-葡萄糖晶体样品溶于水，比旋由 +112.2° 降至平衡值 +52.7°。计算平衡液中 α 和 β 异头物的占比。忽略开链结构形式。

解析

设 α-D-葡萄糖占比例为 x%，则 β-D-葡萄糖占比例是（100－x）%。平衡时，112.2x%＋18.7（100－x）%＝52.7。经计算，x＝36.4。

答案

α-D-葡萄糖占比例为 36.4%，β-D-葡萄糖占比例为 63.6%

知识点 3 单糖的构型

构型是指一个分子由于不对称碳原子上各原子或基团特有的固定的空间排列，使该分子具有特定的立体化学形式。单糖的构型常用 D 和 L 标记法，以 D-甘油醛、L-甘油醛为参照物，羟基在左边为 L 构型，羟基在右边为 D 构型，见图 5-5。

单糖的构型就是指分子中距离羰基碳最远的不对称碳原子的构型。除二羟丙酮以外，单糖都含有一个或多个不对称碳原子，在 D-甘油醛，L-甘油醛基础上，增加一个不对称碳原子，就会产生两种立体异构体。依次推理，含有 n 个不对称碳原子，就有 2^n 种立体异构体。天然产物的单糖大多数是 D 构型，如自然界中的葡萄糖都是 D 构型。

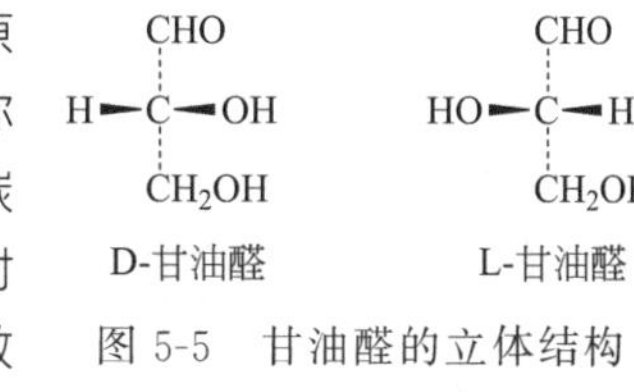

图 5-5 甘油醛的立体结构

例题

分子式为 $C_5H_{10}O_5$ 的开链醛糖有多少个可能的异构体（　　）?

A. 2　　B. 4　　C. 8　　D. 16

解析

除二羟丙酮以外，单糖都含不对称碳原子。甘油醛含有 1 个不对称碳原子，有 2 个异构体；丁醛糖有 2 个不对称碳原子，有 4 个异构体；题目所给的戊醛糖有 3 个不对称碳原子，有 8 个异构体。依次类推，有 n 个不对称碳原子，有 2^n 个异构体。

答案

C

知识点 4 单糖的物理性质

① 溶解度。单糖分子有多个羟基，增加了它的水溶性，尤其在热水中的溶解度极大。但不溶于乙醚、丙酮等有机溶剂。

② 甜度。各种单糖的甜度不一，常以蔗糖的甜度为标准进行比较，见表 5-1。

表 5-1　一些糖的相对甜度

名称	甜度	名称	甜度
乳糖	16	蔗糖	100
棉籽糖	22	果糖	175
半乳糖	30	阿斯巴甜(非糖)	15000
麦芽糖	32	糖精(非糖)	50000
木糖	40		
葡萄糖	70		

③ 旋光性。平面偏振光（通过尼科尔棱镜后的光，只能在一个平面上振动）通过旋光物质时，光的偏振面会发生旋转，这种性质称为旋光性。光的偏振面向右发生旋转，称为右旋光性，以“+”表示；向左发生旋转，称为左旋光性，以“-”表示。糖都有不对称碳原子，都具有旋光性。旋光性是鉴定糖的一个重要指标。

例题

旋光性是糖类化合物重要的性质，通过测定旋光度能够获得对糖的什么认识?

答案

通过测定旋光度能够获得对糖的立体结构的认识。具体包括：①确定手性碳原子和推断手性碳原子的构型；②揭示糖的环状结构，对糖的环状结构认识，就是从研究葡萄糖的变旋现象获得的；③分析糖苷酶的活性，酶催化水解过程中，溶液的旋光度会发生变化；④分析糖混合物中糖的含量。

知识点 5 单糖的化学性质

单糖是多羟基的醛或者酮，这三种基团均能参加反应。因此，单糖具有醇和醛或酮的化学性质。单糖含有一个可反应的羰基，容易被较弱的氧化剂（例如 Fe^{3+} 离子或 Cu^{2+} 离子）氧化为羧酸，这样的糖称为还原糖。例如，斐林试剂（含酒石酸甲钠、氢氧化钠和硫酸铜）与葡萄糖反应，葡萄糖被氧化形成葡萄糖酸，而 Cu^{2+} 被还原为 Cu^{+}。像葡萄糖一样，能够使 Cu^{2+}、Ag^{+} 离子还原的糖，都称为还原糖。单糖都是还原糖。实际上，只要含有半缩醛羟基的糖都具有还原性。

例题

下列哪一个糖不是还原糖（　　）?

A. 果糖　　B. 半乳糖　　C. 乳糖　　D. 蔗糖

解析

实际上，不只包括单糖，只要含有半缩醛羟基的糖都具有还原性。这里面只有蔗糖除外，因为其结构中不含有半缩醛羟基。

答案

D

第三节 / 双糖

知识点 6 糖苷键

单糖半缩醛羟基很容易与醇或酚的羟基反应失水而形成缩醛式衍生物，通称糖苷，结构式见图 5-6。糖苷分子中提供半缩醛羟基的糖部分，称为糖基；与之缩合的“非糖”部分，称

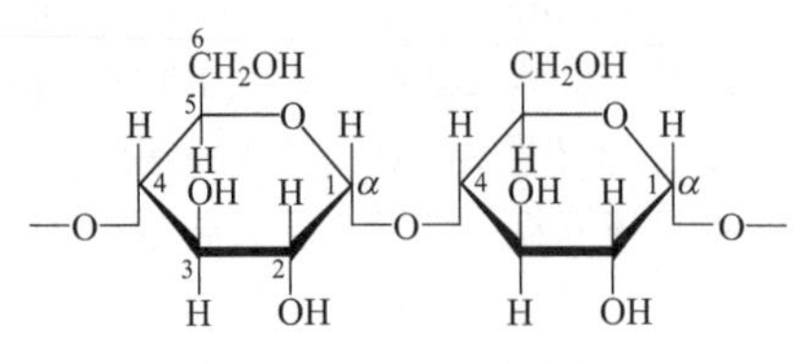

图 5-6　糖苷的化学结构

为糖苷配基。糖苷配基可以是醇、胺、碱基或者一个糖化合物。其中连接糖基和糖苷配基的化学键称为糖苷键，糖苷键可以通过 O、N 或 S 原子起连接作用，也可以使碳碳直接相连。由此，糖苷键的类型分别有：O-苷、N-苷、S-苷和 C-苷，其中 O-苷和 N-苷是最常见的。由于葡萄糖的半缩醛羟基存在 α 型和 β 型，形成的糖苷也有 α 型和 β 型。

例题

糖苷键常见的类型有（　　）和（　　）。

解析

糖苷键是指糖苷分子中糖基和糖苷配基之间的化学键。糖苷键通过 O、N 或 S 原子起连接作用，也可以使碳碳直接相连。糖苷键的类型分别有 O-苷、N-苷、S-苷或 C-苷，其中 O-苷和 N-苷是最常见的。

答案

O-苷和 N-苷。

知识点 7　常见的双糖

麦芽糖是淀粉的水解产物。麦芽糖由 2 分子 α-D-葡萄糖缩合失水而成，通过 α-1, 4 糖苷键连接，结构式见图 5-7。麦芽糖分子中存在半缩醛羟基，有还原性。

蔗糖是日常食用的主要糖。甘蔗、甜菜、胡萝卜和有甜味的果实（香蕉、菠萝等）都含有蔗糖。蔗糖是由 1 分子 α-D-葡萄糖和 1 分子 β-D-果糖，通过 α，β-1, 2 糖苷键缩合失水形成，结构式见图 5-8。蔗糖不同于麦芽糖，蔗糖中糖苷键是由两个异头碳连接形成，导致蔗糖分子无游离半缩醛羟基，不具还原性。

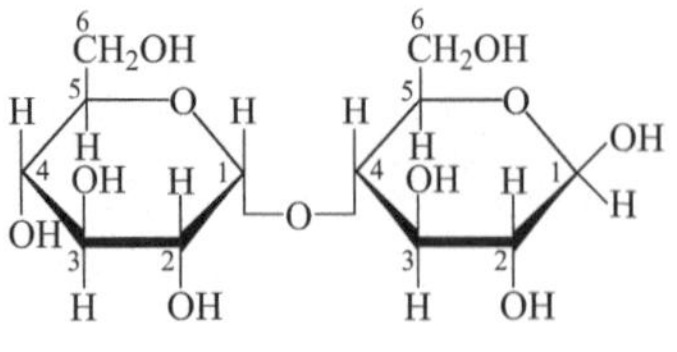

图 5-7　麦芽糖的化学结构

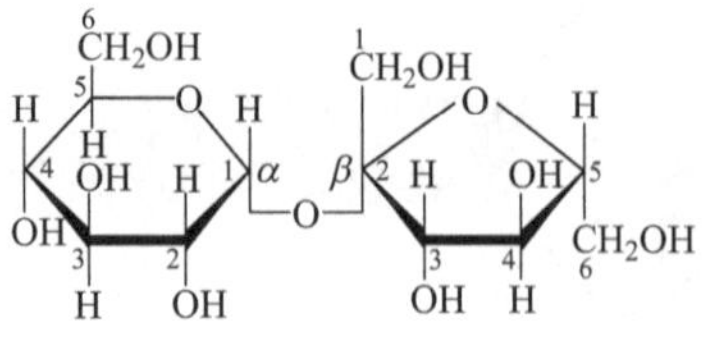

图 5-8　蔗糖的化学结构

乳糖由乳腺产生，存在于人和动物的乳汁内。牛乳含有10%，人乳含有5%～7%。乳糖是由β-D-葡萄糖和β-D-半乳糖，通过β-1,4糖苷键缩合失水形成，结构式见图5-9。乳糖分子中存在半缩醛羟基，有还原性。

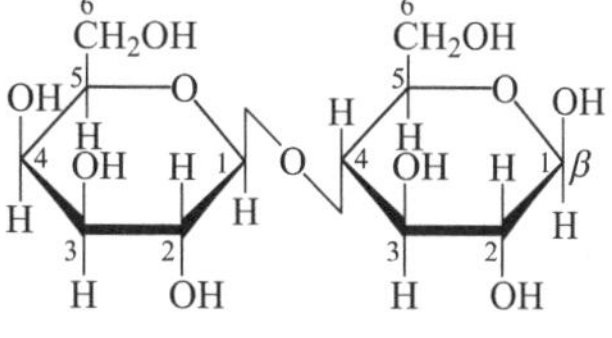

图 5-9　乳糖的化学结构

例题

蔗糖分子是由一个果糖以（　　）连接到葡萄糖上形成；麦芽糖由两个葡萄糖分子以（　　）连接而成。

解析

蔗糖分子是由1分子葡萄糖和1分子果糖脱水缩合而成，即α-D-葡萄糖C1上的半缩醛羟基与β-D-果糖C2上的半缩酮羟基缩合而成；麦芽糖是由2分子葡萄糖通过α-1,4糖苷键连接而成。

答案

α，β-1,2-糖苷键；α-1,4糖苷键。

第四节 / 多糖

知识点 8 淀粉和糖原

多糖的结构包括单糖组成、糖苷键类型以及单糖的排列顺序。由相同单糖组成的多糖称为同多糖，如淀粉、糖原、纤维素和几丁质。下面分别进行介绍。

淀粉由直链淀粉和支链淀粉组成。直链淀粉是由 α-D-葡萄糖通过 α-1, 4 糖苷键连接形成的多糖，见图 5-10。直链淀粉中单糖数目约 250～300 个，并不是完全伸直的，而是卷曲成螺旋形，每圈有 6 个葡萄糖单位，见图 5-11。支链淀粉是带有分支的淀粉，其分子中既有 α-1, 4 糖苷键连接的糖链，也有 α-1, 6 糖苷键连接的分支，见图 5-12。沿着 α-1, 4 糖苷键连接的糖链，每隔 20～30 个葡萄糖残基就会出现一个分支。淀粉酶是催化水解淀粉的糖苷酶，有 α-淀粉酶和 β-淀粉酶两种类型。α-淀粉酶是内切糖苷酶，在动物和植物中都含有，能随机催化 α-1, 4 糖苷键水解（包括直链淀粉和支链淀粉）；β-淀粉酶是外切糖苷酶，在某

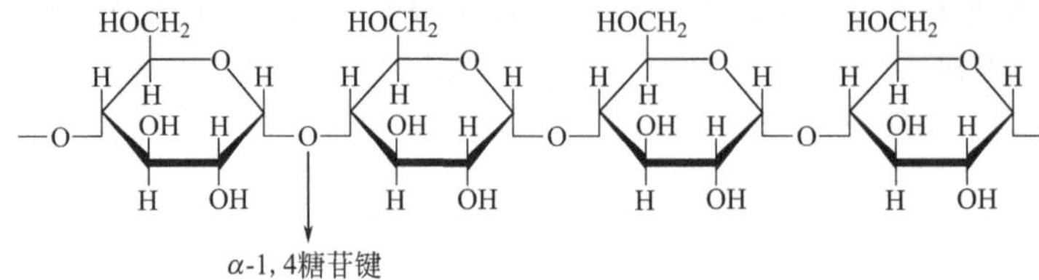

图 5-10　直链淀粉的化学结构

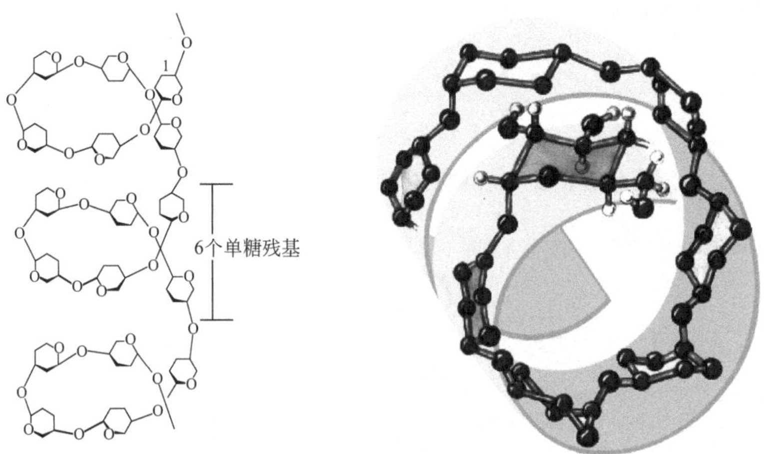

图 5-11　直链淀粉的螺旋结构示意图

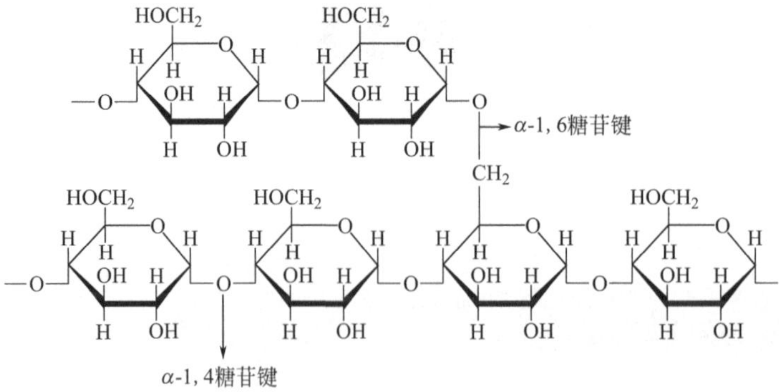

图 5-12　支链淀粉的化学结构

些高等植物的种子和块茎中含有，从支链淀粉中游离的非还原端，依次催化 α-1, 4 糖苷键水解。分支处的 α-1, 6 糖苷键既不是 α-淀粉酶，也不是 β-淀粉酶的催化底物。去分支酶可以水解 α-1, 6 糖苷键。

一般淀粉都含有直链淀粉和支链淀粉。玉米和马铃薯，分别含有 27% 和 20% 的直链淀粉，其余部分为支链，而糯米全部为支链淀粉，豆类全部是直链淀粉。

糖原又称动物淀粉，是人和动物体内的储存多糖。糖原结构与支链淀粉相似，由 D-葡萄糖通过 α-1, 4 糖苷键相互连接，支链分支点由 α-1, 6 糖苷键连接，见图 5-13。不同于支链淀粉的是，糖原分子中的分支较支链淀粉更多，但分支较短，每一分支长度一般是 10 ~ 14 个葡萄糖残基。糖原有多个分支，但只有一个还原端，其余分支都是非还原端，见图 5-14。糖原高度分支的结构有利于糖原磷酸化酶作用于非还原端，促进糖原的降解。

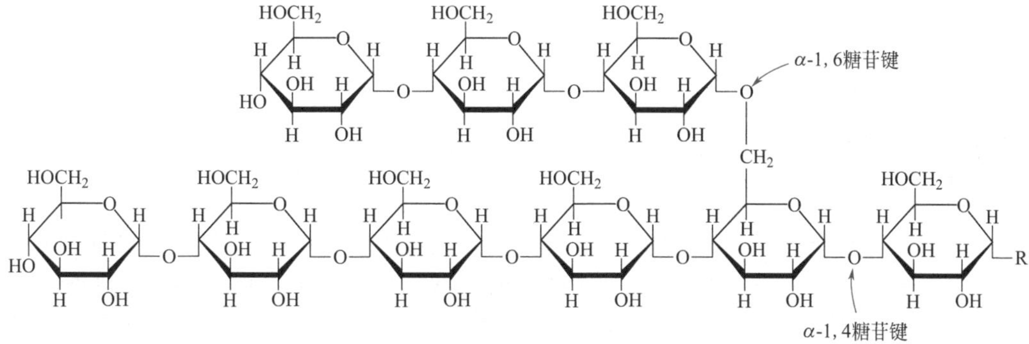

图 5-13　糖原的化学结构

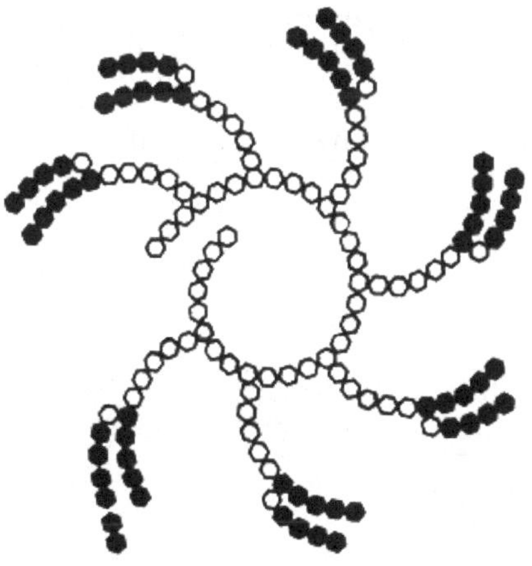

图 5-14　糖原的分支结构示意图

例题

组成淀粉的单糖通过（　　）糖苷键连接。

A. α-1, 4　　B. β-1, 4　　C. α-1, 6　　D. β-1, 6

解析

淀粉由直链淀粉和支链淀粉组成，直链淀粉是葡萄糖单位通过 α-1, 4 糖苷键连接的线形分子，而支链淀粉是高度分支的，其线形链段也是 α-1, 4 糖苷键连接，在分支处由 α-1, 6 糖苷键连接。

答案

A 和 C

知识点 9 纤维素和几丁质

纤维素是由 D-葡萄糖通过 β-1, 4 糖苷键连接的线形分子，见图 5-15。纤维素中，直链间彼此平行，链间的葡萄糖羟基间极易形成氢键，再加上半纤维素、果胶、木质素等的黏结作用，使完整的纤维素具有高度的不溶于水等特性，见图 5-16。纤维素酶能够水解纤

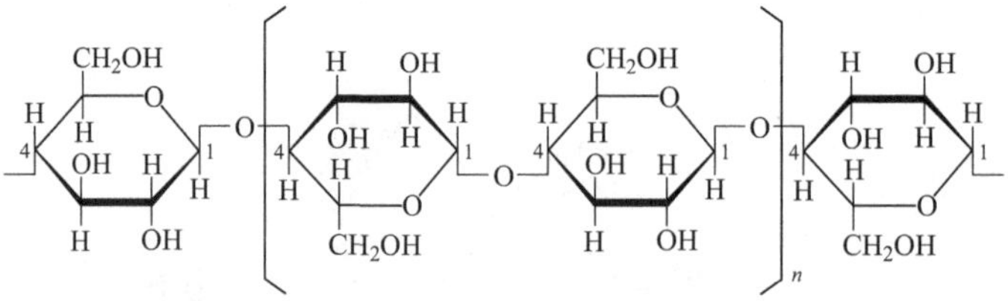

图 5-15　纤维素的化学结构

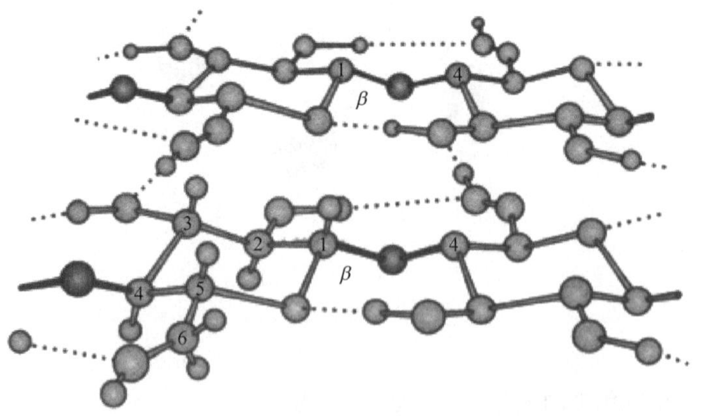

图 5-16　纤维素的片层结构

维素，例如，反刍动物胃中共生的细菌含有活性很高的纤维素酶，用来水解纤维素。所以，牛、马、羊等动物可以靠吃草维持生命。人和哺乳动物体内没有纤维素酶用来水解纤维素，但是人的食物中必须含有纤维素。这是由于纤维素能够促进胃肠蠕动、促进消化和排便。

纤维素是地球表面天然起源的最丰富的有机化合物。来源主要是棉花、麻、树木等；另外还有一大部分来源于作物的茎秆如麦秆、稻草、高粱秆、甘蔗渣等。

几丁质是由乙酰糖胺通过 β-1,4 糖苷键连接组成的同多糖，又称壳多糖，结构与纤维素类似，见图 5-17。几丁质中链间通过氢键交联集合成片，由于氢键比纤维素要多，几丁质结构比较坚硬。几丁质是藻类、昆虫以及甲壳动物中细胞壁和外骨骼等组成材料。几丁质具有无毒性，能被生物降解，以及生物活性高等特点，被认为是最有研究开发潜力的生物高分子。

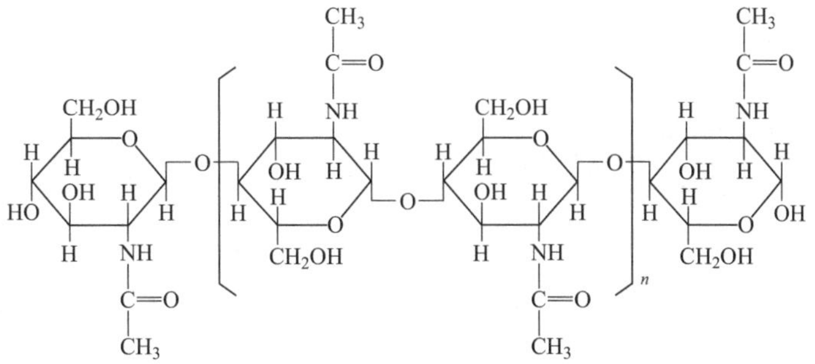

图 5-17　几丁质的化学结构

几丁质是地球上仅次于纤维素的第二大生物资源，已经被应用于食品、化妆品、医药、医用材料、纺织、印染、造纸等领域。

例题

植物细胞壁骨架的主要成分是（　　），虾壳的主要成分是（　　）。

解析

纤维素是植物（包括某些真菌和细菌）的结构多糖，是它们细胞壁的主要成分；几丁质是很多节肢动物和软体动物外骨骼的主要结构物质。

答案

纤维素，几丁质。

第五节 / 结合糖

知识点 10 肽聚糖

结合糖是糖的衍生物，根据糖链共价连接的基团，如肽链、蛋白质或脂，结合多糖包括肽多糖（肽聚糖）、糖蛋白和糖脂等类型。

肽聚糖的结构单位是胞壁肽，其由 *N*-乙酰葡糖胺和 *N*-乙酰胞壁酸通过 β-1, 4 糖苷键连接形成，还含有一个四肽侧链，结构见图 5-18。

N-乙酰胞壁酸是一个 9 碳糖，除了 *N*-乙酰葡糖胺被乳酸基修饰外，肽聚糖成分非常类似于几丁质。因此，肽聚糖也可看成几丁质链的单糖残基交替地被乳酸取代，并通过它连接着四肽侧链。肽聚糖分子中，平行的多糖链通过四肽侧链被交联成网格结构，结构见图 5-19。

溶菌酶的功能是抗菌，它催化肽聚糖中 *N*-乙酰葡糖胺和 *N*-乙酰胞壁酸之间的连接键（β-1, 4 糖苷键）水解，导致细菌细胞壁降解。细菌经溶菌酶处理后形成原生质体。环境中渗透压的微小变化都有可能引起原生质体的破裂。青霉素能够抗菌，这是由于青霉素的结构类似于转肽酶底物末端的二肽 D-Ala-D-Ala，青霉素可结合在转肽酶的活性部位，抑制转肽酶活性，而转肽酶能够催化肽聚糖合成，从而阻止了肽聚糖的进一步合成。

例题

溶菌酶和青霉素杀菌的机制有何不同?

答案

溶菌酶和青霉素都通过影响细菌细胞壁的肽聚糖而杀菌。但是两者作用机制不同。溶菌酶直接攻击肽聚糖，它能催化肽聚糖主链中 *N*-乙酰葡糖胺和 *N*-乙酰胞壁酸残基之

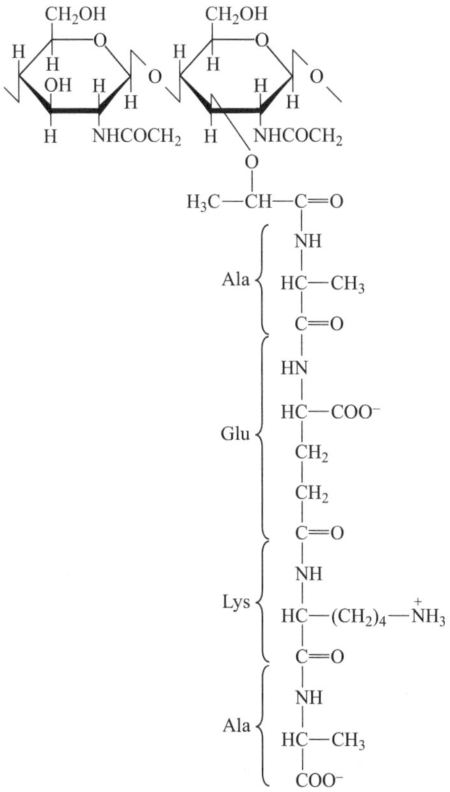

CH_2OH CH_2OH

H H O OH H H O H H H O

H $NHCOCH_2$ H $NHCOCH_2$

O

$H_3C—CH—C=O$

Ala { NH, $HC—CH_3$, C=O }

Glu { HN, $HC—COO^-$, CH_2, CH_2, C=O }

Lys { NH, $HC—(CH_2)_4—\overset{+}{N}H_3$, C=O }

Ala { NH, $HC—CH_3$, COO^- }

图 5-18　肽聚糖的结构单位胞壁肽的化学结构

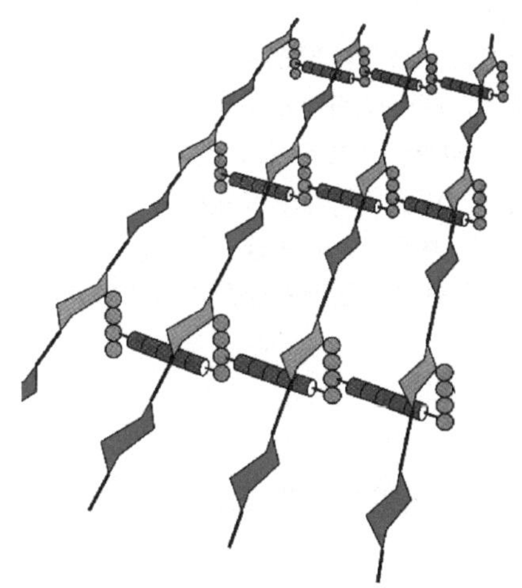

图 5-19　肽聚糖的网格结构示意图

间的糖苷键水解。最终细菌因细胞壁溶解消失而死亡。青霉素与细菌转肽酶结合，抑制肽链合成中的转肽反应，从而抑制肽聚糖的合成，干扰细胞壁的形成。

知识点 11 糖蛋白

糖蛋白是一种带有寡糖链或多糖链的蛋白，糖链作为这种结合蛋白质的辅基。糖蛋白中糖链一般含有 10~15 个单糖单位，除个别外，这些单糖一般都是 D 型。糖链与蛋白质的结合有两种不同类型的糖苷键，一种是蛋白质上天冬酰胺的 γ-酰胺氮与糖链上的异头碳形成 N-糖苷键，另一种是蛋白质上丝氨酸或苏氨酸的羟基与糖链上的异头碳形成 O-糖苷键，见图 5-20。因此，按照糖链与蛋白质的连接方式，糖蛋白可分为 *N*-联糖蛋白和 *O*-联糖蛋白。

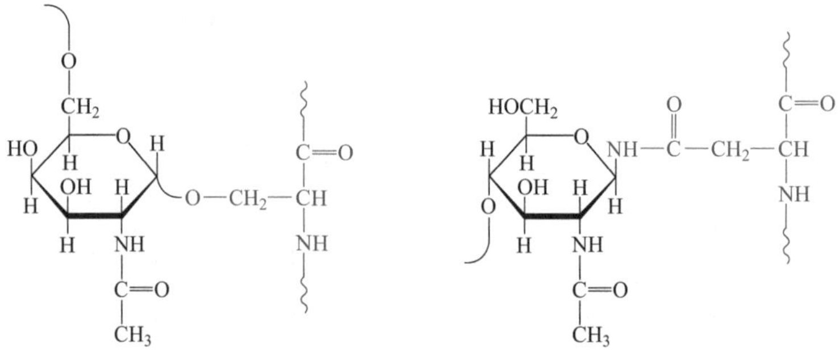

乙酰半乳糖　　丝氨酸　　乙酰葡萄糖　　天冬酰胺

图 5-20　*O*-糖苷键（左）和 *N*-糖苷键（右）

糖蛋白中的糖链具有多种生物学功能：①糖链参与糖蛋白中肽链的折叠和缔合；②参与糖蛋白的转运和分泌；③最为重要的是，糖链会参与分子识别和细胞识别。糖蛋白中的糖链可能作为蛋白质的特殊标记，是分子间或细胞间特异结合的识别部位。例如，人们熟悉的 O、A、B 和 AB 血型的区别在于抗原的不同，即与红细胞膜蛋白连接的糖链组成不同。O 型抗原结合的糖链末端半乳糖连接的是岩藻糖；A 型抗原除了具有与 O 型同样的聚糖成分外，还多出一个 *N*-乙酰半乳糖胺；B 型抗原除了具有与 O 型同样的聚糖成分外，还多出一个半乳糖；AB 型抗原包括了 A 型和 B 型末端糖链的总和。

糖蛋白分布广泛，种类多，功能多样。例如，人和动物结缔组织中的胶原蛋白、细胞膜中的免疫球蛋白、消化道分泌的黏蛋白以及血浆中的转铁蛋白等。

例题

举例说明糖蛋白中糖链的生物学作用。

答案

糖蛋白中的糖链参与肽链的折叠和缔合；参与糖蛋白的转运和分泌；参与分子识别和细胞识别。下面以转铁蛋白为例，说明糖链参与糖蛋白的转运和分泌的生物学作用。转铁蛋白是一种二聚体跨膜蛋白，由两个亚基组成，每个亚基连接 3 条糖链。研究发现，将亚基中 Asn_{251} 位点突变，使之失去糖链的连接，结果是不能形成正常的二聚体，最终影响转铁蛋白转运功能。

知识网络框图

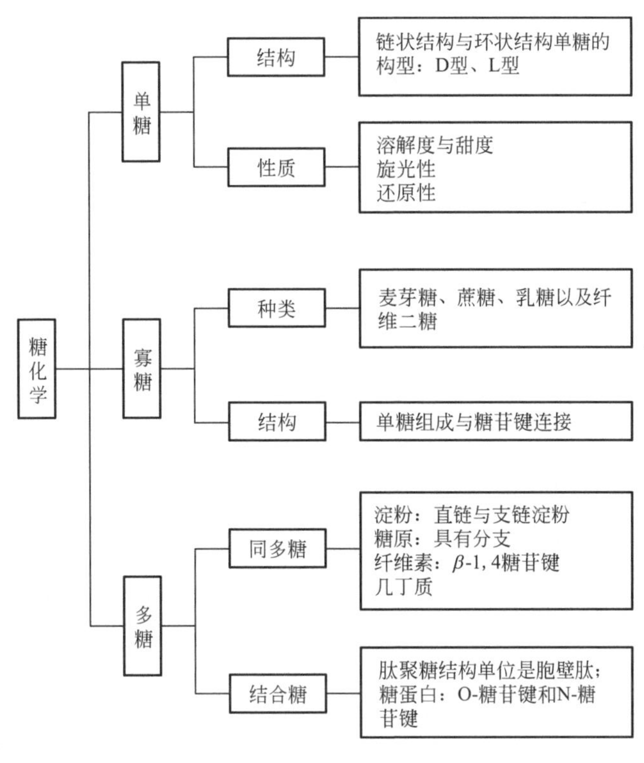

关于糖化学研究领域，最早的诺贝尔奖案例可追溯到 **1902** 年。科学家费歇尔利用肼类作为研究糖类结构的有力手，并合成了多种糖类，揭示了葡萄糖的结构。因此，费歇尔被称为“糖化学之父”。教材中利用费歇尔投影式表示葡萄糖的构型。科学家哈沃斯致力于糖类化学研究，发现糖的碳原子不是直线排列而成环状。关于葡萄糖结构的表示，哈沃斯提出用平面六元环的透视式代替费歇尔投影式，著作有《糖的构成》，于 **1937** 年获诺贝尔化学奖。科学家莱洛伊尔从事乳糖合成的研究，研究过程中发现二磷酸尿核苷葡萄糖，对葡萄糖生成肝糖原过程有促进作用，于 **1970** 年获诺贝尔化学奖。

第六章

脂

第一节 脂的概念

知识点1 脂的概念

脂(lipid)又叫脂质、脂类，是由脂肪酸（C_4 以上）和醇（甘油醇、鞘氨醇、高级一元醇和固醇）等所组成的酯类及其衍生物，包括油脂和类脂两大类。油脂是甘油与脂肪酸组成的中性脂，如油、脂肪。类脂主要包括磷脂、糖脂、蜡、甾醇等。脂类一般不溶于水而溶于有机溶剂，如乙醚、丙酮及氯仿等。碳、氢、氧是构成脂类的主要元素，有些脂类中也含有氮、磷及硫。与其他类型生物分子相比，脂质在结构上表现出更为复杂的多样性，在某种程度上可以说是包罗万象，其共同特征是以长链或稠环脂肪烃分子为母体。由于其疏水性，对脂质的研究要比其他易溶于水的物质更为困难。

例题

脂质具有以下三个特征：____________、____________、____________。

解析

脂质是脂肪酸的羧基与醇的羟基通过酯键缩合而成的化合物及其衍生物。由于脂类分子中亲水基团在整个分子中占比很小，脂溶性的长链或稠环脂肪烃是整个分子的母体部分，整个分子表现出明显的疏水性，所以脂类不溶于水而溶于有机溶剂。在生物体内脂类可以作为能源物质，如甘油三酯，也可以作为细胞的组成成分，如磷脂是细胞膜的重要组成成分。

答案

不溶于水而溶于有机溶剂，是由脂肪酸和醇组成的酯类及其衍生物，能被生物体所利用。

知识点2 脂在生物体中的功能

脂的生物学功能同脂的化学组成和结构一样极其多样。总体上有三大功能。

（1）储能物质

具有这种功能的脂质主要有甘油三酯和蜡。在大多数真核细胞中，甘油三酯以微小的油滴形式存在于含水的胞质溶胶中。脊椎动物脂肪细胞的甘油三酯，几乎充满了整个细胞。肥胖人的皮下，腹腔和乳腺中也储存着大量的甘油三酯。许多植物种子中含有丰富的甘油三酯。这些甘油三酯主要为细胞提供能量和作为合成其他物质的前体。某些动物储存在皮下的甘油三酯，不仅作为储能物质，而且作为抵抗低温的绝缘层。海豹、海象、企鹅和其他的南北极温血动物均储存有丰富的甘油三酯，冬眠动物如熊在冬眠前积累大量的甘油三酯以抵抗低温。蜡是海洋浮游生物代谢燃料的主要储存形式，除此之外，蜡还有其他功能。脊椎动物的某些皮肤腺分泌蜡以保护毛发和皮肤，使之柔韧、润滑并防水。鸟类，特别是水禽，从它们的尾羽腺分泌蜡使羽毛能防水。冬青、杜鹃花和许多热带植物的叶覆盖着一层蜡以防寄生生物侵袭和水分的过度蒸发。

（2）结构物质

细胞的各种膜统称为生物膜，各种生物膜的骨架是一样的，主要是由磷脂类构成的双分子层或称**脂双层**（lipid bilayer）。另外，固醇和糖脂也参与脂双层的构成。这些膜脂在分子结构上的共同特点是具有亲水性头部和疏水性尾部。极性头部含有醇基、含氮碱基和磷酸基等，非极性尾部主要是脂肪酸和脂肪胺（鞘氨醇）的烃链。脂双层的表面是亲水的，内部是疏水的，脂双层具有屏障作用，使膜两侧的亲水性物质不能自由通过，这对维持细胞正常的结构和功能是很重要的（图 6-1）。

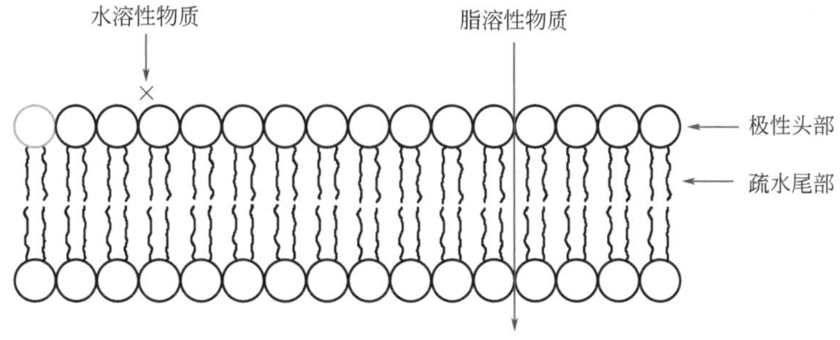

图 6-1　生物膜双分子层

（3）活性物质

活性脂类包括数百种类固醇和萜（类异戊二烯类），在生物体内承担着重要的生物功能。类固醇中很重要的一类是类固醇激素，包括雄性激素、雌性激素和肾上腺皮质激素。萜类化合物包括对人体和动物正常生长所必需的脂溶性维生素 A、D、E、K 和多种光合色素（如类胡萝卜素）。其他活性脂类，有的作为酶的辅助因子或激活剂，如磷脂酰丝氨酸为凝血因子的激活剂；有的作为电子载体，如线粒体的泛醌和叶绿体的质体醌；有的作为糖基载体，如真核生物糖蛋白糖链合成中的多萜醇磷酸；有的作为细胞信号分子，如真核细胞脂膜上的磷脂酰肌醇及磷酸化衍生物磷脂酰肌醇-4,5-二磷酸（PIP_2）。

例题

生物膜具有不对称性是指（　　）。

A. 在脂双层的内、外膜上脂类分子厚度不同

B. 在脂双层的内、外层上脂类分子种类不同

C. 蛋白质在脂双层中有特异定位

D. 在脂双层的内、外层上生物分子组成种类不同，而且有些以特定方向存在

解析

膜脂和膜蛋白在脂双层两侧的分布具有不对称性。磷脂分子，如磷脂酰胆碱和鞘磷脂多分布在膜的外侧，而磷脂酰乙醇胺、磷脂酰丝氨酸和磷脂酰肌醇多分布在膜的内侧。膜蛋白在脂双层中的分布及定向也不相同。

答案

D

知识点3 脂的理化性质

（1）物理性质

脂类一般无色、无味、无臭呈中性。天然油脂因含杂质而常具有颜色和气味。油脂比重小于1，不溶于水而溶于有机溶剂。油脂具有较大的黏度。在乳化剂如胆汁酸、肥皂等存在的情况下，油脂能在水中形成乳浊液。在人体和动物的消化道内，胆汁酸盐使油脂乳化形成乳糜微粒，有利于油脂的消化吸收。天然油脂都是多种油脂的混合物，没有固定的熔点和沸点。油脂的熔点、沸点与脂肪酸的性质密切相关，如硬脂酸熔点为56～69.6℃，油酸熔点为13.4℃。相应的，三硬脂酸甘油酯的熔点是71～73℃，而三油酸甘油酯的熔点是－5.5℃。一般按照L-型甘油醛的衍生物命名甘油三酯。如果甘油三酯中1,3位的脂肪酸不同，则该分子具有旋光性。油脂是脂肪酸的储备和运输形式，也是生物体内的重要溶剂，许多物质是溶于其中而被吸收和运输的，如各种脂溶性维生素（A、D、E、K）、芳香油、固醇和某些激素等。

蜡是不溶于水的固体，由高级脂肪酸和长链脂肪族一元醇或固醇构成。温度较高时，蜡是柔软的固体，温度低时变硬。

（2）化学性质

① 水解和皂化。油脂能在酸、碱、蒸汽及脂酶的作用下水解，生成甘油和脂肪酸。当用

碱水解油脂时，生成甘油和脂肪酸盐（图 6-2）。脂肪酸的钠盐和钾盐就是肥皂。因此把油脂的碱水解称为皂化反应。使 1g 油脂完全皂化所需的氢氧化钾的质量（mg）称为**皂化值**。根据皂化值的大小可以计算甘油三酯的平均分子量。

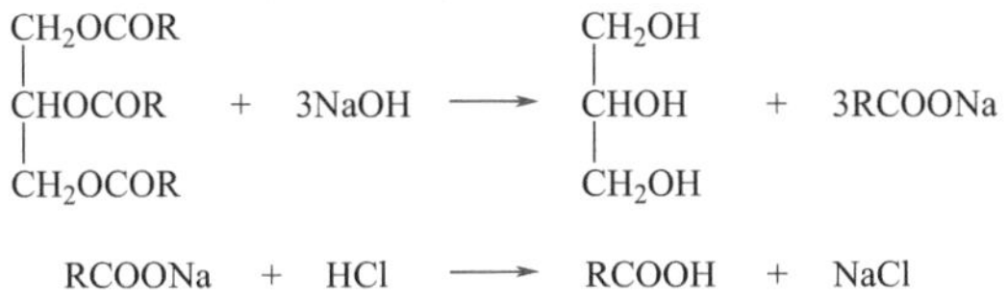

$$\begin{array}{l} CH_2OCOR \\ | \\ CHOCOR \\ | \\ CH_2OCOR \end{array} + 3NaOH \longrightarrow \begin{array}{l} CH_2OH \\ | \\ CHOH \\ | \\ CH_2OH \end{array} + 3RCOONa$$

$$RCOONa + HCl \longrightarrow RCOOH + NaCl$$

图 6-2　油脂的皂化反应

② 加成反应（addition reaction）。含不饱和脂肪酸的油脂，其分子中的碳碳双键可以与氢、卤素等进行加成反应。

氢化：在高温、高压和金属镍催化下，碳碳双键与氢发生加成反应，转化为饱和脂肪酸（如下式）。氢化的结果使液态的油变成半固态的脂，所以常称为“油脂的硬化”。人造黄油的主要成分就是氢化的植物油。棉籽油氢化后形成奶油。油容易酸败，不利于运输，海产的油脂有臭味，氢化也可解决这些问题。

$$-CH=CH-+H_2 \xrightarrow[\text{高温、高压}]{Ni} -CH_2-CH_2-$$

卤化：卤素中的溴、碘可与双键加成，生成饱和的卤化脂，这种作用称为卤化。通常把 100g 油脂所能吸收的碘的质量（g）称为碘值。碘值大，表示油脂中不饱和脂肪酸含量高，即不饱和程度高。由于碘和碳碳双键的加成反应较慢，所以在实际测定中，常用溴化碘或氯化碘代替碘，其中的溴或氯原子能使碘活化。碘值大于 130 的称为干性油，小于 100 的为非干性油，介于二者之间的称半干性油。

例题

已知 680mg 纯橄榄油吸收 578mg 碘，求：①橄榄油中每分子甘油三酯平均有多少个双键（橄榄油中甘油三酯的分子量为 884）？ ②该油的碘值是多少?

解析

① 要计算每分子甘油三酯平均有多少个双键就要计算每摩尔油吸收多少摩尔 I_2，每摩尔 I_2 加到一个双键上。

$$\frac{0.578\text{g}I_2}{0.680\text{g 油}} = \frac{I_2\text{ 的质量（g）}}{884\text{g 油}}$$

吸收的 I_2 的质量 =（884 × 0.578）÷ 0.680 = 751.4g

I_2 的分子量 = 2 × 126.9 = 253.8

751.4 ÷ 253.8 = 2.96

因此，平均每分子甘油三酯有三个双键。

② 把 100g 油脂所能吸收的碘的质量（g）称为碘值，

碘值 =（751.4 ÷ 884）× 100 = 85g

答案

①三个双键，②85g。

第二节 脂的消化吸收和运转

知识点4 脂的消化吸收

食物中的脂主要由甘油三酯（80% ~ 90%）、磷脂（6% ~ 10%）和胆固醇（2% ~ 3%）组成。胃液含脂肪酶极少且酸性强，故脂肪在胃内几乎不能被消化。婴儿胃酸较少，且乳汁中脂肪呈乳化状态，故脂肪在婴儿胃中被少量消化。小肠是脂肪消化的主要部位，胰液和胆汁经胰管和胆管分泌到十二指肠，胆汁中的胆酸盐是极强的乳化剂，它可使脂肪形成分散的细小脂肪微滴，增加胰脂酶与脂肪的接触面，并激活胰脂酶。胰脂酶能特异地水解甘油三酯的 1 和 3 位上的脂肪酸酯键，食入的甘油三酯约 70% 被胰脂酶水解为甘油一酯和 2 分子脂肪酸，其余约 20% 的甘油三酯被肠脂肪酶继续水解为脂肪酸及甘油，未被消化的少量脂肪则随胆汁酸盐由粪便排除。

例题

饭后血液中哪些物质浓度会明显升高（　　）?

A. 游离脂肪酸　　B. 中性脂肪

C. 胆固醇　　D. 葡萄糖

解析

进食后血液中的葡萄糖和中性脂肪会升高，游离脂肪酸减少，一次性饮食对血液中的胆固醇不会引起多大波动。

答案

BD

知识点5 脂的转运和脂蛋白

脂不溶于水，血浆中的脂并非以游离状态存在，无论是外源性或内源性脂，都要与蛋白质结合形成溶解度较大的脂蛋白复合物方能在血液循环中运转。人体的各种血浆脂蛋白，其脂（甘油三酯、胆固醇及其酯、磷脂）的含量和组成均不相同，脂蛋白的蛋白质部分（载脂蛋白）也各不相同，它们在体内的合成部位和生理功能也不相同。

血浆脂蛋白有多种类型，根据其密度由小到大依次分为以下几种。

① 乳糜微粒（CM）。由小肠上皮细胞合成，其核心是甘油三酯，占乳糜微粒重量的85%～95%，因此它是密度最小的脂蛋白。乳糜微粒的油脂主要来自食物。乳糜微粒的主要功能是从小肠转运甘油三酯、胆固醇及其他脂质到血浆或其他组织。乳糜微粒的甘油三酯被位于肌肉和脂肪组织中的毛细血管壁上的脂蛋白脂酶所水解，水解产物脂肪酸被这些组织用作燃料和合成脂肪的前体。乳糜微粒代谢快，一般食后6～8h，血液中就检测不到乳糜微粒，如清晨空腹采血检查仍有乳糜微粒，表示代谢有障碍。

② 极低密度脂蛋白（VLDL）。由肝细胞合成，主要成分是甘油三酯（约50%～65%）。当血液流经脂肪组织、肝和肌肉等组织的毛细血管时，乳糜微粒和VLDL被毛细血管壁脂蛋白脂肪酶水解，所以正常人空腹时不易检出乳糜微粒和VLDL。极低密度脂蛋白的主要生理功能是从肝脏运载内源性甘油三酯（如肝脏中由葡萄糖转化生成的脂类）和胆固醇至各靶组织。

③ 低密度脂蛋白（LDL）。低密度脂蛋白是在血浆中由极低密度脂蛋白转运而来。正常人空腹时血浆中的胆固醇主要存在于低密度脂蛋白内，其中有2/3为胆固醇。LDL的主要生理功能是转运胆固醇和磷脂到肝外组织。肝外组织的细胞膜上有低密度脂蛋白受体，LDL与该受体结合后进入细胞内被细胞内的溶酶体分解为自由胆固醇。如果肝外组织细胞膜上的低密度脂蛋白受体活力降低，则低密度脂蛋白只能游离在血液中，最终LDL附着在血管壁上，导致动脉粥样硬化。

④ 高密度脂蛋白（HDL）。高密度脂蛋白由肝脏及小肠合成。其组成中除蛋白质的含量（50%）最多外，磷脂和胆固醇的含量也很高。血浆中的自由胆固醇在高密度脂蛋白中转化为胆固醇酯转运至肝脏，从而阻止自由胆固醇在动脉管壁和其他组织中积累，所以凡是血浆中高密度脂蛋白含量高的人就不容易患动脉粥样硬化。

⑤ 极高密度脂蛋白（VHDL）。由清蛋白和游离脂肪酸构成，前者由肝脏合成，在油脂组织中组成VHDL。极高密度脂蛋白的主要生理功能是转运游离脂肪酸。

例题

血浆脂蛋白的功能是________，载脂蛋白在________中合成。LDL________，HDL________会导致动脉粥样硬化。

解析

血浆脂蛋白可以把脂（甘油三酯、磷脂、胆固醇）从一个器官运送到另一个器官。血浆脂蛋白都是球形颗粒，由一个疏水脂组成的核心和一个极性脂与载脂蛋白参与的外壳构成。载脂蛋白主要是在肝脏和肠中合成并分泌，富含疏水氨基酸残基，构成两亲的 α 螺旋区，一方面疏水区可以与脂质很好地结合，另一方面亲水区可以与溶剂水相互作用。载脂蛋白的主要作用是：①作为疏水脂质的增溶剂，②作为受体识别脂类。LDL 升高、HDL 降低会导致动脉粥样硬化，其原因在于：LDL 的主要生理功能是转运胆固醇到肝外组织，而 HDL 则是把血浆中的自由胆固醇转运至肝脏，血浆中过多的胆固醇易沉积于血管壁进而引起动脉粥样硬化。

答案

把脂（甘油三酯、磷脂、胆固醇）从一个器官运送到另一个器官，肝脏和肠。升高，降低。

第三节 脂的命名和分类

知识点 6 脂的化学结构及种类

脂类的数量庞大、结构多样，这给分类造成了一定的困难。有人根据脂类可否被碱水解产生皂，把脂类分为皂化脂和非皂化脂，也有人根据脂类在水中和水界面的行为把脂类分为非极性脂和极性脂。若根据化学组成不同可把脂类物质分为三类。

（1）单纯脂质（simple lipid）

单纯脂质是脂肪酸和醇类形成的酯，包括油脂和蜡。蜡是由长链脂肪酸和长链醇或固醇形成的酯，如羊毛脂。油脂是由1分子的甘油和3分子的脂肪酸形成的酯（图6-3），油脂中的3个脂肪酸如果相同，则为甘油三单脂，否则为甘油三杂脂。组成油脂的脂肪酸有饱和的，如硬脂酸（C_{18}）；也有不饱和的，如油酸、亚油酸、亚麻酸等（图6-4）。

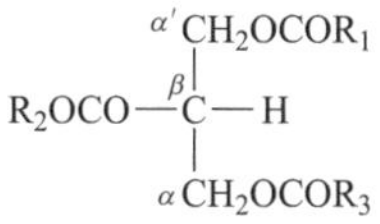

$$
\begin{array}{c}
\alpha'\ CH_2OCOR_1 \\
| \\
R_2OCO-\overset{\beta}{C}-H \\
| \\
\alpha\ CH_2OCOR_3
\end{array}
$$

图 6-3　油脂的结构通式（R_1，R_2，R_3 代表脂肪酸）

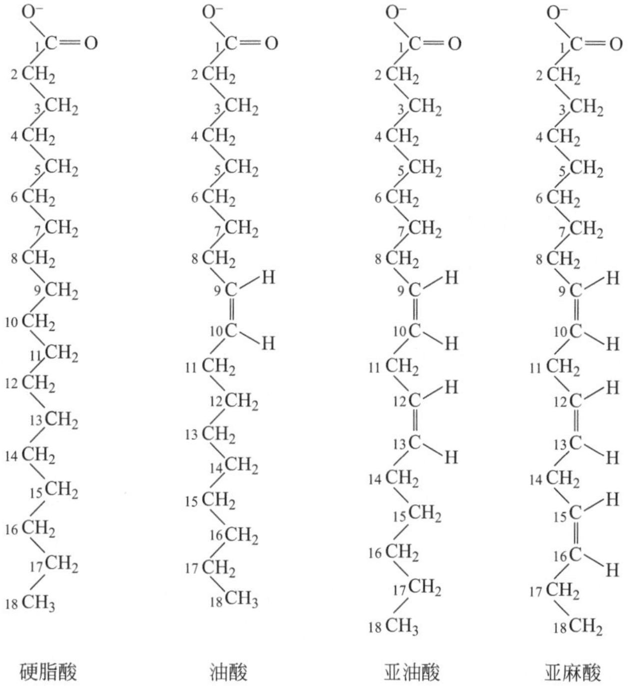

硬脂酸　油酸　亚油酸　亚麻酸

图 6-4　脂肪酸的结构

（2）复合脂质

复合脂质（compound lipid）的分子组成中除含有脂肪酸和醇外，尚有其他非脂分子的成分。按非脂成分又将复合脂类分为磷脂（非脂成分为磷酸和含氮碱基，如胆碱、乙醇胺等）和糖脂（非脂成分为糖，如单己糖）。

（3）衍生脂质

衍生脂质（derived lipid）是由单纯脂质和复合脂质衍生而来或与之关系密切，且具有脂质一般性质的物质。主要包括：①取代烃；②固醇类，如性激素；③萜，如 β-胡萝卜素；④其他脂质，如维生素 A、D、E、K 等。

例题

卵磷脂含有的成分为（　　）。

A. 脂肪酸、甘油、磷酸、乙醇胺　　B. 脂肪酸、磷酸、胆碱、甘油

C. 磷酸、脂肪酸、丝氨酸、甘油　　D. 脂肪酸、磷酸、胆碱

E. 脂肪酸、磷酸、甘油

解析

卵磷脂又称磷脂酰胆碱，由甘油、脂肪酸、磷酸和胆碱组成。

答案

B

知识点 7 脂酰甘油

脂酰甘油是由脂肪酸和甘油所形成的酯，根据结合的脂肪酸分子不同可分为甘油单酯、甘油二酯和甘油三酯，其中甘油三酯在生物体内含量最丰富，又称三脂酰甘油，是通常所说的油脂或中性脂，甘油三酯中不饱和脂肪酸较多时，室温下呈液态，被称为“油”，饱和脂肪酸较多时，室温下呈固态，被称为“脂肪”。

动植物体中一半以上的脂肪酸残基是不饱和的，而且通常是多不饱和。有些脂肪酸人类自身是没法合成的，必须从食物中获取，这类脂肪酸叫必需脂肪酸。必需脂肪酸一般为多烯脂肪酸，如亚麻酸、亚油酸、二十碳五烯酸（EPA）和二十二碳六烯酸（DHA）等。细菌的脂肪酸很少有多不饱和的，通常都具有支链或含有环丙烷。脂肪酸的命名需标识脂肪酸的碳原子数和双键的位置，可以从脂肪酸的羧基碳起计算碳原子的顺序（Δ 编码体系），也可从脂肪酸的甲基碳起计算其碳原子顺序（ω/ν 编码体系）（图 6-5）。

$$CH_3—(CH_2)_5—CH═CH—(CH_2)_7—COOH$$

ω/ν编码体系 → 十六碳-ω7-烯酸

Δ编码体系 ← 十六碳-Δ^9-烯酸

图 6-5　脂肪酸的命名

高等动植物的脂肪酸一般都是偶数碳原子，奇数碳原子的脂肪酸极少，碳链的长度范围一般为 C_{12} ~ C_{18}，最常见的是 C_{16} 和 C_{18} 酸，C_{12} 以下的饱和脂肪酸，主要存在于哺乳动物的乳汁内。

甘油三酯是动物体内的储能物质，在动物体内，脂肪细胞专门用来合成并储存甘油三酯，脂肪细胞的整个空间几乎被脂肪小球占据，在皮下层和腹腔中有丰富的脂肪组织，正常人的脂肪储量（男性约 21%，女性约 26%），可以在饥饿状态下维持其生命长达 2~3 个月。

例题

“20：0”表示该脂肪酸为______；而“20：3$\Delta^{9,11,12}$”表示该脂肪酸为______。（　　）

A. 简单脂肪酸；复合脂肪酸

B. 复合脂肪酸；简单脂肪酸

C. 饱和脂肪酸；不饱和脂肪酸

D. 单不饱和脂肪酸；多不饱和脂肪酸

解析

脂肪酸结构的写法为：先写出碳原子的数目，然后写出双键数目，之间用冒号隔开，最后用“Δ + 数字”表示双键位置，“：0”表示无双键，为饱和脂肪酸。

答案

C

知识点 8 磷脂

磷脂是分子中含有磷酸的复合脂，由于其所含的醇不同，又可分不同的类别，其中甘油磷脂是最重要的一种磷脂。

甘油磷脂以磷脂酸为基础，其中磷酸再与氨基醇（如胆碱、乙醇胺或丝氨酸）或肌醇结合，从而形成不同类型的甘油磷脂（表 6-1），其结构式如图 6-6 所示。

表 6-1　体内几种重要的甘油磷脂

X—OH	X 取代基	甘油磷脂
水	—H	磷脂酸
胆碱	$—CH_2CH_2\overset{+}{N}(CH_3)_3$	磷脂酰胆碱（卵磷脂）
乙醇胺	$—CH_2CH_2\overset{+}{N}H_3$	磷脂酰乙醇胺（脑磷脂）
丝氨酸	$—CH_2CH(NH_2)COOH$	磷脂酰丝氨酸
甘油	$—CH_2CHOHCH_2OH$	磷脂酰甘油

续表

X—OH	X 取代基	甘油磷脂
磷脂酰甘油	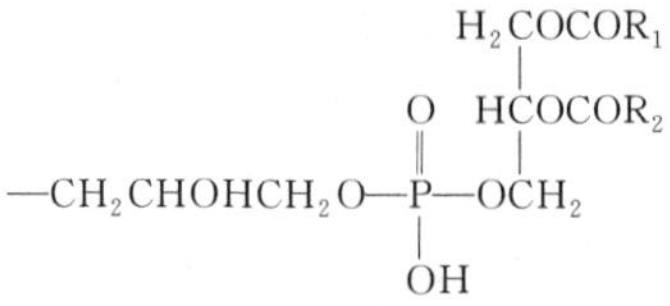 $-CH_2CHOHCH_2O-\overset{O}{\overset{\parallel}{P}}(OH)-OCH_2-HCOCOR_2-H_2COCOR_1$	二磷脂酰甘油（心磷脂）
肌醇	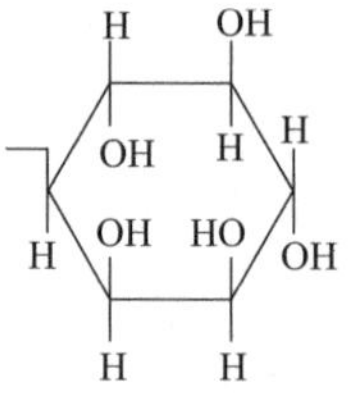 H OH OH H H H OH HO OH H H H	磷脂酰肌醇

$$R_2-CO-O-\underset{CH_2-O-PO_3H-X}{\overset{CH_2-O-CO-R_1}{C-H}}$$

X不同代表不同的磷脂

胆碱 $CH_2-\overset{+}{N}(CH_3)_3$ ，CH_2

磷酸 $O=P-O^-$

甘油 $CH_2-CH-CH_2$

$C=O$ $C=O$

亲水头部

疏水尾部

脂肪酸

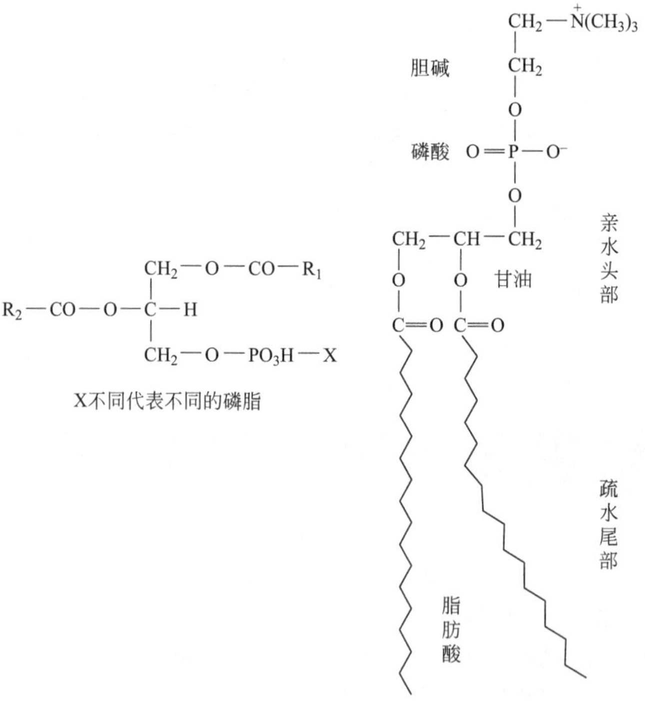

图 6-6　甘油磷脂的结构

甘油磷脂中最常见的是卵磷脂和脑磷脂。动物的心、脑、肾、肝、骨髓以及禽蛋的卵黄中，含量很高。大豆磷脂是卵磷脂、脑磷脂和心磷脂等的混合物。卵磷脂分子中与磷脂酸相连的是胆碱，所以称为磷脂酰胆碱，可控制肝脏脂肪代谢，防止脂肪肝的形成。脑磷脂（磷脂酰乙醇胺）最先是从脑和神经组织中提取出来，所以称为脑磷脂，与凝血有关。脑磷脂的结构与卵磷脂相似，只是X基不同。

卵磷脂和脑磷脂的性质相似，都不溶于水而溶于有机溶剂，但卵磷脂可溶于乙醇而脑磷脂不溶，故可用乙醇将二者分离。二者的新鲜制品都是无色的蜡状物，有吸水性，在空气中放置先变为黄色进而变成褐色，这是由分子中不饱和脂肪酸受氧化所致。卵磷脂和脑磷脂可从动物的新鲜大脑及大豆中提取。

磷脂中的常见脂肪酸有：软脂酸、硬脂酸、油酸以及少量不饱和程度高的脂肪酸。通常 α-位的脂肪酸是饱和脂肪酸，β-位是不饱和脂肪酸。天然磷脂常是含不同脂肪酸的几种磷脂的混合物。磷脂是兼性离子，有多个可解离基团。在弱碱下可水解生成脂肪酸盐，其余部分不水解。在强碱下则水解成脂肪酸、磷酸甘油和有机碱。

磷脂是构成生物膜的物质，如磷脂酰胆碱、磷脂酰乙醇胺、磷脂酰丝氨酸是细胞膜的主要成分。

例题

________含有胆碱，该物质的亲水部分为________，疏水部分________。

A. 脑磷脂　　B. 卵磷脂

C. 磷脂酸　　D. 胆固醇

E. 磷脂酰胆碱　　F. 脂肪酸碳氢链

G. 磷脂酰丝氨酸

解析

磷脂酰胆碱俗称卵磷脂，是生物膜的主要脂类成分，在 pH 为 7.0 时，易解离形成兼性离子形式，磷脂酰胆碱部分为极性亲水端，脂肪酸碳氢链为非极性疏水端。

答案

B，E，F。

鞘磷脂

鞘磷脂即鞘氨醇磷脂，在高等动物的脑髓鞘和红细胞膜中特别丰富，也存在于许多植物种子中。鞘磷脂由鞘氨醇、脂肪酸和磷脂酰胆碱（少数为磷脂酰乙醇胺）组成。高等动植物中的鞘氨醇主要有 D-鞘氨醇、二氢鞘氨醇和植物鞘氨醇。

构成神经鞘磷脂的鞘氨醇是神经鞘氨醇（简称神经醇）。鞘氨醇分子中 C1、C2 和 C3 携带 3 个功能基（—OH，$—NH_2$，—OH），相当于甘油分子的 3 个羟基。脂酰基与神经醇的氨基以酰胺键相连，所形成的脂酰鞘氨醇又称神经酰胺；神经醇的伯醇基与磷脂酰胆碱（或磷脂酰乙醇胺）以磷酸酯键相连。在神经鞘磷脂中发现的脂肪酸有软脂酸、硬脂酸、神经烯酸（24：$1\Delta^{15}$）等（图 6-7）。神经鞘磷脂不溶于丙酮、乙醚，而溶于热乙醇。

自然状态的鞘磷脂都有两条比较柔软的长烃链，因而有脂溶性，鞘磷脂的另一组分是磷

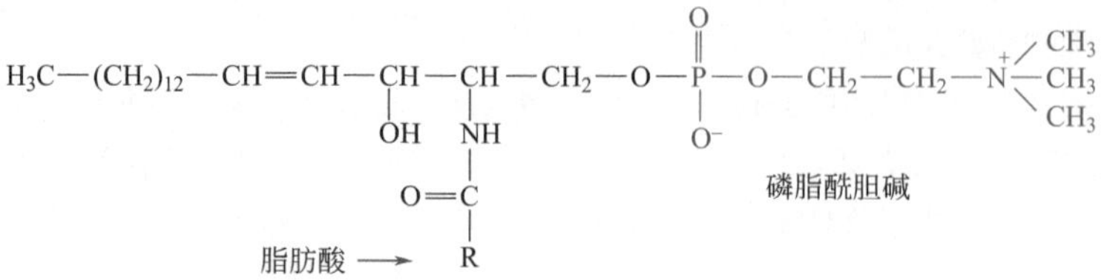

$$H_3C-(CH_2)_{12}-CH=CH-\underset{OH}{CH}-\underset{NH-\overset{O}{\overset{\|}{C}}-R}{CH}-CH_2-O-\overset{O}{\overset{\|}{\underset{O^-}{P}}}-O-CH_2-CH_2-\overset{+}{N}(CH_3)_3$$

磷脂酰胆碱

脂肪酸 → R

图 6-7 神经鞘磷脂的结构

酰化物，它是强亲水性的极性基团，使鞘磷脂可以在水中扩散成胶体，因此具有乳化性质。鞘磷脂能帮助不溶于水的脂类均匀扩散于水溶液体系中。

在细胞的膜中，甘油磷脂是最主要的脂类，除此之外，在动物和植物细胞膜中还存在鞘脂。鞘脂家族中的三个主要成员是鞘磷脂、脑苷脂和神经节苷脂。其中只有鞘磷脂含有磷酸，所以可以把它归类为磷脂。脑苷脂和神经节苷脂含有糖残基，可以归类于糖脂。鞘磷脂存在于大多数哺乳动物细胞的质膜内，是包围某些神经细胞髓鞘的主要成分。

例题

神经鞘磷脂和脑苷脂分子中共有的基团是（　　）。

A. 甘油基　　B. 脂酰基　　C. 磷酰基　　D. 鞘氨醇

解析

神经鞘磷脂和脑苷脂结构很相似，它们都有一个鞘氨醇，鞘氨醇的残基上有一个脂酰基，不同点在于鞘氨醇的另一个醇基上连的基团不同，前者连的是磷脂酰胆碱，后者连的是糖基。

答案

BD

知识点 10　胆固醇

胆固醇又称胆甾醇，是一种环戊烷多氢菲的衍生物（图 6-8），在动物的脑、肝、肾和蛋黄中含量很高。在生物体内还有羊毛固醇、胆甾烷醇（也称二氢胆固醇）、类固醇（它是二氢胆固醇的异构体）、7-脱氢胆固醇、β-谷固醇等化合物。β-谷固醇的结构几乎和胆固醇一样，主要存在于植物组织中。

胆固醇是两亲分子，但它的极性头（A3 上的羟基）弱小，而非极性部分（甾核和 C17 上的烷烃侧链）大而刚性。胆固醇是高等动物生物膜的重要成分，占质膜脂类的 20%以上，占

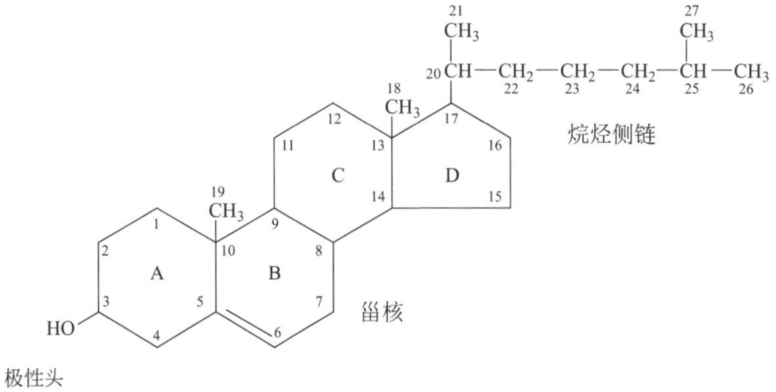

图 6-8 胆固醇的化学结构

细胞器膜的 5%。胆固醇的分子形状与其他膜脂不同，极性头是 3 位羟基，疏水尾是 4 个环和 3 个侧链。它对调节生物膜的流动性有一定意义。温度高时，它能阻止双分子层的无序化；温度低时又可干扰其有序化，阻止液晶的形成，保持其流动性。

胆固醇还是一些活性物质的前体，类固醇激素（如雄激素、雌激素、孕酮、糖皮质激素、盐皮质激素等）、维生素 D_3、胆汁酸等都是胆固醇的衍生物。

在体内，胆固醇从乙酰 CoA 经鲨烯、羊毛固醇、7-脱氢胆固醇合成。存在于皮肤中的 7-脱氢胆固醇在紫外线照射下可转化为维生素 D_3。

胆固醇除人体自身合成外，还可从膳食中获取。胆固醇既是生理必需的，但过多时又会引起某些疾病，例如胆结石症的结石几乎是胆固醇的晶体，又如冠心病患者血清总胆固醇含量很高，因此必须控制膳食中的胆固醇含量。

胆固醇易溶于有机溶剂，不能皂化。其 3 位羟基可与高级脂肪酸成酯。胆固醇酯是其储存和运输形式，血浆中的胆固醇有 2/3 被酯化。

胆固醇是血浆的重要组成成分，血浆中胆固醇保持适当的浓度是非常重要的，若血浆胆固醇含量过高时，会在血管壁上沉积，引起动脉硬化，引发冠心病。

植物很少含有胆固醇，但含有其他固醇即植物固醇，其中最丰富的是 β-谷固醇，占总植物固醇的 60%～90%，主要存在于小麦、大豆等谷物中。β-谷固醇的结构几乎和胆固醇一样，只是在 C17 的侧链是 C_{10} 而不是 C_8。植物固醇能抑制胆固醇的吸收，目的是降低血浆胆固醇。因此，开发降低血浆胆固醇的植物固醇类药物成为研究的热点。常见食物中的植物固醇参见表 6-2。

表 6-2 几种常见食物中植物固醇含量(mg/100g 食部)

来源	植物固醇含量	来源	植物固醇含量
玉米油	952	蚕豆	76
葵花籽油	725	玉米	70
红花油	444	小麦	69
大豆油	221	莴苣	38
橄榄油	176	香蕉	16
棕榈油	49	苹果	12
杏仁	143	西红柿	7

例题

胆固醇是动物细胞膜的重要组成成分，总体上讲，深海动物细胞膜上的胆固醇含量（　　）陆地动物的。

A. 大于　　　B. 小于　　　C. 等于

解析

胆固醇是高等动物生物膜的重要成分，它对调节生物膜的流动性有一定意义。温度高时，它能阻止双分子层的无序化，温度低时又可干扰其有序化，阻止液晶的形成，保持其流动性。总体上深海动物生存环境的温度远低于陆地动物，为了适应生存环境，深海动物的细胞膜保留了较多的胆固醇，以便阻止生物膜液晶的形成，保持其流动性。

答案

A

知识网络框图

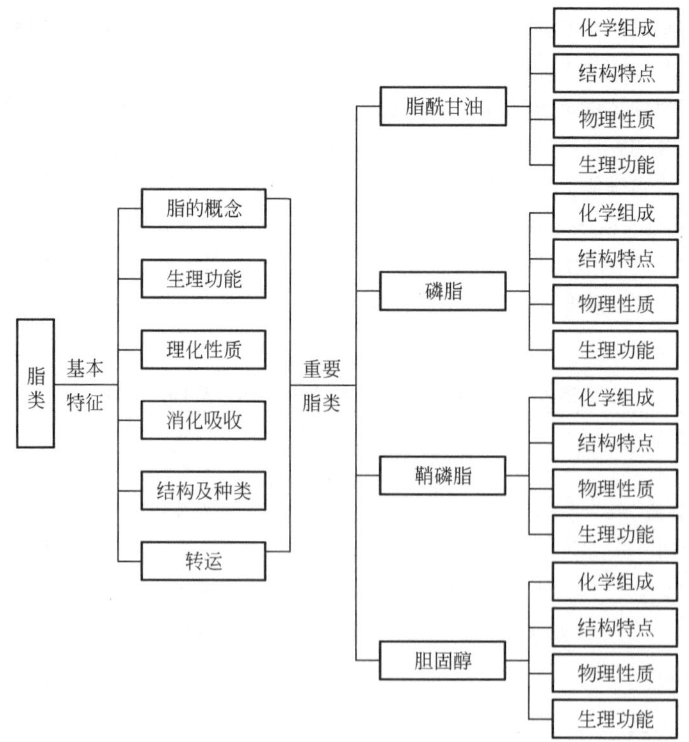

脂类物质种类繁多，与生物体的许多生理活动密切相关，因此引起了大批科学家的研究兴趣，且有多项突破性的研究成果产生并获得了诺贝尔奖。下面是部分在脂类研究中获得诺贝尔化学奖和生理学或医学奖的事例。

维生素K又叫凝血维生素，是一种脂类衍生物，天然维生素K有两种：K_1 和 K_2。K_1 为黄色油状物，熔点-20℃。K_2 为黄色晶体，熔点53.5～54℃，不溶于水，能溶于醚等有机溶剂。1929年化学家达姆研究小鸡的发育时，发现小鸡的皮肤下、肌肉或其他器官有出血症状，经抽血检查，证明此等情况的小鸡均有凝血时间延长的症状。经过几年的研究，达姆认为小鸡的这种出血症状，与饮食中除胆固醇以外的一种尚未被认识的物质有关。后来达姆把这种新的脂溶性物质命名为维生素K，并成功从绿色植物中提取了维生素K：一种黄色油状物。多伊西是一位生物化学家，于1940年分别从苜蓿和鱼粉中提取了维生素K，结果发现二者形态差异较大，前者为液体（维生素 K_1），后者为固体（维生素 K_2），二者的结构也不完全相同，但功能相似：促进血液正常凝固。人体若缺乏维生素K，凝血时间延长，严重者会流血不止，甚至死亡。鉴于在维生素K方面的杰出研究成果，二人于1943年荣获诺贝尔生理学或医学奖。

化学家温道斯于1901年开始胆固醇（胆甾醇）结构的研究和测定工作，并于1903年发表了第一篇题为《胆甾醇》的首创性论文，之后他又发现许多化合物具有与胆甾醇相类似的结构特点和性质，他把这类化合物归并成一族，后来定名为甾族化合物，成为甾族化合物的主要创始人。1927年，温道斯通过一系列巧妙的化学转化并与已知化合物比较，推导出麦角甾醇可能是食物中维生素D的前体，次年温道斯在受辐照的皮肤中分离出了维生素 D_3。温道斯因在甾醇类的结构及其与维生素的关系方面有杰出的研究成果，于1928年获诺贝尔化学奖。

第七章

代谢导论与生物氧化

第一节 / 代谢导论

知识点1 新陈代谢的概念

新陈代谢是生物体与外界环境进行物质交换与能量交换的全过程，是生命最基本的特征。狭义的新陈代谢是指细胞内所发生的有组织的酶促反应过程，也被称为中间代谢；广义的新陈代谢包括营养物质的消化吸收、中间代谢以及代谢产物的排泄等过程。新陈代谢的内容包括物质代谢和能量代谢。物质代谢主要关于糖、脂、蛋白质以及核酸等有机分子在细胞内酶促反应的途径及调控；能量代谢则是伴随着生物体的物质代谢所发生的一系列的能量转变。此外，按照物质的转化方向，代谢可分为分解代谢和合成代谢。新陈代谢的反应途径需要定位于细胞内明确的特定区域，即区室化。这表明不同代谢途径在细胞内的分布是不同的。例如，脂肪酸的分解代谢途径发生在线粒体内，合成反应则发生在细胞质中。还有 ATP 的合成代谢途径在线粒体内；ATP 的分解反应，即能量消耗发生在细胞质中。由此可见，即使是同一物质的分解代谢和合成代谢也是发生在细胞内不同区域。这主要是为了避免在同一区域两个方向相反的反应彼此部分或全部抵消。

例题

能量代谢在新陈代谢中占什么地位?

答案

新陈代谢有两个目的，一是为生命活动提供能量，由能量代谢完成；二是为生命形态提供结构组成，由物质代谢完成。因此，能量代谢是新陈代谢的主旋律。

知识点 2 新陈代谢的研究方法

新陈代谢实质上就是错综复杂但有规律的化学反应网络。研究新陈代谢的方法主要有以下几种。

（1）同位素示踪法

将部分代谢底物用同位素标记，通过追踪同位素标记在细胞中的去向，获得被标记的中间代谢物、产物及标记位置，以达到阐明代谢途径的目的。例如，在酒精发酵过程中，将葡萄糖的第 1 个碳用 ^{14}C 标记，最终 ^{14}C 出现在产物乙醇的甲基碳位置。同位素有稳定同位素和放射性同位素，用稳定同位素标记的代谢化合物可用质谱法定量测定；放射性同位素标记的化合物进入代谢过程的变化，可根据其放出的射线性质进行测定，如 β 射线可用液体闪烁计数器测定，γ 射线采用 γ 计数器测定。同位素示踪法特异性强、灵敏度高，是研究代谢过程最有效的方法。

（2）代谢途径阻断法

利用酶的专一性抑制剂来阻断代谢过程的某一环节，旨在分析抑制作用发生后代谢物的变化。例如，碘乙酸是巯基酶的抑制剂，可抑制酵母菌的酒精发酵过程，造成甘油醛-3-磷酸和磷酸二羟丙酮累积。由此证明了糖酵解途径中六碳糖（果糖-1,6-二磷酸）裂解生成 2 分子三碳糖，为糖酵解途径的确认提供了重要依据。

（3）突变体研究法

微生物营养缺陷型是由于基因突变造成某种酶的缺失，导致相应产物的缺失，这种突变株丧失了某种营养物质合成能力。以这样的突变菌株为研究对象，有助于鉴别代谢途径的酶及中间代谢产物。例如，将大肠杆菌基因突变后，因 β-半乳糖苷酶的缺失，突变菌株不能在含乳糖的培养基中生长，即不能分解乳糖为半乳酸和葡萄糖，造成乳糖堆积。通过对这种大肠杆菌突变菌株的研究，最终阐明了乳糖的代谢过程。

例题

同位素示踪法在新陈代谢研究中有何优越性?

答案

优越性表现在，不会改变被标记化合物或被研究化合物的化学性质；检测方便和灵敏度高；能在体内研究，进行动态观察。

第二节 生物氧化

知识点3 生物氧化的含义与特点

有机分子糖、脂、蛋白质等在活细胞内氧化分解，产生 CO_2、H_2O 并释放出能量形成ATP 的过程称为生物氧化。生物氧化不是某一物质单独的代谢途径，而是指营养物质分解氧化的共同代谢过程。实际上，生物氧化并不是一定要在有氧的条件下才能够进行，无氧条件下也可以进行。因此，生物氧化包括有氧氧化和无氧氧化，两者的区别在于氧化过程中电子受体的不同。有氧氧化中氧分子作为电子受体，例如，葡萄糖有氧氧化产生 CO_2 和 H_2O 的过程中失去 12 对电子，这些电子的最终受体是 6 个氧分子，产生 6 分子 CO_2 和 6 分子 H_2O。无氧氧化中代谢中间产物可作为电子受体。例如，葡萄糖无氧氧化发酵产生乳酸过程中，失去的电子以代谢中间产物丙酮酸为电子受体，产生 2 分子乳酸。

生物氧化的本质就是发生在生物体内的氧化还原反应，这与自然界物质发生的氧化还原反应具有共同特征。而且有机物在生物体内有氧氧化和在体外非生物氧化释放的能量也是相同的。例如，1mol 葡萄糖在生物体内氧化和在体外燃烧都是产生 CO_2 和 H_2O，释放的总能量都是 2867.5kJ。由于生物氧化发生在活细胞内，其具有的自身的特点：①生物氧化在细胞内进行，由一系列酶在温和条件下催化完成，能量是逐步释放的。②生物氧化产生的能量储存在一些特殊的化合物中，主要是 ATP。③生物氧化过程受到生物体精准地调节控制，即生物氧化速率能正好满足生物体对 ATP 的需要。

例题

列举代谢物在细胞内的生物氧化与在体外燃烧的三个区别：(　　)、(　　) 和 (　　)。

解析

生物氧化是发生在活细胞内，由一系列酶催化完成的氧化还原反应。

答案

在细胞内进行、反应条件温和和酶催化。

知识点 4 生物氧化过程中的能量

（1）氧化还原电位

生物氧化反应可根据两个半反应来描述，即氧化半反应和还原半反应，也称氧化还原对，可写作 A^+/A。氧化还原对得到电子或失去电子的趋势，称其氧化还原电位。每个半反应都有它特有的标准氧化还原电位，用 $E^{0\prime}$ 表示。

当两个电化学半电池（每个含有两个半反应组分）被连接，电子趋于流向具有较高还原势的半电池，即氧化还原电位只有在与另一半电池比较时，才能表现出来。在标准条件下，选择参考的半反应是氢气的氧化，它的还原电位人为地设定为 0.0V。在氧化-还原两个半反应之间，用伏特计能够测量出参考半反应电池和样品半反应电池之间的还原电位，因为参考半反应的还原电位是 0.0V，测得的还原电位就是样品半反应的还原电位。表 7-1 给出了一些重要的生物半反应的标准氧化还原电位。标准氧化还原电位 $E^{0\prime}$ 越小，其还原力越大，给出电子的趋势越强。例如，$NAD^+/NADH$ 和丙酮酸/乳酸的标准还原电位分别为 −0.32 和 −0.19，可见 $NAD^+/NADH$ 比丙酮酸/乳酸的标准还原电位更小，那么 $NAD^+/NADH$ 给出电子的趋势更强。

表 7-1　一些重要的生物反应的标准氧化还原电位

还原半反应（得电子）	标准氧化还原电位 $E^{0\prime}$/V
乙酰 CoA＋CO_2＋$2H^+$＋$2e^-$ ⟶ 丙酮酸＋CoA	−0.48
α-酮戊二酸＋CO_2＋$2H^+$＋$2e^-$ ⟶ 异柠檬酸	−0.38
NAD^+＋$2H^+$＋$2e^-$ ⟶ NADH＋H^+	−0.32
FAD＋$2H^+$＋$2e^-$ ⟶ $FADH_2$	−0.22
丙酮酸＋$2H^+$＋$2e^-$ ⟶ 乳酸	−0.19
草酰乙酸＋$2H^+$＋$2e^-$ ⟶ 苹果酸	−0.17
延胡索酸＋$2H^+$＋$2e^-$ ⟶ 琥珀酸	−0.03
辅酶 Q(Q)＋$2H^+$＋$2e^-$ ⟶ QH_2	＋0.04
细胞色素 b(Fe^{3+})＋e^- ⟶ 细胞色素 b(Fe^{2+})	＋0.08
细胞色素 c(Fe^{3+})＋e^- ⟶ 细胞色素 c(Fe^{2+})	＋0.23
细胞色素 a(Fe^{3+})＋e^- ⟶ 细胞色素 a(Fe^{2+})	＋0.29
$1/2O_2$＋$2H^+$＋$2e^-$ ⟶ H_2O	＋0.82

（2）自由能变化

生物体用于做功的能量正是体内化学反应释放的自由能，生物氧化释放的能量也正是为有机体利用的自由能。自由能的变化（用 $\Delta G^{0\prime}$ 表示）能预示某一过程能否自发进行，即：$\Delta G^{0\prime} < 0$，反应能自发进行；$\Delta G^{0\prime} > 0$，反应不能自发进行；$\Delta G^{0\prime} = 0$，反应处于平衡状态。一个氧化还原反应中必然产生的两个相关问题就是自由能变化和电位变化。当电子从一个低电位的氧化还原对流向高电位的氧化还原对，产生了电位差，两个氧化还原对的标准氧化还原电位差越大，电子的自由能降低越多。在数值上，自由能变化与电位差变化之间存在这样的数量关系：$\Delta G^{0\prime}=-nF\Delta E^{0\prime}$，其中 n 是转移电子的物质的量（mol），F 是法拉第常数，96.480kJ/（V·mol）。如果已知反应体系的标准氧化还原电位，不仅可以判断电子的流向，也可计算出自由能的变化。电子从 $NAD^+/NADH$（$E^{0\prime}=-0.32V$）转移到 $1/2O_2/H_2O$（$E^{0\prime}=+0.82V$）时，其标准自由能变化为：$\Delta G^{0\prime}=-nF\Delta E^{0\prime}=-2\times 96.480\times[0.82-(-0.32)]=-220kJ/mol$。

例题

任何氧化还原电对的标准还原电位都是由半电池反应确定的。$NAD^+/NADH$ 和丙酮酸/乳酸的标准还原电位分别为 −0.32V 和 −0.19V。求标准自由能变化。

解析

电子从 $NAD^+/NADH$（$E^{0\prime}=-0.32V$）转移到丙酮酸/乳酸（$E^{0\prime}=-0.19V$）时，其标准自由能变化为：$\Delta G^{0\prime}=-nF\Delta E^{0\prime}=-2\times 96.480\times[-0.19-(-0.32)]=-25kJ/mol$。

答案

−25kJ/mol。

知识点 5 高能化合物与 ATP

生物体内的水解反应或基团转移反应可释放出大量自由能，其中释放自由能大于 25kJ/mol 的化合物称为高能化合物。高能化合物根据其键型的特点，可以分为：①氧磷键型，如酰基磷酸化合物、焦磷酸化合物、烯醇式磷酸化合物，见图 7-1。②氮磷键型，如胍基磷酸化合物，见图 7-2。③硫酯键型，如硫酯键化合物，见图 7-3。④甲硫键型，如甲硫键化合物，见图 7-4。这些高能化合物中，含有磷酸基团的化合物占绝大多数，这些含自由能高的磷酸化合物称为高能磷酸化合物，常用 ~P 表示。

生物体内，能量的释放、储存以及利用都以 ATP 为中心。ATP 含有一个磷酯键和两个磷酸基团形成的磷酸酐键，磷酯键水解释放出 14kJ/mol 自由能，磷酸酐键水解至少释放出 30kJ/mol 自由能，属于高能键，用 ~ 表示。图 7-5 表示 ATP 在能量转运中的地位和作用。可以这样表述，ATP 是细胞内的“能量通货”，或者表述为，ATP 是细胞内磷酸基团转移的中间载体。

酰基磷酸化合物　　烯醇式磷酸化合物　　焦磷酸化合物

图 7-1　高能化合物——氧磷键型

图 7-2　高能化合物——氮磷键型

$R-\overset{O}{\overset{\|}{C}}\sim SCoA$

图 7-3　高能化合物——硫酯键型

图 7-4　高能化合物——甲硫键型

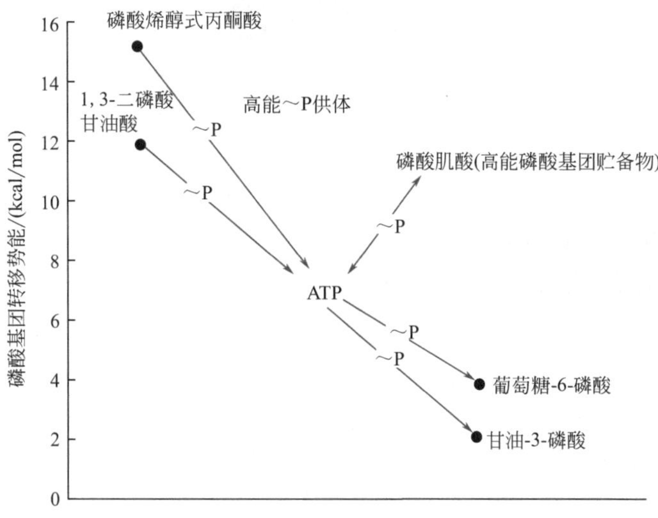

图 7-5　ATP 在能量转运中的地位

例题

ATP 在生物体内有哪些生理作用?

答案

①在细胞内的磷酸化合物中，ATP 所释放的自由能值处在中间位置，就是说，ATP 在细胞的酶促磷酸基团转移中是一个“共同中间体”。ADP 可以接受其他化合物的磷酸基团，形成 ATP。同时，ATP 的磷酸基团可转移给其他的受体。②ATP 还是生物体其他能量形式的来源。如糖原合成需 UTP 供能，磷脂合成需 CTP 供能，蛋白质合成需 GTP 供能，这些三磷酸核苷分子中的高能磷酸键不是来自生物氧化过程，而是来源于 ATP，ATP 将其高能磷酸基团转移给相应的二磷酸核苷，生成三磷酸核苷。③ATP 可生成 cAMP 参与激素作用，这是因为 ATP 在腺苷酸环化酶作用下，生成 cAMP，cAMP 是许多激素在细胞内的第二信使。

第三节 / 呼吸链

知识点 6 呼吸链的组成

呼吸链是指代谢物脱下的氢或电子经过一系列酶和辅酶组成的传递体，最后传给分子氧从而生成水。这种由递氢体和递电子体按一定顺序排列构成的传递体系，称为呼吸链或者电子传递链。原核细胞呼吸链存在于质膜上，真核细胞呼吸链存在于线粒体的内膜上。以真核生物为例，呼吸链的组成包括四种蛋白复合体（Ⅰ、Ⅱ、Ⅲ和Ⅳ）、单体蛋白（细胞色素 c）和有机分子（辅酶 Q）。

① NADH-Q 还原酶，即蛋白复合体Ⅰ，是一种与铁硫蛋白结合的黄素蛋白。活性部分含

有辅基 FMN 和铁硫蛋白，辅基 FMN 既传递电子也传递质子，铁硫蛋白只负责传递电子。蛋白复合体 I 每传递一对电子，将伴随 4 个质子从线粒体基质被转移至线粒体膜间隙，见图 7-6。

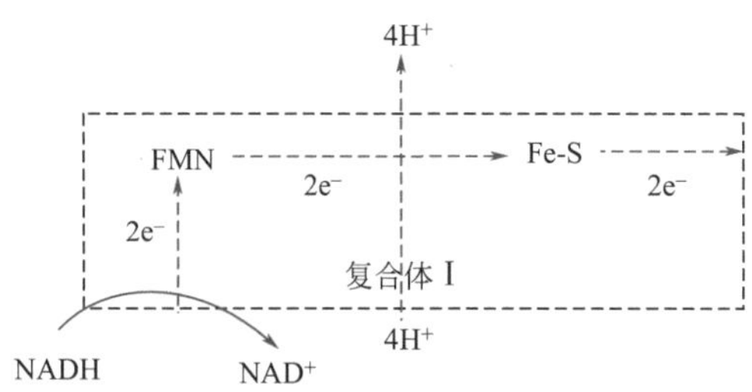

图 7-6 复合体 I 中电子传递和质子转移

② 辅酶 Q，又称泛醌，氧化型辅酶 Q 接受氢原子转变为还原型辅酶 Q。它是各种还原型黄素蛋白的氢原子进入呼吸链的汇集中心，处于呼吸链的中心地位。辅酶 Q 是脂溶性化合物，而且辅酶 Q 是呼吸链中一个和蛋白质结合不紧的辅酶，由此导致，辅酶 Q 可以作为一个特别灵活的载体，在不能移动的蛋白复合体之间穿梭来传递电子。

③ 琥珀酸-辅酶 Q，即蛋白复合体 II，也是一种与铁硫蛋白结合成的黄素蛋白。活性部分含有辅基 FAD 和铁硫蛋白。同样，辅基 FAD 既传递电子也传递质子，铁硫蛋白只负责传递电子。研究表明，通过蛋白复合体 II 的电子传递过程不伴随着质子的传递。其生物学意义在于，保证 $FADH_2$ 上具有较高转移势能的电子进入电子传递链，见图 7-7。

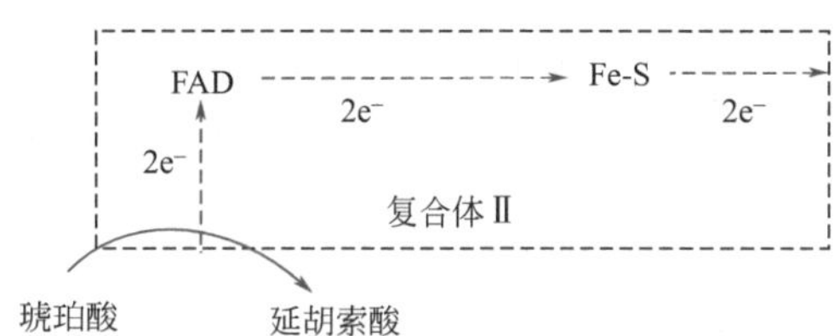

图 7-7 复合体 II 中电子传递

④ 辅酶 Q-细胞色素 c 氧化还原酶，即蛋白复合体 III。细胞色素是一类含有血红素辅基的电子传递蛋白，细胞内参与生物氧化的细胞色素有 a、b 和 c。蛋白复合体 III 含有细胞色素 b 和 c。在呼吸链中，还原型辅酶 Q 将电子传递给复合体 III，复合体 III 中的细胞色素 b 接受电子，其血红素辅基中的三价铁转变为二价铁，电子再经过复合体 III 中铁硫蛋白传递给细胞色素 c，见图 7-8。由此可见，复合体 III 的辅助因子包括细胞色素和铁硫蛋白。研究表明，复合体 III 每传递一对电子，将伴随着 4 个质子从线粒体基质被转移至线粒体膜间隙。

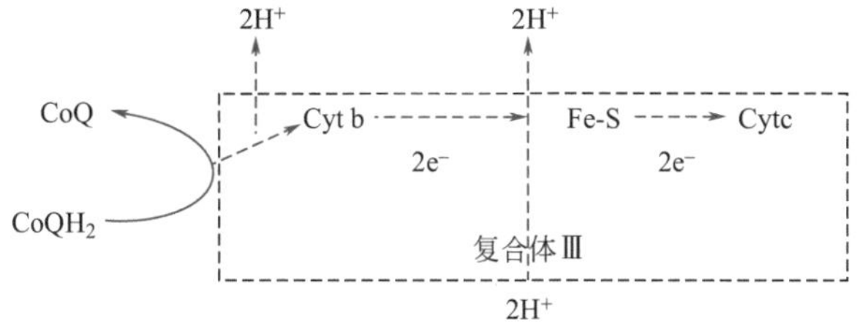

图 7-8 复合体 III 中电子传递和质子转移

⑤ 细胞色素 c，是分子量比较小的一种蛋白质，位于线粒体内膜外侧的表面，可沿着膜运动，在相对不能移动的各蛋白复合体之间穿梭传递电子。细胞色素 c 可与复合体 Ⅲ 结合，接受电子，再传递给呼吸链的下一个成员——复合体Ⅳ。

⑥ 细胞色素氧化酶，即蛋白复合体Ⅳ，含有细胞色素 a，是一个跨膜蛋白。复合体Ⅳ的辅助因子包括细胞色素和铜原子。研究表明，复合体Ⅳ每传递一对电子，将伴随着 2 个质子从线粒体基质被转移至线粒体膜间隙，见图 7-9。

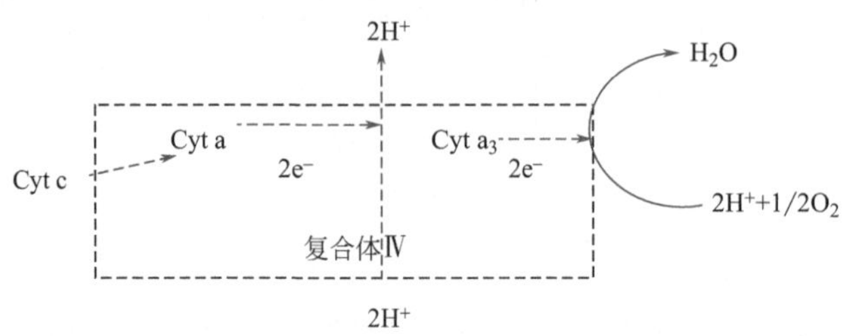

图 7-9　复合体Ⅳ中电子传递和质子转移

真核生物呼吸链组成的总概括见图 7-10。

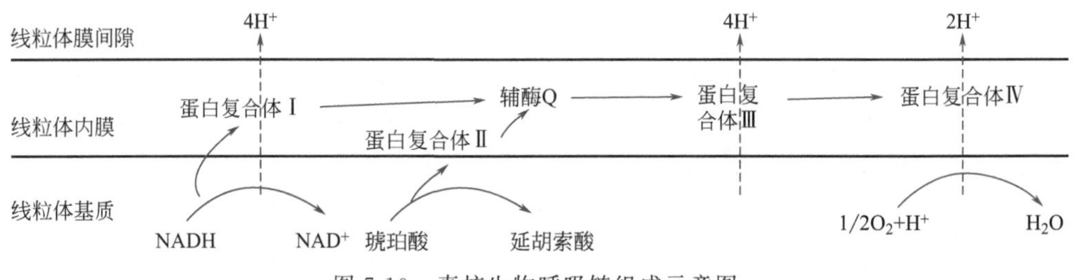

图 7-10　真核生物呼吸链组成示意图

利用呼吸链的抑制剂可以确定上述传递体的顺序，见图 7-11。例如，鱼藤酮和安密妥可切断复合体 Ⅰ 和辅酶 Q 之间的电子流。鱼藤酮是植物来源的杀虫剂，有极强的毒性。抗霉素 A 可切断复合体 Ⅲ 中 Cyt b 和 Cyt c_1 之间的电子流。氰化物和 CO 是阻断复合体Ⅳ至 O_2 的电子传递抑制剂。

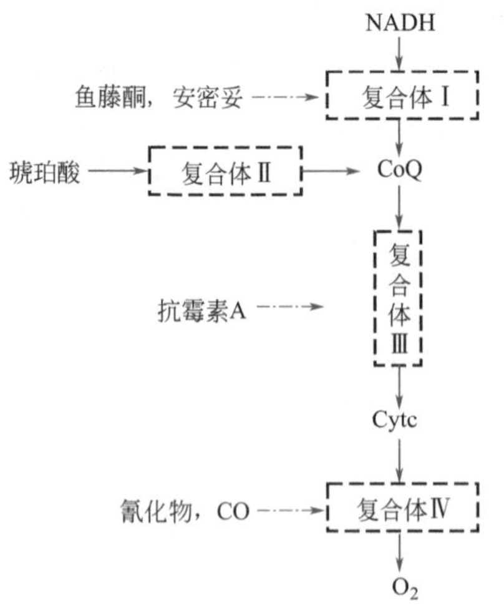

图 7-11　抑制剂作用于呼吸链不同部位

例题

辅酶 Q 作为呼吸链中间体的作用是什么?

答案

辅酶 Q 又称泛醌，是脂溶性化合物。它不仅可以接受 NADH 脱氢酶的氢，还能够接受线粒体其他脱氢酶的氢。所以，它是各种还原型黄素蛋白的氢原子进入呼吸链的汇集中心，处于呼吸链的中心地位。辅酶 Q 是呼吸链中一个和蛋白质结合不紧的辅酶，辅酶 Q 可以作为一个特别灵活的载体，在黄素类蛋白和细胞色素类之间穿梭来传递电子。因此，辅酶 Q 在呼吸链中既可充当递氢体，又可充当递电子体。

知识点 7 两条主要的呼吸链

典型的呼吸链有两种类型：NADH 呼吸链和 $FADH_2$ 呼吸链，见图 7-12。

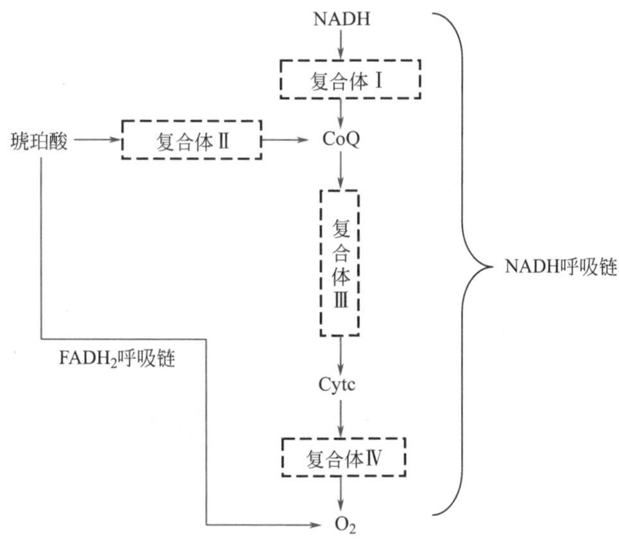

图 7-12　两条呼吸链

① **NADH 呼吸链**。脱氢酶（以 NAD^+ 或 $NADP^+$ 为辅酶）催化过程中将代谢物的氢交给其辅酶，辅酶 NAD^+ 或 $NADP^+$ 转变形成 NADH 或 NADPH。电子从 NADH 传递到 O_2 通过 NADH 呼吸链，这条电子传递链由蛋白复合体Ⅰ、复合体Ⅲ和复合体Ⅳ，以及 2 个电子载体（辅酶 Q 和细胞色素 c）组成。电子从 NADH 传递到 O_2 是呼吸链的一条主要途径。

② **$FADH_2$ 呼吸链**。与 NADH 呼吸链相比，底物脱下的氢不经 NAD^+ 而直接交给脱氢酶

的辅基 FAD，辅基 FAD 接受氢转变为还原型 $FADH_2$。这条电子传递链少了 NADH 呼吸链中的前面的一个组分，即没有蛋白复合体Ⅰ，取而代之的是蛋白复合体Ⅱ。$FADH_2$ 呼吸链是从琥珀酸传递到 O_2。琥珀酸是三羧酸循环中产生的中间代谢产物，琥珀酸-辅酶 Q，即蛋白复合体Ⅱ，将两个电子传递给辅酶 Q，再通过复合体Ⅲ、细胞色素 c 以及复合体Ⅳ将电子传递给 O_2。

两条呼吸链的起始不同，但蛋白复合体Ⅰ和蛋白复合体Ⅱ都将电子传递给辅酶 Q，至此两条链汇合到一起。

例题

哪些方法可用来确定呼吸链中电子传递顺序?

答案

呼吸链中各递氢体和递电子体的排列顺序，是根据各氧化还原对的标准氧化还原电位从低到高排列的，例如，呼吸链中 $NAD^+/NADH$ 的标准氧化还原电位 $E^{0\prime}$ 最小，而 $1/2O_2/H_2O$ 的标准氧化还原电位 $E^{0\prime}$ 最大。因此，电子传递的方向是 NADH 到 O_2。此外，可利用呼吸链的特殊阻断剂，阻断呼吸链中某些特定的电子传递环节。还可以将电子传递组分分离出来进行体外重组实验。这些方法都可用来确定呼吸链中电子传递顺序。

第四节 氧化磷酸化

知识点 8 氧化磷酸化的偶联机理

氧化磷酸化是指代谢物在生物氧化过程中释放出的自由能用于合成 ATP（即 ADP +

Pi→ATP），氧化放能和 ATP 生成（磷酸化）相偶联的过程。广义的氧化磷酸化包括底物水平磷酸化和电子传递体系磷酸化。底物水平磷酸化是底物在代谢过程中通过脱氢、脱羧和烯醇化等反应被氧化，形成了某些高能磷酸化合物，这些高能磷酸化合物水解释放的能量用于 ADP 与无机磷酸反应，生成 ATP。这种底物磷酸化生成 ATP 的方式，不需要经过呼吸链的传递过程，即底物水平磷酸化生成 ATP 的速度比较快，但是生成量不多。电子传递体系磷酸化是指代谢过程中底物脱下的氢经过呼吸链的依次传递，最终与分子氧结合生成水，这个过程释放的能量用于 ADP 与无机磷酸反应，生成 ATP。电子传递体系磷酸化是 ATP 的生成与电子传递相偶联的磷酸化作用，是生物体生成 ATP 的主要方式（体内 95% 的 ATP 通过电子传递体系磷酸化产生）。狭义的氧化磷酸化指的就是电子传递体系磷酸化。

呼吸过程中无机磷酸（Pi）消耗量和分子氧（O_2）消耗量的比值称为磷氧比。P/O 的数值相当于一对电子经呼吸链传递至分子氧所产生的 ATP 分子数。测定离体线粒体进行物质氧化时的 P/O 数值，是研究氧化磷酸化的常用方法。根据呼吸链的 P/O 的数值，能确定一对电子经 NADH 呼吸链形成 2.5mol ATP，经 $FADH_2$ 呼吸链能形成 1.5mol ATP。

化学渗透学说是为人们所公认的氧化磷酸化偶联机制，解决了氧化磷酸化的基本问题。其要点是：在呼吸链的传递过程中，质子在线粒体内膜内外两侧浓度不同，内膜外侧的 H^+ 浓度高于内侧浓度，形成浓度的跨膜梯度，从而使线粒体内膜两侧形成化学梯度——化学电位差。这种电位差，在酶作用下能促使 ADP 和 Pi 生成 ATP，化学电位差是合成 ATP 的基本动力，见图 7-13。

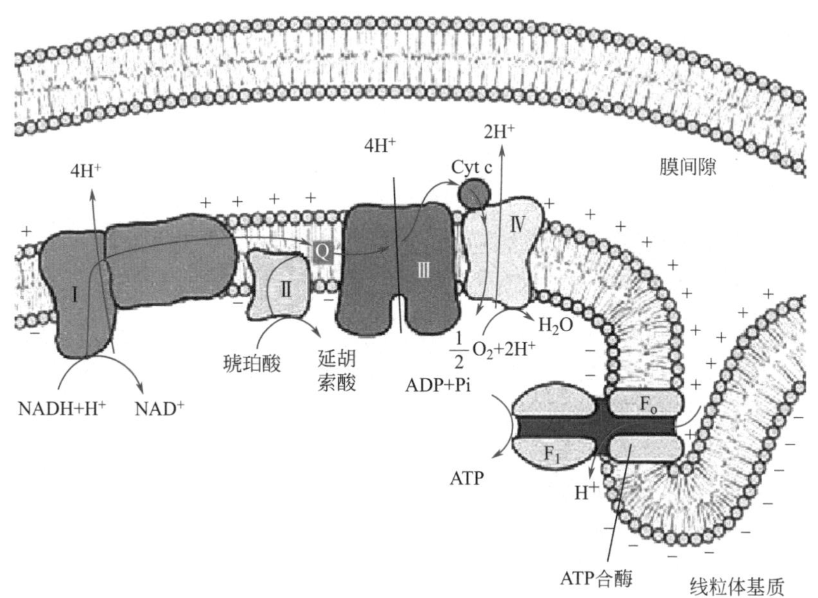

图 7-13　化学渗透学说示意图

根据抑制氧化磷酸化过程的方式不同，氧化磷酸化的抑制剂可分为三大类，一类称为解偶联剂，另一类称氧化磷酸化抑制剂，第三类为离子载体抑制剂。

① **解偶联剂**能够使电子传递和 ATP 形成两个过程分离。解偶联剂，如 2，4-二硝基苯

酚，能够消除线粒体内膜内外两侧化学电位差。解偶联剂抑制 ATP 的形成过程，但是不抑制电子传递过程，电子传递所产生的自由能变为热能。

② 氧化磷酸化抑制剂，如寡霉素，通过抑制 ATP 合酶直接干扰 ATP 的生成过程。ATP 合酶位于线粒体内膜的基质侧，分为头部 F_1 和基部 F_o，F_o 嵌入内膜中。当质子流通过 F_o 通道，引起催化亚基 F_1 构象改变，催化 ADP 和 Pi 形成 ATP。

③ 离子载体抑制剂，如缬氨霉素，通过转移一价阳离子降低线粒体内膜内外两侧化学电位差，抑制 ATP 的合成。

例题

近年来关于氧化磷酸化的机制是通过下列哪个学说被阐明的（　　）？

A. 巴士德效应　　B. 化学渗透学说

C. Warburg's 学说　　D. 协同效应

解析

化学渗透学说是 1961 由 Mitchell 首先提出，从能量转化方面解决了氧化磷酸化的基本问题。化学渗透学说得到了广泛的实验支持。1978 年，Mitchell 荣获诺贝尔化学奖。

答案

B

知识点 9　线粒体外 NADH 的氧化磷酸化作用

真核生物细胞质发生的代谢途径，如糖酵解，代谢物脱氢后产生的 NADH，需要进入呼吸链，再偶联氧化磷酸化产生 ATP。而真核生物的呼吸链位于线粒体的内膜上。现在的问题是，细胞质中的 NADH 如何进入线粒体内膜中的呼吸链而重新被氧化生成 NAD^+？ 研究表明，NADH 本身不能通过线粒体内膜，而 NADH 上的电子通过穿梭载体进入呼吸链。能完成这种穿梭任务的是磷酸甘油穿梭系统和苹果酸穿梭系统。

（1）磷酸甘油穿梭系统

细胞质中，α-磷酸甘油脱氢酶（辅酶是 NAD^+）催化磷酸二羟丙酮加氢还原为 α-磷酸甘油（也称甘油-3-磷酸），α-磷酸甘油能够自由进入线粒体。线粒体中，另一种 α-磷酸甘油脱氢酶（辅酶是 FAD）催化 α-磷酸甘油脱氢，形成 $FADH_2$。这样细胞质中的 NADH 便间接地形成了线粒体中的 $FADH_2$，进入 $FADH_2$ 呼吸链进行有氧氧化，$FADH_2$ 呼吸链形成 1.5 个 ATP。这种穿梭系统存在于脑和骨骼肌。穿梭系统示意图见图 7-14。

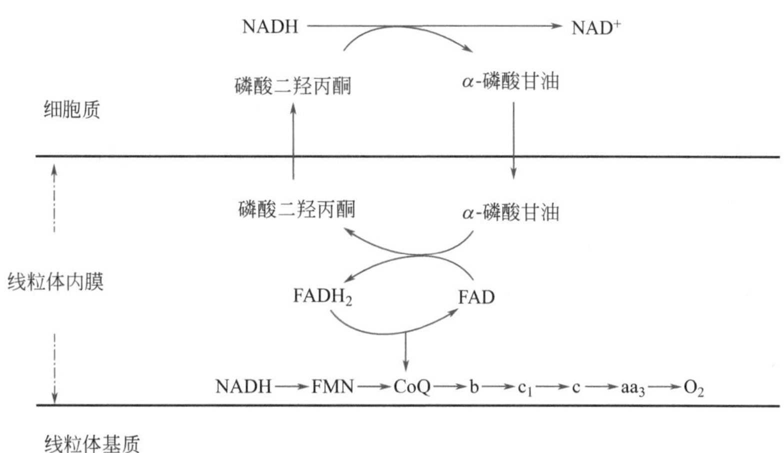

图 7-14 磷酸甘油穿梭系统

（2）苹果酸穿梭系统

细胞质中，苹果酸脱氢酶（辅酶是 NAD^+）催化草酰乙酸加氢还原为苹果酸，苹果酸能够自由进入线粒体。线粒体中，苹果酸脱氢酶（辅酶同样是 NAD^+）催化苹果酸脱氢，形成 NADH，进入 NADH 呼吸链进行有氧氧化，一对电子经 NADH 呼吸链形成 2.5 个 ATP。这种穿梭系统存在于肝脏和心肌。穿梭系统示意图见图 7-15。

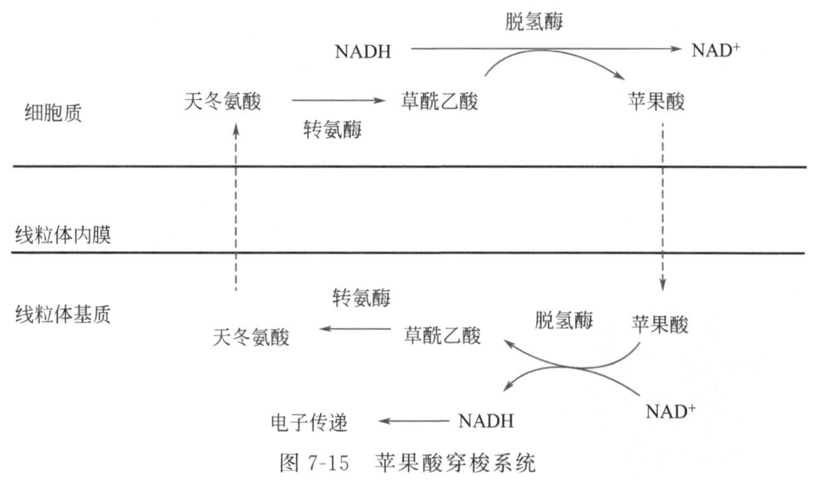

图 7-15 苹果酸穿梭系统

例题

线粒体外 NADH 经苹果酸穿梭系统进入线粒体，P/O 值是（　　）。

A. 0　　B. 1.5　　C. 2.5　　D. 3

解析

磷酸甘油穿梭系统将 2H 带入线粒体的 $FADH_2$ 呼吸链，氧化磷酸化能得到的 P/O 的值是 1.5。而苹果酸穿梭系统将 2H 带入线粒体的 NADH 呼吸链，氧化磷酸化能得到的 P/O 的值是 2.5。

答案

C

知识网络框图

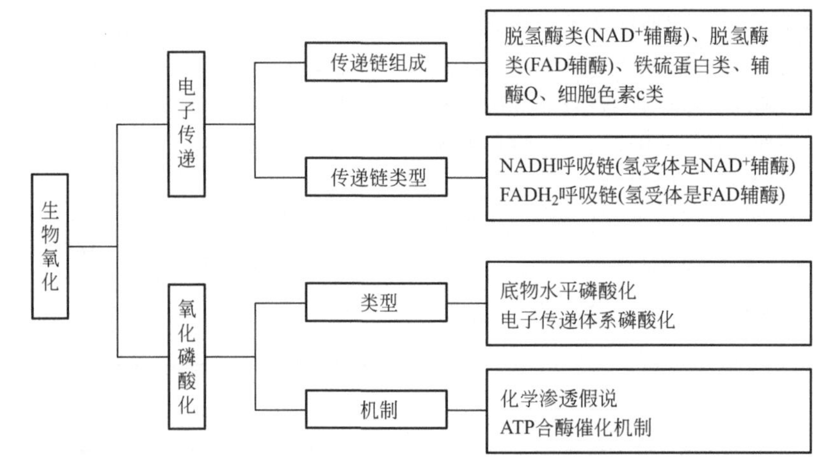

在电子传递链的研究领域中，呼吸酶和细胞色素 c 的发现和功能的揭示，推动了细胞电子传递的研究进展。科学家瓦尔堡在研究细胞呼吸时，发现一种含铁的蛋白质，即铁氧酶（是一种呼吸酶），因在呼吸酶方面的杰出贡献，于 1931 年获诺贝尔生理学或医学奖。科学家西奥雷尔针对细胞呼吸中如何利用氧气的问题，通过获得纯度几近 100% 的细胞色素 c，开展细胞呼吸链重要组分的研究，于 1955 年获诺贝尔生理学或医学奖。

在氧化磷酸化的研究领域中，ATP 形成的动力以及 ATP 酶的催化机理的揭示，促进了氧化磷酸化机理的研究。教材中提到“化学渗透学说是为人们所公认的氧化磷酸

化偶联机制，解决了氧化磷酸化的基本问题。”这个假说是由科学家米切尔提出，1978年诺贝尔化学奖表彰其对生物能量传递领域的杰出贡献。科学家博耶发现ATP酶结合变化机制和旋转催化，弄清楚能量分子ATP形成过程。科学家沃克通过解析ATP酶的一级结构和三维结构，支持博耶提出“ATP酶结合变化机制”。此外科学家斯科则发现离子泵ATP逆浓度梯度转运离子的机制。三位科学家共同阐明ATP酶作用机制，于1997年获诺贝尔化学奖。

第八章

糖代谢

第一节 / 糖代谢概述

知识点1 糖代谢的概况

糖代谢包括糖的分解代谢与合成代谢。糖的分解代谢指多糖及寡糖经酶促降解形成单糖，单糖再进一步氧化分解，并产生能量的过程。包括的代谢途径分别有糖酵解途径、丙酮酸氧化脱羧反应、三羧酸循环、乙醛酸循环以及磷酸戊糖途径等。糖的合成代谢分两种情况，对于光合作用生物，指其依靠光合作用将 CO_2 转化成糖类化合物的过程；而对于动物和人，是指葡萄糖合成糖原的过程以及非糖物质转化成葡萄糖的糖异生途径。糖代谢途径的概括见图 8-1。每一条代谢途径都比较复杂，需要从反应过程、关键酶、ATP 的变化、生理意义以及代谢调节等方面熟悉代谢途径。

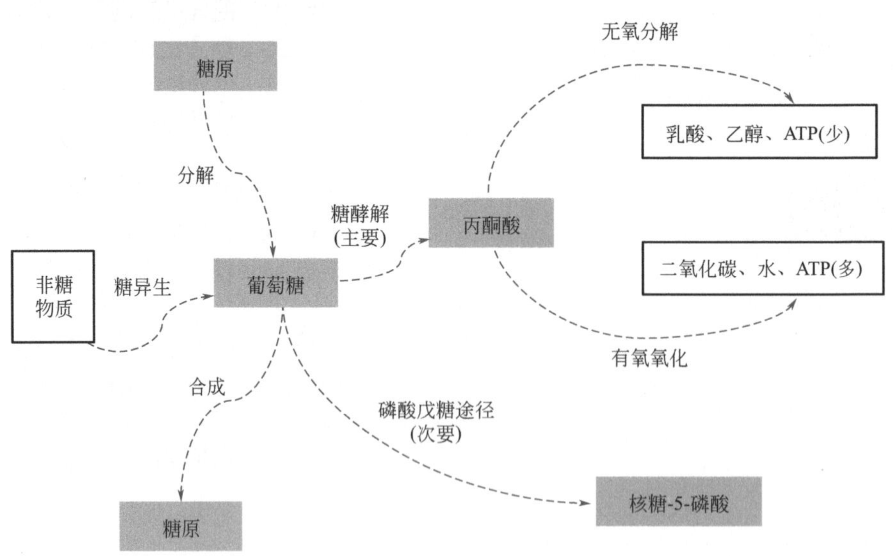

图 8-1　糖代谢途径的概括

例题

为什么用蔗糖保存食品而不用葡萄糖?

答案

葡萄糖是一种单糖，绝大多数微生物都能利用糖酵解途径分解葡萄糖，获得能量，供生长需要。而蔗糖是一种非还原性的二糖，单糖之间通过糖苷键连接。许多微生物不能直接将其分解。因此，可利用高浓度蔗糖的高渗透压来抑制食品中细菌的生长，达到保存食品的目的。

知识点2 糖代谢的意义

糖是有机体重要的能源物质，糖分解产生的能量可以给有机体的生命活动提供需要。植物、动物和微生物都能够从糖原、淀粉或者葡萄糖中获得它们生命活动需要的能量。成人每天所需要能量的 55% ~ 60%来自糖代谢。糖还是有机体重要的碳源，糖代谢的中间产物可以转化为其他的含碳化合物，如氨基酸、脂肪酸、核苷等。糖的磷酸衍生物是重要的生物活性物质，如 NAD^+、FAD、DNA、RNA 和 ATP 等。

在工业上，调控微生物的代谢途径可生产一些重要的发酵产品。例如，甘油发酵，正常的酒精发酵过程会产生少量甘油，通过代谢调节的干预，将氢受体乙醛除去，甘油磷酸脱氢酶在缺失氢受体的情况下会被磷脂酶水解，产生甘油。具体做法是，通过加入亚硫酸氢钠，使之与乙醛反应，达到去除乙醛的目的。再例如，柠檬酸发酵，柠檬酸是三羧酸循环的中间代谢产物，一般不会超量累积。通过阻断代谢途径，如抑制顺乌头酸酶，使代谢中间产物不能进一步反应，以实现柠檬酸的累积。

例题

正常情况下，生物体获得能量的主要途径是（　　）。

A. 葡萄糖的糖酵解　　B. 脂肪酸氧化

C. 葡萄糖的有氧氧化　　D. 磷酸戊糖途径氧化葡萄糖

解析

糖是有机体重要的能源物质，糖分解产生的能量可以供给有机体生命活动的需要。糖的分解代谢从糖原的分解开始，经历了糖酵解途径、丙酮酸氧化脱羧反应、三羧酸循环以及磷酸戊糖途径等，其中有氧氧化包括了糖酵解途径、丙酮酸氧化脱羧反应和三羧酸循环三个阶段，是能量释放的最主要途径。

答案

C

第二节 糖的无氧分解

知识点3 糖酵解的反应过程

糖酵解是通过一系列酶促反应将葡萄糖降解成丙酮酸，并伴有 ATP 生成的过程。糖酵解有几千年的研究历史，直到 1940 年糖酵解过程才被全面了解。糖酵解途径涉及 10 个酶催化反应，途径中的酶都位于细胞质中，1 分子葡萄糖通过该途径被转换成 2 分子丙酮酸。糖酵解途径中各步反应特点见表 8-1。

表 8-1　糖酵解途径中各步反应特点

序号	底物	产物	酶	反应特点
1	葡萄糖	葡萄糖-6-磷酸	己糖激酶	消耗 1ATP;不可逆
2	葡萄糖-6-磷酸	果糖-6-磷酸	磷酸己糖异构酶	无
3	果糖-6-磷酸	果糖-1,6-二磷酸	磷酸果糖激酶	消耗 1ATP;不可逆
4	果糖-1,6-二磷酸	甘油醛-3-磷酸和磷酸二羟丙酮	醛缩酶	六碳变三碳
5	磷酸二羟丙酮	甘油醛-3-磷酸	丙糖磷酸异构酶	碳原子示踪
6	甘油醛-3-磷酸	甘油酸-1,3-二磷酸	甘油醛-3-磷酸脱氢酶	氧化还原反应
7	甘油酸-1,3-二磷酸	甘油酸-3-磷酸	磷酸甘油酸激酶	生成 2ATP
8	甘油酸-3-磷酸	甘油酸-2-磷酸	磷酸甘油酸变位酶	无
9	甘油酸-2-磷酸	磷酸烯醇式丙酮酸	烯醇化酶	无
10	磷酸烯醇式丙酮酸	丙酮酸	丙酮酸激酶	生成 2ATP;不可逆

（1）己糖激酶催化葡萄糖磷酸化形成葡萄糖-6-磷酸

激酶在六大酶类中属于转移酶，是能够催化 ATP 磷酸化反应的酶。己糖激酶催化的反应中，由 ATP 提供磷酸基团，转移到葡萄糖分子上，导致消耗 1 个 ATP。己糖激酶催化的这步反应是不可逆反应。

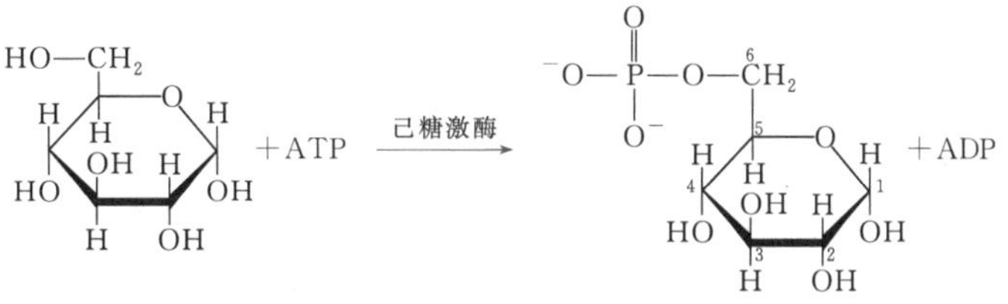

葡萄糖 + ATP —己糖激酶→ 葡萄糖-6-磷酸 + ADP

（2）磷酸己糖异构酶催化葡萄糖-6-磷酸转化为果糖-6-磷酸

这是一个醛糖与酮糖的异构化反应，反应是可逆的。

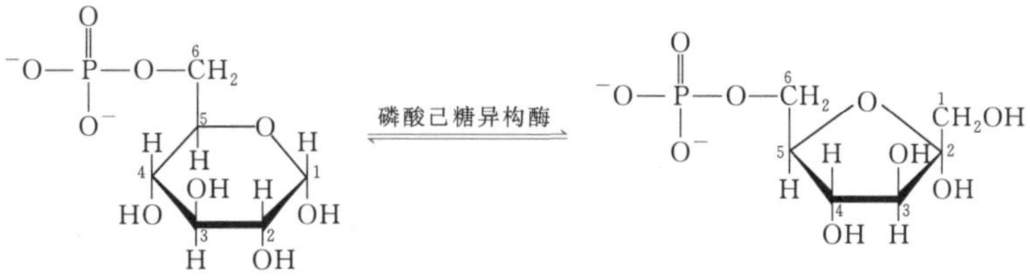

葡萄糖-6-磷酸 ⇌(磷酸己糖异构酶) 果糖-6-磷酸

（3）磷酸果糖激酶催化果糖-6-磷酸磷酸化生成果糖-1,6-二磷酸

磷酸果糖激酶催化 ATP 中的磷酸基团转移到果糖-6-磷酸中的 C1 位置上，生成果糖-1,6-二磷酸，导致消耗第 2 个 ATP。磷酸果糖激酶催化的这步反应是不可逆反应，也是糖酵解途径的限速步骤。

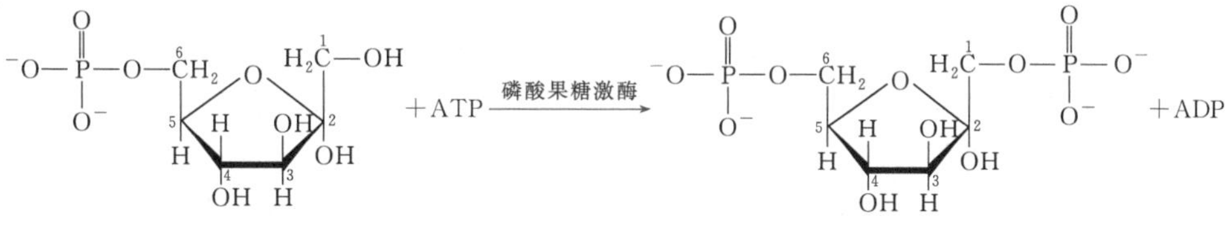

果糖-6-磷酸 + ATP —磷酸果糖激酶→ 果糖-1,6-二磷酸 + ADP

（4）醛缩酶催化果糖-1,6-二磷酸裂解，生成甘油醛-3-磷酸和磷酸二羟丙酮

醛缩酶在六大酶类中属于裂合酶，也称裂解酶。果糖-1,6-二磷酸在醛缩酶催化下，C3 和 C4 之间的键断裂，生成两个三碳化合物甘油醛-3-磷酸和磷酸二羟丙酮。该反应是一个可逆的反应，醛缩酶的名字取自其逆向反应的性质，即羟醛缩合反应。

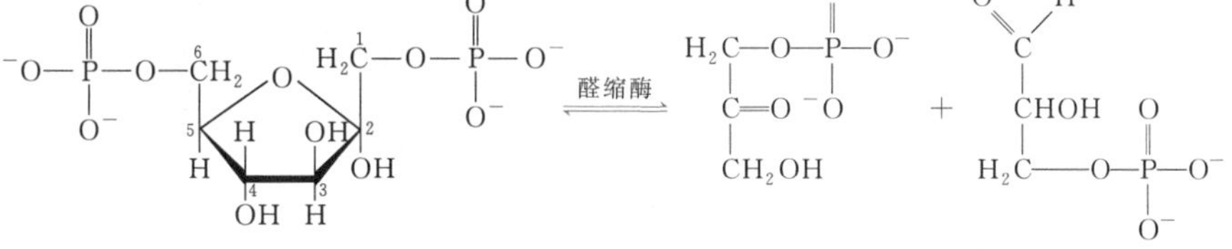

果糖-1,6-二磷酸 ⇌(醛缩酶) 磷酸二羟丙酮 + 甘油醛-3-磷酸

（5）丙糖磷酸异构酶催化甘油醛-3-磷酸和磷酸二羟丙酮的相互转换

在异构酶催化下，醛基和羟基化合物进行了相互转换。由于磷酸二羟丙酮不能进入糖酵解途径，而甘油醛-3-磷酸可以直接进入糖酵解途径，导致其不断被消耗利用。因此，丙糖磷

酸异构酶催化反应向生成甘油醛-3-磷酸方向进行。

$$\begin{array}{c} CH_2OH \\ | \\ C{=}O \\ | \\ H_2C{-}O{-}Ⓟ \end{array} \xrightleftharpoons{\text{丙糖磷酸异构酶}} \begin{array}{c} H{-}C{=}O \\ | \\ H{-}C{-}OH \\ | \\ H_2C{-}O{-}Ⓟ \end{array}$$

磷酸二羟丙酮　　　　甘油醛-3-磷酸

反应至此，1 分子葡萄糖裂解生成 2 分子甘油醛-3-磷酸，其中 1 分子甘油醛-3-磷酸来自葡萄糖直接的裂解产物，另 1 分子甘油醛-3-磷酸是丙糖磷酸异构酶直接催化形成的。根据同位素示踪法研究代谢产物的去向：葡萄糖分子中的 C4 和 C3 转换成了甘油醛-3-磷酸的 C1；而 C5 和 C2 变成了甘油醛-3-磷酸的 C2；葡萄糖分子中的 C6 和 C1 变成了甘油醛-3-磷酸的 C3。

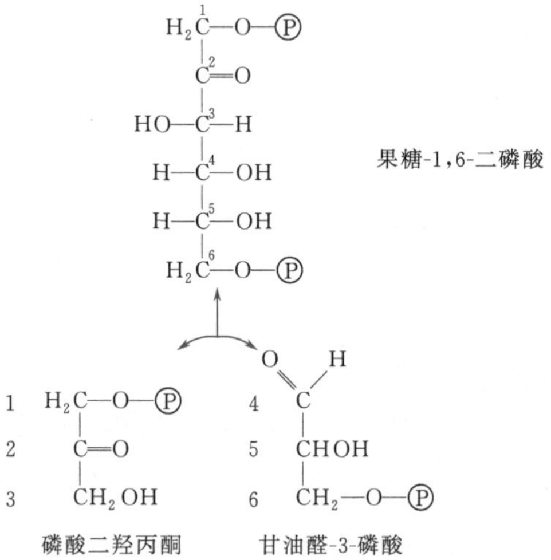

果糖-1,6-二磷酸

$$\begin{array}{c} H_2\overset{1}{C}{-}O{-}Ⓟ \\ | \\ \overset{2}{C}{=}O \\ | \\ HO{-}\overset{3}{C}{-}H \\ | \\ H{-}\overset{4}{C}{-}OH \\ | \\ H{-}\overset{5}{C}{-}OH \\ | \\ H_2\overset{6}{C}{-}O{-}Ⓟ \end{array}$$

$$\begin{array}{ll} 1 & H_2C{-}O{-}Ⓟ \\ 2 & C{=}O \\ 3 & CH_2OH \end{array} \qquad \begin{array}{ll} 4 & C(H){=}O \\ 5 & CHOH \\ 6 & CH_2{-}O{-}Ⓟ \end{array}$$

磷酸二羟丙酮　　　甘油醛-3-磷酸

（6）甘油醛-3-磷酸脱氢酶催化甘油醛-3-磷酸生成甘油酸-1, 3-二磷酸

该反应实际上是由一个酶同时催化两个反应，脱氢氧化和磷酸化反应。甘油醛-3-磷酸氧化反应由甘油醛-3-磷酸脱氢酶（辅酶是 NAD^+）催化，甘油醛-3-磷酸氧化生成甘油酸-3-磷酸，NAD^+ 被还原为 $NADH+H^+$。无机磷酸结合到甘油醛-3-磷酸脱氢酶活性中心，甘油醛-3-磷酸上的 C1 形成酰基磷酸，这是羧酸和磷酸的混合酸酐。甘油醛-3-磷酸的氧化是糖酵解途径中唯一的氧化反应，生物体可通过此反应获得能量。该反应是可逆的。

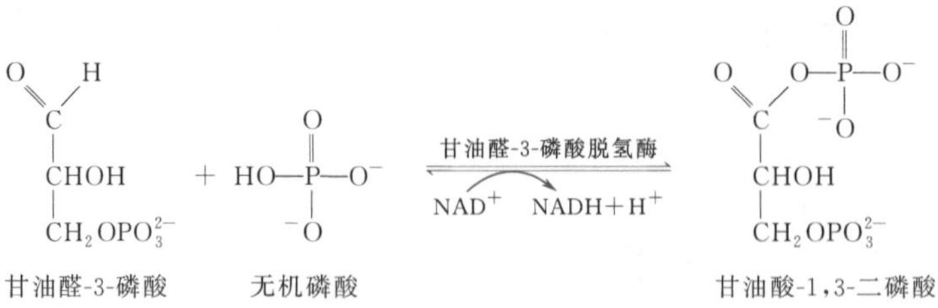

$$\begin{array}{c} O{=}C{-}H \\ | \\ CHOH \\ | \\ CH_2OPO_3^{2-} \end{array} + HO{-}\overset{\overset{O}{\|}}{\underset{\underset{^-O}{|}}{P}}{-}O^- \xrightarrow[NAD^+ \curvearrowright NADH+H^+]{\text{甘油醛-3-磷酸脱氢酶}} \begin{array}{c} O{=}C{-}O{-}PO_3^{2-} \\ | \\ CHOH \\ | \\ CH_2OPO_3^{2-} \end{array}$$

甘油醛-3-磷酸　　无机磷酸　　　　甘油酸-1,3-二磷酸

（7）磷酸甘油酸激酶催化甘油酸-1, 3-二磷酸转变为甘油酸-3-磷酸，同时生成 ATP

甘油酸-1, 3-二磷酸因含有酰基磷酸基团属于高能磷酸化合物。磷酸甘油酸激酶将高能磷酸基团转移给 ADP 形成 ATP。此步反应是糖酵解途径中第一次产生 ATP 的反应，该反应是可逆的。

$$\underset{\text{甘油酸-1,3-二磷酸}}{\mathrm{O{=}C(O{-}PO_3^{2-})\text{—}CHOH\text{—}CH_2OPO_3^{2-}}} + \mathrm{ADP} \xrightleftharpoons{\text{磷酸甘油酸激酶}} \underset{\text{甘油酸-3-磷酸}}{\mathrm{O{=}C(O^-)\text{—}CHOH\text{—}CH_2OPO_3^{2-}}} + \mathrm{ATP}$$

（8）磷酸甘油酸变位酶催化甘油酸-3-磷酸转换为甘油酸-2-磷酸

甘油酸-3-磷酸在磷酸甘油酸变位酶催化下，其 C3 上的磷酸基团转移到分子内 C2 位置上，形成甘油酸-2-磷酸，为下一步反应做好准备。该反应是可逆的。

$$\underset{\text{甘油酸-3-磷酸}}{\mathrm{O{=}C(O^-)\text{—}CH(OH)\text{—}H_2C\text{—}O\text{—}PO_3^{2-}}} \xrightleftharpoons{\text{磷酸甘油酸变位酶}} \underset{\text{甘油酸-2-磷酸}}{\mathrm{O{=}C(O^-)\text{—}HC(O\text{—}PO_3^{2-})\text{—}H_2C\text{—}OH}}$$

（9）烯醇化酶催化甘油酸-2-磷酸形成磷酸烯醇式丙酮酸

在烯醇化酶催化下，从甘油酸-2-磷酸 C2 和 C3 位脱去 1 分子水，形成磷酸烯醇式丙酮酸。磷酸烯醇式丙酮酸是高能磷酸化合物。该反应是可逆的。

$$\underset{\text{甘油酸-2-磷酸}}{\mathrm{O{=}C(O^-)\text{—}C(H)(O\text{—}PO_3^{2-})\text{—}CH_2\text{—}OH}} \xrightleftharpoons{\text{烯醇化酶}} \underset{\text{磷酸烯醇式丙酮酸}}{\mathrm{O{=}C(O^-)\text{—}C(O\text{—}PO_3^{2-}){=}CH_2}}$$

（10）丙酮酸激酶催化磷酸烯醇式丙酮酸生成丙酮酸，同时生成 ATP

丙酮酸激酶催化磷酸基从磷酸烯醇式丙酮酸转移给 ADP，生成 ATP。丙酮酸激酶催化的这步反应是糖酵解途径中第二次产生 ATP 的反应。反应不可逆。

$$\underset{\text{磷酸烯醇式丙酮酸}}{\mathrm{O{=}C(O^-)\text{—}C(O\text{—}PO_3^{2-}){=}CH_2}} + \mathrm{ADP} \xrightarrow{\text{丙酮酸激酶}} \underset{\text{丙酮酸}}{\mathrm{O{=}C(O^-)\text{—}C{=}O\text{—}CH_3}} + \mathrm{ATP}$$

例题

为什么糖酵解中的醛缩酶催化的反应能向着甘油醛-3-磷酸和磷酸二羟丙酮方向进行?

答案

从醛缩酶催化的反应 $\Delta G^{0\prime}$（+23.9kcal/mol）看出，反应平衡有利于逆反应方向，即生成果糖-1,6-二磷酸方向。就是说，这反应本身在热力学上更有利于缩合反应，而不利于向右进行。但由于甘油醛-3-磷酸能够直接进入糖酵解途径，导致其不断被消耗利用，即细胞中甘油醛-3-磷酸的浓度降低得较多，从而导致反应趋向裂解方向。

知识点 4 糖酵解产生的能量

糖酵解途径是葡萄糖在生物体内进行有氧或无氧分解的共同途径。糖酵解途径能够为生物体提供生命活动所需要的能量。从糖酵解过程中各步反应的能量变化来看，有 2 步反应涉及 ATP 消耗，有 2 步反应涉及 ATP 生成，有 1 步反应涉及氧化还原反应。具体是，糖酵解反应过程第 1 步和第 3 步，分别由己糖激酶和磷酸果糖激酶催化磷酸基团从 ATP 转移给底物葡萄糖和果糖-6-磷酸，各消耗 1 分子 ATP。糖酵解反应过程第 7 步和第 10 步，分别由磷酸甘油酸激酶和丙酮酸激酶催化高能磷酸化合物，甘油酸-1, 3-二磷酸和磷酸烯醇式丙酮酸，将其磷酸基团转移给 ADP，每步反应各生成 1 分子 ATP。像这种从一个高能化合物（例如甘油酸-1, 3-二磷酸），将磷酸基转移给 ADP 形成 ATP 的过程称为底物水平磷酸化，即 ATP 的形成直接与一个代谢中间物上的磷酸基转移相偶联。糖酵解途径中有 2 个底物水平磷酸化反应。糖酵解途径中涉及 ATP 的各步反应，见表 8-2。

需注意，自 1 分子葡萄糖（六碳）生成 2 分子甘油醛-3-磷酸（三碳）开始，每步反应实际上都是 2 分子三碳化合物参加反应。因此，有 2 分子甘油酸-1, 3-二磷酸参加反应，应当生成 2 分子 ATP。同样，第 10 步反应实际有 2 分子磷酸烯醇式丙酮酸参加反应，应当生成 2 分子 ATP。因此，糖酵解总反应式：

$$\text{葡萄糖} + 2ADP + 2NAD^+ + 2H_3PO_4 \longrightarrow 2\text{丙酮酸} + 2ATP + 2NADH + 2H^+ + 2H_2O$$

此外，糖酵解途径第 6 步反应是氧化还原反应，生成还原型 NADH，即线粒体外 NADH 的氧化磷酸化作用（第 7 章知识点 9）。生物体可通过此反应获得能量。

表 8-2 糖酵解途径各步反应的 ATP 消耗与生成

底物	产物	酶	ATP
葡萄糖	葡萄糖-6-磷酸	己糖激酶	−1
果糖-6-磷酸	果糖-1,6-二磷酸	磷酸果糖激酶	−1
甘油醛-3-磷酸	甘油酸-1,3-二磷酸	甘油醛-3-磷酸脱氢酶	2NADH(+3 或+5ATP)
甘油酸-1,3-二磷酸	甘油酸-3-磷酸	磷酸甘油酸激酶	+2
磷酸烯醇式丙酮酸	丙酮酸	丙酮酸激酶	+2
			共计 5 或 7ATP

例题

糖酵解过程中磷酸基团参与了哪些反应？ 它所参与的反应有什么意义？

答案

糖酵解过程中磷酸基团参与 5 步反应，分别是①己糖激酶催化葡萄糖磷酸化形成葡萄糖-6-磷酸，消耗 1 分子 ATP；②磷酸果糖激酶催化果糖-6-磷酸磷酸化生成果糖-1, 6-二磷酸，消耗 1 分子 ATP；③甘油醛-3-磷酸脱氢酶催化甘油醛-3-磷酸氧化生成甘油酸-1, 3-二磷酸，生成 NADH + H^+；④磷酸甘油酸激酶催化甘油酸-1, 3-二磷酸转变为甘油酸-3-磷酸，生成 1 分子 ATP；⑤丙酮酸激酶催化磷酸烯醇式丙酮酸生成丙酮酸，生成 1 分子 ATP。这些磷酸基团参与的反应中，涉及高能磷酸键的转移，前 2 个反应从 ATP 中转移到相应的底物，使底物的势能提高，为下一步反应做好准备；后 2 个反应将底物的高能磷酸键转移给 ADP，生成 ATP。糖酵解产生的能量以 ATP 形式存在。

知识点 5 糖酵解的调节

从葡萄糖到丙酮酸的糖酵解途径几乎是所有生物体都存在的代谢途径，其生物学意义在于释放能量，保证生物体即使在缺氧条件下仍进行生命活动。糖酵解的 3 个主要调控部位，分别是己糖激酶、磷酸果糖激酶和丙酮酸激酶催化的反应。

（1）己糖激酶的调控

葡萄糖-6-磷酸是己糖激酶催化反应的产物，也是该酶的别构抑制剂。当葡萄糖-6-磷酸积累，不再需要生产能量或进行糖原储存时，即葡萄糖-6-磷酸不能快速代谢时，己糖激酶被葡萄糖-6-磷酸抑制，糖酵解过程减弱。

（2）磷酸果糖激酶的调控

磷酸果糖激酶催化果糖-6-磷酸转变为果糖-1, 6-二磷酸，这是糖酵解途径最关键的限速步骤。该酶是一个别构调节酶，激活和抑制作用见图 8-2。①ATP 既是磷酸果糖激酶的底物，又是该酶的别构抑制剂。ATP/AMP 比值对该酶活性的调节具有重要作用，当 ATP 浓度较高，可以使磷酸果糖激酶对底物果糖-6-磷酸的亲和性降低，糖酵解过程减弱；当 AMP 浓度较高，即 ATP 较少时，酶活性恢复，糖酵解过程增强。②柠檬酸（三羧酸循环的中间产物）是磷酸果糖激酶的另一个重要的抑制剂，因为三羧酸循环与丙酮酸的进一步氧化是联系在一起的，柠檬酸水平的升高表明有充足底物进入了三羧酸循环，能量充足，葡萄糖不需要分解。所以柠檬酸可增加 ATP 对磷酸果糖激酶的抑制。③H^+ 能抑制磷酸果糖激酶，当 pH

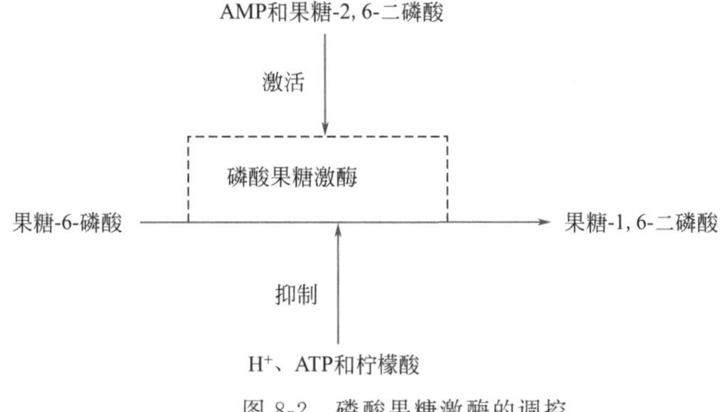

图 8-2 磷酸果糖激酶的调控

明显降低时，糖酵解过程减弱，这样可以防止肌肉在缺氧条件下形成过量乳酸，导致血液酸中毒。④分布于哺乳动物、真菌和植物中的果糖-2,6-二磷酸是磷酸果糖激酶的激活剂。果糖-2,6-二磷酸是在磷酸果糖激酶催化下果糖-6-磷酸磷酸化生成的。果糖-2,6-二磷酸能消除ATP对磷酸果糖激酶的抑制。

（3）丙酮酸激酶的调控

果糖-1,6-二磷酸是丙酮酸激酶别构激活剂，果糖-1,6-二磷酸是磷酸果糖激酶催化反应的产物，磷酸果糖激酶的激活会引起丙酮酸激酶的激活，这种类型的调控方式称为前馈激活。ATP是丙酮酸激酶的别构抑制剂。

例题

说明磷酸果糖激酶催化果糖-6-磷酸转变为果糖-1,6-二磷酸的反应，受到哪些物质的调控以及这些调控的生理意义。

答案

磷酸果糖激酶是糖酵解途径最关键的限速酶，该酶是别构酶。ATP和柠檬酸是别构抑制剂；AMP和果糖-2,6-二磷酸是别构激活剂。ATP和柠檬酸浓度较高，这表明生物体能量充足，对糖酵解过程的需求比较低。AMP和果糖-2,6-二磷酸能消除ATP对磷酸果糖激酶的抑制。

知识点 6 糖酵解的生物学意义

糖酵解途径是葡萄糖在生物体内进行有氧或无氧分解的共同途径，通过糖酵解，生物体获得生命活动所需要的能量。当生物体在氧供应不足时，如剧烈运动或高原缺氧时，糖酵解过程是获取能量的主要方式。但由于糖酵解途径本身产生的能量比较少，糖酵解途径只能作为机体有氧氧化受阻或供养不足时，补充能量的应急措施。糖酵解途径形成多种重要的中间产物，为氨基酸、脂类合成提供碳骨架。例如，丙酮酸可转变为丙氨酸或乙酰辅酶A，磷酸二羟丙酮可转变为甘油，这些都是脂肪酸合成的原料。此外，糖酵解途径的10步反应，有7步是可逆反应，这就为糖异生提供基本途径。

例题

糖酵解途径是人体内糖、脂肪和氨基酸代谢相联系的途径。请判断对错。

解析

脂肪水解后的甘油可转变为磷酸二羟丙酮进入糖酵解途径，而糖酵解产物丙酮酸可转变为丙氨酸或乙酰辅酶 A，磷酸二羟丙酮可转变为甘油，这些都是脂肪酸合成的原料。丙氨酸、半胱氨酸等氨基酸可转变为丙酮酸进入糖酵解途径。所以说糖酵解途径是人体内糖、脂肪和氨基酸代谢相联系的途径。

答案

对。

知识点 7 丙酮酸的代谢去向

糖酵解途径的终产物是丙酮酸。对于不同生物，或者同一生物在有氧或者无氧条件下，丙酮酸的代谢去向是不一样的。

有氧条件下，进入线粒体参加三羧酸循环。大多数生物的糖代谢是在有氧条件下进行的。因此，通过糖酵解途径产生的丙酮酸还要继续进行有氧分解，接下来的代谢途径是三羧酸循环和氧化磷酸化，最终葡萄糖转化成 CO_2 和 H_2O，同时产生大量能量。

无氧条件下，糖酵解产生的丙酮酸能够被 NADH 还原形成乳酸，即乳酸发酵。这是乳酸脱氢酶（LDH）催化的可逆反应。

$$\underset{\text{丙酮酸}}{\mathrm{CH_3{-}CO{-}COOH}} + \mathrm{NADH} + \mathrm{H^+} \xrightleftharpoons{\text{乳酸脱氢酶}} \underset{\text{乳酸}}{\mathrm{CH_3{-}CH(OH){-}COOH}} + \mathrm{NAD^+}$$

例如，人和动物剧烈运动时，肌肉组织供氧不足，丙酮酸就会还原为乳酸。同时由于乳酸的 pK 值为 3.8，在生理条件下能够发生解离，影响血液的酸碱度。这也是剧烈运动后人会产生酸疼感的原因。工业上，利用乳酸菌无氧条件下发酵葡萄糖产生乳酸，可生产奶酪、酸奶和乳酸菌饮料等。葡萄糖分解为乳酸总反应：

$$\text{葡萄糖} + 2\mathrm{Pi} + 2\mathrm{ADP} + 2\mathrm{H^+} \longrightarrow 2\,\text{乳酸} + 2\mathrm{ATP} + 2\mathrm{H_2O}$$

无氧条件下，某些细菌以及酵母菌利用细胞内丙酮酸脱羧酶（辅酶是 TPP）催化丙酮酸脱羧生成乙醛，乙醛在乙醇脱氢酶（辅酶是 NAD^+）催化下还原为乙醇，该过程称为乙醇发酵。

$$\underset{\text{丙酮酸}}{\mathrm{CH_3{-}CO{-}COOH}} \xrightleftharpoons{\text{丙酮酸脱羧酶}} \underset{\text{乙醛}}{\mathrm{CH_3{-}CHO}} \xrightleftharpoons{\text{乙醇脱氢酶}} \underset{\text{乙醇}}{\mathrm{CH_3{-}CH_2{-}OH}}$$

工业上，例如啤酒厂罐装啤酒需要的气泡，是利用丙酮酸转换成乙醇过程产生的 CO_2 气体；制作面包也是运用乙醇发酵，CO_2 使面包发起来，而乙醇则在烘烤中挥发了。葡萄糖分解为乙醇的总反应：

$$葡萄糖+2Pi+2ADP+2H^+ \longrightarrow 2乙醇+2CO_2+2ATP+2H_2O$$

无氧条件下，无论乳酸发酵还是乙醇发酵，丙酮酸都能够利用 NADH 被还原，同时 NADH 被重新氧化成 NAD^+。这一点非常重要，如果 NAD^+ 被耗尽又没有重新生成途径，那么糖酵解途径第 5 步反应，甘油醛-3-磷酸脱氢酶（辅酶是 NAD^+）催化甘油醛-3-磷酸脱氢氧化生成甘油酸-1, 3-二磷酸，就无法进行，糖酵解途径因此而终止，细胞因为没有能量供应而死亡。

例题

若无氧存在时，糖酵解途径中脱氢反应产生的 NADH + H^+ 交给丙酮酸生成乳酸，若有氧存在下，则 NADH + H^+ 进入线粒体氧化。请判断对错。

解析

无氧条件下，丙酮酸有两条代谢途径，乳酸发酵和乙醇发酵。乳酸发酵途径中，丙酮酸被 NADH 还原生成乳酸；乙醇发酵途径中，丙酮酸先脱羧生成乙醛，乙醛被 NADH 还原生成乙醇。有氧条件下，NADH 进入线粒体氧化。

答案

错，应补充无氧条件下乙醇发酵途径。

第三节 / 糖的有氧氧化

知识点 8 有氧氧化的三个阶段

葡萄糖通过糖酵解产生的丙酮酸，在有氧条件下，进入线粒体完全氧化，生成 CO_2 和

H_2O，并释放出大量的能量，即有氧氧化。有氧氧化过程包括三个阶段：糖酵解、丙酮酸氧化脱羧和三羧酸循环途径，见图 8-3。同时有氧氧化过程产生的还原型辅酶的电子经过电子传递链被转移给氧分子，伴随着 ATP 的生成过程。

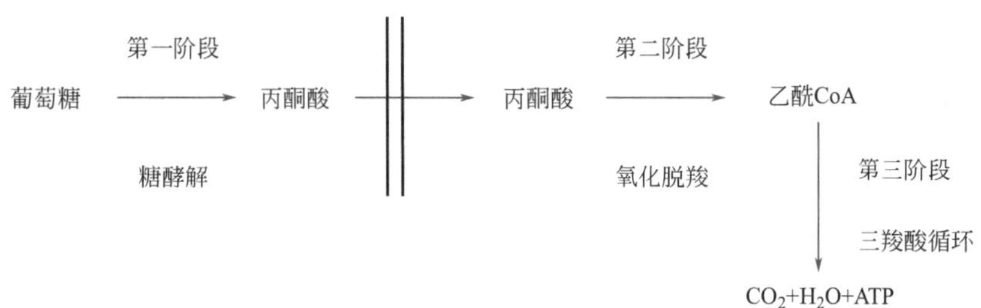

图 8-3　有氧氧化的三个阶段

例题

糖的有氧氧化的最终产物是（　　）。

A. $CO_2 + H_2O + ATP$　　B. 乳酸

C. 丙酮酸　　D. 乙酰 CoA

解析

糖的有氧氧化的最终产物是 CO_2、H_2O 和 ATP；乳酸是丙酮酸在无氧条件下代谢终产物；丙酮酸是第一阶段糖酵解途径终产物；乙酰 CoA 是第二阶段丙酮酸氧化脱羧途径终产物。

答案

A

知识点 9 丙酮酸氧化脱羧

丙酮酸氧化脱羧是连接糖酵解和三羧酸循环的中心环节。由丙酮酸脱氢酶复合体催化此反应，酶复合体包括：①丙酮酸脱氢酶（E_1）；②二氢硫辛酰乙酰转移酶（E_2）；③二氢硫辛酰脱氢酶（E_3）；④六种辅助因子，TPP、硫辛酸、FAD、NAD^+、CoA、Mg^{2+}。丙酮酸脱氢酶复合体催化反应分 5 步进行，见图 8-4。

第 1 步，丙酮酸脱氢酶（E_1）催化丙酮酸脱羧，丙酮酸与丙酮酸脱氢酶辅酶 TPP 发生脱羧作用，释放出 CO_2，形成羟乙基-TPP。第 2 步，二氢硫辛酰乙酰转移酶（E_2）催化羟乙基-

TPP，羟乙基被转移至二氢硫辛酰乙酰转移酶的辅基硫辛酰胺（硫辛酸与 E_2 共价结合形成）上，使羟乙基被氧化生成乙酰基，硫辛酰胺则被还原为二氢硫辛酰胺，同时乙酰基再被转移至二氢硫辛酰胺，生成乙酰-二氢硫辛酰胺。第 3 步，在二氢硫辛酰乙酰转移酶催化下，乙酰基转移给 CoA，形成乙酰 CoA，并释放出二氢硫辛酰胺。至此，丙酮酸脱羧转换成乙酰 CoA。第 4 步，为了能够进行下一轮脱羧转换，必须将二氢硫辛酰胺转换为硫辛酰胺。二氢硫辛酰脱氢酶（E_3）（辅基是 FAD）催化二氢硫辛酰胺氧化，同时生成还原型 $FADH_2$。第 5 步，$FADH_2$ 将 NAD^+ 还原成 NADH，本身形成 FAD。

丙酮酸脱氢酶复合体催化反应位于线粒体基质，糖酵解生成的丙酮酸首先需要从细胞质运到线粒体。细胞质中的丙酮酸可以扩散到线粒体外膜，再通过丙酮酸转运酶特异地将丙酮酸从膜间质转运到线粒体基质。丙酮酸氧化脱羧是一个放能反应，总反应为：

$$CH_3COCOOH + NAD^+ + CoASH \xrightarrow{\text{丙酮酸脱氢酶复合体}} CH_3CO \sim SCoA + CO_2 + NADH$$

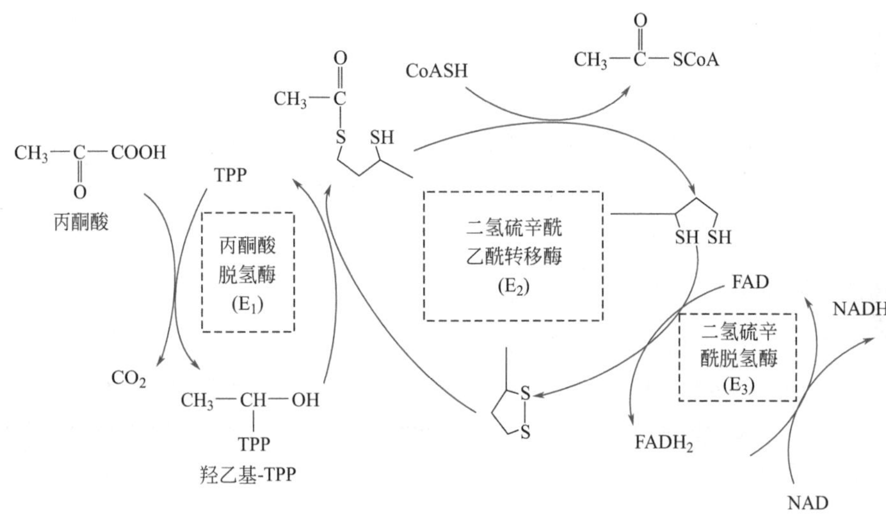

图 8-4　丙酮酸脱氢酶复合体的催化反应机制

例题

丙酮酸脱氢酶复合体中最终接受底物脱下的 2H 的辅助因子是（　　），乙酰转移酶的辅酶是（　　）。

解析

丙酮酸脱氢酶复合体催化的反应是连接糖酵解和三羧酸循环的桥梁反应，该酶复合体包括三种酶和六种辅助因子。最终接受底物脱下的 2H，这是指第 5 步反应，NADH 的生成，二氢硫辛酰脱氢酶（E_3）催化 $FADH_2$ 脱氢氧化，这一反应中氢被 NAD^+ 接受生成 NADH，至此完成丙酮酸氧化脱羧全过程。乙酰转移酶涉及的是第 2 步反应。

答案

NAD$^+$，硫辛酰胺。

知识点 10 三羧酸循环的反应过程

三羧酸循环（tricarboxylic acid cycle，简写 TCA 循环），又称柠檬酸循环，因为该途径由 Krebs H A 提出，又称 Krebs 循环。三羧酸循环中的酶分布在原核生物的细胞质和真核生物的线粒体中。三羧酸循环中各步的反应特点见表 8-3。

表 8-3 三羧酸循环中各步的反应特点

序号	底物	产物	酶	反应特点
1	乙酰 CoA 和草酰乙酸	柠檬酸	柠檬酸合酶	不可逆
2	柠檬酸	异柠檬酸	顺乌头酸酶	无
3	异柠檬酸	α-酮戊二酸	异柠檬酸脱氢酶	氧化脱羧/脱氢
4	α-酮戊二酸	琥珀酰 CoA	α-酮戊二酸脱氢酶复合体	氧化脱羧/脱氢
5	琥珀酰 CoA	琥珀酸	琥珀酰 CoA 合成酶	底物水平磷酸化
6	琥珀酸	延胡索酸	琥珀酸脱氢酶	氧化脱氢
7	延胡索酸	苹果酸	延胡索酸酶	无
8	苹果酸	草酰乙酸	苹果酸脱氢酶	氧化脱氢

三羧酸循环一轮需要 8 步反应，分别如下。

（1）柠檬酸合酶催化乙酰 CoA 与草酰乙酸缩合形成柠檬酸

该反应是缩合反应，乙酰 CoA 和草酰乙酸生成中间产物柠檬酰 CoA，柠檬酰 CoA 含有高能硫酯键，通过水解释放能量推动反应进行，形成柠檬酸，同时释放出 CoASH。反应是不可逆的，是三羧酸循环的限速步骤。

$$\underset{\text{乙酰 CoA}}{H_3C{-}C({=}O){-}SCoA} + \underset{\text{草酰乙酸}}{O{=}C(COO^-){-}H_2C{-}COO^-} \xrightarrow[\searrow CoASH]{\text{柠檬酸合酶}} \underset{\text{柠檬酸}}{H_2C(COO^-){-}C(OH)(COO^-){-}H_2C{-}COO^-}$$

（2）顺乌头酸酶催化柠檬酸转化成异柠檬酸

顺乌头酸酶催化柠檬酸脱水生成含有 C═C 的顺乌头酸，顺乌头酸在顺乌头酸酶催化下，再发生加水反应，将水添加到 C═C 上，这样经历了脱水与加水过程，改变了柠檬酸分子中 OH^- 和 H^+ 的位置，柠檬酸生成异柠檬酸。反应是可逆的。

$$\begin{array}{c}\begin{array}{l}H_2C—COO^-\\HO—C—COO^-\\H—C—COO^-\\\quad\ \ H\end{array}\\\text{柠檬酸}\end{array}\underset{\searrow H_2O}{\overset{\text{顺乌头酸酶}}{\rightleftharpoons}}\begin{array}{c}\begin{array}{l}H_2C—COO^-\\\quad\ C—COO^-\\\quad\ \|\\\quad\ C—COO^-\\\quad\ H\end{array}\\\text{顺乌头酸}\end{array}\underset{\nearrow H_2O}{\overset{\text{顺乌头酸酶}}{\rightleftharpoons}}\begin{array}{c}\begin{array}{l}H_2C—COO^-\\H—C—COO^-\\HO—C—COO^-\\\quad\ \ H\end{array}\\\text{异柠檬酸}\end{array}$$

（3）异柠檬酸脱氢酶催化异柠檬酸氧化生成 α-酮戊二酸和 CO_2

异柠檬酸生成 α-酮戊二酸和 CO_2 的过程涉及脱氢和脱羧两步反应，都是由异柠檬酸脱氢酶催化完成。异柠檬酸脱氢酶的辅酶是 NAD^+，首先催化异柠檬酸氧化脱氢，生成中间产物草酰琥珀酸，这个中间产物不稳定，经脱羧作用生成 α-酮戊二酸和 CO_2。这是三羧酸循环的第一次氧化和脱羧反应。反应是不可逆的，也是三羧酸循环的限速步骤。

$$\begin{array}{c}\begin{array}{l}H_2C—COO^-\\H—C—COO^-\\HO—C—COO^-\\\quad\ \ H\end{array}\\\text{异柠檬酸}\end{array}\xrightarrow[NAD^+\ \ \ NADH+H^+]{\text{异柠檬酸脱氢酶}}\begin{array}{c}\begin{array}{l}H_2C—COO^-\\\quad CH_2\\\quad C—COO^-\\\quad \|\\\quad O\end{array}\\\alpha\text{-酮戊二酸}\end{array}+CO_2$$

（4）α-酮戊二酸脱氢酶复合体催化 α-酮戊二酸氧化脱羧生成琥珀酰 CoA

α-酮戊二酸氧化脱羧是由 α-酮戊二酸脱氢酶复合体催化完成，该酶复合体是由三种酶（α-酮戊二酸脱氢酶、转琥珀酰酶以及二氢硫辛酰脱氢酶）和六种辅助因子（TPP、硫辛酸、FAD、NAD^+、CoA、Mg^{2+}）组成，催化机制与丙酮酸氧化脱羧（见知识点 9）相类似，释放出能量。这是三羧酸循环的第二次氧化和脱羧反应。反应是不可逆的，也是三羧酸循环的限速步骤。

$$\begin{array}{c}\begin{array}{l}H_2C—COO^-\\\quad CH_2\\\quad C—COO^-\\\quad \|\\\quad O\end{array}\\\alpha\text{-酮戊二酸}\end{array}\xrightarrow[\alpha\text{-酮戊二酸脱氢酶复合体}]{CoASH\ \ NAD^+\ \ NADH+H^+}\begin{array}{c}\begin{array}{l}H_2C—COO^-\\\quad CH_2\\\quad C—SCoA\\\quad \|\\\quad O\end{array}\\\text{琥珀酰 CoA}\end{array}+CO_2$$

（5）琥珀酰 CoA 合成酶催化琥珀酰 CoA 转化为琥珀酸

琥珀酰 CoA 合成酶是根据生成琥珀酰 CoA 的逆反应命名的，合成酶催化过程需要能量。琥珀酰 CoA 是高能化合物，含有一个高能硫酯键，在琥珀酰 CoA 合成酶催化下，琥珀酰 CoA 的硫酯键转移给 GDP，生成 GTP，同时生成琥珀酸。GTP 可直接提供能量用于某些合成反应，也可以再与 ADP 生成 ATP。这个反应非常类似于糖酵解中磷酸甘油酸激酶和丙酮酸激酶催化的反应，既是底物水平磷酸化反应，也是三羧酸循环中唯一的一步底物水平磷酸化反应。反应是可逆的。

$$\begin{array}{c}\begin{array}{l}H_2C—COO^-\\\quad CH_2\\\quad C—SCoA\\\quad \|\\\quad O\end{array}\\\text{琥珀酰 CoA}\end{array}\underset{\text{琥珀酰 CoA 合成酶}}{\overset{GDP\ \ \ GTP\ \ CoASH}{\rightleftharpoons}}\begin{array}{c}\begin{array}{l}COO^-\\CH_2\\CH_2\\COO^-\end{array}\\\text{琥珀酸}\end{array}$$

（6）琥珀酸脱氢酶催化琥珀酸脱氢生成延胡索酸

琥珀酸脱氢酶的辅基是 FAD，催化琥珀酸脱氢氧化。这是三羧酸循环的第三次氧化反应。反应是可逆的。

$$\begin{array}{c}COO^-\\ |\\ CH_2\\ |\\ CH_2\\ |\\ COO^-\\ \text{琥珀酸}\end{array}\ \xrightleftharpoons[\text{琥珀酸脱氢酶}]{FAD\ \ \ FADH_2}\ \begin{array}{c}COO^-\\ |\\ CH\\ \|\\ CH\\ |\\ COO^-\\ \text{延胡索酸}\end{array}$$

（7）延胡索酸酶催化延胡索酸水化生成苹果酸，反应是可逆的。

$$\begin{array}{c}COO^-\\ |\\ CH\\ \|\\ CH\\ |\\ COO^-\\ \text{延胡索酸}\end{array}\ \xrightleftharpoons[\text{延胡索酸酶}]{H_2O}\ \begin{array}{c}COO^-\\ |\\ HO—CH\\ |\\ CH_2\\ |\\ COO^-\\ \text{苹果酸}\end{array}$$

（8）苹果酸脱氢酶催化苹果酸氧化生成草酰乙酸

苹果酸脱氢酶的辅酶是 NAD^+，催化苹果酸脱氢氧化重新形成草酰乙酸，完成一轮三羧酸循环。这是三羧酸循环的第四次氧化反应。反应是可逆的。

$$\begin{array}{c}COO^-\\ |\\ HO—C—H\\ |\\ CH_2\\ |\\ COO^-\\ \text{苹果酸}\end{array}\ \xrightleftharpoons[\text{苹果酸脱氢酶}]{NAD^+\ \ \ NADH+H^+}\ \begin{array}{c}COO^-\\ |\\ O=C\\ |\\ CH_2\\ |\\ COO^-\\ \text{草酰乙酸}\end{array}$$

例题

将甲基碳用 ^{14}C 标记的丙酮酸进行一轮三羧酸循环后，^{14}C 出现在草酰乙酸的什么位置?

解析

丙酮酸首先通过丙酮酸氧化脱羧生成乙酰 CoA，标记的 ^{14}C 在乙酰 CoA 甲基碳上；乙酰 CoA 进入三羧酸循环后，通过缩合反应生成柠檬酸，标记的 ^{14}C 在柠檬酸的 C4 上；通过异构生成异柠檬酸，标记的 ^{14}C 在异柠檬酸的 C4 上；异柠檬酸通过氧化脱羧生成 α-酮戊二酸，标记的 ^{14}C 在 α-酮戊二酸的 C4 上；α-酮戊二酸通过氧化脱羧生成琥珀酰 CoA，标记的 ^{14}C 在琥珀酰 CoA 的 C3 上；琥珀酰 CoA 通过底物水平磷酸化生成琥珀酸，标记的 ^{14}C 在琥珀酸的 C3 上；琥珀酸通过脱氢氧化生成延胡索酸，标记的 ^{14}C 在延胡索酸的 C3 上；延胡索酸是一个对称分子，加水生成苹果酸，—OH 的位置有两种可能，C2 或 C3，标记的 ^{14}C 在苹果酸的 C2 或 C3 上；苹果酸脱氢氧化生成草酰乙酸，标记的 ^{14}C 在草酰乙酸的 C2 或 C3 上。

答案

C2或C3位置。

知识点 11 三羧酸循环产生的能量

从糖酵解途径总反应式可以看出，1分子葡萄糖通过糖酵解产生2分子丙酮酸、2分子ATP和2分子NADH。由于糖酵解途径发生在细胞质，在不同组织器官中，细胞质中产生的NADH采用不同穿梭载体进入呼吸链（见第7章知识点9）。1分子葡萄糖经过糖酵解途径可以产生2+2.5×2（或1.5×2）=5或7分子ATP。糖酵解是葡萄糖有氧氧化的第一阶段。

丙酮酸氧化脱羧反应中，有1次氧化脱羧，生成1分子NADH。经NADH呼吸链产生2.5分子ATP。1分子丙酮酸氧化脱羧生成乙酰CoA可以产生2.5×1=2.5分子ATP。丙酮酸氧化脱羧是有氧氧化的第二个阶段。

三羧酸循环一轮，共有8步反应，其中有1次底物水平的磷酸化，2次脱羧反应，3个调节位点，4次脱氢反应。涉及能量生成计算，1次底物水平的磷酸化生成1分子ATP。4次脱氢反应中，有3次脱氢过程利用NAD^+作辅酶和1次脱氢过程利用FAD作辅基，共生成3分子NADH和1分子$FADH_2$。分别经NADH和$FADH_2$呼吸链将H^+传递给氧过程中偶联产生2.5分子ATP和1.5分子ATP。这样计算下来，1分子乙酰CoA进入三羧酸循环和氧化磷酸化可以产生，1+2.5×3+1.5×1=10分子ATP。三羧酸循环是有氧氧化的第三个阶段。

因此，1分子葡萄糖有氧氧化过程产生能量可以这样计算，5或7（第一阶段）+2.5×2（第二阶段）+10×2（第三阶段）=30或32分子ATP。葡萄糖有氧氧化产生的能量计算见表8-4。

表8-4 葡萄糖有氧氧化产生的能量计算

阶段	底物	产物	酶	ATP
糖酵解途径产生5或7ATP	葡萄糖	葡萄糖-6-磷酸	己糖激酶	−1
	果糖-6-磷酸	果糖-1,6-二磷酸	磷酸果糖激酶	−1
	甘油醛-3-磷酸	甘油酸-1,3-二磷酸	甘油醛-3-磷酸脱氢酶	2NADH（+3或+5 ATP）
	甘油酸-1,3-二磷酸	甘油酸-3-磷酸	磷酸甘油酸激酶	+2
	磷酸烯醇式丙酮酸	丙酮酸	丙酮酸激酶	+2
丙酮酸氧化脱羧产生5ATP	丙酮酸	乙酰CoA	丙酮酸脱氢酶复合体	2NADH（+5 ATP）

续表

阶段	底物	产物	酶	ATP
三羧酸循环产生 20ATP	异柠檬酸	α-酮戊二酸	异柠檬酸脱氢酶	2NADH(+5 ATP)
	α-酮戊二酸	琥珀酰 CoA	α-酮戊二酸脱氢酶复合体	2NADH(+5 ATP)
	琥珀酰 CoA	琥珀酸	琥珀酰 CoA 合成酶	+2
	琥珀酸	延胡索酸	琥珀酸脱氢酶	$2FADH_2$(+3 ATP)
	苹果酸	草酰乙酸	苹果酸脱氢酶	2NADH(+5 ATP)
葡萄糖有氧氧化产生 ATP 总计为:30 或 32ATP				

例题

三羧酸循环中，α-酮戊二酸脱氢氧化生成琥珀酸。在有氧条件下，1分子 α-酮戊二酸氧化将生成（　　）分子 ATP。

A. 1　　B. 2.5　　C. 3　　D. 3.5

解析

这是关于三羧酸循环部分代谢步骤中能量的计算问题。由 α-酮戊二酸脱氢氧化生成琥珀酸，这个过程涉及两个代谢步骤，首先是：①α-酮戊二酸脱氢酶复合体催化 α-酮戊二酸氧化脱羧生成琥珀酰 CoA。接着是：②琥珀酰 CoA 合成酶催化琥珀酰 CoA 转化为琥珀酸。①中生成1分子 NADH，经呼吸链传递可偶联产生 2.5分子 ATP。②是一步底物水平磷酸化反应，产生1分子 ATP。

答案

D

知识点 12 三羧酸循环的调节

在三羧酸循环中存在着3个不可逆反应，可能是潜在的调节部位。①柠檬酸合酶，柠檬酸合酶催化三羧酸循环中的第一步反应，柠檬酸合酶是三羧酸循环的限速酶。ATP、NADH 和琥珀酰 CoA 是柠檬酸合酶的抑制剂；乙酰 CoA 和草酰乙酸浓度较高，可激活该酶的活性。②异柠檬酸脱氢酶，异柠檬酸脱氢酶催化三羧酸循环中的第三步反应，此反应是三羧酸循环的限速步骤。哺乳动物的异柠檬酸脱氢酶受到 Ca^{2+} 和 ADP 的别构激活，能增加该酶对底物的亲和力，ATP 和 NADH 是异柠檬酸脱氢酶的抑制剂。③α-酮戊二酸脱氢酶复合体，

α-酮戊二酸脱氢酶复合体催化三羧酸循环中的第四步反应，此反应也是三羧酸循环的限速步骤。ATP、NADH 和琥珀酰 CoA 是 α-酮戊二酸脱氢酶复合体的抑制剂。

例题

柠檬酸合酶催化乙酰 CoA 与草酰乙酸缩合形成柠檬酸是三羧酸循环的重要控制点，ATP 对柠檬酸合酶的调节作用属于（　　）。

A. 别构效应　　B. 不可逆抑制　　C. 共价修饰　　D. 竞争性抑制

解析

ATP 是柠檬酸合酶的抑制剂，由于 ATP 结合到该酶的一个特殊的调控部位上，ATP 对柠檬酸合酶的调节属于别构效应调节。

答案

A

知识点 13 三羧酸循环的生物学意义

在有氧氧化的三个阶段，1 分子葡萄糖通过糖酵解途径产生 5 或 7 分子 ATP；丙酮酸氧化脱羧反应产生 5 分子 ATP；而三羧酸循环是有氧氧化的第 3 阶段，产生的能量最多，生成 20 分子 ATP。由此可见，三羧酸循环是有机体获得生命活动所需能量的主要途径。

三羧酸循环中形成的多种中间产物可参与其他代谢途径，而其他代谢途径产物最终通过三羧酸循环氧化成 CO_2 和 H_2O，并释放能量。例如，三羧酸循环的起始物乙酰 CoA 由糖的氧化分解产生，也可由甘油、脂肪酸和氨基酸氧化分解产生。还例如，α-酮戊二酸及草酰乙酸等循环过程的中间物可转变成某些氨基酸，而许多氨基酸分解的产物又是三羧酸循环的中间产物，可经糖异生变成糖或者甘油。因此，三羧酸循环是糖、脂、蛋白质等物质代谢和转化的中心枢纽。

例题

简述三羧酸循环的生物学意义。

答案

总结起来主要有两方面，一是能量的提供，二是物质代谢的枢纽。

①为机体提供了大量的能量。1分子葡萄糖经过糖酵解、三羧酸循环和呼吸链氧化后，可产生 30 或 32 个分子 ATP，其中三羧酸循环提供 20 分子 ATP。②三羧酸循环的起始物乙酰 CoA 可由糖的氧化分解产生，也可由甘油、脂肪酸和氨基酸氧化分解产生。三羧酸循环是糖、蛋白质和脂肪在体内彻底氧化的共同途径，是糖代谢、蛋白质代谢以及脂肪代谢联络的枢纽。

知识点 14 三羧酸循环代谢回补途径

三羧酸循环中形成的中间产物能用于其他代谢途径，从而导致三羧酸循环的中间产物需要不断补充更新。三羧酸循环代谢回补途径有：①丙酮酸形成草酰乙酸，丙酮酸羧化酶以生物素和二价金属离子（Mg^{2+}）作为辅基，由 ATP 提供能量，催化丙酮酸固定 CO_2 形成草酰乙酸。②丙酮酸形成苹果酸，苹果酸酶在 NADH + H^+ 提供还原力的情况下催化丙酮酸还原羧化形成苹果酸。③磷酸烯醇式丙酮酸形成草酰乙酸，磷酸烯醇式丙酮酸是高能磷酸化合物，在磷酸烯醇式丙酮酸羧激酶催化下，可转变形成草酰乙酸，同时释放 1 分子 GTP。此外，天冬氨酸及谷氨酸通过转氨作用形成草酰乙酸和 α-酮戊二酸。通过这些回补途径，三羧酸循环的中间产物能够得到及时补充，保证三羧酸循环的正常运转。

例题

由于三羧酸循环的中间代谢产物用作氨基酸生物合成，导致体内草酰乙酸的缺乏。生物体是如何及时补充草酰乙酸以保证三羧酸循环的运转?

答案

生物体内存在丙酮酸羧化酶催化丙酮酸生成草酰乙酸，这是一条主要的回补途径。植物和细菌中还存在磷酸烯醇式丙酮酸羧激酶，催化磷酸烯醇式丙酮酸生成草酰乙酸。这样从回补反应中产生草酰乙酸，三羧酸循环能继续运转。

知识点 15 乙醛酸循环

三羧酸循环中每进入一个乙酰 CoA，即 2 个碳原子进入循环，又有 2 个碳原子以 CO_2 形式离开循环，即使离开的 2 个碳原子不是刚刚进入循环的那 2 个碳原子。在动物体内，乙酰 CoA 不能通过三羧酸循环净合成草酰乙酸，而草酰乙酸可作为非糖物质合成糖的前体，所以乙酰 CoA 不能净合成葡萄糖。在植物和微生物中却存在着一个可以由乙酰 CoA 生成草酰乙酸的生物合成途径，乙醛酸循环，见图 8-5。乙醛酸循环的命名来自该途径的中间代谢产物乙醛酸。

乙醛酸循环可分为 5 步反应，其中有 3 步反应与三羧酸循环完全一样。不同的是，乙醛酸循环中有两个关键酶，异柠檬酸裂合酶和苹果酸合酶。异柠檬酸裂合酶的催化下异柠檬酸裂解生成乙醛酸和琥珀酸，乙醛酸在苹果酸合酶的催化下与乙酰 CoA 缩合生成苹果酸。乙醛酸循环中生成的四碳二羧酸，如琥珀酸和苹果酸仍可返回三羧酸循环中。所以乙醛酸循环可以说是三羧酸循环的一个支路。

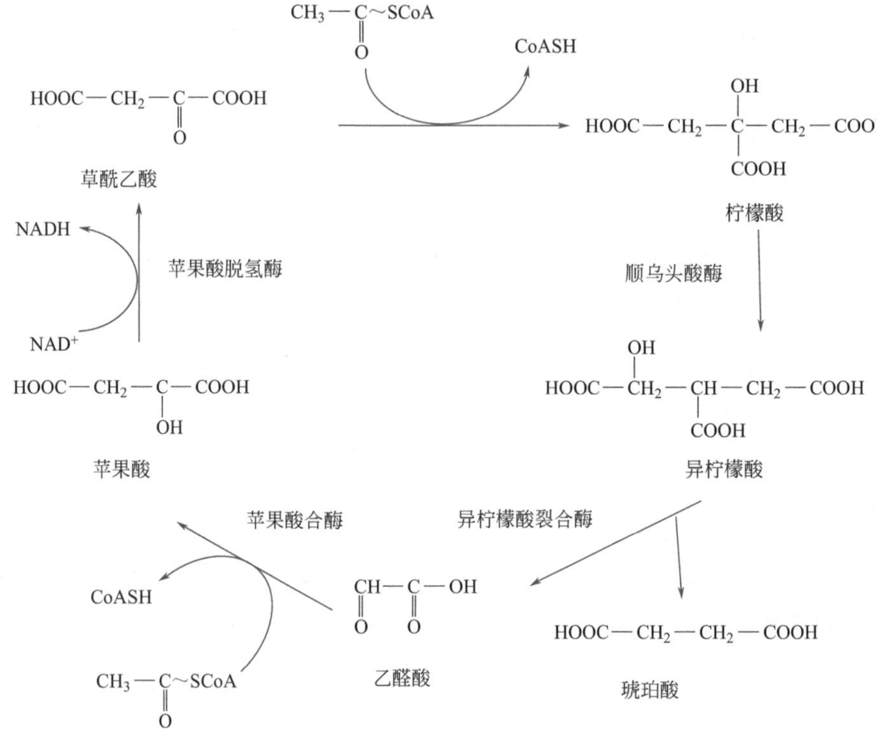

图 8-5 乙醛酸循环

乙醛酸循环的总反应式是：

$$2\text{乙酰 CoA}+2NAD^{+}+FAD \longrightarrow \text{草酰乙酸}+2CoASH+2NADH+2H^{+}+FADH_2$$

从总反应式可以看出，在乙醛酸循环中乙酰 CoA 中的碳原子并没有以 CO_2 形式释放，而是净合成了 1 分子草酰乙酸，草酰乙酸正是合成葡萄糖的前体。所以乙醛酸循环在植物和微生物等生物的代谢中起着重要的作用。例如酵母可以在乙醇中生长，因为酵母细胞可以将乙醇氧化成乙酰 CoA，乙酰 CoA 经乙醛酸循环能生成草酰乙酸。同样一些微生物可以在乙酸中生长也是由于这些微生物可以通过乙醛酸循环合成糖的前体。

例题

为什么说乙醛酸循环是三羧酸循环的一个支路？

答案

主要是因为乙醛酸循环与三羧酸循环存在一些共同的酶和反应，包括：第 1 步反应，柠檬酸合酶催化乙酰 CoA 与草酰乙酸缩合形成柠檬酸；第 2 步反应，顺乌头酸酶催化柠檬酸转化成异柠檬酸；第 5 步反应，苹果酸脱氢酶催化苹果酸氧化生成草酰乙酸。第 3 步和第 4 步反应由乙醛酸循环特有的关键酶异柠檬酸裂合酶和苹果酸合酶催化。此外，乙醛酸循环中生成的四碳二羧酸，如琥珀酸和苹果酸仍可返回三羧酸循环中。

第四节 磷酸戊糖途径

知识点 16 磷酸戊糖途径的反应过程

如果向某组织中添加糖酵解抑制剂，葡萄糖仍能消耗。实验结果表明，糖酵解虽然是糖分解的主要途径，但不是唯一途径。与糖酵解途径不同，这个途径涉及几个磷酸戊糖的相互转化，称为**磷酸戊糖途径**，是动物、植物和微生物细胞内普遍存在的一条重要的葡萄糖分解途径，发生在细胞质中。磷酸戊糖途径可以分为氧化阶段和非氧化阶段，见图 8-6。

（1）氧化阶段

葡萄糖-6-磷酸脱氢酶（辅酶是 $NADP^+$）催化葡萄糖-6-磷酸脱氢生成葡萄糖酸-6-磷酸内酯，$NADP^+$ 被还原生成 NADPH。生成的葡萄糖酸-6-磷酸内酯在内酯酶催化下水解为葡萄糖酸-6-磷酸。最后，葡萄糖酸-6-磷酸脱氢酶（辅酶是 $NADP^+$）催化葡萄糖酸-6-磷酸氧化脱羧生成核酮糖-5-磷酸和 CO_2。氧化阶段，有三个酶参与反应，其中两个脱氢酶的辅酶是 $NADP^+$，还原生成 NADPH。因此，氧化阶段最重要的作用是提供 NADPH。

（2）非氧化阶段

核酮糖-5-磷酸在差向异构酶催化下形成木酮糖-5-磷酸，在异构酶催化下形成核糖-5-磷

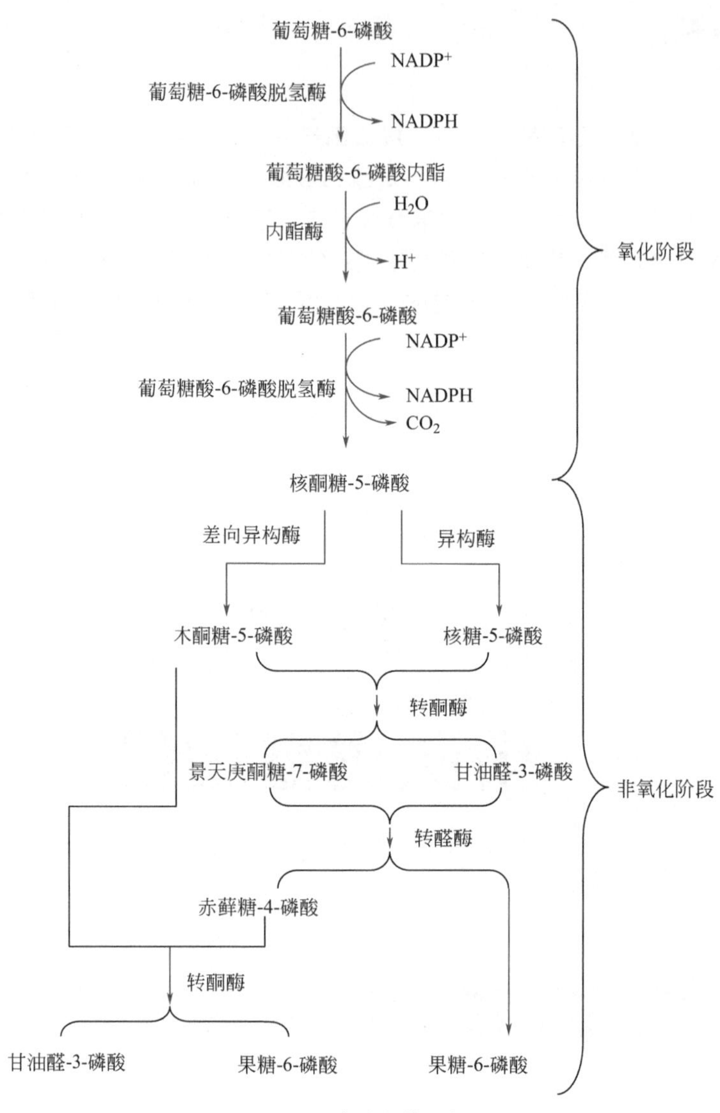

图 8-6 磷酸戊糖途径

酸。木酮糖-5-磷酸和核糖-5-磷酸通过转酮酶形成景天庚酮糖-7-磷酸和甘油醛-3-磷酸。接着这两种产物经转醛酶催化形成果糖-6-磷酸和赤藓糖-4-磷酸。再经过转酮反应，赤藓糖-4-磷酸和木酮糖-5-磷酸转化形成果糖-6-磷酸和甘油醛-3-磷酸，它们可以进入糖酵解途径，也可以进入糖异生途径生成葡萄糖。

例题

下列哪一种酶作用时需要 $NADP^+$（　　）?

A. 磷酸果糖激酶　　B. 3-磷酸甘油醛脱氢酶

C. 丙酮酸脱氢酶　　D. 葡萄糖-6-磷酸脱氢酶

解析

磷酸戊糖途径可以分为氧化阶段和非氧化阶段。葡萄糖-6-磷酸转变为葡萄糖酸-6-磷酸的反应属于氧化阶段，在葡萄糖-6-磷酸脱氢酶催化下完成，该酶的辅酶是 $NADP^+$。

答案

D

知识点17 磷酸戊糖途径的生理意义

非氧化阶段最后生成的果糖-6-磷酸很容易转变为葡萄糖-6-磷酸。因此，磷酸戊糖途径总反应式为：

$$6\text{葡萄糖-6-磷酸}+12NADP^{+}+7H_2O \longrightarrow 5\text{葡萄糖-6-磷酸}+6CO_2+12NADPH+12H^{+}$$

磷酸戊糖途径主要生理意义有：①提供 NADPH，在整个反应过程中，脱氢酶的辅酶不是 NAD^+ 而是 $NADP^+$，产生了 NADPH，NADPH 主要用于还原（加氢）反应，为细胞提供还原力。例如脂肪酸和固醇类物质合成需要还原力 NADPH。此外，NADPH 能够使红细胞中还原谷胱甘肽再生，对维持其还原性有重要作用。②提供核糖-5-磷酸，磷酸戊糖途径中产生的核糖-5-磷酸，是核酸生物合成的原料，同时核酸的降解产物也需要通过磷酸戊糖途径进一步分解。因此，在动物肝脏、骨髓、脂肪、泌乳期的乳腺、红细胞等组织，磷酸戊糖途径旺盛。此外，在磷酸戊糖途径的非氧化阶段，涉及糖分子的重新组合，产生一系列中间产物 C3、C4、C5、C6 和 C7，这些与光合作用的许多中间产物相同，磷酸戊糖途径是植物光合作用中从 CO_2 合成葡萄糖的部分途径。

例题

NADPH 能为合成代谢提供还原力，NADPH 中的氢主要来自（　　）。

A. 糖酵解　　B. 三羧酸循环

C. 磷酸戊糖途径　　D. 糖异生

解析

磷酸戊糖途径可产生 NADPH 和核糖-5-磷酸，其中产生的 NADPH，主要用于还原（加氢）反应，为细胞提供还原力。

答案

C

第五节 糖异生

知识点18 糖异生途径

非糖物质合成葡萄糖的过程，称为糖异生。糖异生并非是糖酵解的逆转，糖酵解中丙酮酸激酶、磷酸果糖激酶和己糖激酶催化的三个反应是不可逆转的，需要消耗能量走另外途径，或由其他的酶催化，来克服这三个不可逆反应带来的能障。具体反应途径如下。

（1）丙酮酸转变为磷酸烯醇式丙酮酸

丙酮酸羧化酶以生物素作为辅基，由 ATP 提供能量，催化丙酮酸固定 CO_2 形成草酰乙酸，这是一步不可逆反应。生成的草酰乙酸在磷酸烯醇式丙酮酸羧激酶催化下脱羧形成磷酸烯醇式丙酮酸，由 GTP 提供能量。

$$CH_3—\underset{\underset{O}{\|}}{C}—COOH \xrightarrow[\text{丙酮酸羧化酶}]{CO_2,\ ATP \rightarrow ADP} HOOC—CH_2—\underset{\underset{O}{\|}}{C}—COOH$$

丙酮酸 → 草酰乙酸

草酰乙酸 $\xrightarrow[\text{磷酸烯醇式丙酮酸羧激酶}]{GTP \rightarrow GDP,\ -CO_2}$ 磷酸烯醇式丙酮酸

$$\begin{array}{l} COOH \\ | \\ C—O—Ⓟ \\ \| \\ CH_2 \end{array}$$

（2）果糖-1,6-二磷酸水解生成果糖-6-磷酸

由于糖酵解途径中，果糖-6-磷酸转变为果糖-1,6-二磷酸的反应是不可逆的，所以糖异生途径中，需要借助果糖-1,6-二磷酸的水解，脱去磷酸生成果糖-6-磷酸。

果糖-1,6-二磷酸 $+H_2O$ —果糖-1,6-二磷酸酶→ 果糖-6-磷酸 $+Pi$

（3）葡萄糖-6-磷酸水解生成葡萄糖

同样，由于糖酵解途径中，葡萄糖转变为葡萄糖-6-磷酸的反应是不可逆的，所以糖异生途径中，需要借助葡萄糖-6-磷酸的水解，脱去磷酸生成葡萄糖。

葡萄糖-6-磷酸 $+H_2O$ —葡萄糖-6-磷酸酶→ 葡萄糖 $+Pi$

除了上述三个反应途径不可逆外，糖酵解和糖异生过程中有许多中间代谢物是相同的，一些催化反应的酶也是一样的。所以糖酵解中 7 步可逆反应只要改变反应的方向就成为糖异生反应。

糖异生总反应式为：

2 丙酮酸 $+4ATP+2GTP+2NADH+2H^{+}+6H_2O \longrightarrow$ 葡萄糖 $+4ADP+2GDP+6Pi+2NAD^{+}$

例题

糖异生过程中哪一种酶代替糖酵解的己糖激酶（　　）？

A. 磷酸烯醇式丙酮酸羧激酶　　B. 果糖二磷酸酶

C. 丙酮酸羧化酶　　D. 葡萄糖-6-磷酸酶

解析

糖酵解中丙酮酸激酶、磷酸果糖激酶和己糖激酶催化的三个反应是不可逆的，糖异生过程需要克服这些反应。糖异生过程借助葡萄糖-6-磷酸酶催化葡萄糖-6-磷酸水解生成葡萄糖，代替了己糖激酶催化反应。

答案

D

知识点19 糖异生的调节

糖异生途径中，果糖-1,6-二磷酸酶催化果糖-1,6-二磷酸水解生成果糖-6-磷酸，是糖异生的关键酶。当葡萄糖含量丰富时，激素调节使得果糖-1,6-二磷酸酶受到抑制，糖异生过程减弱。糖酵解途径中，高浓度葡萄糖-6-磷酸，即葡萄糖-6-磷酸不能快速代谢时，己糖激酶被葡萄糖-6-磷酸抑制，糖酵解过程减弱。而作为相反途径的糖异生作用能够因葡萄糖-6-磷酸的累积而得到促进。糖酵解和糖异生代谢过程的协调控制，在满足机体对能量的需求和维持血糖恒定方面具有重要的生理意义。

丙酮酸羧化酶是糖异生途径的另一调节酶，其活性受到乙酰 CoA 和 ATP 的激活，受 ADP 抑制。

例题

糖酵解和糖异生在细胞中是两个相反的代谢途径，同时又是协调的。请判断对错。

解析

高浓度葡萄糖-6-磷酸抑制糖酵解，而促进糖异生过程。糖异生的关键调控酶是果糖-1,6-二磷酸酶，糖酵解的关键调控酶是磷酸果糖激酶。糖酵解和糖异生的控制点是果糖-6-磷酸和果糖-1,6-二磷酸的转化。这两个代谢途径，一个开放，另一个就关闭，避免无效循环。

答案

对。

知识点20 糖异生途径的前体

①生成丙酮酸的物质，凡是能生成丙酮酸的物质都可以作为糖异生途径的前体合成葡萄糖。例如，三羧酸循环的中间物柠檬酸、α-酮戊二酸和苹果酸等。能转变生成 α-酮戊二酸和草酰乙酸同样也作为糖异生途径的前体。②生糖氨基酸，例如，丙氨酸、谷氨酸和天冬氨酸。③甘油，甘油是脂肪水解的产物，可以通过转变为磷酸二羟丙酮后转变生成葡萄糖。④乳酸，乳酸因乳酸脱氢酶催化形成丙酮酸，作为糖异生途径的前体。

例题

不能经糖异生合成葡萄糖的物质是（　　）。

A. α-磷酸甘油　　B. 丙酮酸　　C. 乳酸　　D. 乙酰 CoA

解析

在动物体内，乙酰 CoA 不能通过三羧酸循环净合成草酰乙酸，而草酰乙酸可作为非糖物质合成糖的前体，所以乙酰 CoA 不能净合成葡萄糖。

答案

D

知识点 21 糖异生的生理学意义

由于外界供给的糖以及细胞内储存的糖都是有限的，大多数生物都有一个生物合成葡萄糖的途径。糖异生途径具有重要的生理意义。

①当组织或细胞缺乏葡萄糖时，迅速合成葡萄糖，满足组织或细胞（特别是脑和红细胞）对糖的需要。②当饥饿或剧烈运动时，造成糖原的下降，血糖浓度降低。通过糖异生途径，乳酸、生糖氨基酸和甘油能够重新生成葡萄糖，这对于维持血糖浓度稳定十分重要。③植物种子萌发，动物冬眠过程中糖异生途径活跃。

例题

动物饥饿时，其肝细胞主要糖代谢途径是（　　）。

A. 糖异生　　B. 糖酵解　　C. 糖有氧氧化　　D. 糖原分解

解析

当饥饿或剧烈运动时，造成糖原的下降，血糖浓度降低，机体需要进行糖的合成代谢。在这些选项中，只有 A 选项是葡萄糖的合成代谢途径。

答案

A

知识点 22 乳酸循环

在无氧条件下，由葡萄糖转化为乳酸的过程称为乳酸发酵。乳酸发酵不仅对厌氧生物是必要的，而且对需氧生物也具有重要意义。剧烈运动造成了暂时缺氧，肌肉组织糖酵解途径产生的丙酮酸转变为乳酸。运动需要的能量主要来自乳酸发酵。乳酸发酵会造成乳酸的堆积，而乳酸就是让肌肉产生“酸疼”的物质。但大家都会有这种感觉，就是剧烈运动过后一段时间内酸疼感就会消除。这主要是体内存在乳酸循环的缘故。

乳酸循环由 Cori 夫妇发现并阐明了循环过程。因此，也称为 Cori 循环。乳酸发酵产生的乳酸通过细胞膜弥散进入血液后，再经血液转运到肝脏，乳酸在肝脏内通过乳酸脱氢酶催化重新氧化生成丙酮酸，丙酮酸作为糖异生的前体能够合成葡萄糖。葡萄糖进入血液形成血糖，后又被转运到肌肉组织，这就构成了一个循环，肌肉-肝脏-肌肉，见图 8-7。乳酸循环属于葡萄糖合成途径，是一个耗能的过程，2 分子乳酸生成葡萄糖需消耗 6 分子 ATP。这些 ATP 需要增加有氧氧化代谢过程来供给，增加的有氧氧化需要额外的氧气。这就是剧烈运动过后往往要急促呼吸，需要更多的氧气，也被称还“氧债”。

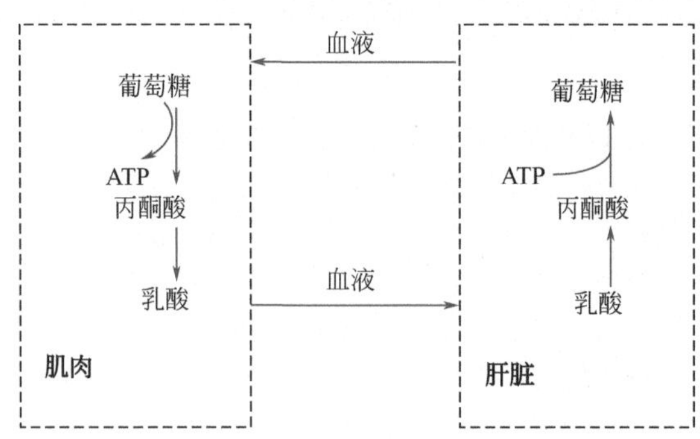

图 8-7 乳酸循环

例题

有关乳酸循环的描述，哪项是不正确的（　　）？

A. 肌肉产生的乳酸经血液循环至肝后糖异生为糖

B. 乳酸循环的生理意义是避免乳酸损失和因乳酸过多引起的酸中毒

C. 乳酸循环的形成是一个耗能过程

D. 乳酸在肝脏形成，在肌肉内糖异生为葡萄糖

解析

糖异生发生的场所是肝脏，选项 D 表述肌肉内糖异生为葡萄糖，不正确。

答案

D

第六节 / 糖原的合成与分解

知识点 23 糖原的合成

糖原具有高度分支结构，由葡萄糖通过 α-1, 4 糖苷键以及 α-1, 6 糖苷键连接而成。糖原合成的过程就是葡萄糖之间如何连接，以及分支如何形成的过程。首先是葡萄糖的活化，葡萄糖通过血液运转到肝细胞中，在己糖激酶催化下形成葡萄糖-6-磷酸，再通过变位酶葡萄糖-6-磷酸转变为葡萄糖-1-磷酸，在 UDP-葡萄糖焦磷酸化酶催化下葡萄糖-1-磷酸形成 UDP-葡萄糖，结构式见图 8-8。

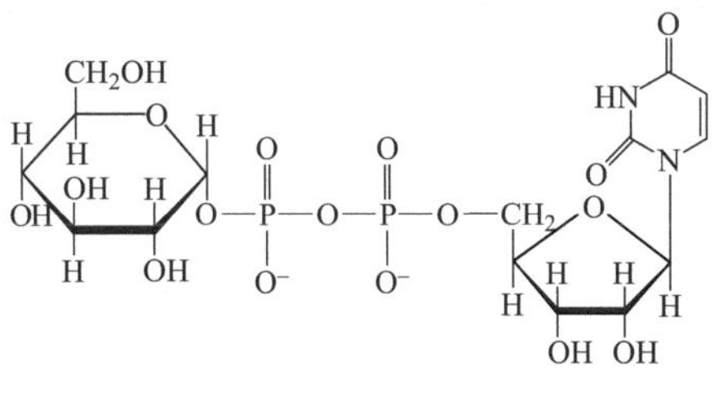

图 8-8　UDP-葡萄糖（UDPG）的化学结构

UDP-葡萄糖是葡萄糖的活化形式，是糖原合成的底物。在糖原合酶催化下，UDP-葡萄糖中的葡萄糖残基通过 α-1, 4 糖苷键结合到已合成糖原（也称糖原引物）的非还原端，见图 8-9。糖原合酶催化的糖原合成方式又称尾部合成方式，即需要一个葡萄糖基的引物。最后，由分支酶催化 α-1, 6 糖苷键形成，合成有分支的糖原。

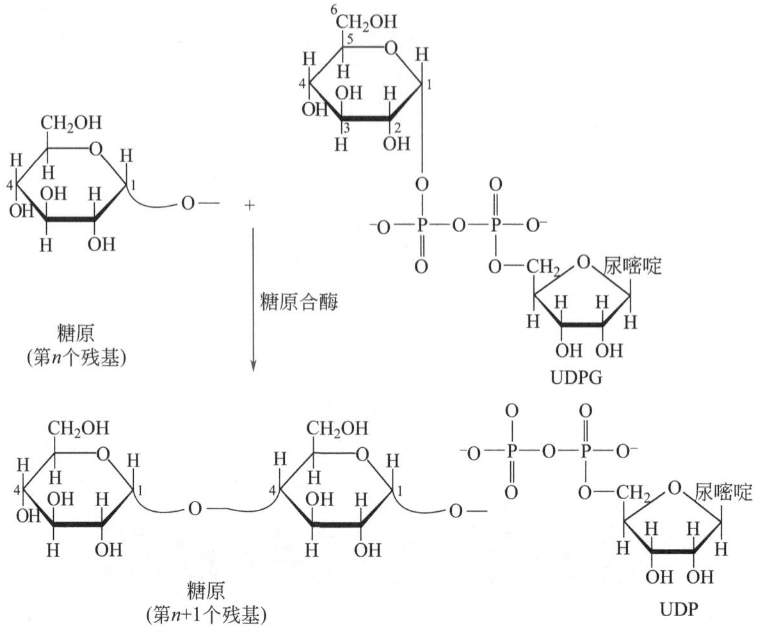

图 8-9 糖原的合成

例题

需要引物分子参与生物合成反应的有（　　）。

A. 酮体生成　　B. 脂肪合成　　C. 糖异生合成葡萄糖　　D. 糖原合成

解析

糖原合成过程需要 UDP-葡萄糖焦磷酸化酶、糖原合酶和分支酶协同完成，其中糖原合酶是糖原合成的关键酶。糖原合酶催化糖原中单糖之间通过 α-1, 4 糖苷键连接，但是连接方式需要的是葡萄糖残基通过 α-1, 4 糖苷键结合到糖原引物的非还原端。

答案

D

知识点 24 糖原的分解

糖原是人和动物体内的储存多糖，具有高度分支结构。每一个分支由 10～14 个葡萄糖

残基通过 α-1, 4 糖苷键连接而成，分支处由 α-1, 6 糖苷键连接。催化糖原分解的酶主要包括：①糖原磷酸化酶，可以从糖原的非还原端连续地进行磷酸解，催化 α-1, 4 糖苷键磷酸解断裂，释放出葡萄糖-1-磷酸，直至距 α-1, 6 糖苷键的分支点还剩下 4 个葡萄糖残基时停止。②转移酶，催化寡聚葡萄糖片段转移，把连接在分支点上的 4 个葡萄糖残基中的葡聚三糖（3 个葡萄糖残基），转移到同一个分支点的另一个葡聚四糖（4 个葡萄糖残基）的末端，这样的结果是，分支处只留下一个由 α-1, 6 糖苷键连接的葡萄糖残基。③脱支酶，催化 α-1, 6 糖苷键水解断裂，将分支处剩余的一个葡萄糖残基水解，除去糖原分支，见图 8-10。

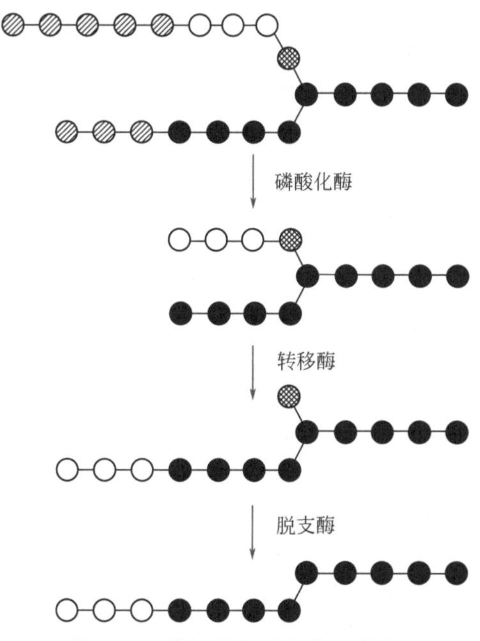

图 8-10　糖原分解过程的示意图

例题

为什么糖原的分解主要是磷酸解，而不是水解？

答案

糖原分解主要由三种酶共同完成，糖原磷酸化酶主要负责 α-1, 4 糖苷键断裂，采用的是磷酸解；转移酶主要负责葡萄糖片段转移；脱支酶催化 α-1, 6 糖苷键断裂，采用的是水解。其中糖原磷酸化酶是最主要的糖原分解酶。糖原磷酸化酶催化 α-1, 4 糖苷键磷酸解，结果是生成葡萄糖-1-磷酸，而葡萄糖-1-磷酸可在变位酶的作用下转变为葡萄糖-6-磷酸，不需要消耗能量，进入糖酵解。假设糖原磷酸化酶采用水解，结果生成的是葡萄糖，葡萄糖转变为葡萄糖-6-磷酸，需要消耗能量，进入糖酵解。因此糖原的分解主要是磷酸解，而不是水解，主要原因是减少能量消耗。

第七节 血糖及其调节

知识点25 血糖的来源与去路

血糖是指血液中葡萄糖的含量。血糖的来源有：①外界食物中糖成分的消化吸收。②空腹时血糖可直接来自肝糖原的分解。③糖异生途径可生成葡萄糖，这种情况是长期饥饿时的血糖来源。

血糖的去路：①转运到各组织细胞中氧化分解成二氧化碳和水，同时释放出大量能量。②转变成糖原形式，如进入肝脏变成肝糖原，进入肌肉细胞变成肌糖原。③转变为非糖物质，如脂肪和非必需氨基酸等。④转变为其他糖及其衍生物，如核糖和氨基糖等。

例题

为什么说肝脏是维持血糖浓度的重要器官？

答案

从血糖的来源与去路分析，血糖可直接来自肝糖原的分解，血糖进入肝脏进行肝糖原的合成。肝脏通过调节肝糖原的合成与分解，维持血糖浓度。此外，饥饿时肝脏是糖异生的重要器官。

知识点26 血糖水平的调节

血液中葡萄糖含量的正常范围是每 100mL 血液含 80～120mg 葡萄糖。血糖浓度的高低与糖原的分解和合成密切相关。糖原的分解与合成是调节葡萄糖浓度的两个相反过程，然而两过程之间不是互为可逆的反应。当机体能量充足，糖原的合成过程将葡萄糖储存起来；当机体能量不足，糖原分解释放葡萄糖。因此，糖原的合成与分解是对立统一的，共同维持着机体能量需求的变化。

糖原的分解和合成主要由磷酸化酶和糖原合酶控制，激素通过调节磷酸化酶和糖原合酶的活性协调糖原的分解和合成。

（1）肾上腺素抑制糖原合成和促进糖原分解的机制

机体血糖降低时，肾上腺素分泌增加，此时细胞内第二信使 cAMP 含量也相应增加。一方面，促使无活性的磷酸化酶激酶转变为有活性的磷酸化酶激酶，导致磷酸化酶 b（无活性）转变为磷酸化酶 a（有活性），磷酸化酶 a 作为糖原分解的关键酶，促进糖原的分解；另一方面，第二信使 cAMP 促使糖原合酶发生磷酸化而失去活性，最终抑制糖原的合成。见表 8-5。

表 8-5　糖原的分解和合成代谢途径调节血糖浓度

代谢途径	终产物	关键酶	意义
糖原分解	葡萄糖	磷酸化酶	升高血糖浓度（葡萄糖缺少时）
糖原合成	糖原	糖原合酶	降低血糖浓度（葡萄糖过量时）

（2）胰岛素降低血糖

机体血糖升高时，胰岛素分泌增加。胰岛素的作用主要包括以下两方面，一方面，促进糖原合成，包括肌糖原和肝糖原，胰岛素通过去磷酸化而使糖原合酶具有活性，最终促进糖原的合成；另一方面，促使磷酸化酶激酶和磷酸化酶 a 去磷酸化而导致失去活性，最终抑制糖原的分解。

例题

降低血糖的激素是（　　）。

A. 胰高血糖素　　B. 肾上腺素　　C. 甲状腺素　　D. 胰岛素

解析

肝脏中糖原代谢主要受胰高血糖素的调控，肌肉中糖原代谢主要受肾上腺素的调控。胰高血糖素和肾上腺素的作用机制都是抑制糖原合成和促进糖原分解，也称升高血糖的激素。甲状腺素可促进糖异生及糖原分解，也是升高血糖的激素。胰岛素主要作用是刺激糖原的合成，是降低血糖的激素。

答案

D

知识点 27 血糖水平的异常

血糖水平低于 60% ~ 70%可能出现低血糖症。血糖水平高于 160% ~ 180%可从尿中排出，当尿中有明显的葡萄糖或其他糖类出现时，一般有生理性、先天性和病理性三种情况。生理性糖尿是暂时性变化而引起的，如饮食性糖尿因食糖过多，血糖含量超过肾糖量而发生，妊娠性糖尿在女性怀孕后的第三十周左右，由于脑垂体功能增高，致糖尿激素增加所致。先天性糖尿是遗传上的缺陷，身体缺乏某种糖代谢必需的酶所致。病理性糖尿，如糖尿病。

正常情况下，摄入含糖食物后，血液中葡萄糖含量升高，导致葡萄糖-6-磷酸浓度升高，而葡萄糖-6-磷酸浓度受到胰高血糖素和胰岛素的拮抗作用，即血糖升高刺激胰高血糖素分泌减少，而胰岛素分泌增加，胰岛素可促进葡萄糖进入组织细胞，刺激肝脏和肌肉合成糖原，降低了血糖。糖尿病是由于胰岛素缺乏或其受体异常，葡萄糖不能正常进入组织细胞中，同时由于胰高血糖素浓度超过胰岛素浓度，而加速糖原的分解。胰岛素缺乏而使病人在空腹时每 100mL 血液葡萄糖超过 120mg，产生高血糖和糖尿。糖代谢的紊乱，使脂类代谢及蛋白质代谢都受到损害。这是由于糖尿病患者不能正常地利用葡萄糖作为燃料产生能量，糖分解降低，转而导致脂肪代谢增高，产生过多酮体，可引起酸中毒；病情严重时，组织蛋白的分解增加，尿中氮量增加，G/N 值判断糖尿病的病情，达 3.65 时近于死亡。

例题

哪一项不是胰岛素的作用（　　）。

A. 促进肌肉、脂肪组织的细胞对葡萄糖的吸收

B. 促进肝糖异生作用

C. 增强磷酸二酯酶活性，降低 cAMP 水平，抑制糖原分解

D. 激活丙酮酸脱氢酶，促进丙酮酸分解为乙酰 CoA

解析

胰岛素的作用是：①促进葡萄糖通过细胞膜，如 A 选项所述。②降低 cAMP 水平，促进糖原合成，抑制糖原分解，如 C 选项所述。③促进葡萄糖磷酸化，加快葡萄糖的氧化，如 D 选项所述。④抑制糖异生。

答案

B

知识网络框图

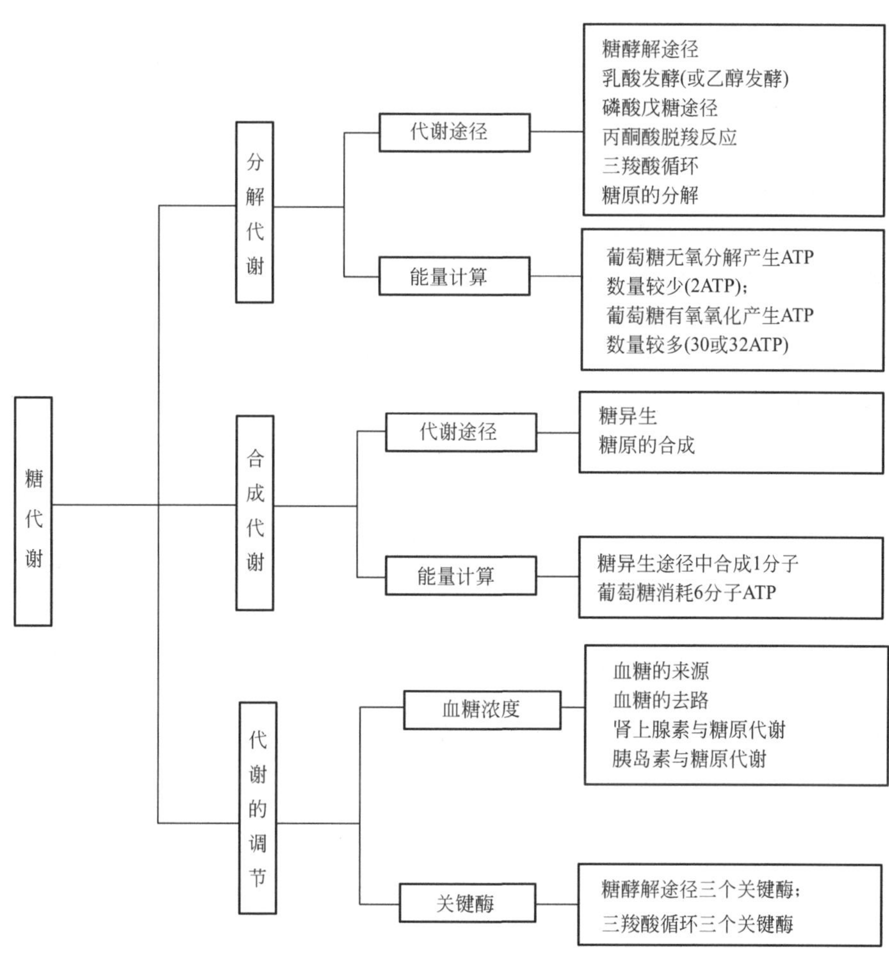

科学家希尔和迈尔霍夫发现肌肉收缩过程中糖原分解代谢产生一定量乳酸，从化学角度揭示生理活动是一系列化学反应，于 **1922** 年获得诺贝尔奖。科学家哈登和奥伊

勒·歇尔平因糖的发酵及其过程中酶的作用机制研究，于1929年获得诺贝尔奖。关于乳酸转化为糖原的过程，肌肉产生的乳酸通过血液运输到肝脏中，由乳酸脱氢酶转化为丙酮酸，通过糖异生转化为葡萄糖再运回到肌肉中，构成了一个循环（肌肉-肝脏-肌肉），这项工作由糖代谢研究领域著名学者卡尔·科里和格蒂·科里完成，此循环也称为科里（Cori）循环。这对伉俪夫妇因分离葡萄糖-1-磷酸，进行了糖原磷酸化酶的提取与性质分析，以及糖原代谢过程的研究，于1947年被授予诺贝尔生理学或医学奖。科里夫妇不仅在糖代谢领域的研究成绩斐然，得到科学家们的认可，俩人相濡以沫，不离不弃的爱情故事，更是后人学习的楷模。

糖代谢的各种途径中，三羧酸循环是代谢过程的中心环节。1953年，科学家克雷布斯因揭示三羧酸循环途径而获得诺贝尔生理学或医学奖。三羧酸循环的发现是多位科学家集体努力的结果，克雷布斯能够从众多零散的似乎无关联的代谢反应中整理出代谢通路，这表明科学研究需要敏锐的捕捉观察能力。费希尔和克雷布斯进行糖原磷酸化酶的研究，由于揭示磷酸化酶的两种形式的原因是结构的差异——磷酸化和去磷酸化，证实了在糖原合成过程中调节的可逆磷酸化机制，于1992年获得诺贝尔奖。

第九章

脂代谢

第一节 脂代谢概述

知识点1 脂代谢概述

脂是指生物系统中存在的不溶于水的有机化合物，化学组成和化学结构上有很大的差异。脂主要包括脂肪、磷脂和胆固醇。脂肪是脂的主要存在形式，为机体提供能量。脂肪的代谢包括脂肪酸和甘油的分解代谢与合成代谢。磷脂是构成生物膜的主要成分，磷脂的代谢包括甘油磷脂和鞘磷脂的分解代谢与合成代谢。胆固醇既是生物膜的构成成分，又是类固醇类激素等化合物的前体物质，胆固醇的代谢包括胆固醇的合成与转化。

例题

如果膳食中只有肉、蛋和蔬菜，完全排除脂类，会不会发生脂肪酸缺乏症?

解析

由于有些脂肪酸在体内不能合成或合成量不足，若膳食中完全排除脂类，会发生脂肪酸缺乏症。

知识点2 脂代谢的生物学意义

脂肪是脂类的主要存在形式，生物功能与糖相似，通过氧化分解产生能量供机体利用。例如，骆驼的驼峰储存的脂肪可以提供能量和代谢用水，保证骆驼能够在干旱的沙漠生存数天甚至几周。脂类的其他组分，如磷脂和胆固醇，是构成生物膜的重要结构组分。脂类代谢的中间产物萜类可转变成维生素 A、维生素 E 及维生素 K 等。脂类代谢若出现异常，则会出现相关疾病，如脂沉积症、酮体症、脂肪肝以及动脉粥样硬化等。

脂代谢在工业上具有重要的应用，在食品行业，脂肪酶水解食品中的脂肪能够影响食品风味。如脂肪酶作用于乳制品的脂肪，产生了脂肪酸，脂肪酸再进一步氧化产生丁酸、乙酸等，产生酸败现象。脂肪酸是肥皂、医药以及化工等行业生产的原料。另外，在石油开采中，利用某些微生物分解烷烃和石蜡的能力，可以增加石油产量。有些微生物能够将石油烃末端甲基氧化为伯醇，再氧化为醛，进一步氧化为脂肪酸，再经过 β-氧化分解，这些微生物可以处理大面积的海洋石油污染。

例题

生物体为什么要有两种储能物质——糖原和脂肪?

解析

相比较糖原，脂肪具有疏水性，使得它能够大量被储存，无水储存使得单位重量中储存的能量更多。但是脂肪不能替代糖原。糖原能够在维持血糖平衡方面发挥重要作用，主要是糖原动员分解产生葡萄糖-6-磷酸，在葡萄糖-6-磷酸酶的催化下，可以转化为葡萄糖，葡萄糖能够穿过细胞膜，补充血糖。而脂肪分解转化成糖，一方面，脂肪动员比较慢，另一方面，缺乏转化路径，即使脂肪动员分解甘油和脂肪酸，也只有甘油通过糖异生作用能够生成葡萄糖，而脂肪酸在动物体内不能生成葡萄糖。当人体需要能量提供的时候，首先消耗的是糖原，然后才是脂肪。相比较糖原这种储能物质，脂肪是一种后备能量储备。

第二节 脂肪的分解代谢

知识点 3 脂肪的动员

脂肪动员是指脂肪组织中的脂肪被脂肪酶水解为脂肪酸和甘油，并释放入血液供其他组织氧化利用的过程。脂肪的分解代谢是先从脂肪动员开始的，脂肪的结构见图 9-1。脂肪酸与蛋白质结合形成脂蛋白，以乳糜微粒（CM）、极低密度脂蛋白（VLDL）、低密度脂蛋白（LDL）和高密度脂蛋白（HDL）形式经血液循环输送到全身各组织，其中包括心脏、骨骼肌和肝脏等组织，在这些组织中的线粒体内，脂肪酸氧化释放出能量。甘油溶于水，直接由血液运送至肝、肾、肠等组织，主要在肝脏中经过糖异生途径转化为葡萄糖。脂肪动员受激素调控。胰高血糖素、肾上腺素、去甲肾上腺素、肾上腺皮质激素和甲状腺素等均能促进脂肪动员，因而称脂解激素，见图 9-2；胰岛素和前列腺素等可抑制脂肪动员，因而称抗脂解激素。由于糖尿病患者机体不能很好地利用葡萄糖，必须依赖脂肪酸氧化供能，以此加强脂肪动员。

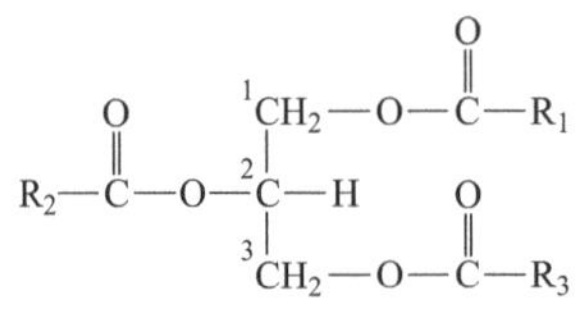

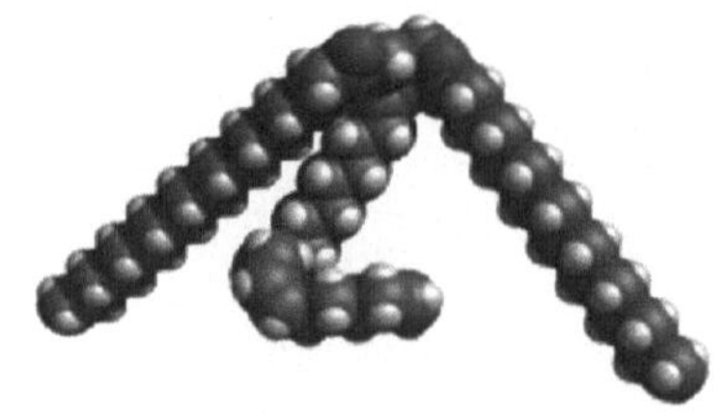

图 9-1 脂肪的化学结构与结构示意图

例题

脂肪动员指（　　）。

A. 脂肪组织中脂肪的合成

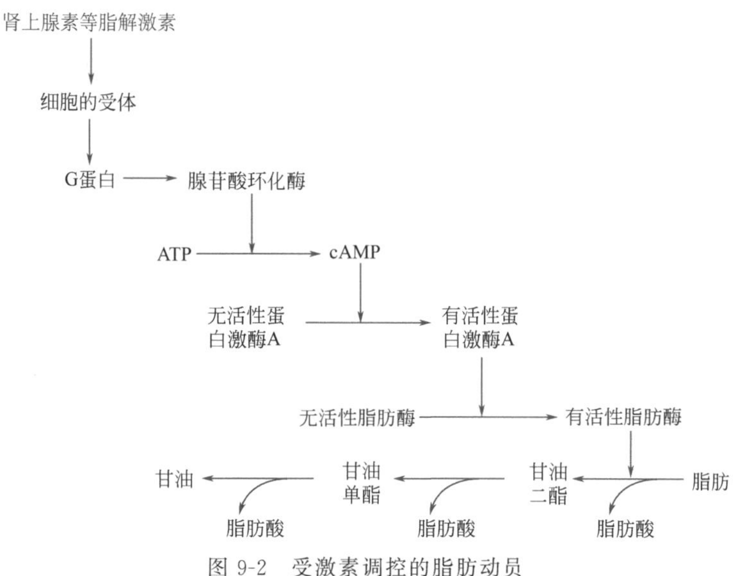

图 9-2　受激素调控的脂肪动员

B. 脂肪组织中脂肪的分解

C. 脂肪被脂肪酶水解为游离脂肪酸和甘油并释放入血液供其他组织利用

D. 脂肪组织中脂肪酸的合成及甘油的生成

解析

脂肪酸与血清蛋白结合，经血液循环到全身各组织摄取利用。甘油溶于水，直接由血液运送至肝、肾、肠等组织。

答案

C

知识点 4　甘油的转化

脂肪动员产生的甘油与糖代谢关系密切，甘油的转化过程见图 9-3。甘油首先在甘油激酶催化下形成 α-磷酸甘油，这个催化反应需要消耗 1 分子 ATP。α-磷酸甘油在 α-磷酸甘油脱氢酶（辅酶是 NAD^+）催化下形成磷酸二羟丙酮，NAD^+ 形成还原型 NADH 和 H^+。磷酸二羟丙酮既是糖酵解也是糖异生途径的中间代谢产物，磷酸二羟丙酮可以经过糖酵解形成丙酮酸，进入三羧酸循环而彻底氧化，也可经过糖异生途径生成葡萄糖。

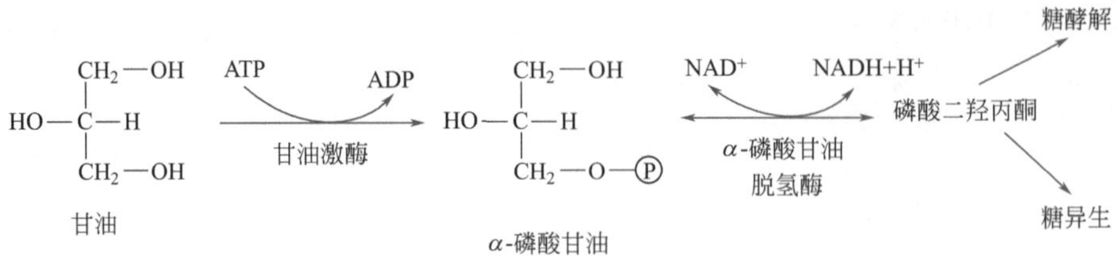

$$\underset{\text{甘油}}{\begin{matrix} CH_2-OH \\ | \\ HO-C-H \\ | \\ CH_2-OH \end{matrix}} \xrightarrow[\text{甘油激酶}]{ATP \quad ADP} \underset{\alpha\text{-磷酸甘油}}{\begin{matrix} CH_2-OH \\ | \\ HO-C-H \\ | \\ CH_2-O-Ⓟ \end{matrix}} \xrightleftharpoons[\alpha\text{-磷酸甘油脱氢酶}]{NAD^+ \quad NADH+H^+} \text{磷酸二羟丙酮} \begin{cases} \nearrow \text{糖酵解} \\ \searrow \text{糖异生} \end{cases}$$

图 9-3 甘油的转化过程

例题

1分子甘油彻底氧化产生 ATP 的数目是多少？（假设利用磷酸甘油穿梭系统。）

解析

甘油首先在甘油激酶催化下形成 α-磷酸甘油，这个催化反应需要消耗 1 分子 ATP（-1）。α-磷酸甘油在 α-磷酸甘油脱氢酶催化下形成磷酸二羟丙酮，NAD^+ 形成还原型 NADH 和 H^+，这个反应发生在细胞质中，涉及线粒体外 NADH 转运到线粒体内（见第 7 章知识点 9）。由题可知，利用磷酸甘油穿梭系统，即细胞质的 NADH 通过磷酸甘油穿梭系统进入 $FADH_2$ 呼吸链，$FADH_2$ 呼吸链形成 1.5个 ATP（+1.5）。磷酸二羟丙酮可以经过糖酵解形成丙酮酸（+3.5ATP），丙酮酸进入三羧酸循环氧化（+12.5ATP）。经计算，共产生 16.5分子 ATP。

答案

16.5。

知识点 5 脂肪酸的活化与转运

脂肪酸氧化需要经历脂肪酸活化、转运到线粒体、β-氧化、三羧酸循环和氧化磷酸化五个阶段。由于三羧酸循环和氧化磷酸化分别在第 8 章和第 7 章介绍过，本章主要介绍脂肪酸活化、转运到线粒体以及 β-氧化。

脂肪酸活化是脂肪酸在脂酰 CoA 合成酶催化下形成脂酰 CoA。虽然此反应需要消耗 2 个高能磷酸键，ATP 形成了 AMP，但是脂酰 CoA 是高能化合物，能够水解产生能量。这样脂肪酸活化成为 ATP 的水解（放能）与脂酰 CoA 的形成（吸能）相偶联的过程。

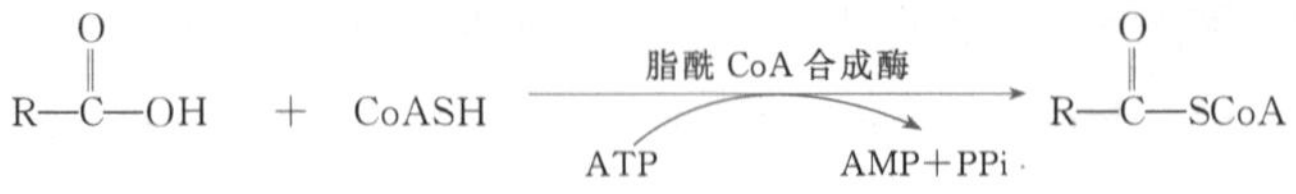

$$R-\overset{\overset{\large O}{\|}}{C}-OH + CoASH \xrightarrow[ATP \quad AMP+PPi]{\text{脂酰 CoA 合成酶}} R-\overset{\overset{\large O}{\|}}{C}-SCoA$$

脂肪酸的氧化在线粒体内进行。短或中长链（十碳以下）的脂酰 CoA 可不借助载体，自身很容易通过线粒体内膜，但是更长链的脂酰 CoA 需要一个转运系统的协助。转运脂酰 CoA 的载体就是肉碱，转运过程见图 9-4。在肉碱脂酰转移酶 I 催化下，脂酰 CoA 与肉碱结合生成脂酰肉碱，这个反应发生在线粒体内膜的外侧。生成的脂酰肉碱通过载体蛋白进入线粒体内膜的内侧（线粒体基质）后，在肉碱脂酰转移酶 II 催化下，脂酰肉碱与 CoA 生成脂酰 CoA，同时释放出肉碱，肉碱再回到线粒体外的细胞质中。脂酰 CoA 进入线粒体是脂肪酸 β-氧化的主要限速步骤。

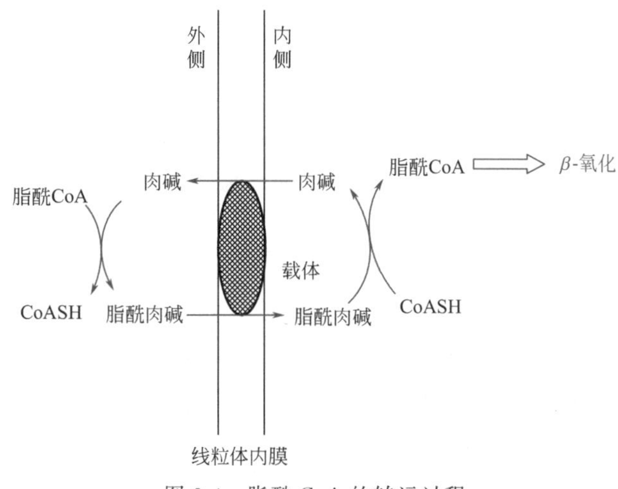

图 9-4 脂酰 CoA 的转运过程

例题

为什么缺乏肉碱脂酰转移酶 II 的个体会感到肌肉无力?

答案

肉碱脂酰转移酶 II 的缺乏，阻止了被活化的脂肪酸正常转运到线粒体内用于 β-氧化，以脂肪酸为代谢燃料的肌肉组织不能产生所需要的 ATP，个体会感到肌肉无力。

知识点 6 饱和脂肪酸的氧化

脂酰 CoA 在体内氧化时，是在羧基端的 β-碳原子上进行氧化，碳链逐次断裂，每次断下一个二碳单位，即乙酰 CoA，该过程称作 ***β*-氧化**。脂酰 CoA 的 β-氧化通过四步反应进行。

① 第一次氧化反应，在脂酰 CoA 脱氢酶（辅酶是 FAD）催化下，脂酰 CoA 脱氢形成

Δ^2-烯脂酰 CoA，Δ^2-烯脂酰 CoA 带有一个反式双键（α 和 β 碳之间），FAD 形成还原型 $FADH_2$。

$$\underset{\text{脂酰 CoA}}{\mathrm{RCH_2CH_2\overset{\overset{O}{\|}}{C}{-}SCoA}} \xrightarrow[\mathrm{FAD}\ \curvearrowright\ \mathrm{FADH_2}]{\text{脂酰 CoA 脱氢酶}} \underset{\Delta^2\text{-烯脂酰 CoA}}{\mathrm{RCH{=}CH{-}\overset{\overset{O}{\|}}{C}{-}SCoA}}$$

② 水合反应，在烯脂酰 CoA 水合酶催化下，Δ^2-烯脂酰 CoA 的双键加水生成 β-羟脂酰 CoA。

$$\underset{\Delta^2\text{-烯脂酰 CoA}}{\mathrm{RCH{=}CH{-}\overset{\overset{O}{\|}}{C}{-}SCoA}} \xrightarrow{\text{烯脂酰 CoA 水合酶}} \underset{\beta\text{-羟脂酰 CoA}}{\mathrm{R\overset{\overset{OH}{|}}{C}HCH_2\overset{\overset{O}{\|}}{C} \sim SCoA}}$$

③ 第二次氧化反应，在 β-羟脂酰 CoA 脱氢酶（辅酶是 NAD^+）催化下，β-羟脂酰 CoA 的 β 碳原子上的羟基脱氢氧化生成 β-酮脂酰 CoA，NAD^+ 形成 NADH 和 H^+。

$$\underset{\beta\text{-羟脂酰 CoA}}{\mathrm{R\overset{\overset{OH}{|}}{C}HCH_2\overset{\overset{O}{\|}}{C} \sim SCoA}} \xrightarrow[\mathrm{NAD^+}\ \curvearrowright\ \mathrm{NADH}]{\beta\text{-羟脂酰 CoA 脱氢酶}} \underset{\beta\text{-酮脂酰 CoA}}{\mathrm{R\overset{\overset{O}{\|}}{C}CH_2\overset{\overset{O}{\|}}{C}{-}SCoA}}$$

④ 硫解反应，在硫解酶催化下，β-酮脂酰 CoA 和另 1 分子 CoASH 反应生成 1 分子乙酰 CoA 和 1 分子少了两个碳原子的脂酰 CoA。

$$\underset{\beta\text{-酮脂酰 CoA}}{\mathrm{R\overset{\overset{O}{\|}}{C}CH_2\overset{\overset{O}{\|}}{C}{-}SCoA}} \xrightarrow[\mathrm{CoASH}]{\text{硫解酶}} \underset{\text{脂酰 CoA(少 2 个碳)}}{\mathrm{R{-}\overset{\overset{O}{\|}}{C} \sim SCoA}} + \underset{\text{乙酰 CoA}}{\mathrm{CH_3\overset{\overset{O}{\|}}{C} \sim SCoA}}$$

每次 β-氧化产生 1 分子乙酰 CoA、1 分子脂酰 CoA（比初始反应物少两个碳原子）、1 分子 $FADH_2$ 和 1 分子 NADH＋H^+。乙酰 CoA 进入三羧酸循环，$FADH_2$ 和 NADH 进入呼吸链。这样的结果是，产物不断消耗，导致 β-氧化持续进行。新形成的脂酰 CoA 继续经过氧化、水合、再氧化和硫解四步反应，完成一轮 β-氧化，如此重复多次，β-氧化的最终产物是乙酰 CoA，见图 9-5。

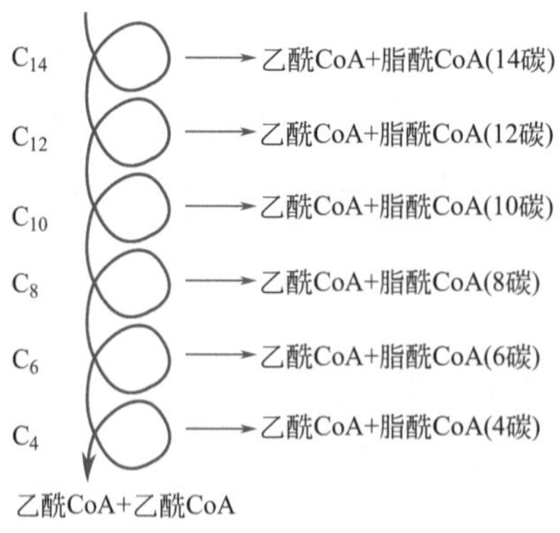

图 9-5　脂肪酸 β-氧化的重复循环

以十六碳脂肪酸（软脂酸）为例，介绍饱和脂肪酸的氧化，见表 9-1。软脂酸活化形成软脂酰 CoA，通过肉碱转运载体运至线粒体基质进行 β-氧化。每次 β-氧化作用包括氧化、水合、再氧化和硫解四步反应。软脂酰 CoA 含有十六碳，需经过 7 轮 β-氧化，生成 8 分子乙酰 CoA、7 分子 $FADH_2$ 和 7 分子 $NADH+H^+$。8 分子乙酰 CoA 进入三羧酸循环彻底氧化，产生 ATP 数目是 8×10=80；7 分子 $FADH_2$ 和 7 分子 NADH 进入呼吸链，产生 ATP 数目是 7×1.5=10.5，7×2.5=17.5。由于软脂酸活化需要消耗 2 个高能磷酸键（按 2 分子 ATP 计算）。经计算，1 分子软脂酸彻底氧化，产生 ATP 数目是 80+10.5+17.5−2=106。

表 9-1　软脂酸氧化产生的能量

步骤	底物	产物	酶	能量变化
活化	软脂酸	软脂酰 CoA	脂酰 CoA 合成酶	−2ATP
β-氧化（7 次）	软脂酰 CoA	烯脂酰 CoA	脂酰 CoA 脱氢酶	$7FADH_2$(1.5ATP×7)
	β-羟脂酰 CoA	β-酮脂酰 CoA	β-羟脂酰 CoA 脱氢酶	7NADH(2.5ATP×7)
三羧酸循环	产生 8 分子乙酰 CoA，1 分子乙酰 CoA 进入三羧酸循环产生 10ATP，(10ATP×8)			
共计 106 ATP				

例1

脂酰 CoA 的 β-氧化过程顺序是（　　）。

A. 脱氢，加水，再脱氢，加水
B. 脱氢，脱水，再脱氢，硫解
C. 脱氢，加水，再脱氢，硫解
D. 水合，脱氢，再加水，硫解

解析

每次 β-氧化包括四步反应，分别是脂酰 CoA 羧基端 α 和 β-碳原子之间脱氢氧化生成烯脂酰 CoA，即脱氢；烯脂酰 CoA 中双键加水生成 β-羟脂酰 CoA，即加水；β-羟脂酰 CoA 中 β-碳原子上的羟基脱氢氧化生成 β-酮脂酰 CoA，即再脱氢；β-酮脂酰 CoA 经过硫解反应生成乙酰 CoA 和另一分子脂酰 CoA，即硫解。

答案

C

例2

如果十八碳脂肪酸（硬脂酸）彻底氧化，计算产生 ATP 的数目。

解析

硬脂酸需要活化形成硬脂酰 CoA，通过转运载体进入线粒体基质进行 β-氧化。1

分子硬脂酰 CoA 需经过 8 轮 β-氧化，生成 9 分子乙酰 CoA、8 分子 $FADH_2$ 和 8 分子 $NADH+H^+$。9 分子乙酰 CoA 进入三羧酸循环彻底氧化，产生 ATP 数目是 9×10=90；8 分子 $FADH_2$ 和 8 分子 NADH 进入呼吸链，产生 ATP 数目是 8×1.5=12，8×2.5=20。由于硬脂酸活化需要消耗 2 个高能磷酸键（按 2 分子 ATP 计算）。经计算，1 分子硬脂酸彻底氧化，产生 ATP 数目是 90+12+20−2=120。

答案

120。

知识点 7 不饱和脂肪酸的氧化

生物体内脂肪酸除了饱和脂肪酸之外，还存在大量不饱和脂肪酸，不饱和脂肪酸多为顺式。由于不饱和脂肪酸的双键是顺式，不能被饱和脂肪酸 β-氧化过程中的烯脂酰 CoA 水合酶催化加水反应，因为在 β-氧化过程中，烯脂酰 CoA 水合酶催化Δ^2-烯脂酰 CoA 反式构型双键的加水反应。因此，不饱和脂肪酸的氧化还需要异构酶，将不饱和脂肪酸中的顺式双键异构形成反式双键。

H_3C(H)C=C(H)CH_2–CO-SCoA —异构酶→ H_3C–CH_2–C(H)=C(H)–CO-SCoA

顺式　　　　反式

例如，油酸是 18: 1，即十八碳一烯酸，其氧化过程见图 9-6。油酸氧化时，前三轮的 β-氧化正常进行，即生成 3 分子乙酰 CoA 和烯脂酰 CoA（十二碳）。由于位于 C9 和 C10 之间的双键是顺式，不能被烯脂酰 CoA 水合酶催化，此时是烯脂酰 CoA 异构酶催化顺烯脂酰 CoA 形成反烯脂酰 CoA，反烯脂酰 CoA 经过烯脂酰 CoA 水合酶催化形成羟脂酰 CoA，然后进入 β-氧化生成 1 分子乙酰 CoA 和脂酰 CoA（十碳），十碳的脂酰 CoA 再进行 4 轮 β-氧化。结果 1 分子油酰 CoA 转化形成 9 分子乙酰 CoA。

例题

如果 18 碳不饱和脂肪酸（油酸）彻底氧化，计算产生 ATP 的数目。

解析

油酸需要活化形成油酰 CoA，通过转运载体进入线粒体基质进行 β-氧化。1 分子油酰 CoA 先经过 3 轮 β-氧化，生成 3 分子乙酰 CoA、3 分子 $FADH_2$ 和 3 分子 NADH+

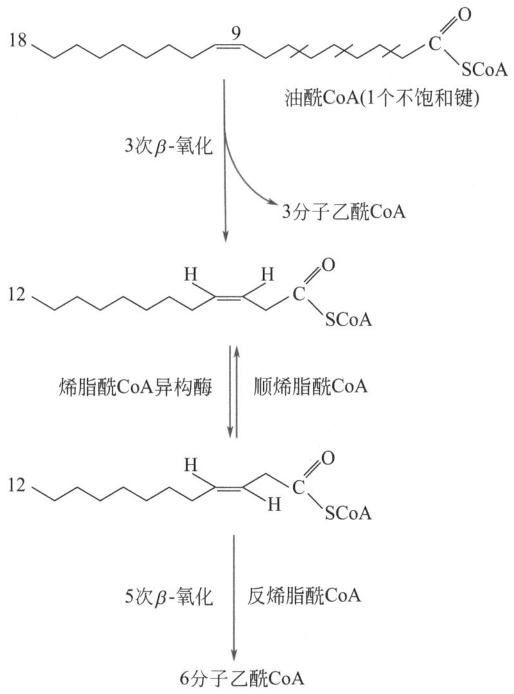

18 9 油酰CoA(1个不饱和键) SCoA
3次β-氧化
3分子乙酰CoA
12 SCoA
烯脂酰CoA异构酶
顺烯脂酰CoA
12 SCoA
5次β-氧化
反烯脂酰CoA
6分子乙酰CoA

图 9-6　油酸 β-氧化

H^+，还有 1 分子十二碳烯脂酰 CoA。十二碳烯脂酰 CoA 中含有 1 个双键，经过异构反应，形成反烯脂酰 CoA，再进入 β-氧化，生成 1 分子乙酰 CoA、1 分子 NADH＋H^+，还有 1 分子十碳脂酰 CoA。十碳的脂酰 CoA 再进行 4 轮 β-氧化，生成 5 分子乙酰 CoA、4 分子 $FADH_2$ 和 4 分子 NADH＋H^+，共生成 9 分子乙酰 CoA，进入三羧酸循环彻底氧化，产生 ATP 数目是 $9\times10=90$；7 分子 $FADH_2$ 和 8 分子 NADH 进入呼吸链，产生 ATP 数目是 $7\times1.5=10.5$，$8\times2.5=20$。由于油酸活化需要消耗 2 个高能磷酸键（按 2 分子 ATP 计算），经计算，1 分子油酸彻底氧化，产生 ATP 数目是 $90+10.5+20-2=118.5$。

答案

118.5。

知识点 8　奇数碳链脂肪酸的氧化

自然界中发现的脂肪酸大多是偶数碳链脂肪酸，但是在一些植物和海洋生物等生物体内还存在奇数碳链脂肪酸。同偶数碳链脂肪酸一样，奇数碳链脂肪酸的氧化分解也是 β-氧化，产物同样是乙酰 CoA、$FADH_2$ 和 NADH。不同之处在于，奇数碳链脂肪酸进行最后 1 轮 β-氧化的产物中，除了乙酰 CoA，还存在丙酰 CoA。例如，十七碳脂肪酸的氧化，经过 7 轮 β-氧化，产生 7 分子乙酰 CoA、7 分子 $FADH_2$ 和 7 分子 NADH，此外还有 1 分子丙酰 CoA。丙酰 CoA 不能继续 β-氧化，而是通过形成琥珀酰 CoA 继续氧化。在丙酰 CoA 羧化酶、甲基丙酰 CoA 差向异构酶以及甲基丙酰 CoA 变位酶的催化下，丙酰 CoA 形成琥珀酰 CoA。琥珀酰 CoA 是三羧酸循环中间产物，可以进入三羧酸循环继续氧化，也可以作为糖异生的前体，合成葡萄糖。

$$CH_3-CH_2-C(=O)SCoA \longrightarrow {}^-O-C(=O)-CH_2-CH_2-C(=O)SCoA$$

丙酰 CoA　　　　琥珀酰 CoA

例题

如果饮食中不含葡萄糖，试问消耗奇数碳链脂肪酸好，还是偶数碳链脂肪酸好？

解析

奇数碳链脂肪酸氧化产物中含有丙酰 CoA，丙酰 CoA 可以转化为琥珀酰 CoA。琥珀酰 CoA 是三羧酸循环的中间产物，可以转变生成草酰乙酸，作为糖异生的前体，合成葡萄糖。如果饮食中不含葡萄糖，奇数碳链脂肪酸氧化生成的丙酰 CoA 能合成葡萄糖。而偶数碳链脂肪酸氧化生成的乙酰 CoA 不能合成葡萄糖。

答案

消耗奇数碳脂肪酸好。

脂肪酸的特殊氧化作用

脂肪酸的特殊氧化作用指的是脂肪酸除了主要进行 β-氧化外，还进行 α-氧化和 ω-氧化。

食物中的叶绿醇首先被氧化成植烷酸，植烷酸的 β-位有甲基不能进行 β-氧化，而是通过 **α**-氧化，即在植烷酸的 α-碳发生羟基化，生成 α-羟脂酸，再进一步脱氢，生成 α-酮酸，再脱羧生成脂肪醛和 CO_2，脂肪醛再经过脱氢氧化生成脂肪酸，因生成的脂肪酸比原脂肪酸少 1 个碳原子，也称为降植烷酸。由此可见，植烷酸需要通过 α-氧化形成降植烷酸，进

入 β-氧化。如果人类缺少 α-氧化途径，即造成植烷酸累积，会出现运动失调及视网膜炎等症状，称 Refsum 病。

$$R—CH_2CH_2COOH \xrightarrow{\alpha\text{-氧化}} R—CH_2COOH + CO_2$$

ω-氧化是脂肪酸在 ω-碳（也是末端甲基碳原子）上发生的氧化反应。脂肪酸在 ω-碳发生氧化形成 ω-羟脂酸，ω-羟脂酸再进一步氧化形成 α，ω-二羧酸。α，ω-二羧酸进行 β-氧化时，可以从分子的两端进行 β-氧化。因此，ω-氧化能够加速脂肪酸的降解速度。某些细菌将烷烃氧化成脂肪酸，再通过 ω-氧化迅速降解脂肪酸。这对于清除海洋中的石油污染具有重要意义。

$$CH_3(CH_2)_nCOOH \xrightarrow{\omega\text{-氧化}} HOOC(CH_2)_nCOOH \longrightarrow \beta\text{-氧化}$$

例题

生物体内脂肪酸的分解是以 β-氧化为主，其他分解途径是否有必要存在?

解析

生物体内脂肪酸的分解是以 β-氧化为主，还包括 α-氧化和 ω-氧化。食物中的叶绿醇首先被氧化成植烷酸，植烷酸需要通过 α-氧化形成降植烷酸，进入 β-氧化。某些细菌通过 ω-氧化将烷烃氧化成脂肪酸，再迅速降解脂肪酸。这对于清除海洋中的石油污染具有重要意义。

答案

有必要。

知识点10 酮体代谢

脂肪酸氧化产生的乙酰 CoA 有几种代谢去向：①进入三羧酸循环，见第八章。②脂肪酸合成的前体，见本章第三节。③胆固醇合成的起始物，见本章第五节。④转化为酮体，见本知识点。

酮体是脂肪酸分解代谢的正常产物，酮体是乙酰乙酸（30%）、β-羟丁酸（70%）和丙酮（少量）的统称，结构式见图 9-7。正常情况下，血液中酮体含量很低，这是由于脂肪酸的氧化和糖的降解基本处于平衡。但是在某些生理或病理情况下，如饥饿（糖原耗尽又无法通过食物提供糖），或糖尿病（缺乏利用糖的能力），机体开始动用脂肪氧化提供能量，脂肪酸分解加速，产生大量的乙酰 CoA。当脂肪酸氧化产生乙酰 CoA 的量超过三羧酸循环氧化的能力时，多余的乙酰 CoA 则用来形成酮体。当酮体的浓度过量时，会产生比较严重的后果。

长期饥饿或患糖尿病的人，血液中的酮体水平是正常时的 40 多倍。酮体浓度高，会导致体内酸碱平衡紊乱，出现酸中毒，即酮症酸中毒。

酮体是在肝脏线粒体中生成的，生成过程见图 9-8。首先 2 分子乙酰 CoA 在硫解酶催化下缩合形成乙酰乙酰 CoA，乙酰乙酰 CoA 再与第 3 分子乙酰 CoA 缩合形成羟甲基戊二酸单酰 CoA（HMGCoA），后者裂解成乙酰乙酸，乙酰乙酸可还原形成 β-羟丁酸，乙酰乙酸可脱羧形成丙酮。

乙酰乙酸	$CH_3—C(=O)—CH_2—COOH$
β-羟丁酸	$CH_3—CH(OH)—CH_2—COOH$
丙酮	$CH_3—C(=O)—CH_3$

图 9-7　酮体的组成形式

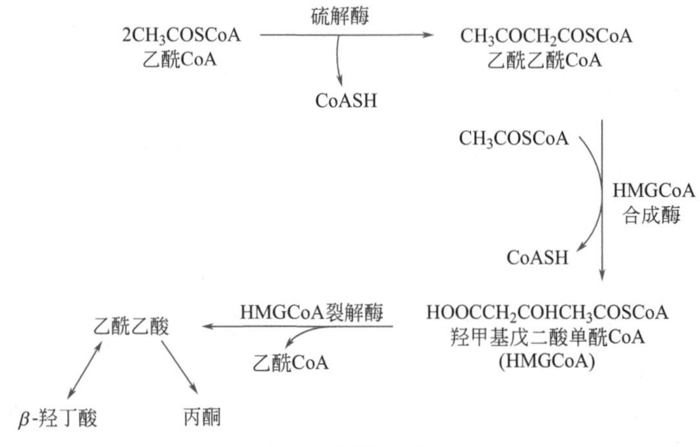

图 9-8　酮体的生成

酮体是肝脏输出能源的一种形式，肝脏产生的酮体可被肝外组织迅速利用，主要是心、肾、脑以及肌肉。酮体的 β-羟丁酸首先氧化形成乙酰乙酸，在转移酶催化下，乙酰乙酸生成乙酰乙酰 CoA，乙酰乙酰 CoA 与另 1 分子乙酰 CoA 在硫解酶催化下形成 2 分子乙酰 CoA，见图 9-9。生成的乙酰 CoA 进入三羧酸循环进行氧化。酮体的丙酮随尿排出，也可直接从肺部排出，在体内也可转变成丙酮酸。

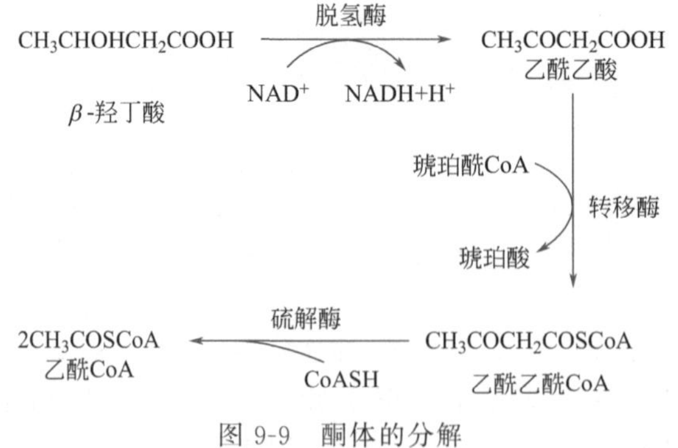

图 9-9　酮体的分解

酮体是很多组织（除了肝脏和红细胞）包括中枢神经系统的重要能源。心肌和肾脏主要利用乙酰乙酸。脑在正常代谢时主要以葡萄糖作燃料，但在饥饿和患糖尿病时脑也可以利用乙酰乙酸。长期饥饿时，脑需要的燃料中有 75% 是乙酰乙酸。酮体代谢最重要的意义在于缺血糖时给脑提供能源物质。

例题

在糖尿病患者中，因组织不能利用葡萄糖，转而氧化大量的脂肪酸。虽然乙酰 CoA 是无毒的，但是必须使乙酰 CoA 转变成酮体。为什么？

解析

糖尿病患者体内，三羧酸循环途径活性很低，维持生存所需要的能量主要依靠脂肪酸氧化（β-氧化）生成的还原力经呼吸链产生。为了使 β-氧化适度进行，就必须使线粒体中 CoASH 不断得到补充，然而线粒体对 CoASH 是不可通透的，而且线粒体的 CoASH 库本身又很小。在这种情况下，酮体的形成就为 CoASH 的再生创造了机会。

第三节 / 脂肪的合成代谢

知识点 11 脂肪酸的合成

生物体需要的脂肪酸可以由外界食物提供，也可以通过自身合成。对于哺乳动物，脂肪酸的合成主要发生在肝脏组织、脂肪组织以及乳腺组织中。脂肪酸合成的原料是乙酰 CoA，合成的场所是细胞质。合成过程主要包括三个阶段：①线粒体中乙酰 CoA 转运至细胞质。②丙二酸单酰 CoA 的生成。③脂肪酸合酶复合体催化脂肪链的合成。

乙酰 CoA 是脂肪酸合成的原料，主要来源于：①糖酵解产物丙酮酸在丙酮酸脱氢酶复合体催化下产生乙酰 CoA，此步氧化脱羧反应发生在线粒体。②脂肪酸 β-氧化产生乙酰 CoA，β-氧化途径发生在线粒体。两个主要来源的乙酰 CoA 都位于线粒体，而脂肪酸的合成反应发生在细胞质。

由于乙酰 CoA 不能自由通过线粒体，线粒体中的乙酰 CoA 需要通过丙酮酸-柠檬酸循环转运系统进入细胞质，见图 9-10。首先，在柠檬酸合酶催化下，乙酰 CoA 和草酰乙酸缩合形成柠檬酸，通过柠檬酸载体，柠檬酸从线粒体进入细胞质。然后，在柠檬酸裂解酶催化下，柠檬酸形成乙酰 CoA 和草酰乙酸，此裂解反应需要消耗 1 分子 ATP。最后，草酰乙酸需要返回线粒体，这个过程是细胞质中苹果酸脱氢酶催化草酰乙酸形成苹果酸，再经过苹果酸酶（辅酶是 $NADP^+$）催化脱羧形成丙酮酸和还原型 NADPH，通过丙酮酸转运载体将丙酮酸从细胞质转运至线粒体，经羧化反应形成草酰乙酸，又可与另 1 分子乙酰 CoA 结合形成柠檬酸，开始下一轮转运乙酰 CoA。

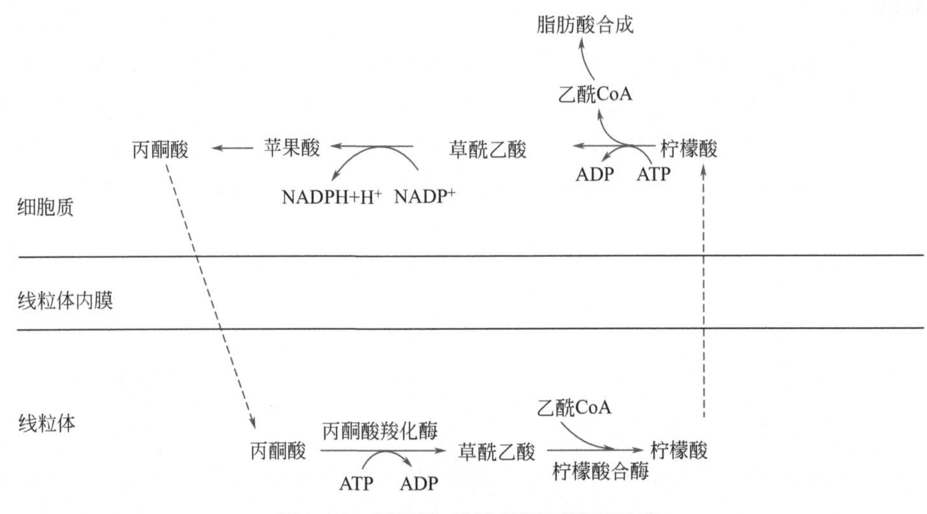

图 9-10　丙酮酸-柠檬酸循环转运系统

细胞质中，乙酰 CoA 要先进行羧化反应才能用于脂肪酸合成。在乙酰 CoA 羧化酶（辅酶是生物素）催化下，乙酰 CoA 形成丙二酸单酰 CoA，此反应需要消耗 1 分子 ATP。乙酰 CoA 羧化酶催化的该反应是不可逆的，该酶是脂肪酸合成的限速酶。

$$\underset{\text{乙酰 CoA}}{CH_3COSCoA}+ATP+CO_2 \xrightarrow{\text{乙酰 CoA 羧化酶}} \underset{\text{丙二酸单酰 CoA}}{HOOCCH_2COSCoA}+ADP+Pi$$

例题

脂肪酸生物合成时乙酰 CoA 从线粒体转运至细胞质的循环是（　　）。

A. 三羧酸循环　　B. 苹果酸穿梭

C. 糖醛酸循环　　D. 丙酮酸-柠檬酸循环

解析

线粒体中，乙酰 CoA 和草酰乙酸缩合形成柠檬酸，通过柠檬酸转运载体将柠檬酸从线粒体运至细胞质。细胞质中，柠檬酸形成乙酰 CoA 和草酰乙酸，草酰乙酸通过形成丙酮酸，通过丙酮酸转运载体将丙酮酸从细胞质转运至线粒体，开始下一轮转运乙酰

CoA。线粒体内膜上是柠檬酸转运载体和丙酮酸转运载体。因此，转运循环也称丙酮酸-柠檬酸循环。

答案

D

知识点 12 软脂酸的从头合成

软脂酸的合成是由脂肪酸合酶复合体催化，该酶复合体以没有酶活性的脂酰基载体蛋白（ACP）部位为中心，还包括 6 个催化脂肪酸合成的酶，见图 9-11。这些酶分别是：①乙酰 CoA：ACP 转酰酶；②丙二酸单酰 CoA：ACP 转酰酶；③ β -酮脂酰-ACP 合酶；④ β -酮脂酰-ACP 还原酶；⑤ β -羟脂酰-ACP 脱水酶；⑥烯脂酰-ACP 还原酶，依一定次序发挥作用。脂酰基载体蛋白（ACP）是一个小分子蛋白质，它的辅基是磷酸泛酰巯基乙胺基团，其游离末端的巯基被称为中心巯基，它能与脂肪酸合成的中间产物结合。ACP 的辅基侧链就像是一个摇动的长臂，将脂酰基从一个酶活性中心转运到下一个酶活性中心。在脂肪酸合成过程中，中间产物与酶复合体上的 2 个巯基共价连接，一个是脂酰基载体蛋白（ACP）辅基上的巯基，一个是 6 个酶之一③ β -酮脂酰-ACP 合酶中半胱氨酸的巯基。

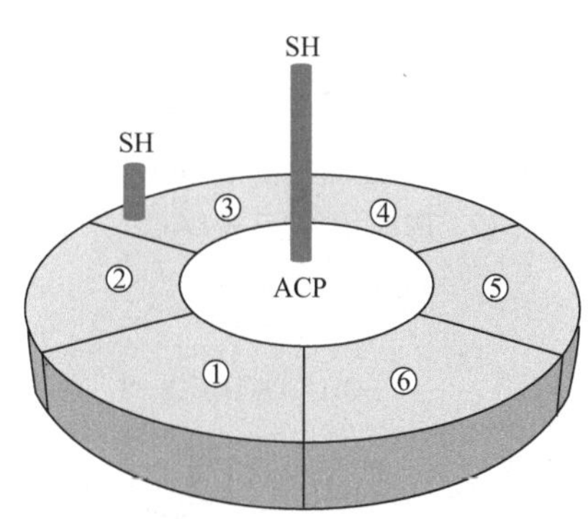

图 9-11　脂肪酸合酶复合体结构示意图

软脂酸的合成步骤如下。

① 启动，乙酰 CoA 与 ACP 结合生成乙酰 ACP，在乙酰 CoA：ACP 转酰酶催化下，将乙酰基从 CoA 转移至 ACP，再转运至 β -酮脂酰-ACP 合酶中半胱氨酸的巯基上。乙酰 CoA 加载到脂肪酸合酶复合体上。

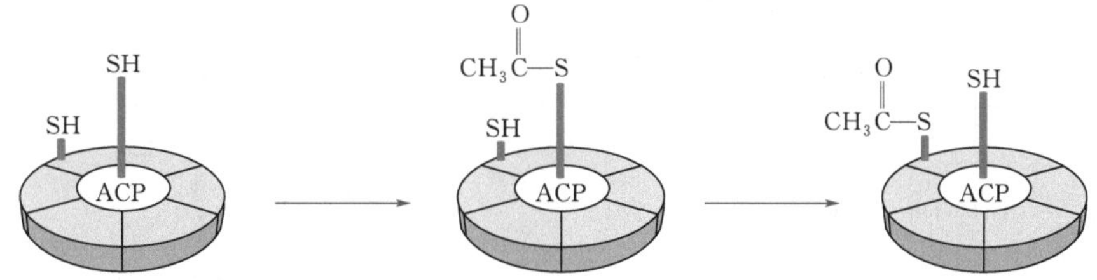

② 加载，在丙二酸单酰 CoA：ACP 转酰酶催化下，丙二酸单酰基加载到 ACP 的巯基上，生成丙二酸单酰-ACP。丙二酸单酰 CoA 加载到脂肪酸合酶复合体上。

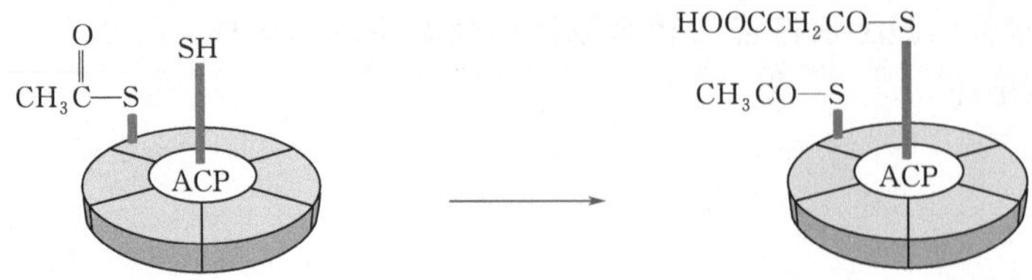

③ 缩合，在 β-酮脂酰-ACP 合酶催化下，活化的乙酰基和丙二酸单酰基缩合形成乙酰乙酰 ACP，同时释放出 1 分子 CO_2。同位素示踪实验表明，释放的 CO_2 来自丙二酸单酰 CoA 合成时乙酰 CoA 羧化酶固定的 CO_2。由此可见，脂肪酸合成中，CO_2 参与起初的羧化反应，又在后面的缩合反应中释放出来，并没有掺入脂肪酸链中。

④ 还原，在 β-酮脂酰-ACP 还原酶催化下，乙酰乙酰 ACP 中的 β-酮基被还原为 β-羟基，形成 β-羟丁酰-ACP，NADPH 是该还原酶的辅酶。

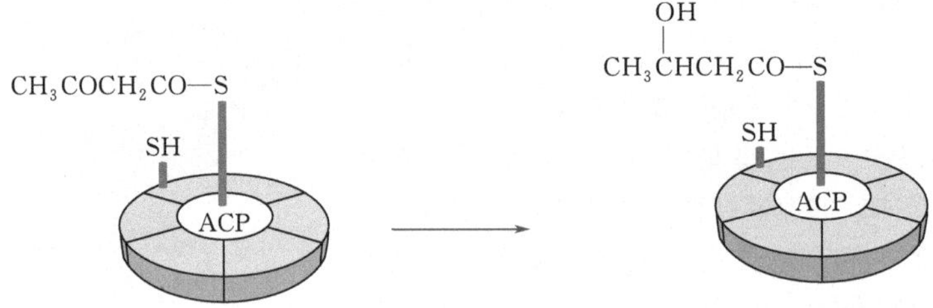

⑤ 脱水，在 β-羟脂酰-ACP 脱水酶催化下，β-羟丁酰-ACP 脱水形成带有双键的反式丁烯酰-ACP。

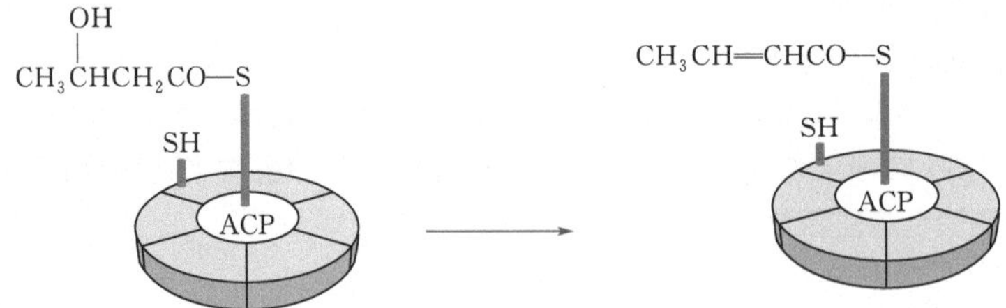

⑥ 还原，在烯脂酰-ACP 还原酶催化下，反式丁烯酰-ACP 被还原为丁酰-ACP，NADPH 是该还原酶的辅酶。

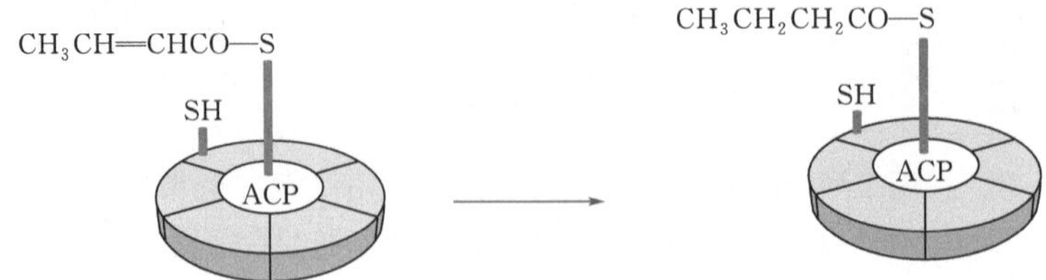

至此，由1分子乙酰-ACP接上一个二碳单位，生成1个四碳的丁酰-ACP。软脂酸的合成步骤有两步还原反应，需要的辅酶NADPH来自丙酮酸-柠檬酸转运系统和磷酸戊糖途径中产生的NADPH。重复③~⑥步骤，丁酰-ACP每一轮都有一个新的丙二酸单酰CoA分子参与合成。一般当饱和脂酰链达到十六碳原子时，由软脂酰硫酯酶催化水解释放出软脂酸。

例题

酰基载体蛋白（ACP）的功能是（　　）。

A. 转运胆固醇　　B. 激活脂蛋白脂肪酶

C. 脂肪酸合酶复合体的核心　　D. 转运脂肪酸

解析

酰基载体蛋白（ACP）是一个小分子蛋白质，它的辅基是磷酸泛酰巯基乙胺基团，其游离末端的巯基被称为中心巯基，它能与脂肪酸合成的中间产物结合。ACP的辅基侧链就像是一个摇动的长臂，将脂酰基从一个酶活性中心转运到下一个酶活性中心。

答案

C

知识点13 脂肪酸合成与分解的比较

脂肪酸合成途径不同于脂肪酸分解途径，两个途径的主要差别归纳见表9-2。

表9-2　脂肪酸氧化和合成途径的主要差别

项目	脂肪酸 β-氧化	脂肪酸合成
细胞部位	线粒体	细胞质
酰基载体	CoASH	ACP-SH
二碳片段形式	乙酰基	丙二酸单酰基
电子供体或受体	FAD、NAD^+	NADPH
转运系统	肉碱转运系统	丙酮酸-柠檬酸转运系统
是否需要柠檬酸和 CO_2	不需要	需要
反应过程	脱氢、水合、脱氢、硫解	缩合、还原、脱水和再还原
能量需求	产生大量能量	消耗能量

由此可见，脂肪酸合成与分解是相对独立的，而不是简单的逆反应。以软脂酸为例，脂肪酸 β-氧化的总反应式为：

$$软脂酰 CoA+7FAD+7NAD^{+}+7H_2O+7CoASH \longrightarrow 8 乙酰 CoA+7FADH_2+7NADH+H^{+}$$

软脂酸合成的总反应式为：

$$乙酰 CoA+7 丙二酸单酰 CoA+14NADPH+14H^{+} \longrightarrow 软脂酸+7CO_2+14NADP^{+}+8 CoASH+6H_2O$$

例题

由 8 分子乙酰 CoA 合成一分子软脂酸需要消耗几分子 ATP?

解析

每分子乙酰 CoA 由线粒体转移到细胞质的过程消耗 2 分子 ATP，8 分子乙酰 CoA 转运需要消耗 16 分子 ATP。每分子乙酰 CoA 羧化消耗 1 分子 ATP，有 7 分子乙酰 CoA 需要进行羧化反应，共消耗 7 分子 ATP。

答案

23。

知识点 14 脂肪酸碳链的延长

脂肪酸的从头合成途径是在细胞质中进行。脂肪酸合酶复合体主要合成十六碳饱和脂肪酸，如软脂酸。这是由 β-酮脂酰-ACP 合酶的专一性决定的，该酶对参与缩合反应的链长度有要求，最多只催化十四碳的脂酰 CoA 与丙二酸单酰 CoA 发生缩合反应。也就是说，细胞质中合成的脂肪酸链长度只能是十六碳的软脂酸。

当要合成比软脂酸更长碳链的脂肪酸，需要到线粒体和内质网中进行延长。线粒体中，软脂酰 CoA（十六碳）与乙酰 CoA 进行缩合、还原、脱水以及再还原，生成硬脂酰 CoA（十八碳），其过程是 β-氧化逆过程。重复循环，可继续延长碳链到二十四碳至二十六碳。内质网中，在软脂酰 CoA 的基础上，丙二酸单酰 CoA 为二碳供体，由 NADPH 提供还原力，经过缩合、还原、脱水以及再还原，生成硬脂酰 CoA（十八碳），同样再重复循环，最多可生成二十六碳的脂肪酸。长链脂肪酸中，二十碳和二十二碳脂肪酸比较多。

例题

β-氧化过程的逆反应可见于（　　）。

A. 胞液中脂肪酸的合成　　B. 胞液中胆固醇的合成
C. 线粒体中脂肪酸的延长　　D. 内质网中脂肪酸的延长

解析

脂肪酸的合成与 β-氧化不是简单的可逆过程。但对于线粒体中脂肪酸的延长，即在十六碳软脂酰 CoA 基础上，通过与乙酰 CoA 进行缩合、还原、脱水以及再还原，延长脂肪酸碳链。延长过程类似于 β-氧化逆过程。

答案

C

知识点 15 不饱和脂肪酸的合成

在去饱和酶系催化下，饱和脂肪酸中引入双键形成不饱和脂肪酸，反应主要发生在内质网中。通过加氧酶催化，在脂肪酸的 C9 和 C10 之间脱氢。例如，软脂酸和硬脂酸去饱和后形成相应的不饱和脂肪酸，软脂烯酸和油酸。哺乳动物不能自己合成具有多个双键的脂肪酸，如亚油酸（十八碳二烯酸）及亚麻酸（十八碳三烯酸），必须由食物提供，这样的脂肪酸也称为必需脂肪酸。

例题

人体内的多不饱和脂肪酸指（　　）。

A. 油酸，软脂肪酸　　B. 油酸，亚油酸
C. 亚油酸，亚麻酸　　D. 软脂肪酸，亚油酸

解析

多不饱和脂肪酸指含两个或两个以上双键的不饱和脂肪酸，像亚油酸（18：2），亚麻酸（18：3）和花生四烯酸（20：4）。在人体内，由于缺乏 C9 以上形成双键的酶，故人体不能自行合成亚油酸和亚麻酸，而需要由食物供给。

答案

C

知识点 16 α-磷酸甘油的合成

虽然脂肪水解的产物是脂肪酸和甘油，但是脂肪的合成不能以游离的脂肪酸和甘油直接反应生成。脂肪酸需活化形成脂酰 CoA，甘油需要转化为 α-磷酸甘油，合成过程见图 9-12。

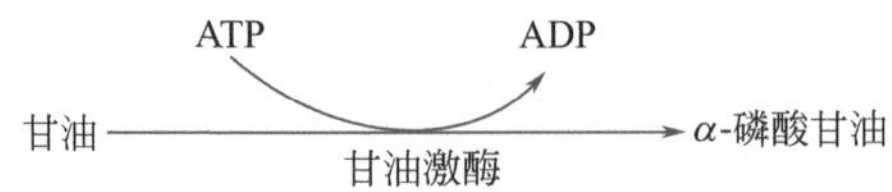

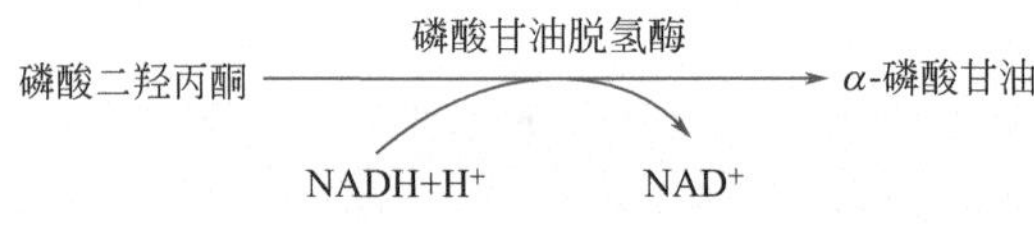

图 9-12 α-磷酸甘油的合成过程

糖酵解和糖异生途径中产生的磷酸二羟丙酮，在磷酸甘油脱氢酶催化下形成 α-磷酸甘油。脂肪组织和肌肉主要以这种方式生成 α-磷酸甘油。α-磷酸甘油的另一个来源是甘油的再利用，即脂肪分解产生的甘油经甘油激酶催化与 ATP 作用生成 α-磷酸甘油。肝、肾和肠部位细胞以这种方式生成 α-磷酸甘油。

例题

α-磷酸甘油的来源有（　　）和（　　）。

解析

甘油需转变形成 α-磷酸甘油，才能作为脂肪合成的前体。体内有两个来源可产生 α-磷酸甘油，一个是磷酸二羟丙酮的加氢还原反应，另一个是脂肪分解产物甘油的磷酸化反应。

答案

脂肪分解产生的甘油和糖酵解产生的磷酸二羟丙酮。

知识点 17 脂肪的合成

脂肪酸形成的脂酰 CoA 和甘油转变成的 α-磷酸甘油缩合生成磷脂酸，这个反应是在酰基转移酶的催化下，生成的磷脂酸带负电荷（生理 pH）。磷脂酸是合成脂肪的重要前体，这是脂肪合成的第一阶段，即磷脂酸的生成。磷脂酸在磷酸酶的催化下脱磷酸，生成 1, 2-甘油二酯。在甘油二酯转酰基酶催化下，1, 2-甘油二酯与另 1 分子脂酰 CoA 形成甘油三酯。这是脂肪合成的第二阶段，甘油三酯，即脂肪的生成，见图 9-13。

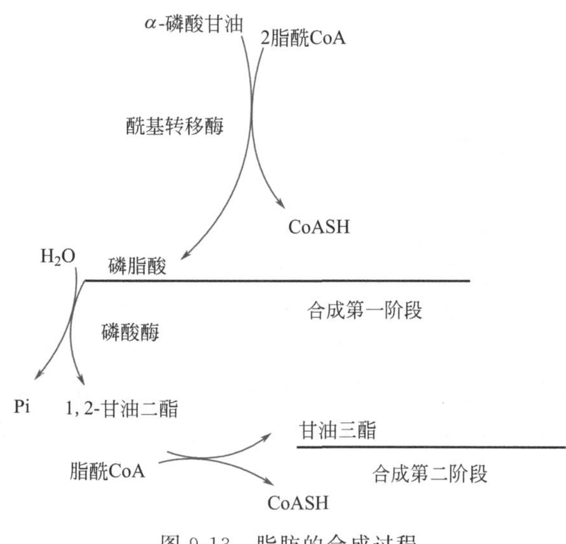

图 9-13　脂肪的合成过程

例题

由 3 分子软脂酸和 1 分子甘油合成 1 分子三软脂酰甘油需要消耗（　　）分子ATP。

解析

由于脂肪酸和甘油不能直接反应生成脂肪。甘油需要转化为 α-磷酸甘油，需消耗 1 分子 ATP；脂肪酸活化形成脂酰 CoA，需消耗 2 分子 ATP。因此，由 3 分子软脂酸和 1 分子甘油合成 1 分子三软脂酰甘油需要消耗 7 分子 ATP。

答案

7。

第四节 磷脂的代谢

知识点18 甘油磷脂的合成

甘油磷脂合成过程与脂肪合成有类似的地方，即都需要形成磷脂酸，在酰基转移酶的催化下，脂酰 CoA 和 α-磷酯甘油缩合生成磷脂酸。生成的磷脂酸都需要脱磷酸生成二脂酰甘油。不同之处在于，二脂酰甘油与脂酰 CoA 酰化形成甘油三酯，而对于甘油磷脂，二脂酰甘油与胞苷三磷酸的衍生物 CDP-胆碱或 CDP-乙醇胺反应，形成磷脂酰胆碱或磷脂酰乙醇胺。CDP-胆碱或 CDP-乙醇胺是由胆碱或乙醇胺经过两步转化反应形成，而胆碱和乙醇胺可由食物提供，见图 9-14。

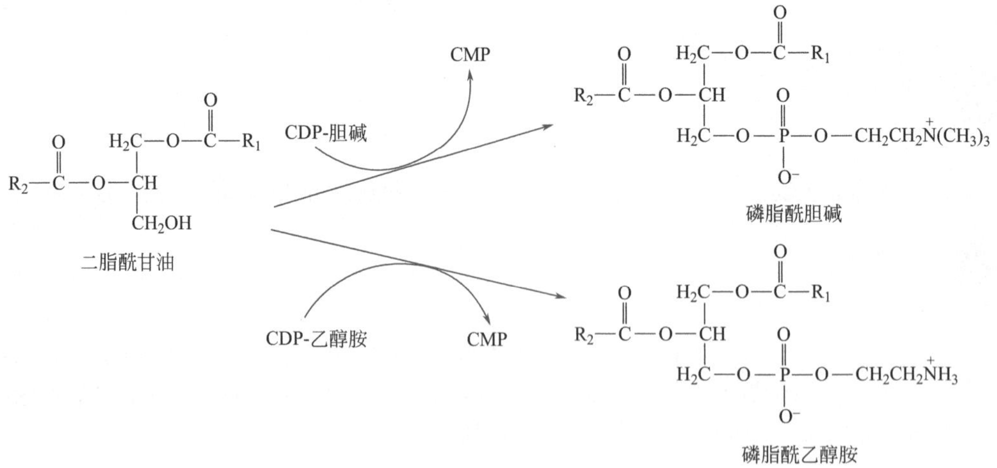

二脂酰甘油
CDP-胆碱
CMP
磷脂酰胆碱 ($-O-CH_2CH_2\overset{+}{N}(CH_3)_3$)
CDP-乙醇胺
CMP
磷脂酰乙醇胺 ($-O-CH_2CH_2\overset{+}{N}H_3$)

图 9-14　甘油磷脂的合成过程

例题

甘油磷脂合成过程中需哪一种核苷酸参与（　　）?

A. ATP　　B. CTP　　C. TTP　　D. UTP

解析

甘油磷脂合成过程中需要的胆碱或乙醇胺，首先与 CTP 作用活化为 CDP-胆碱或 CDP-乙醇胺，再与磷脂酸脱磷酸产生的甘油二酯合成磷脂酰胆碱和磷脂酰乙醇胺，所以合成过程中需要 CTP 参与反应。

答案

B

知识点 19 甘油磷脂的分解

降解甘油磷脂的酶称为磷脂酶，有磷脂酶 A、磷脂酶 B、磷脂酶 C 和磷脂酶 D，这些磷脂酶裂解酯键的位置不同，见图 9-15。磷脂酶 A 又分为磷脂酶 A_1 和磷脂酶 A_2，能切去甘油磷脂的脂肪酸部分。具体来说，磷脂酶 A_1 能专一性地作用于卵磷脂，切去 1 分子脂肪酸 R_1 后，形成 2-脂酰-甘油磷酸胆碱。磷脂酶 A_2 专一性水解卵磷脂切去 1 分子脂肪酸 R_2 后，形成 1-脂酰-甘油磷酸胆碱。2-脂酰-甘油磷酸胆碱和 1-脂酰-甘油磷酸胆碱都具有溶血作用，也称为溶血卵磷脂。蛇毒和蜂毒中磷脂酶 A_2 含量特别丰富。当毒蛇咬人或毒蜂蜇人后，毒液中磷脂酶 A_2 催化卵磷脂脱去 1 分子脂肪酸，而生成会引起溶血的溶血卵磷脂，使红细胞膜破裂而发生溶血。甘油磷脂分解后，最后的产物脂肪酸进入 β-氧化，甘油和磷酸进入糖代谢。

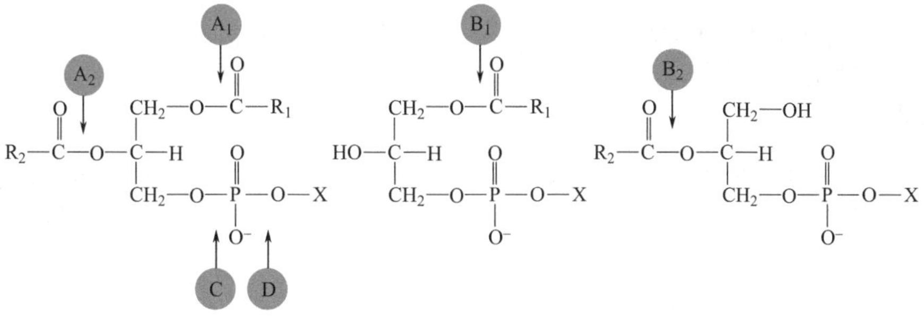

图 9-15　磷脂酶裂解酯键的不同位置

例题

磷脂酶 A 水解甘油磷脂，生成（　　）和（　　）。

解析

磷脂酶 A 又分为磷脂酶 A_1 和磷脂酶 A_2，磷脂酶 A_1 能切去卵磷脂中 C1 位置连接的脂肪酸 R_1，形成 2-脂酰-甘油磷酸胆碱。磷脂酶 A_2 能切去卵磷脂中 C2 位置连接的脂肪酸 R_2，形成 1-脂酰-甘油磷酸胆碱。2-脂酰-甘油磷酸胆碱和 1-脂酰-甘油磷酸胆碱都具有溶血作用，也称为溶血卵磷脂。

答案

脂肪酸和溶血卵磷脂。

第五节 / 胆固醇的代谢

知识点 20 胆固醇的合成

大多数哺乳动物细胞都具有合成胆固醇的能力，主要发生在肝脏细胞的细胞质中。胆固醇合成的起始物是乙酰 CoA，乙酰 CoA 需要经过丙酮酸-柠檬酸转运系统从线粒体运至细胞质中。胆固醇的合成可分为三个阶段。

（1）异戊烯焦磷酸的生成

在硫解酶催化下，2 分子乙酰 CoA 缩合形成乙酰乙酰 CoA；在 HMG-CoA 合酶催化下，乙酰乙酰 CoA 与另 1 分子乙酰 CoA 缩合生成羟甲基戊二酸单酰 CoA（HMG-CoA），这些是酮体和胆固醇合成的共同步骤；在 HMG-CoA 还原酶催化下，HMG-CoA 转化为甲羟戊酸；甲羟戊酸再经三步酶促反应转化为异戊烯焦磷酸（五碳）。

（2）鲨烯的生成

异戊烯焦磷酸（五碳）异构化形成二甲烯基焦磷酸（五碳）；二甲烯基焦磷酸与异戊二烯反应生成牻牛儿基焦磷酸（十碳）；牻牛儿基焦磷酸再与异戊烯焦磷酸反应生成法尼基焦磷酸（十五碳）；2 分子法尼基焦磷酸缩合生成鲨烯（三十碳）。

（3）胆固醇的生成

鲨烯在单加氧酶和环化酶作用下，生成中间产物羊毛固醇。羊毛固醇经过甲基的转移、氧化以及脱羧等过程，转变成胆固醇（二十七碳）。

例题

合成胆固醇的原料不需要（　　）。

A. 乙酰 CoA　　B. NADPH　　C. ATP　　D. O_2

解析

合成胆固醇的起始物是乙酰 CoA，需要还原力 NADPH 及 ATP 提供能量。总反应式为：18 乙酰 CoA＋36ATP＋16NADPH ⟶ 胆固醇＋36ADP＋18CoASH。

答案

D

知识点 21 胆固醇的转化

胆固醇在体内不能被彻底氧化分解为 CO_2 和 H_2O，而是经氧化和还原转变为其他含环戊烷多氢菲母核的化合物，其转化产物大部分参与体内代谢，小部分排出体外。具体说，体内胆固醇的去路有：①胆固醇合成胆汁酸；②合成生物膜；③合成激素；④合成维生素 D；⑤胆固醇的外排。

例题

由胆固醇转变而来的是（　　）。

A. 维生素 A　　B. 维生素 PP　　C. 维生素 C　　D. 维生素 D_3

解析

胆固醇除了是细胞膜的组成成分，还能转化为孕酮、肾上腺皮质激素、睾酮、维生素 D 以及胆汁酸等。

答案

D

第六节 / 脂代谢的调节

知识点 22 激素对脂代谢的调节

脂代谢受激素的调节，主要有三个重要激素，肾上腺素、胰高血糖素和胰岛素。肾上腺素与脂肪细胞的肾上腺素受体结合，与激素结合的受体即修饰受体，能够激活腺苷酸环化酶，有活性的腺苷酸环化酶催化 ATP 形成 cAMP。作为细胞内第二信使，cAMP 浓度的升高导致蛋白激酶 A 的激活，蛋白激酶 A 催化激素敏感性脂肪酶的磷酸化，从而导致脂肪酶的活化，最终脂肪水解为脂肪酸和甘油，见图 9-16。

脂肪酸合成的关键限速酶是乙酰 CoA 羧化酶，乙酰 CoA 羧化酶是别构酶。柠檬酸和异柠檬酸是酶的别构激活剂，脂酰 CoA 是别构抑制剂。胰岛素通过激活一些不依赖 cAMP 的蛋白激酶，使乙酰 CoA 羧化酶因发生磷酸化而激活，胰高血糖素作用相反，见图 9-17。

脂肪酶活性受到磷酸化和脱磷酸化的调节，而磷酸化和脱磷酸化作用又受到 cAMP 水平的调节，肾上腺素和胰高血糖素能够提高细胞内 cAMP 浓度。因此，肾上腺素和胰高血糖素是促脂肪水解的激素。同时，脂肪的水解加速，导致了脂肪酸含量的增多，最终活化了脂肪酸的 β-氧化作用。肾上腺素和胰高血糖素引发的 cAMP 浓度升高，导致蛋白激酶 A 的激

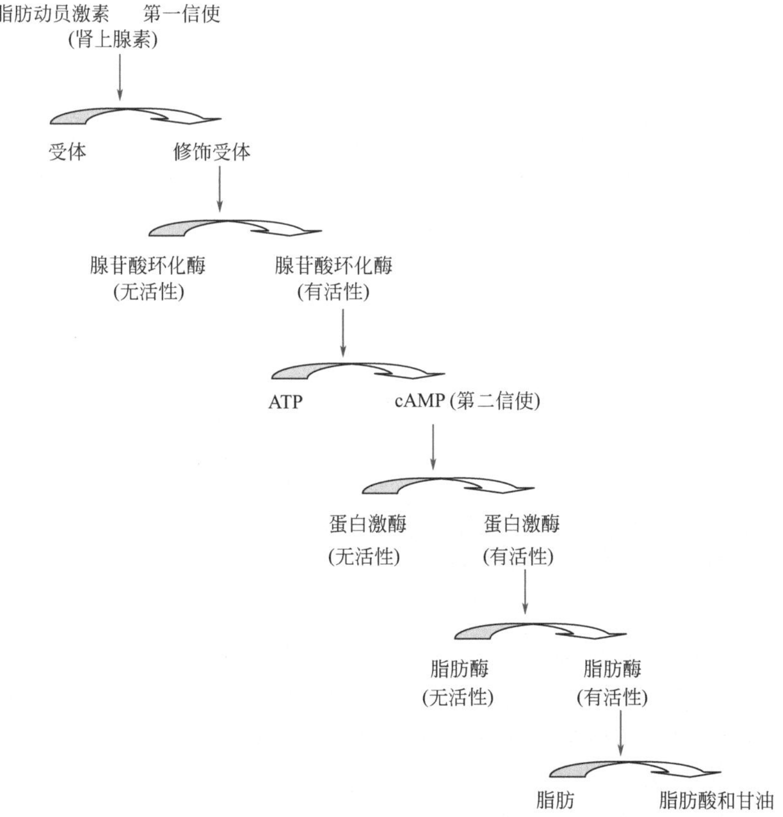

图 9-16 肾上腺素促进脂肪水解

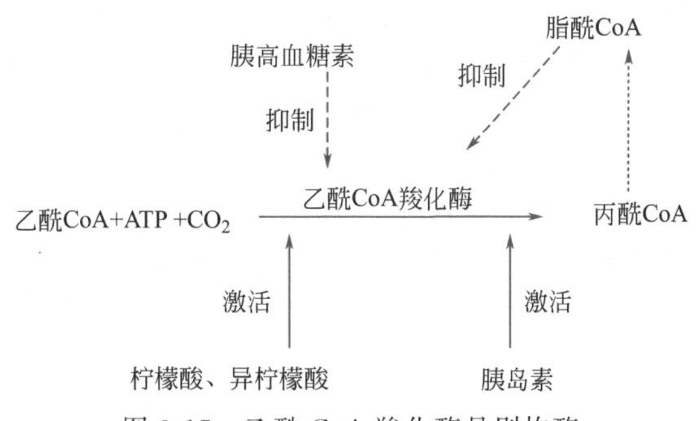

图 9-17 乙酰 CoA 羧化酶是别构酶

活，却抑制了乙酰 CoA 羧化酶。因此，肾上腺素和胰高血糖素促进脂肪水解及脂肪酸氧化分解，同时抑制脂肪酸的合成。胰岛素与肾上腺素和胰高血糖素的作用相反，胰岛素具有降低 cAMP 水平的作用，通过引发脱磷酸化作用而抑制激素敏感的脂肪酶活性，进而抑制脂肪酸的 β-氧化作用。因此，肾上腺素（或胰高血糖素）和胰岛素的比例在决定脂肪酸代谢的速度以及方向（分解或合成）中至关重要。

例题

抗脂解激素有胰高血糖素和肾上腺素。请判断对错。

解析

存在于脂肪细胞内的脂肪酶是脂肪动员的关键酶，因受多种激素调节，而被称为激素敏感性脂肪酶。肾上腺素和胰高血糖素等均能促进脂肪动员，因而称脂解激素；胰岛素可抑制脂肪动员，因而称抗脂解激素。

答案

错。

知识点 23 脂类代谢的紊乱

糖尿病患者缺乏利用糖的能力，机体开始动用脂肪氧化提供能量，脂肪酸分解增多，酮体的生成也增多。同时由于来源于糖代谢的丙酮酸减少，导致草酰乙酸也减少，造成乙酰 CoA 的堆积，多余的乙酰 CoA 则用来形成酮体。血液中的酮体水平高，会导致体内酸碱平衡紊乱，出现酸中毒，即酮症酸中毒。

脂肪肝的形成是由于肝细胞内的脂肪来源多，去路少，造成脂肪堆积。原因主要有：①肝功能低下，合成磷脂及脂蛋白能力下降，导致肝内脂肪向外运输出现障碍，因为正常情况下，脂肪与磷脂及脂蛋白结合成极低密度脂蛋白（VLDL）释放出肝细胞。②糖代谢出现障碍，导致脂肪动员加强，进入肝内的脂肪酸增多。③酗酒也可以引起脂肪肝，因为大量乙醇在肝脏发生脱氢反应，可使 $NADH/NAD^+$ 比值升高，也会减少脂肪酸的氧化，引起脂肪酸的积累。④运动消耗能量少，摄入过多的糖转变成脂肪堆积于肝细胞内。

动脉粥样硬化是由于低密度脂蛋白（LDL）增多或高密度脂蛋白（HDL）下降，这都容易使血浆中胆固醇在动脉内膜下沉积，最终导致动脉粥样硬化。

例题

脂肪肝是一种代谢病，该病主要是由（　　）所致。

A. 肝脏脂肪代谢障碍

B. 肝脏脂蛋白不能及时将肝细胞内脂肪排出

C. 肝脏细胞摄入过多的游离脂肪酸

D. 肝脏细胞脂肪酸载体异常

解析

脂肪肝主要是由于肝脏脂蛋白不能及时将肝细胞脂肪运出，造成脂肪在肝细胞内堆积。

答案

B

知识网络框图

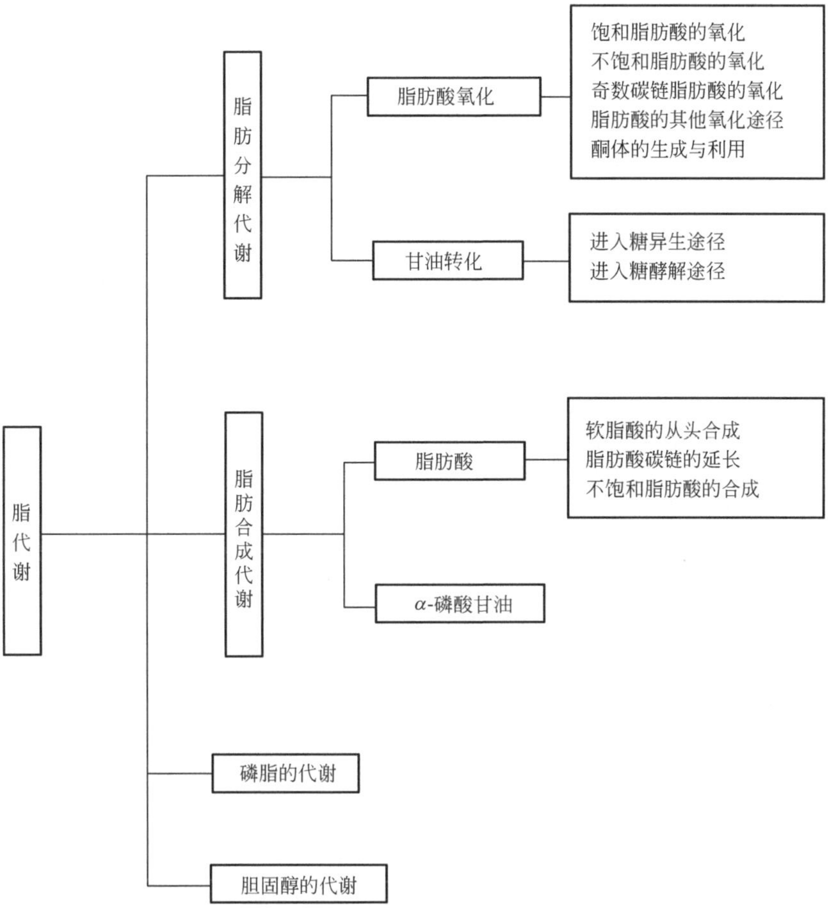

- 脂代谢
  - 脂肪分解代谢
    - 脂肪酸氧化
      - 饱和脂肪酸的氧化
      - 不饱和脂肪酸的氧化
      - 奇数碳链脂肪酸的氧化
      - 脂肪酸的其他氧化途径
      - 酮体的生成与利用
    - 甘油转化
      - 进入糖异生途径
      - 进入糖酵解途径
  - 脂肪合成代谢
    - 脂肪酸
      - 软脂酸的从头合成
      - 脂肪酸碳链的延长
      - 不饱和脂肪酸的合成
    - α-磷酸甘油
  - 磷脂的代谢
  - 胆固醇的代谢

诺贝尔奖案例

科学家温道斯，被称为“类固醇之父”，因揭示了胆固醇的复杂化学结构，于 **1928**

年获得诺贝尔化学奖。

科学家布洛赫和吕南研究胆固醇和脂肪酸的代谢调控机制，发现胆固醇在哺乳动物体内的合成途径，于1964年获得诺贝尔化学奖。

科学家戈德斯坦和布朗发现低密度脂蛋白受体，阐明胆固醇代谢机制，同时提出他汀类药物能够有效降低胆固醇，从而减少心脏病等心血管病的风险，将胆固醇的研究翻开崭新一页，于1985年获得诺贝尔生理学或医学奖。

第十章

氨基酸代谢

第一节 / 蛋白质的消化

知识点 1 外源性蛋白质的水解

外源性蛋白质进入体内，必须先经过水解形成小分子的氨基酸，然后才能被吸收。以人体为例，从食物中摄取蛋白质，蛋白质在消化道内被多种蛋白酶水解，如胃蛋白酶将蛋白质水解成大小不等的多肽片段，胰蛋白酶和胰凝乳蛋白酶能够将肽段分别水解成更短的肽，再经过羧肽酶和氨肽酶将短肽分别从 C 端和 N 端降解，形成氨基酸，被肠黏膜上皮细胞吸收进入机体。食物中绝大多数蛋白质（球状蛋白质）能够被完全水解为氨基酸，主要在小肠内进行蛋白质的水解。

按照蛋白酶酶切的位点不同，消化道内蛋白酶可分为肽链内切酶和肽链外切酶两类。肽链内切酶可以特异性地水解蛋白质内部的一些肽键，如胃蛋白酶催化苯丙氨酸、酪氨酸、色氨酸、亮氨酸以及谷氨酸残基羧基侧肽键的水解；胰蛋白酶特异地催化赖氨酸残基和精氨酸残基羧基侧的肽键水解；胰凝乳蛋白酶特异地催化苯丙氨酸、酪氨酸和色氨酸三种芳香族氨基酸残基羧基一侧的肽键水解。这些肽链内切酶水解产物是比较短的小肽。肽链外切酶则能够将小肠内小肽水解形成游离氨基酸，这主要通过肽链外切酶从小肽的 C 端（羧肽酶）或者 N 端（氨肽酶）逐一水解肽键，见图 10-1。

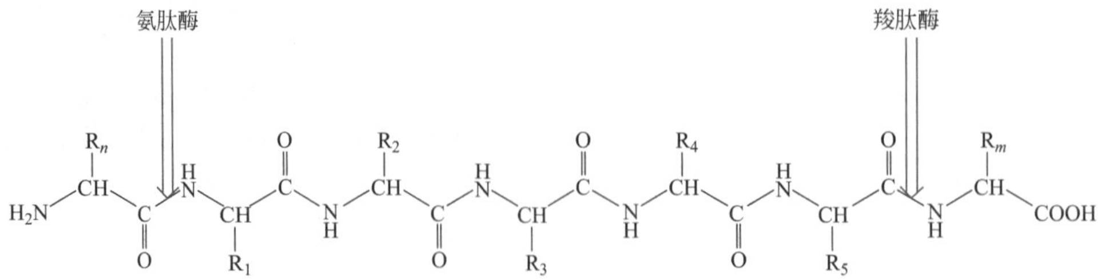

图 10-1　肽链外切酶的酶切位点

例题

食物蛋白质的消化自（　　）部位开始，主要消化部位是（　　）。

解析

食物蛋白质的消化自胃部开始，经胃蛋白酶水解形成肽段和少量游离氨基酸。食物在胃部停留时间比较短，蛋白质的消化不完全。进入小肠后，未消化或者消化不完全的蛋白质在多种蛋白酶作用下，进一步水解，最终形成氨基酸。蛋白质的消化主要在小肠内进行。

答案

胃，小肠。

知识点 2 细胞内蛋白质的降解

细胞内，氨基酸不停地合成蛋白质，同时蛋白质又不断地降解为氨基酸。结果是，细胞内的组分一直在不断地更新。蛋白质的降解有两个体系，一个是溶酶体无选择性蛋白质的降解，一个是以泛素标记的选择性蛋白质的降解。

① 无选择性降解。溶酶体是单层膜的细胞器，它含有 50 多种水解酶，包括多种蛋白水解酶。溶酶体内 pH 值在 5 左右，其所含有酶的最适 pH 值都是酸性的。**溶酶体**能够降解细胞通过胞饮作用摄取的物质，也能融合细胞中的自噬泡，分解其内容物。溶酶体降解蛋白质是无选择性的，但是在饥饿状态下，溶酶体会选择性降解含有五肽 Lys-Phe-Glu-Arg-Gln 或与其密切相关序列的蛋白质，以防止饥饿状态下的蛋白质迅速降解，为关键的代谢过程提供营养物质。正常或病理状态下，溶酶体活性都有可能增加。例如，产妇分娩后的子宫回缩，即子宫的质量从 2kg 减少到 50g，就是溶酶体降解子宫中肌肉蛋白质的过程。

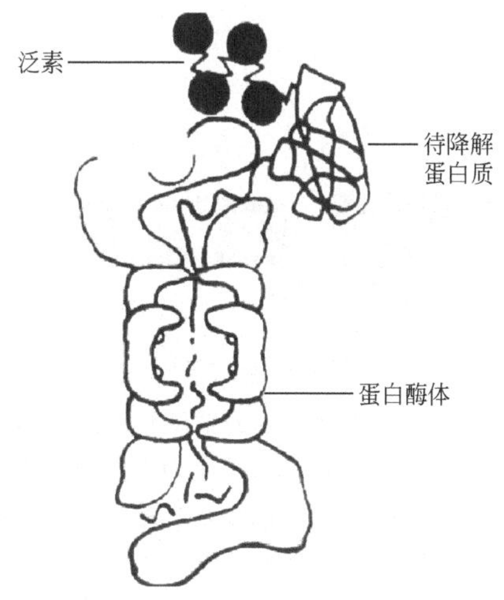

图 10-2　蛋白酶体降解泛素标记的蛋白质

② 选择性降解。泛素是一种存在于所有真核生物中高度保守的蛋白质，由 76 个氨基酸组成。泛素通过酶的作用，与靶蛋白结合，结合过程消耗 ATP，靶蛋白结合泛素后被标记。被标记的靶蛋白由蛋白酶体

水解，见图 10-2。靶蛋白水解成小肽后，由细胞质中的羧肽酶和氨肽酶水解为氨基酸。能够被泛素标记的蛋白质具有一定的结构特征，泛素化的靶蛋白由蛋白酶体降解是选择性的。

例题

比较细胞内蛋白质两种降解方式。

答案

细胞内蛋白质的两种降解方式，一个是溶酶体无选择性蛋白质的降解，一个是以泛素标记的选择性蛋白质的降解。在溶酶体中进行的蛋白质降解方式不需要消耗 ATP，主要降解膜蛋白以及长寿命的细胞内蛋白质。在细胞质中进行的蛋白质降解方式需要消耗 ATP 以及泛素的标记，主要降解异常蛋白质和短寿命的蛋白质，此种方式对于不含溶酶体的红细胞尤为重要。

第二节 氨基酸的分解与转化

知识点 3 氨基酸代谢概况

氨基酸除了用于合成蛋白质之外，还是生物体内重要含氮化合物的前体，又是能量代谢的物质，氨基酸氧化产生能量供机体需要。氨基酸的分解代谢一般是先脱去氨基，氨基转化为氨，或者转化为天冬氨酸以及谷氨酸的氨基；接着，氨与天冬氨酸的氮原子结合，通过尿素循环，形成尿素排出体外；最后，脱氨形成的碳骨架转化为代谢中间体，可以被氧化形成 CO_2、H_2O 以及 ATP，也可作为糖和脂合成的碳骨架。氨基酸的合成代谢根据不同氨基酸分属不同系列，如丙酮酸合成系列的氨基酸有 Val、Ala 和 Leu；α-酮戊二酸合成系列的氨基酸有 Glu、Gln、Pro 和 Arg。氨基酸代谢概况如图 10-3 所示。

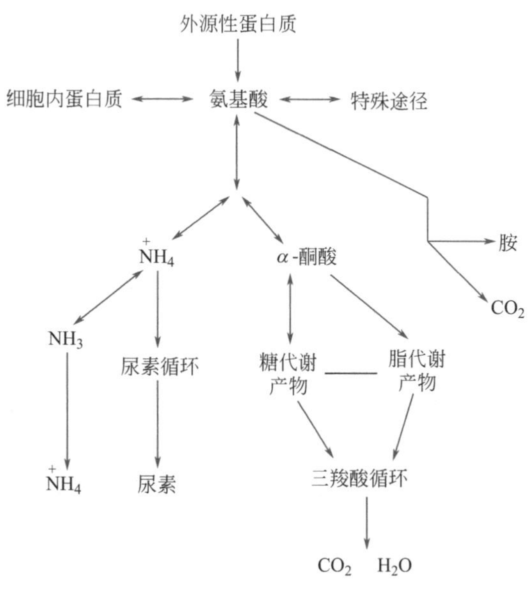

图 10-3 氨基酸代谢概况

例题

什么是氨基酸代谢库?

答案

氨基酸的来源分为外源性和内源性。外源性氨基酸由外源食物中蛋白质消化吸收获得，内源性氨基酸由细胞内蛋白质降解产生，还包括自身合成的非必需氨基酸。这些氨基酸共同组成了氨基酸代谢库，代谢库中氨基酸的总量可以因代谢需要而减少，也可因吸收或合成而增加，处于动态变化中。

知识点 4 氨基酸的脱氨基作用

（1）氧化脱氨基作用

α-氨基酸在酶的催化下脱去氨基生成相应的 α-酮酸的过程称为氧化脱氨基作用。催化氧化脱氨作用的酶有氨基酸氧化酶，还有 L-谷氨酸脱氢酶。氨基酸氧化酶有 L-氨基酸氧化酶和 D-氨基酸氧化酶。L-氨基酸氧化酶的最适 pH 值是 10.0，在生理条件下活性比较低。D-氨基酸氧化酶活力比较强，但是 D-氨基酸在体内比较少见。因此，氨基酸氧化酶作用不明显。L-谷氨酸脱氢酶普遍存在于植物、动物和微生物体内。该酶活性比较强，催化 L-谷氨酸氧化脱氨，生成 α-酮戊二酸和氨。在氨基酸脱氨基作用中具有重要作用。

$$\mathrm{HOOC{-}CH_2{-}CH_2{-}CH(NH_2){-}COOH} + \mathrm{H_2O} \xrightarrow[\mathrm{NAD^+}\ \rightarrow\ \mathrm{NADH+H^+}]{\text{谷氨酸脱氢酶}} \mathrm{HOOC{-}CH_2{-}CH_2{-}C(=O){-}COOH} + \mathrm{NH_3}$$

（2）转氨基作用

在转氨酶的催化下，α-氨基酸的氨基转移到 α-酮酸的酮基碳原子上，结果原来的 α-氨基酸生成相应的 α-酮酸，而原来的 α-酮酸则形成了相应的 α-氨基酸，这种作用称为转氨基作用或氨基移换作用。α-氨基酸可以看作是氨基的供体，α-酮酸则是氨基的受体。转氨酶的种类很多，其中谷丙转氨酶和谷草转氨酶最为重要。谷丙转氨酶（GPT）催化谷氨酸和丙酮酸之间的转氨作用，在肝脏中活力最高。当肝细胞受损时，血清中的 GPT 活性异常升高。谷草转氨酶（GOT）催化谷氨酸和草酰乙酸之间的转氨作用，在心脏中活力最高。当心肌细胞受损时，血清中的 GOT 活性异常升高。

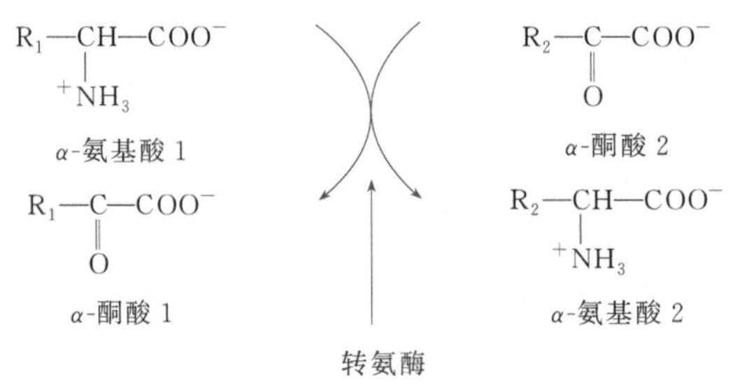

（3）联合脱氨基作用

生物体氨基酸氧化酶活力不高，这表明氨基酸往往不是采用直接氧化脱氨的方式。此外，虽然转氨酶普遍存在，但转氨基作用不是氨基酸的主要脱氨基方式，这是由于转氨酶只催化氨基的转移，而没有生成游离的 NH_3。将氧化脱氨基作用和转氨基作用联合进行的脱氨基作用方式，即联合脱氨基作用。大多数转氨酶都利用 α-酮戊二酸作为氨基的受体，氨基酸通过转氨作用将自身的氨基转给 α-酮戊二酸，使其生成谷氨酸，再利用 L-谷氨酸脱氢酶的催化脱去氨基。这是转氨酶与 L-谷氨酸脱氢酶作用相偶联，见图 10-4。此外，还有转氨基作用与嘌呤核苷酸循环相偶联，也是氨基酸脱氨的重要途径。联合脱氨基作用是大部分氨基酸脱氨的主要方式。

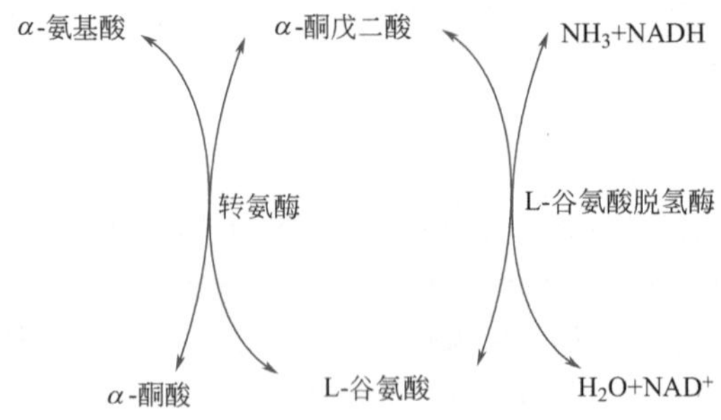

图 10-4　转氨酶与 L-谷氨酸脱氢酶联合脱氨

（4）非氧化脱氨基作用

这种脱氨基方式主要存在于微生物体内。非氧化脱氨基作用又区分为脱水脱氨基、脱硫化氢脱氨基、直接脱氨基和水解脱氨基。

例题

生物体内大多数氨基酸脱去氨基生成 α-酮酸是通过下面（　　）作用完成的。

A. 氧化脱氨基　　B. 非氧化脱氨基　　C. 联合脱氨基　　D. 转氨基

解析

由于氨基酸氧化酶活力不高，氧化脱氨基方式不是很普遍；非氧化脱氨基方式主要存在于微生物体内，动物体内不普遍；转氨基方式只催化氨基的转移；联合脱氨基将氧化脱氨基作用和转氨基作用联合进行，是大部分氨基酸脱氨的主要方式。

答案

C

知识点 5 氨的代谢去路

（1）氨的排泄

氨是有毒的物质，体内不能大量积累，需要进行氨的排泄。一般有 3 种形式：①水生动物一般直接将氨排出体外。②绝大多数陆生动物将脱下的氨转变为尿素形式排出。③鸟类及陆生爬行动物排氨方式是形成尿酸排出体外。

（2）氨的转运

酰胺是没有毒性的，氨基酸脱氨作用产生的氨可以转变为酰胺形式进行储存。在谷氨酰胺合成酶催化下，谷氨酸和氨合成谷氨酰胺，反应需要 ATP，大多数动物细胞内的氨以谷氨酰胺形式转运。同样，在天冬酰胺合成酶催化下，天冬氨酸和氨合成天冬酰胺，反应也需要 ATP，此反应主要存在于植物体内。

动物细胞内氨的转运有两条主要途径，除了谷氨酰胺转运途径，还有葡萄糖-丙氨酸循环途径。肌肉细胞中，糖酵解产生丙酮酸在转氨酶催化下形成丙氨酸，通过血液循环到达肝脏。肝细胞中，在谷丙转氨酶催化下丙氨酸将氨基转给受体 α-酮戊二酸，形成丙酮酸和谷氨酸。生成的丙酮酸通过糖异生途径形成葡萄糖，再经过血液循环到达肌肉并氧化提供能量。这样转运 1 分子丙氨酸相当于将 1 分子氨和 1 分子丙酮酸从肌肉带到肝脏。通过葡萄糖-丙氨酸循环途径，肌肉既排除了有毒的氨，又将丙酮酸转运到肝脏合成葡萄糖，达到一举两得的效果，见图 10-5。

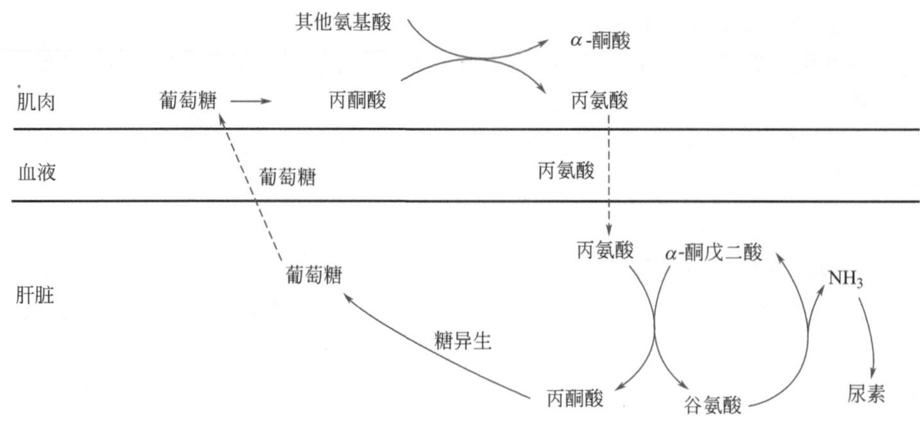

图 10-5　葡萄糖-丙氨酸循环途径

（3）重新生成氨基酸和其他含氮化合物

氨被利用重新合成氨基酸的过程，基本上是脱氨作用的逆过程。如，α-酮戊二酸和氨在谷氨酸脱氢酶催化下生成谷氨酸，也就是谷氨酸氧化脱氨的逆反应。

$$\alpha\text{-酮戊二酸} + NH_3 \xrightarrow[NADH+H^+ \quad NAD^+]{\text{谷氨酸脱氢酶}} \text{谷氨酸} + H_2O$$

（4）通过尿素循环生成尿素

详见知识点 6 尿素的生成。

例题

氨的主要代谢去路是（　　）。

A. 合成尿素　　B. 合成谷氨酰胺　　C. 合成丙氨酸　　D. 合成氨基酸

解析

氨的代谢去路有：①直接排泄，②以谷氨酰胺和丙氨酸形式转运，③重新生成氨基酸和其他含氮化合物，④通过尿素循环生成尿素。其中主要代谢去路是合成尿素。

答案

A

尿素的生成

尿素是在肝脏中通过一个循环机制形成的，这一个循环称为尿素循环。这是第一条被了解的代谢途径，比三羧酸循环要早 5 年。尿素循环分为三个阶段。

（1）从鸟氨酸合成瓜氨酸

首先，在氨甲酰磷酸合成酶催化下，1 分子 CO_2（糖代谢产物）和 1 分子 NH_3（谷氨酸氧化脱氨）在 ATP 提供能量的情况下，合成氨甲酰磷酸，反应式是：

$$2ATP + CO_2 + NH_3 + H_2O \longrightarrow \text{氨甲酰磷酸} + 2ADP + 2Pi$$

然后，在鸟氨酸转氨甲酰酶催化下，将氨甲酰基转移给鸟氨酸形成瓜氨酸。

$$\text{氨甲酰磷酸} + \text{鸟氨酸} \xrightarrow{\text{鸟氨酸转氨甲酰酶}} \text{瓜氨酸}$$

（2）从瓜氨酸合成精氨酸

在精氨琥珀酸合成酶催化下，瓜氨酸与天冬氨酸缩合为精氨琥珀酸，此反应需要 ATP 提供能量，天冬氨酸作为尿素第二个氮原子的供体。再通过精氨琥珀酸裂合酶的催化，精氨琥珀酸形成精氨酸和延胡索酸。延胡索酸进入三羧酸循环途径转变为草酰乙酸，草酰乙酸再经过转氨作用生成天冬氨酸。由此可见，延胡索酸是三羧酸循环和尿素循环之间的桥梁。

$$\text{瓜氨酸} + \text{天冬氨酸} + ATP \xrightarrow{\text{精氨琥珀酸合成酶}} \text{精氨琥珀酸}$$

$$\text{精氨琥珀酸} \xrightarrow{\text{精氨琥珀酸裂合酶}} \text{精氨酸} + \text{延胡索酸}$$

（3）精氨酸水解生成尿素

在精氨酸酶催化下，精氨酸水解产生尿素和鸟氨酸，精氨酸最终成为尿素的直接供体。生成的鸟氨酸又回到线粒体中进入另一轮尿素循环。

$$\text{精氨酸} \xrightarrow{\text{精氨酸酶}} \text{尿素} + \text{鸟氨酸}$$

尿素循环把两个氨基（一个来自氨基酸脱氨基，另一个来自天冬氨酸）和一个 CO_2 转化为非毒性的尿素，此过程消耗 4 个高能磷酸键，代谢概况见图 10-6。

尿素循环的总反应式：

$$NH_3 + CO_2 + 3ATP + \text{天冬氨酸} + 2H_2O \longrightarrow H_2NCONH_2 + 2ADP + AMP + PPi + \text{延胡索酸}$$

例题

尿素循环的主要生理意义是（　　）。

A. 把有毒的氨转变为无毒的尿素

B. 合成非必需氨基酸

C. 产生精氨酸的主要途径

D. 产生鸟氨酸的主要途径

解析

尿素循环把两个氨基（一个来自氨基酸脱氨基，另一个来自天冬氨酸）和一个 CO_2 转化为非毒性的尿素。尿素是蛋白质代谢的最终产物。

答案

A

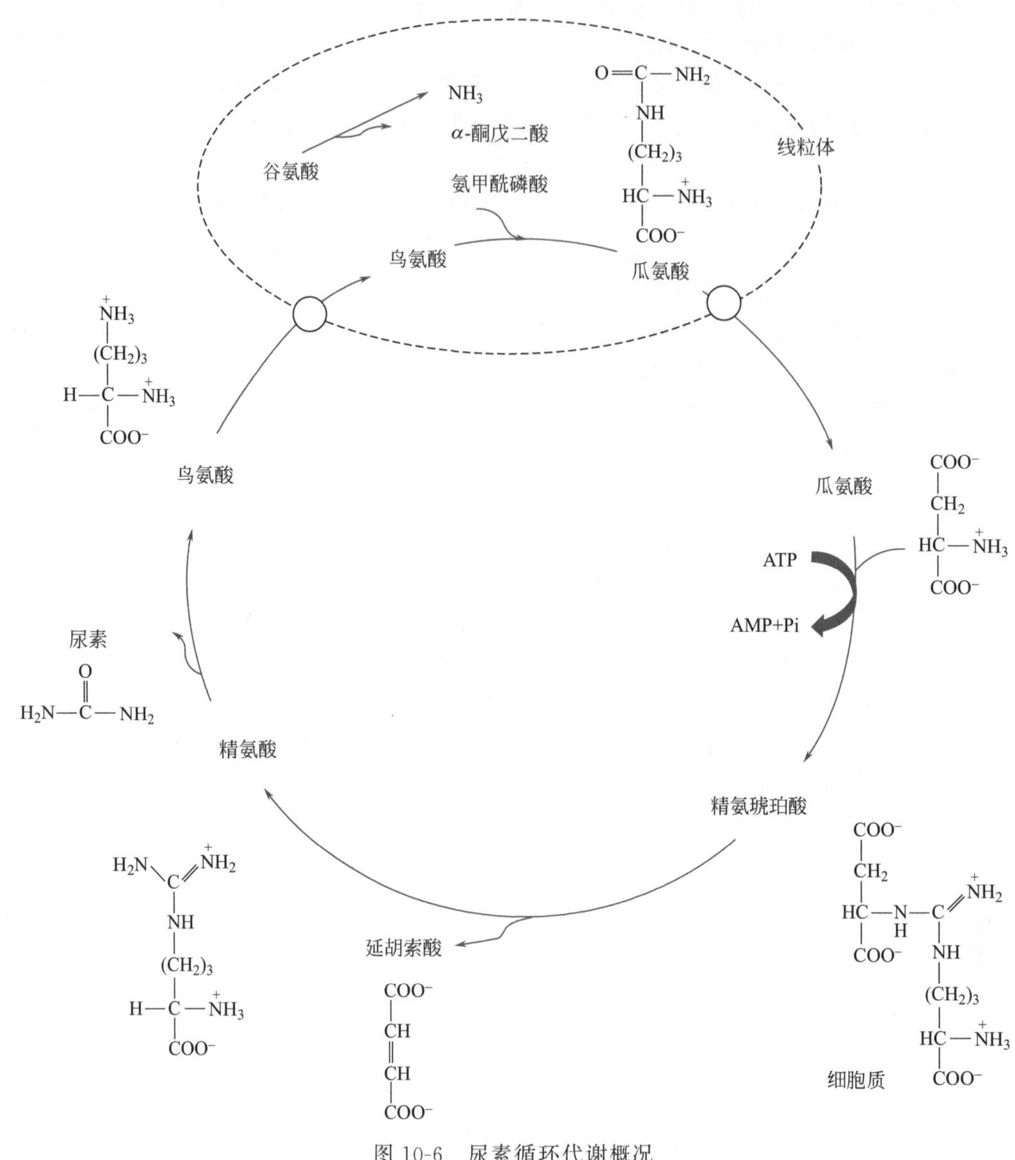

图 10-6 尿素循环代谢概况

知识点 7 α-酮酸的代谢

α-氨基酸脱氨后生成 α-酮酸，α-酮酸进一步代谢去向，有以下三种。

(1) 合成新氨基酸

在体内需要氨基酸的时候，α-酮酸可通过转氨作用或还原氨基化形成新的氨基酸。氨基酸的脱氨作用与 α-酮酸的还原氨基化作用是一对可逆反应。当体内氨基酸过量时，氨基酸的脱氨作用加强；相反，需要氨基酸时，α-酮酸的还原氨基化作用相应地加强，合成氨基酸。

（2）转变成糖及脂肪

当体内不需要 α-酮酸的还原氨基化作用合成氨基酸时，α-酮酸可转变形成糖和脂肪。有些氨基酸的分解产物可作为糖异生前体分子，例如丙酮酸或柠檬酸循环中间代谢物，在体内可以转变成糖，称为生糖氨基酸。有些氨基酸的分解产物可生成乙酰 CoA 或酮体，这样的氨基酸称为生酮氨基酸。二者兼有的氨基酸称为生糖生酮氨基酸。亮氨酸和赖氨酸为生酮氨基酸，异亮氨酸、苏氨酸和芳香族氨基酸为生糖生酮氨基酸，其他氨基酸为生糖氨基酸。

（3）氧化成水和二氧化碳

α-氨基酸脱氨后生成 α-酮酸，可经不同的酶系催化进行氧化分解。20 种氨基酸分别形成乙酰 CoA、α-酮戊二酸、琥珀酰 CoA、延胡索酸和草酰乙酸 5 种中间产物，进入三羧酸循环再彻底氧化分解为 CO_2 和 H_2O，并释放出能量。

例题

既增加尿中葡萄糖也增加尿中酮体排出量的氨基酸是（　　）。

A. 异亮氨酸　　B. 色氨酸　　C. 酪氨酸　　D. 以上都是

解析

既增加尿中葡萄糖排出量又增加尿中酮体排出量的氨基酸，即是生糖兼生酮氨基酸，包括异亮氨酸、苯丙氨酸、酪氨酸和色氨酸。

答案

D

知识点 8 氨基酸的脱羧基作用

氨基酸的脱羧作用不是氨基酸代谢的主要方式。在氨基酸脱羧酶催化下，氨基酸脱羧形成 CO_2 和胺。CO_2 可由肺呼出，胺可随尿直接排出，也可在酶催化下转变为其他物质。如谷氨酸经谷氨酸脱羧酶催化脱羧后形成的产物 γ-氨基丁酸，组氨酸经酶催化脱羧后形成的产物组胺，酪氨酸的脱羧产物是酪胺。

例题

γ-氨基丁酸由哪种氨基酸脱羧而来（　　）?

A. Glu　　B. Gln　　C. Ala　　D. Val

解析

γ-氨基丁酸是一种重要的神经递质，是谷氨酸经谷氨酸脱羧酶催化脱羧后形成的产物。

答案

A

知识点 9 氨基酸代谢产物的去向

氨基酸代谢产物包括 α-酮酸、氨、二氧化碳和胺，见图 10-7。

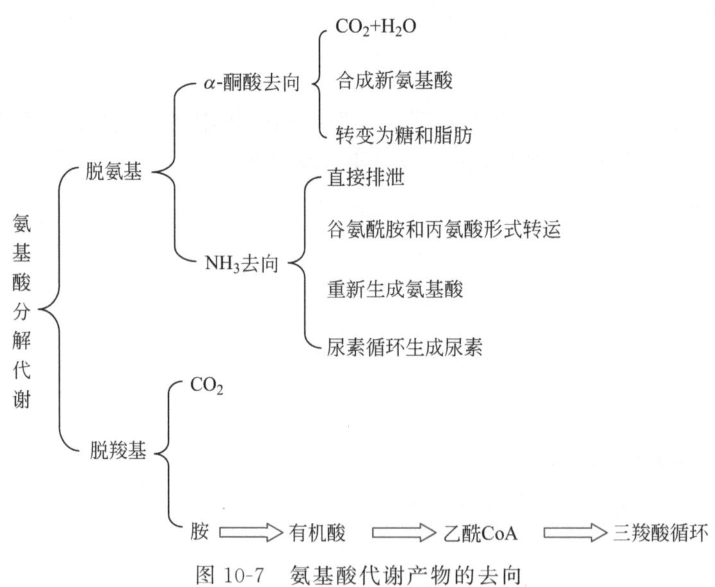

图 10-7　氨基酸代谢产物的去向

（1）α-酮酸的代谢去向

α-氨基酸脱氨后形成的 α-酮酸有三条代谢途径：①氧化生成水和二氧化碳并产生 ATP 提供能量；②合成新氨基酸；③转变为糖和脂肪。

（2）氨的代谢去向

氨的代谢去路有：①直接排泄；②以谷氨酰胺和丙氨酸形式转运；③重新生成氨基酸和其他含氮化合物；④通过尿素循环生成尿素。其中主要代谢去路是合成尿素。

（3）二氧化碳的代谢去向

氨基酸脱羧形成的 CO_2 大部分由肺呼出，小部分用于体内的羧化反应，如丙酮酸羧化反应生成草酰乙酸或苹果酸。

（4）胺的代谢去向

氨基酸脱羧形成胺，胺可随尿直接排出，也可在氧化酶催化下生成醛，醛再经过脱氢酶催化形成酸，长链有机酸可进行 β-氧化作用，生成乙酰 CoA，再进入三羧酸循环氧化分解。

例题

氨基酸脱氨基生成 α-酮酸，可经还原性氨基化作用重新合成氨基酸，也可以转变成糖、脂肪，或可以彻底氧化分解。请判断对错。

解析

氨基酸脱氨后产生的 α-酮酸的主要代谢去路是，可合成新氨基酸，也可转变为糖和脂肪，还可氧化生成水和二氧化碳并产生 ATP 提供能量。

答案

对。

第三节 / 氨基酸的合成代谢方式

知识点 10 脂肪族氨基酸的生物合成途径

（1）α-酮戊二酸衍生类型——谷氨酸类型

在谷氨酸脱氢酶催化下，α-酮戊二酸与氨形成谷氨酸。①在谷氨酰胺合成酶催化下，谷氨酸与氨形成谷氨酰胺；②在谷氨酸激酶催化下，谷氨酸发生磷酸化形成谷氨酰磷酸，再经谷氨酸还原酶和二氢吡咯还原酶催化形成脯氨酸；③在转乙酰基酶、激酶、还原酶以及转氨酶催化下，谷氨酸经过许多步骤形成鸟氨酸，再通过尿素循环形成精氨酸。总之，α-酮戊二酸可衍生成谷氨酸、谷氨酰胺、脯氨酸和精氨酸，见图 10-8。

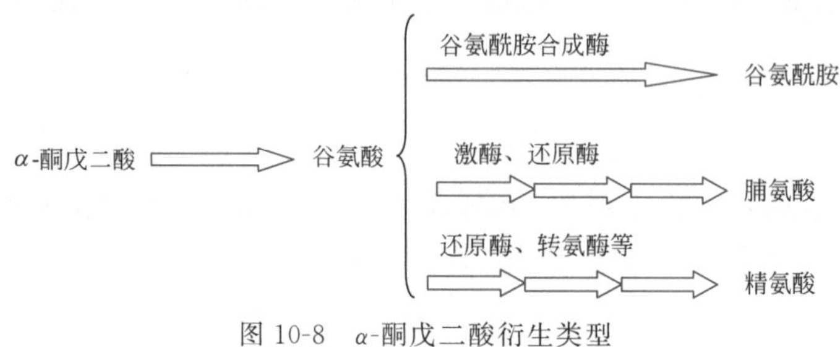

图 10-8 α-酮戊二酸衍生类型

（2）草酰乙酸衍生类型——天冬氨酸类型

在谷草转氨酶催化下，草酰乙酸与谷氨酸形成天冬氨酸。①在天冬酰胺合成酶催化下，天冬氨酸从谷氨酰胺上获取酰胺生成天冬酰胺；②在细菌和植物体内，以天冬氨酸为起始物合成赖氨酸或甲硫氨酸；③在苏氨酸合酶催化下，天冬氨酸可合成高丝氨酸，再转变成苏氨酸；④天冬氨酸与丙酮酸反应形成异亮氨酸。总之，草酰乙酸衍生类型可合成天冬氨酸、天冬酰胺、赖氨酸、甲硫氨酸、苏氨酸和异亮氨酸，见图 10-9。

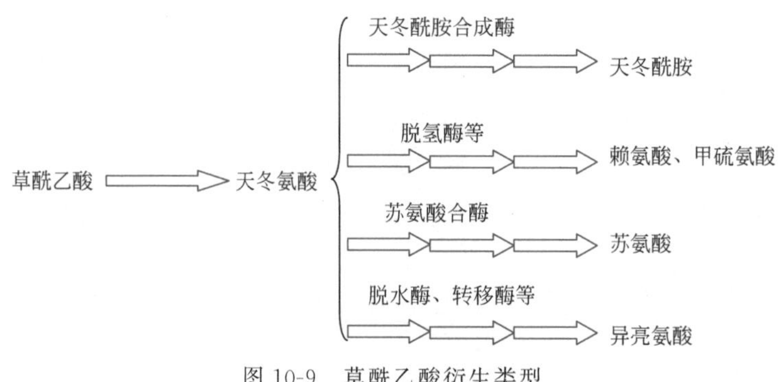

图 10-9 草酰乙酸衍生类型

（3）丙酮酸衍生类型

以丙酮酸为起始物可合成丙氨酸、缬氨酸和亮氨酸。

（4）甘油酸-3-磷酸衍生类型——丝氨酸类型

以甘油酸-3-磷酸为起始物，可分别合成丝氨酸、半胱氨酸和甘氨酸。

例题

体内不能合成而需要从食物供应的氨基酸称为（　　）。

解析

不同生物合成氨基酸的能力有所不同。必需氨基酸指体内需要但不能自身合成而需要由食物提供的氨基酸，人体内有 8 种，分别是亮氨酸、异亮氨酸、蛋氨酸、缬氨酸、苏氨酸、色氨酸、苯丙氨酸、赖氨酸。

答案

必需氨基酸。

知识点 11 其他氨基酸的生物合成

（1）赤藓糖-4-磷酸和磷酸烯醇式丙酮酸衍生类型

赤藓糖-4-磷酸和磷酸烯醇式丙酮酸分别来自磷酸戊糖途径和糖酵解途径的中间代谢产物，以它们为起始物可以合成苯丙氨酸、酪氨酸和色氨酸三种芳香族氨基酸。人体不能合成苯丙氨酸和色氨酸。

（2）5-磷酸核糖衍生类型

组氨酸生物合成的起始物是 5-磷酸核糖基焦磷酸（PRPP），从 ATP 和谷氨酰胺上获得 N 原子和 C 原子。因此，组氨酸的前体物质是 5-磷酸核糖基焦磷酸（PRPP）、ATP 和谷氨酰胺。其中 5-磷酸核糖基焦磷酸（PRPP）为组氨酸提供 5 个碳原子，ATP 的腺嘌呤为组氨酸咪唑环的生成提供了 1 个 C 原子和 1 个 N 原子，组氨酸咪唑环的另 1 个 N 原子来自谷氨酰胺的酰胺基。图 10-10 示意 20 种氨基酸不同衍生类型的主要代谢路线。

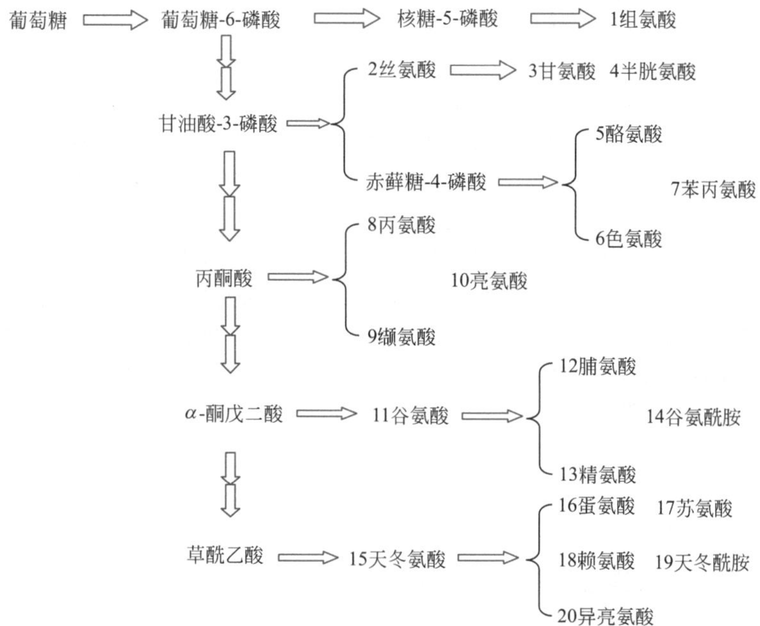

图 10-10 氨基酸合成代谢示意图

例题

氨基酸按照其生物合成途径，分属不同系列。按照氨基酸生物合成的起始物不同，可划分为哪些类型?

解析

①α-酮戊二酸衍生类型，②草酰乙酸衍生类型，③丙酮酸衍生类型，④甘油酸-3-磷酸衍生类型，⑤赤藓糖-4-磷酸和磷酸烯醇式丙酮酸衍生类型，⑥5-磷酸核糖衍生类型。

知识点 12 谷氨酸发酵在工业上的应用

谷氨酸的单钠盐，俗称味精。谷氨酸发酵是目前生产量最大的氨基酸发酵。

微生物合成谷氨酸的代谢途径，首先通过糖酵解和磷酸戊糖途径将葡萄糖转变为丙酮酸，生成的丙酮酸一部分氧化分解形成乙酰 CoA，一部分通过羧化反应形成草酰乙酸。乙酰 CoA 和草酰乙酸都能进入三羧酸循环，在柠檬酸合酶催化下形成柠檬酸，再进一步转变为α-酮戊二酸。由α-酮戊二酸转变形成谷氨酸的途径有：①在谷氨酸脱氢酶催化下，α-酮戊二酸还原氨基化生成谷氨酸；②在转氨酶催化下，α-酮戊二酸转氨作用生成谷氨酸；③在谷氨酸合成酶催化下，谷氨酰胺提供氨基，α-酮戊二酸生成谷氨酸。

利用微生物发酵生产谷氨酸，需解除终产物浓度的反馈抑制，以实现谷氨酸的超常积累。通过选育谷氨酸生产菌，解除细胞固有的代谢调节机制，破坏其正常的代谢平衡。谷氨酸生产菌的主要生化特点有：①α-酮戊二酸氧化能力弱，α-酮戊二酸不能继续氧化分解只能累积。在过量氨存在的条件下，α-酮戊二酸能够通过还原氨基化反应生成谷氨酸。②谷氨酸脱氢酶活力高，保证α-酮戊二酸能够迅速反应生成谷氨酸。③丙酮酸羧化支路旺盛，保证了大量草酰乙酸的生成，供给谷氨酸合成。④细胞膜对谷氨酸通透性高，谷氨酸生产菌是生物素缺陷型，而生物素是脂肪酸合成中乙酰 CoA 羧化酶的辅酶，生物素不足，脂肪酸合成受阻，最终导致磷脂合成受到影响。当磷脂减少到正常量一半时，就会引起细胞变形，使得细胞膜具有良好通透性，产物谷氨酸容易分泌到细胞外，积累于发酵液中，从而消除因谷氨酸浓度过高造成对谷氨酸脱氢酶的抑制。

例题

以下对 L-谷氨酸脱氢酶的描述错误的是（　　）。

A. 它催化的是氧化脱氨反应

B. 它的辅酶是 NAD^+ 或 $NADP^+$

C. 它和相应的转氨酶共同催化联合脱氨基作用

D. 它在生物体内活力不强

解析

L-谷氨酸脱氢酶的辅酶是 NAD^+ 或 $NADP^+$，催化谷氨酸氧化脱氨。此酶在植物、动物和微生物中普遍存在，而且活性很强，特别在肝脏和肾脏中活性更强。

答案

D

第四节 / 个别氨基酸的代谢与健康

知识点13 氨基酸代谢的缺陷

氨基酸代谢中，由于某种酶的缺失，导致酶的催化底物在血或尿中大量堆积，出现代谢缺陷。苯丙氨酸代谢中，由于苯丙氨酸羟化酶缺乏，苯丙氨酸只能与丙酮酸发生转氨反应生成苯丙酮酸，苯丙酮酸的堆积对神经有毒害，使智力发育出现障碍。苯丙酮酸在血液和组织中积累后，通过尿液排出体外，也称苯丙酮尿症。如果这种病症在婴儿早期能及时诊断出来，通过严格控制饮食，主要是限制吃含苯丙氨酸的食物，智力障碍可以避免出现。酪氨酸代谢中，由于尿黑酸氧化酶缺乏，这种病人的尿中含有尿黑酸，暴露空气中，使尿液呈黑色，因此称为尿黑酸症。同样在酪氨酸代谢中，由于缺失黑色素细胞的酪氨酸酶，这种病人皮肤白化，头发变为白色，眼睛缺少色素。

例题

苯丙酮尿症患者尿中排出大量苯丙酮酸，原因是体内缺乏（　　）酶。

A. 尿黑酸氧化酶　　B. 酪氨酸酶

C. 酪氨酸羟化酶　　D. 苯丙氨酸羟化酶

解析

苯丙酮尿症是由于在苯丙氨酸代谢中，苯丙氨酸羟化酶的缺乏，苯丙氨酸只能生成苯丙酮酸，苯丙酮酸的堆积对神经有毒害，使智力发育出现障碍。

答案

D

知识点 14 氨基酸转变为生物活性物质

生物体需要一些生物活性物质来调节代谢和生命活动，有些生物活性物质是由氨基酸合成，见表 10-1。

表 10-1　氨基酸转变为生物活性物质

序号	氨基酸	活性物质	功能
1	酪氨酸	黑色素	皮肤和毛发形成黑色
2	酪氨酸	儿茶酚胺类	神经递质
3	色氨酸	5-羟色胺	神经递质
4	色氨酸	吲哚乙酸	植物生长激素
5	谷氨酸	γ-氨基丁酸	神经递质
6	组氨酸	组胺	使血管舒张
7	半胱氨酸	牛磺酸	抑制性神经递质

（1）酪氨酸代谢与黑色素的形成

酪氨酸在酪氨酸羟化酶作用下生成二羟苯丙氨酸，在酪氨酸酶催化下，有氧条件下二羟苯丙氨酸形成多巴醌，多巴醌自发进行一系列反应形成黑色素。

（2）酪氨酸代谢与肾上腺素、去甲肾上腺素、多巴及多巴胺的形成

肾上腺素、去甲肾上腺素、多巴及多巴胺都属于儿茶酚胺类，都是由酪氨酸衍生而来，它们在神经系统中起重要作用。

（3）色氨酸代谢与5-羟色胺及吲哚乙酸

5-羟色胺是一种神经递质，在神经系统中的含量与神经的兴奋与抑制状态有密切关系。吲哚乙酸是一种植物生长激素。二者都是色氨酸形成的。

（4）谷氨酸与 γ-氨基丁酸

γ-氨基丁酸是一种重要神经递质，由谷氨酸经谷氨酸脱羧酶催化脱羧后形成。

（5）组氨酸与组胺

组胺是一种能使血管舒张及降低血压的物质，是组氨酸经酶催化脱羧后形成的产物。

（6）半胱氨酸与牛磺酸

牛磺酸是某些胆酸的组分，是一种抑制性神经递质，是半胱氨酸氧化脱羧的产物。

例题

下列哪种氨基酸脱羧后能生成使血管扩张的活性物质（　　）。

A. 赖氨酸　　B. 谷氨酸　　C. 精氨酸　　D. 组氨酸

解析

组胺是一种能使血管舒张的物质，是组氨酸经酶催化脱羧后形成的产物。

答案

D

知识网络框图

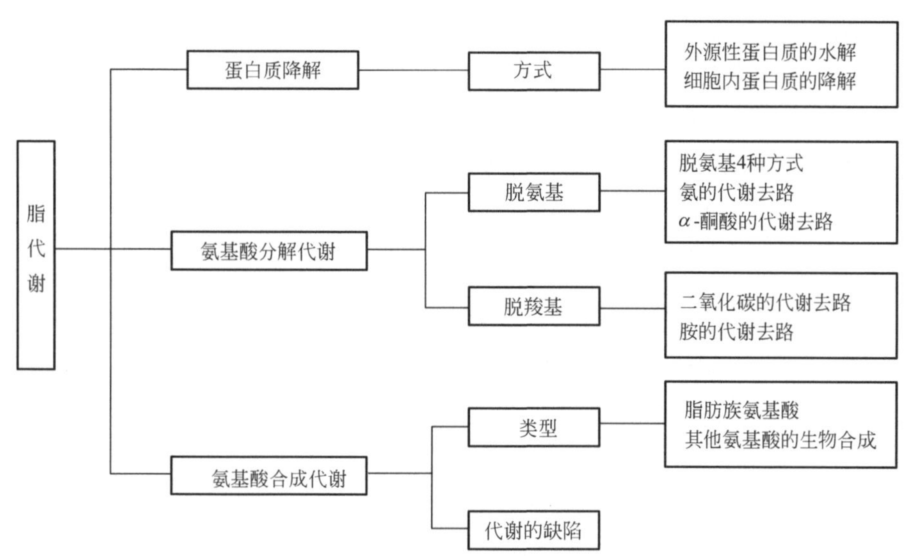

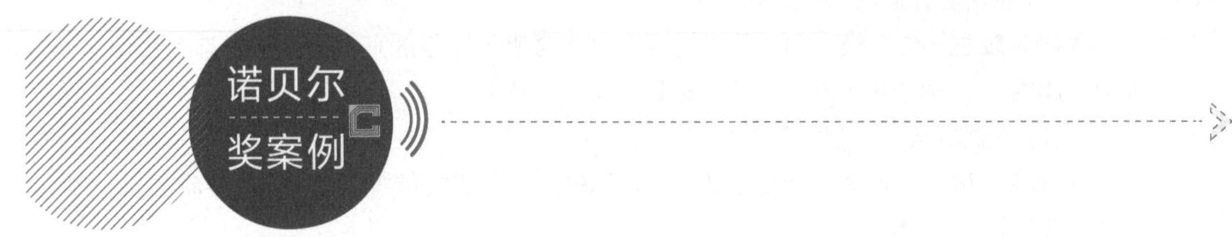

科学家罗斯、切哈诺沃以及赫尔什科发现泛素介导的蛋白质选择性降解机制，维持细胞内蛋白质含量的动态平衡。解析蛋白质选择性降解机制对于开发以泛素系统为靶点的药物具有重要意义，于2004年获得诺贝尔化学奖。

第十一章

核苷酸代谢

第一节 核苷酸的分解代谢

知识点1 核酸的酶促降解

食物中核酸与蛋白质相结合以核蛋白形式存在。在胃部，核蛋白被胃酸及胃蛋白酶分解成核酸和蛋白质。在小肠内，核酸酶包括核糖核酸酶（RNase）和脱氧核糖核酸酶（DNase），还有磷酸二酯酶，协同催化核酸形成核苷酸，再由核苷酸酶将核苷酸水解为核苷和磷酸。在肝及脾等组织中，核苷水解酶将核苷进一步水解为碱基和戊糖。

细胞内核酸的降解过程类似于食物中核酸的消化水解过程。核酸的降解由酶催化完成，首先是核酸酶水解磷酸二酯键，核酸降解为核苷酸；接着是核苷酸酶催化磷酯键断开，核苷酸降解为核苷和磷酸；最后是核苷水解酶催化糖苷键断开，核苷降解为碱基和戊糖。核酸酶促降解产物中，磷酸和戊糖可被机体再利用，碱基大部分被分解成尿酸等物质排出体外。

例题

人体细胞中的核苷酸部分从食物消化吸收而来，部分是体内自行合成。请判断对错。

解析

与氨基酸不同，核苷酸很少能被细胞直接从外界食物中摄取，不属于营养必需物质。核苷酸主要都是通过机体自身合成。

答案

错。

知识点2 嘌呤核苷酸的分解代谢

嘌呤核苷酸包括腺嘌呤核苷酸（AMP）和鸟嘌呤核苷酸（GMP）。

（1）AMP 分解形成尿酸

① AMP 在腺苷酸脱氨酶催化下脱氨生成次黄嘌呤核苷酸（IMP），再在核苷酸酶催化下水解生成次黄嘌呤核苷和磷酸。

② AMP 也可以在核苷酸酶催化下生成磷酸和腺嘌呤核苷，腺嘌呤核苷再在腺苷脱氨酶催化下脱氨形成次黄嘌呤核苷。无论哪种途径生成的次黄嘌呤核苷，在核苷磷酸化酶催化下都会生成次黄嘌呤，次黄嘌呤在黄嘌呤氧化酶催化下形成黄嘌呤，黄嘌呤再经黄嘌呤氧化酶催化形成尿酸。

（2）GMP 分解形成尿酸

GMP 在核苷酸酶催化下生成磷酸和鸟嘌呤核苷，在鸟嘌呤核苷磷酸化酶催化下，鸟嘌呤核苷降解形成鸟嘌呤和戊糖。鸟嘌呤在鸟嘌呤酶催化下脱氨形成黄嘌呤，再经黄嘌呤氧化酶催化黄嘌呤形成尿酸。

不同生物分解嘌呤的代谢终产物是不相同的，但是所有生物都可以通过脱氨和氧化，将嘌呤转化为尿酸。人类、猿类、鸟类、某些爬行类和昆虫不能进一步分解尿酸。多数哺乳动物将尿酸进一步代谢为尿囊素。硬骨鱼将尿囊素代谢为尿囊酸。两栖类和软骨鱼将尿囊素代谢为尿素。

人体内嘌呤核苷酸的分解代谢主要发生在肝脏、小肠及肾脏中，分解最终产物是尿酸，见图 11-1。

例题

人类嘌呤分解代谢的最终产物是（　　）。

A. 尿酸　　B. 尿素　　C. 氨　　D. 尿囊素

解析

不同生物分解嘌呤的代谢终产物是不相同的。人体内嘌呤核苷酸的分解代谢主要发生在肝脏、小肠及肾脏中，最终产物是尿酸。

答案

A

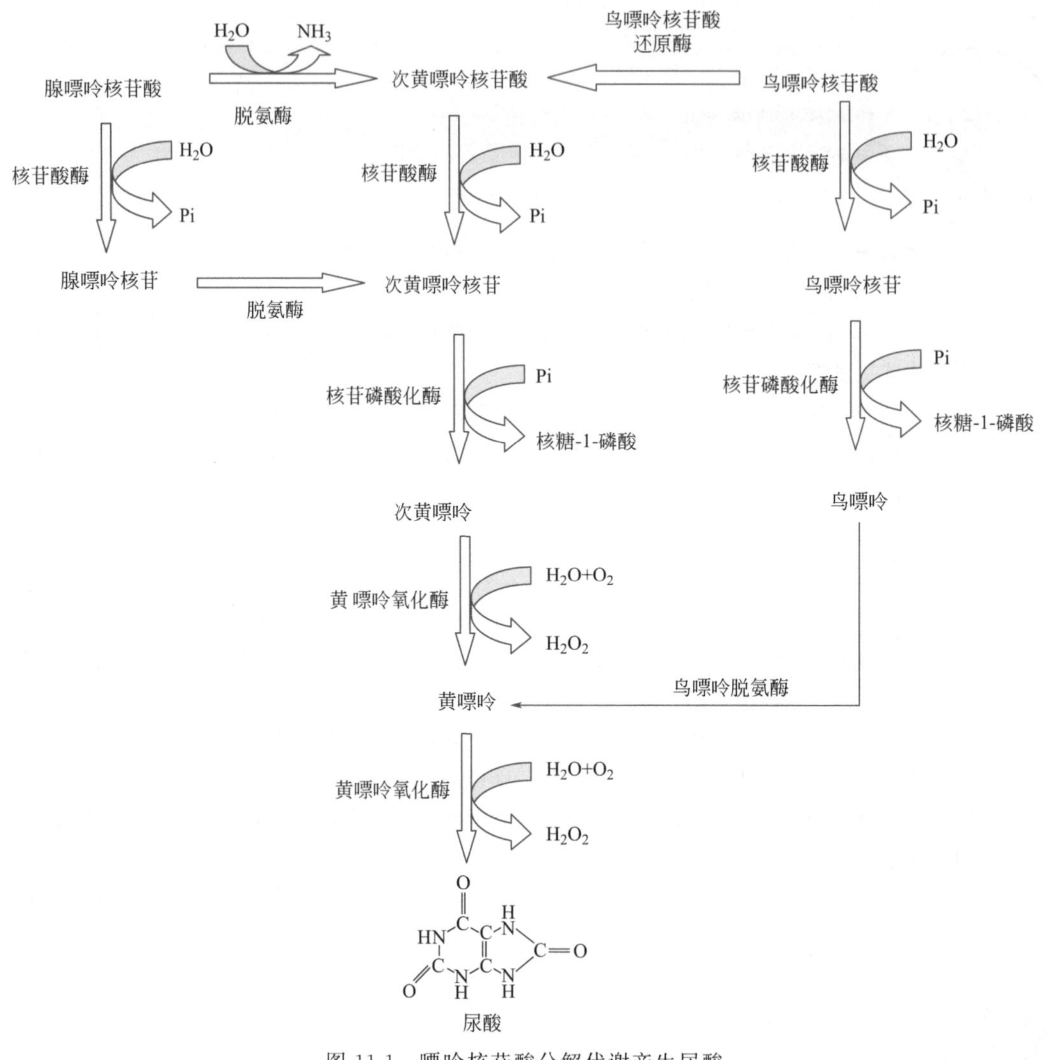

图 11-1　嘌呤核苷酸分解代谢产生尿酸

知识点 3　痛风

尿酸是人类嘌呤分解代谢的最终产物。正常情况下，体内嘌呤合成与分解代谢是动态平衡的，每 100 mL 血中尿酸的含量为 2～6 mg。而当 100 mL 血液中尿酸含量超过 8 mg，尿酸将以尿酸钠结晶形式析出。析出的晶体沉积于关节、软组织及软骨等处，导致关节肿胀、疼痛及关节炎，这种疾病称痛风。“痛风”来源于拉丁语，指该病是由于一种毒物一点一滴地进入关节造成的。痛风与嘌呤代谢障碍有关，基本特征为高尿酸血症。

目前认为引发痛风的原因是由于嘌呤代谢过程中某种酶的遗传性缺陷，如嘌呤补救合成途径的酶缺失，导致嘌呤不能通过补救合成途径被利用，而累积的嘌呤将通过分解途径形成尿酸。此外进食高嘌呤食物都会造成嘌呤分解代谢加强，产生尿酸。

治疗痛风病的药物，一是促进尿酸排泄的药物，二是抑制尿酸形成的药物。黄嘌呤氧化酶的正常底物是次黄嘌呤，催化其氧化形成黄嘌呤，黄嘌呤再形成尿酸。别嘌呤醇是次黄嘌呤的结构类似物，与正常底物次黄嘌呤竞争性结合于黄嘌呤氧化酶活性中心，结果是竞争性抑制黄嘌呤氧化酶活性。黄嘌呤氧化酶的活性受到抑制，催化次黄嘌呤形成黄嘌呤，以及再形成尿酸的量相应地减少，使尿酸不能形成晶体。该酶的活性抑制的同时，嘌呤分解代谢的产物变成了次黄嘌呤和黄嘌呤，它们的溶解度要大于尿酸，不会形成晶体，达到治疗目的。

例题

痛风病人尿酸含量升高，可用（　　）阻断尿酸的生成进行治疗。

解析

治疗痛风病的药物主要是促进尿酸排泄的药物，或者抑制尿酸形成的药物。别嘌呤醇属于抑制尿酸形成的药物。其治疗原理是，别嘌呤醇竞争性抑制黄嘌呤氧化酶活性，黄嘌呤氧化酶活性受到抑制，无法催化次黄嘌呤形成黄嘌呤，黄嘌呤再形成尿酸的途径也受到阻断。

答案

别嘌呤醇。

知识点 4 嘧啶核苷酸的分解代谢

嘧啶核苷酸的分解代谢首先是脱去磷酸和戊糖生成相应的嘧啶碱。3 种嘧啶碱中，胞嘧啶和尿嘧啶的分解相对简单，在脱氨酶、脱氢酶、水解酶以及脱羧酶系列催化作用下，胞嘧啶和尿嘧啶分解生成 β-丙氨酸、氨和 CO_2。胸腺嘧啶分解产物是 β-氨基异丁酸、氨和 CO_2。3 种嘧啶碱的分解产物都是易溶于水的，可进一步分解，如 β-丙氨酸可转换为乙酰 CoA，β-氨基异丁酸可转换为琥珀酰 CoA，见图 11-2。乙酰 CoA 和琥珀酰 CoA 都可以进入

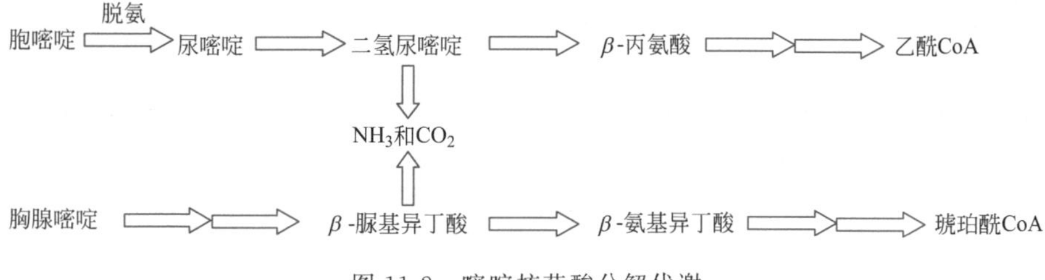

图 11-2　嘧啶核苷酸分解代谢

三羧酸循环，或直接随尿排出。嘧啶代谢异常的疾病较少。

第二节 核苷酸的合成代谢

知识点5 嘌呤核苷酸的从头合成

从头合成途径是利用磷酸核糖、氨基酸、一碳单位及 CO_2等简单物质为原料，经过一系列复杂的酶促反应合成核苷酸。嘌呤核糖核苷酸的从头合成需要两个阶段：第一阶段次黄嘌呤核苷酸 IMP 的合成，见图 11-3。以来自磷酸戊糖途径的核糖-5-磷酸作为起始物，在磷酸核糖基焦磷酸激酶催化下形成 5-磷酸核糖基焦磷酸（PRPP），同时 ATP 形成 AMP，此反应消耗 2 个高能磷酸键，按消耗 2 分子 ATP 计算。IMP 的从头合成包括 10 步反应。

在第①步反应中，5-磷酸核糖基焦磷酸（PRPP）与谷氨酰胺在 Gln-PRPP 酰胺基转移酶催化下形成核糖胺-5-磷酸，核糖胺-5-磷酸十分不稳定，嘌呤环就是在该结构上逐步形成的。

在第②步反应中，核糖胺-5-磷酸和甘氨酸在合成酶催化下形成甘氨酰胺核苷酸（GAR），此反应消耗 1 分子 ATP。

在第③步反应中，甘氨酰胺核苷酸（GAR）在 GAR 甲酰基转移酶催化下形成甲酰甘氨酰胺核苷酸（FGAR），到此步反应，嘌呤环骨架中 4、5、7、8 和 9 位已经形成，其中 C4、C5 和 N7 由甘氨酸提供，C8 由四氢叶酸提供，N9 由谷氨酰胺提供。

在第④步反应中，甲酰甘氨酰胺核苷酸接受谷氨酰胺的 N 原子，形成甲酰甘氨脒核苷酸（FGAM），此反应消耗 1 分子 ATP。

在第⑤步反应中，甲酰甘氨脒核苷酸在合成酶催化下脱水闭环生成 5-氨基咪唑核苷酸（AIR），至此，嘌呤环中的五元环部分已被合成，此反应消耗 1 分子 ATP。

在第⑥步反应中，5-氨基咪唑核苷酸在羧化酶催化下生成 5-氨基咪唑-4-羧核苷酸（CAIR），嘌呤环中 C6 由 CO_2 提供，此反应消耗 1 分子 ATP。

在第⑦步反应中，5-氨基咪唑-4-羧核苷酸在合成酶催化下生成 5-氨基咪唑-4-琥珀基-甲酰胺核苷酸（SAICAR），嘌呤环中 N1 由天冬氨酸提供，此反应消耗 1 分子 ATP。

在第⑧步反应中，5-氨基咪唑-4-琥珀基-甲酰胺核苷酸在裂解酶催化下脱掉延胡索酸，生成 5-氨基咪唑-4-氨甲酰核苷酸（AICAR）。

在第⑨步反应中，5-氨基咪唑-4-氨甲酰核苷酸在甲酰转移酶催化下生成 5-甲酰氨基咪唑-4-氨甲酰核苷酸（FAICAR），嘌呤环中 C2 由甲酰四氢叶酸提供。

在第⑩步反应中，FAICAR 在次黄嘌呤核苷酸合酶催化下脱水闭环，生成次黄嘌呤核苷酸（IMP）。

5-磷酸核糖基焦磷酸 —①→ 核糖胺-5-磷酸 —②(ATP)→ 甘氨酰胺核苷酸 —③→ 甲酰甘氨酰胺核苷酸 —④(ATP)→ 甲酰甘氨脒核苷酸 —⑤(ATP)→ 5-氨基咪唑核苷酸 —⑥(ATP)→ 5-氨基咪唑-4-羧核苷酸 —⑦(ATP)→ 5-氨基咪唑-4-琥珀基-甲酰胺核苷酸 —⑧→ 5-氨基咪唑-4-氨甲酰核苷酸 —⑨→ 5-甲酰氨基咪唑-4-氨甲酰核苷酸 —⑩→ 次黄嘌呤核苷酸(IMP)

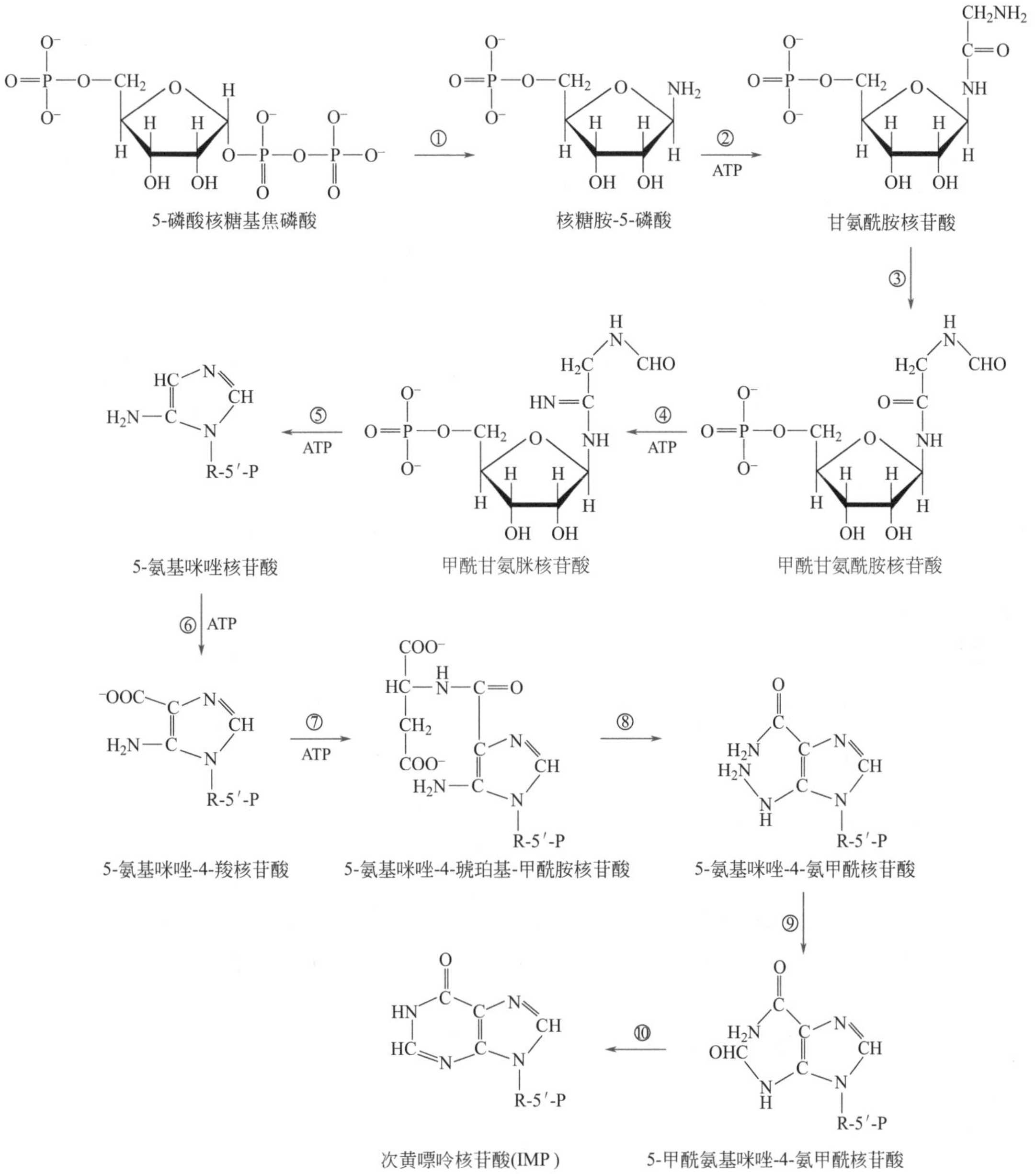

图 11-3　次黄嘌呤核苷酸（IMP）的合成

第二阶段在 IMP 的基础上分别合成 AMP 和 GMP，见图 11-4。

在腺苷琥珀酸合成酶和腺苷琥珀酸裂解酶催化下，天冬氨酸的氨基取代嘌呤环 C6 上的氧而生成 AMP，此反应过程消耗 1 分子 GTP。在 IMP 脱氢酶催化下，次黄嘌呤核苷酸 IMP 氧化生成黄嘌呤核苷酸 XMP，再在鸟苷酸合成酶催化下，以谷氨酰胺上的酰胺取代黄嘌呤核苷酸中 C2 上的氧而生成 GMP，此反应消耗 1 分子 ATP。合成 1 分子 IMP 时需要消耗 7 分子 ATP。因此，从头合成途径合成 1 分子 AMP（GMP）需要消耗 8 分子 ATP。

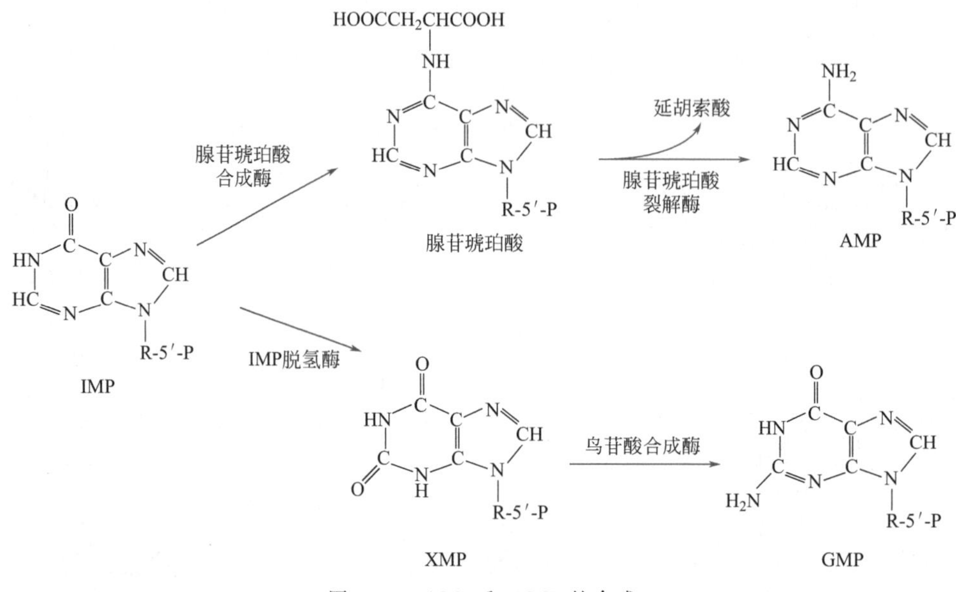

图 11-4　AMP 和 GMP 的合成

例题

嘌呤环中第 4 位和第 5 位碳原子来自下列（　　）。

A. 甘氨酸　　B. 天冬氨酸　　C. 丙氨酸　　D. 谷氨酸

解析

第一阶段合成次黄嘌呤核苷酸（IMP）的 10 步反应中，在第 3 步反应中，嘌呤环骨架中 4、5、7、8 和 9 位已经形成，其中 C4、C5 和 N7 由甘氨酸提供。此外，C8 由四氢叶酸提供，N3 和 N9 由谷氨酰胺提供，嘌呤环中 C6 由 CO_2 提供，嘌呤环中 N1 由天冬氨酸提供，嘌呤环中 C2 由甲酰四氢叶酸提供。

答案

A

知识点 6 嘌呤核苷酸合成的补救途径

补救合成途径是利用体内游离的碱基或核苷，经过比较简单的反应过程，合成核苷酸。在磷酸核糖转移酶催化下，5-磷酸核糖基焦磷酸（PRPP）与嘌呤合成嘌呤核苷酸。其中AMP 由腺嘌呤磷酸核糖转移酶催化合成；IMP 和 GMP 由次黄嘌呤-鸟嘌呤磷酸核糖转移酶（HGPRT）催化合成，见图 11-5。与从头合成途径相比，嘌呤核苷酸合成的补救途径简单，消耗 ATP 少，还可以节省一些氨基酸的消耗。某些组织，如脑和骨髓，不存在嘌呤核苷酸从头合成途径，只能利用补救途径合成嘌呤核苷酸。

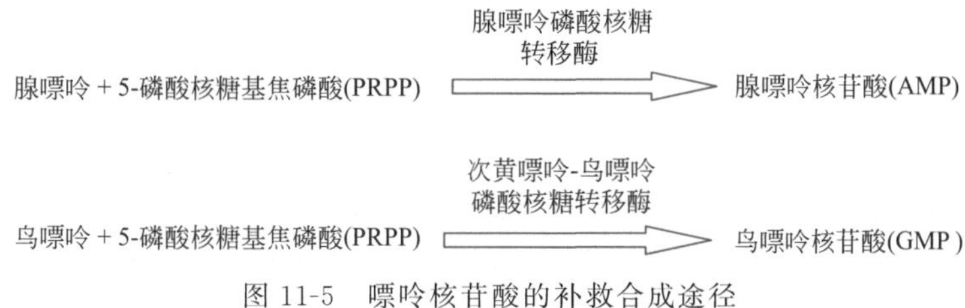

图 11-5 嘌呤核苷酸的补救合成途径

补救途径的异常可以导致疾病的产生，如自毁容貌症。是由于次黄嘌呤-鸟嘌呤磷酸核糖转移酶的遗传性缺陷，次黄嘌呤和鸟嘌呤不能转换为 IMP 和 GMP，无法进行补救合成途径。而 5-磷酸核糖基焦磷酸（PRPP）作为嘌呤核苷酸补救途径的底物不能被利用，导致 5-磷酸核糖基焦磷酸（PRPP）的累积，高浓度 5-磷酸核糖基焦磷酸（PRPP）又加速嘌呤的从头合成途径，从头合成途径生成过量的 IMP，又会降解形成过多的尿酸。

例题

自毁容貌症患者因缺乏（　　），产生自残肢体的神经疾病症状。

解析

自毁容貌症患者因遗传性缺乏次黄嘌呤-鸟嘌呤磷酸核糖转移酶，无法进行补救合成途径。而脑组织不存在从头合成途径，只有依靠补救合成生成 IMP 和 GMP，结果造成中枢神经系统发育障碍。

答案

嘌呤核苷酸合成的补救途径。

知识点 7 嘧啶核苷酸的从头合成

嘧啶核苷酸的从头合成是先利用小分子化合物形成嘧啶环，再与核糖磷酸结合形成乳清酸核苷酸，再由乳清酸核苷酸转变为尿嘧啶核苷酸，其他嘧啶核苷酸则由尿嘧啶核苷酸转变形成。

（1）尿嘧啶核苷酸（UMP）的合成

第一阶段：氨甲酰磷酸生成，在氨甲酰磷酸合成酶Ⅱ催化下，谷氨酰胺和 CO_2 反应生成氨甲酰磷酸和谷氨酸，反应中谷氨酰胺作为氨的供体，此反应需消耗 2 分子 ATP。该步反应是嘧啶核苷酸从头合成的限速反应。

$$谷氨酰胺 + CO_2 \xrightarrow{氨甲酰磷酸合成酶Ⅱ} 氨甲酰磷酸 + 谷氨酸$$

第二阶段：乳清酸的合成，生成的氨甲酰磷酸在天冬氨酸氨甲转移酶催化下，与天冬氨酸反应生成氨甲酰天冬氨酸，再在二氢乳清酸酶催化下，氨甲酰天冬氨酸脱水闭环形成二氢乳清酸，再在二氢乳清酸脱氢酶催化下，二氢乳清酸脱氢形成乳清酸。乳清酸结构类似于嘧啶环结构。

第三阶段：生成 UMP，乳清酸在乳清酸磷酸核糖转移酶催化下，与 5-磷酸核糖基焦磷酸（PRPP）反应生成乳清酸核苷酸（OMP），再在乳清酸核苷酸脱羧酶催化下，乳清酸核苷酸（OMP）形成尿嘧啶核苷酸（UMP），见图 11-6。

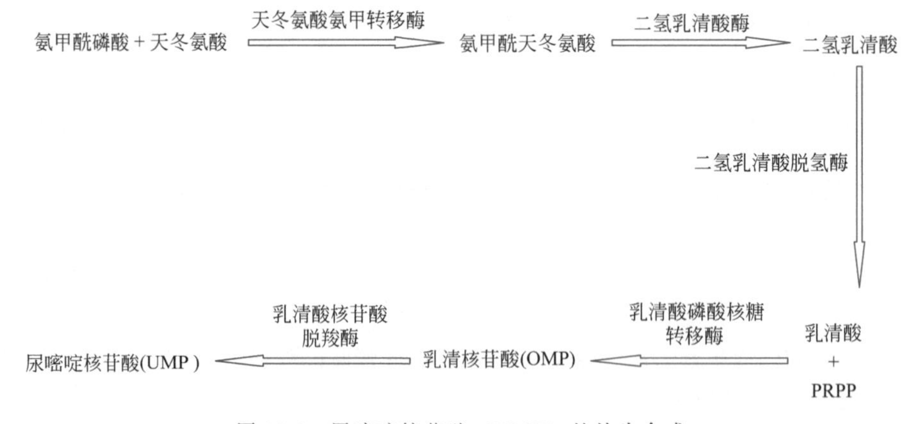

图 11-6 尿嘧啶核苷酸（UMP）的从头合成

（2）胞嘧啶核苷酸（CMP）的合成

尿嘧啶核苷酸（UMP）在尿苷酸激酶和二磷酸核苷激酶催化下生成尿苷三磷酸（UTP）。在 CTP 合成酶催化下，UTP 接受氨基而形成 CTP，此反应需消耗 1 分子 ATP。由尿嘧啶核苷酸转变为胞嘧啶核苷酸（CMP）是在核苷三磷酸水平上进行的。

$$UMP \xrightarrow{尿苷酸激酶和二磷酸核苷激酶} UTP \xrightarrow{CTP合成酶} CTP$$

（3）脱氧胸腺嘧啶核苷酸（dTMP）的合成

dTMP 是由脱氧尿嘧啶核苷酸 dUMP 的 C5 甲基化形成，由胸腺嘧啶核苷酸合酶催化完成。dTMP 可由 dUDP 转化形成，由核苷单磷酸激酶催化完成。dTMP 也可由 dCMP 脱氨而形成。

$$dUMP \xrightarrow{\text{胸腺嘧啶核苷酸合酶}} dTMP$$

$$dUDP \xrightarrow{\text{核苷单磷酸激酶}} dTMP$$

$$dCMP \xrightarrow{\text{脱氨酶}} dTMP$$

例题

人类嘧啶核苷酸从头合成途径中（　　）反应是限速反应。

A. 氨甲酰磷酸的形成　　B. 氨甲酰天冬氨酸的形成

C. 乳清酸的形成　　D. UMP 的形成

解析

氨甲酰磷酸合成酶 Ⅱ 是人类嘧啶核苷酸从头合成途径中的主要调节酶，UMP 是该酶的别构抑制剂，PRPP 则具有激活作用。氨甲酰磷酸合成酶 Ⅱ 催化氨甲酰磷酸生成，该反应是从头合成途径的限速反应。

答案

A

知识点 8 嘧啶核苷酸合成的补救途径

嘧啶核苷酸合成的补救途径主要由嘧啶磷酸核糖转移酶催化嘧啶碱与 5-磷酸核糖基焦磷酸（PRPP）合成嘧啶核苷酸，但该酶不能以胞嘧啶为底物。补救途径还可以利用嘧啶核苷激酶催化嘧啶核苷磷酸化形成相应的核苷酸。在尿苷激酶催化下，尿嘧啶核苷形成尿嘧啶核苷磷酸（UMP）；同样在尿苷激酶催化下，胞嘧啶核苷形成胞嘧啶核苷磷酸（CMP）；在胸苷激酶催化下，胸腺嘧啶核苷形成胸腺嘧啶核苷磷酸（dTMP）。

例题

说出嘌呤核苷酸与嘧啶核苷酸合成途径的差异。

答案

嘌呤核苷酸是在 PRPP 基础上逐步合成嘌呤环，而嘧啶核苷酸是先合成嘧啶环，再与 PRPP 结合；嘌呤核苷酸最先合成的是 IMP，而嘧啶核苷酸最先合成的是 UMP;嘌呤核苷酸以 IMP 为基础，直接在一磷酸水平上转变形成 AMP 和 GMP，而嘧啶核苷酸以 UMP 为基础，需要在三磷酸水平和脱氧一磷酸水平上分别完成 CTP 和 dTMP 的合成。

知识点 9 脱氧核糖核苷酸的合成

脱氧核糖核苷酸的合成是通过核糖核苷酸还原形成，此类还原反应发生在核苷二磷酸水平。ADP、GDP、CDP 和 UDP 这 4 种核苷二磷酸在核苷二磷酸还原酶催化下形成相应的脱氧核苷二磷酸 dADP、dGDP、dCDP 和 dUDP，此还原反应中，NADPH 是氢的供体。生成的脱氧核苷二磷酸可以在脱氧核苷二磷酸激酶催化下形成脱氧核苷三磷酸 dATP、dGTP、dCTP 和 dUTP；也可以由磷酸酶催化形成脱氧核苷一磷酸 dAMP、dGMP、dCMP 和 dUMP。需要注意的是，脱氧胸腺嘧啶核苷酸不能由胸腺嘧啶核酸二磷酸还原生成，它只能由脱氧尿嘧啶核苷酸（dUMP）甲基化产生。

例题

dTMP 是由（　　）转变而来。

解析

脱氧胸腺嘧啶核苷酸由脱氧尿嘧啶核苷酸（dUMP）甲基化产生。

答案

dUMP

知识点 10 核苷酸的抗代谢物

核苷酸的抗代谢物对核苷酸的生物合成具有抑制作用，一些化疗药物作为核苷酸的抗代谢物而设计用于癌症的治疗，见表 11-1。①嘌呤类似物，如 6-巯基嘌呤结构类似于次黄嘌呤，6-巯基嘌呤在体内可形成 6-巯基嘌呤核苷酸，可以抑制 IMP 转变为 AMP 及 GMP 的反应，还可以通过抑制 PRPP 酰胺基转移酶而阻断嘌呤核苷酸的从头合成途径，也可以通过抑制 HGPRT 活性而阻止嘌呤核苷酸的补救合成途径。②叶酸类似物，如氨基蝶呤和氨甲蝶呤，作为二氢叶酸还原酶的竞争性抑制剂，使叶酸不能形成二氢叶酸和四氢叶酸。从而导致嘌呤合成需要一碳单位提供的碳原子得不到供应，抑制嘌呤核苷酸的合成。在嘧啶核苷酸合成时，由于二氢叶酸还原酶受到抑制，四氢叶酸的缺失，从而导致胸苷酸合成受到了抑制。③嘧啶类似物，如 5-氟尿嘧啶结构类似于胸腺嘧啶，5-氟尿嘧啶进入人体后转变成脱氧核糖核苷酸，通过抑制胸腺嘧啶核苷酸合成酶而抑制 dUMP 向 dTMP 的合成，从而抑制 DNA 的合成。

表 11-1　核苷酸的抗代谢物

序号	类型	抗代谢物	生物学作用
1	嘌呤类似物	6-巯基嘌呤	抑制 IMP 转变 AMP 及 GMP 反应等
2	叶酸类似物	氨基蝶呤和氨甲蝶呤	使叶酸不能形成四氢叶酸
3	嘧啶类似物	5-氟尿嘧啶	抑制 DNA 的合成

这些核苷酸的抗代谢物作为核苷酸合成的抑制剂，在用于癌症的治疗过程中，所有生长快速的细胞都受到此类化合物的控制。所以抗代谢物具有较强的副作用，某些增殖速度快的正常细胞，如肠黏膜上皮细胞、造血细胞和免疫细胞等，对抗代谢物比较敏感。这些治疗癌症的药物同时会产生胃肠反应、造血系统抑制和免疫系统抑制等副作用。

例题

6-巯基嘌呤、5-氟尿嘧啶和氨甲蝶呤等药物是直接抑制 DNA 复制的抗癌药，判断对错。

解析

6-巯基嘌呤抑制嘌呤核苷酸的合成，5-氟尿嘧啶抑制胸腺嘧啶核苷酸合成酶而抑制 DNA 的合成，氨甲蝶呤抑制胸苷酸合成。这些药物是核苷酸的抗代谢物，抑制核苷酸的合成。阿糖胞苷能够直接抑制 DNA 复制。

答案

错。

知识网络框图

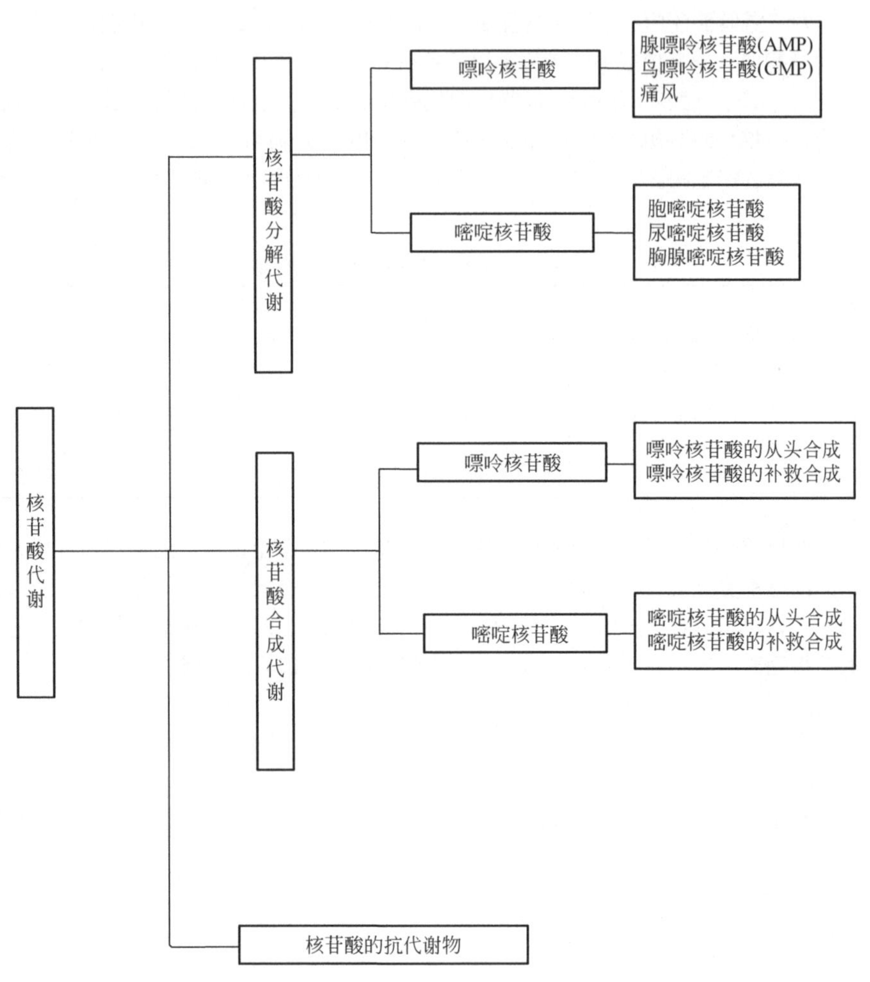

科学家伊莱昂发现药物治疗的重要原则，设计药物用于抑制肿瘤细胞核苷酸合成，通过化合物的筛选，获得6-巯基嘌呤，6-巯基嘌呤可有效抑制小鼠体内的肿瘤，于1988年获诺贝尔生理学或医学奖。

第十二章

物质代谢的联系与调节

第一节 物质代谢的特点

知识点1 代谢途径的多样性

物质代谢是生命的基本特征。物质代谢分为三个阶段。第一阶段，消化吸收。食物中多糖、蛋白质、脂类及核酸等大分子化合物经过消化道内的酶催化而发生的水解过程，称为消化；消化产物、水、维生素和无机盐经肠黏膜上皮细胞进入小肠的过程，称为吸收。第二阶段，中间代谢。消化吸收产物进入不同组织中参加代谢反应，代谢反应都是分步进行的，由许多中间反应和中间产物组成。这一系列的中间反应过程，称为中间代谢。第三阶段，排泄。物质通过中间代谢最终转变为代谢的终产物，最后通过肾、肠及肺等器官形成尿、粪便及气体等排出体外。

同一物质，虽然其分解代谢和合成代谢途径中的许多中间产物是一样的，但是分解代谢和合成代谢各有独立的途径，两者不是简单的可逆过程。此外，同一物质的分解代谢和合成代谢途径也发生在不同细胞部位。如脂肪酸氧化分解途径发生在线粒体，而脂肪酸合成途径则发生在细胞质；葡萄糖有氧氧化发生在线粒体，而糖异生的大多数反应发生在细胞质；ATP 合成的场所是线粒体，而 ATP 提供能量的水解反应场所是细胞质。

不同物质，如糖、蛋白质和脂类，它们的合成代谢途径各不相同，然而它们的分解代谢却有共同代谢途径。分解代谢途径分为三个阶段，第一阶段，糖、蛋白质和脂类分解为结构单位分子单糖、氨基酸和脂肪酸及甘油。第二阶段，结构单位分子降解为共同的中间产物，如丙酮酸和乙酰 CoA。第三阶段，乙酰 CoA 进入三羧酸循环氧化分解形成 CO_2 和 H_2O，同时伴随着 ATP 生成。三羧酸循环是糖、蛋白质和脂类分解代谢的枢纽。

例题

葡萄糖和脂肪酸代谢的共同代谢中间物是（　　）。

A. 草酰乙酸　　B. 乳酸　　C. 乙醇　　D. 乙酰 CoA

解析

葡萄糖和脂肪酸分别是多糖和脂肪水解形成的结构单位分子，通过分解代谢第一阶段形成。生成的葡萄糖和脂肪酸进入分解代谢第二阶段，生成共同的中间代谢产物：葡萄糖通过糖酵解和丙酮酸氧化脱羧反应生成乙酰 CoA；脂肪酸则通过 β-氧化分解途径生成乙酰 CoA。生成的乙酰 CoA 进入第三阶段，三羧酸循环氧化分解。

答案

D

知识点 2 物质代谢偶联能量代谢

物质代谢途径中许多酶促反应是可逆的，但是物质代谢过程是不可逆的，即分解代谢和合成代谢各自有其自身的反应途径，是单向性的。物质代谢总伴随着能量代谢，分解反应是放能反应，合成反应是一个吸能反应。分解反应产生的化学能有三种释放方式。第一，热能的形式散发。第二，有机物氧化分解形成 CO_2 和 H_2O，同时释放出自由能，这些自由能与 ATP 中高能磷酸键的合成相偶联，以 ATP 形式传递能量。第三，形成氢原子或电子的还原力，如 NADH、$FADH_2$ 和 NADPH。合成反应是一个消耗能量的过程，同时也是一个还原性的反应过程。如 CO_2 合成葡萄糖，二碳单位合成长链脂肪酸，在需要 ATP 提供能量的同时，还需要还原力。NADH 和 $FADH_2$ 是生物氧化过程中氢和电子的携带者，其主要功能是通过呼吸链产生 ATP。NADPH 则用于还原性合成反应，如脂肪酸合成反应中，参与还原合成反应的还原酶是以 NADPH 为辅酶，提供还原力。

例题

下列与能量代谢有关的途径不在线粒体内进行的是（　　）。

A. 三羧酸循环　　B. 脂肪酸 β-氧化

C. 氧化磷酸化　　D. 糖酵解

解析

三羧酸循环是葡萄糖有氧氧化分解主要途径。脂肪酸 β-氧化是脂肪酸有氧氧化分解主要途径。氧化磷酸化中底物水平和电子传递水平磷酸化都产生 ATP。糖酵解作为葡萄糖分解代谢的共同途径，无论在有氧还是无氧条件下都能进行，只是产生 ATP 数目比较少。四个选项中，只有糖酵解作用发生在细胞质中。

答案

D

第二节 物质代谢的相互联系

知识点3 糖代谢与脂代谢的相互关系

生物体内，糖与脂类能够相互转变，见图 12-1。首先，介绍糖转变为脂肪的主要路径。

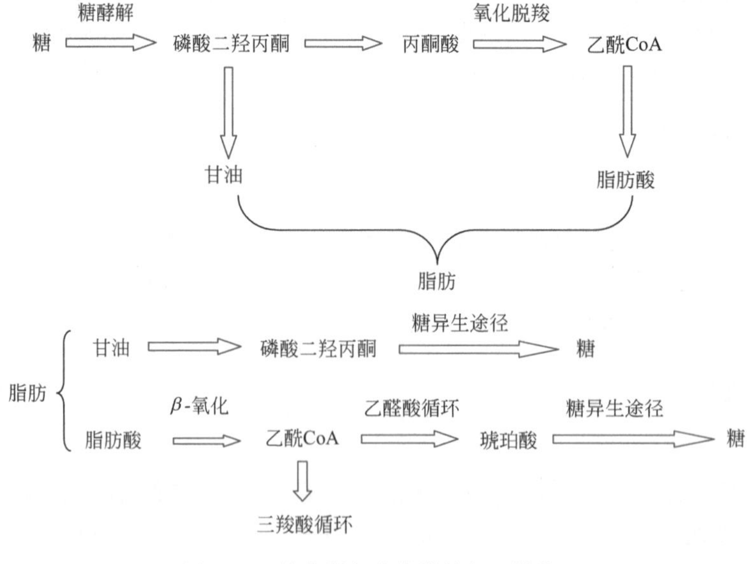

图 12-1 糖代谢与脂代谢的相互转化

通过糖酵解途径，糖生成丙酮酸和磷酸二羟丙酮。通过丙酮酸氧化脱羧反应，丙酮酸生成乙酰 CoA；通过氧化还原反应，磷酸二羟丙酮生成甘油。乙酰 CoA 是脂肪酸合成的原料，脂肪酸和甘油结合形成脂肪。接着，介绍脂肪转变为糖的主要路径。通过脂肪酶水解反应，脂肪分解为甘油和脂肪酸；通过氧化还原反应，甘油生成磷酸二羟丙酮；通过糖异生途径，磷酸二羟丙酮生成葡萄糖；通过 β-氧化作用，脂肪酸转变成乙酰 CoA，乙酰 CoA 通过乙醛酸循环（只存在于植物和微生物中）生成琥珀酸再进入三羧酸循环转变成草酰乙酸，草酰乙酸作为糖异生前体合成葡萄糖。由于动物体内不存在乙醛酸循环途径，脂肪转变为糖的途径非常有限。

例题

为什么摄入过多的糖容易长胖?

答案

糖和脂在代谢中，有共同的中间产物，因此糖可以转变为脂肪：糖分解生成的磷酸二羟丙酮和乙酰 CoA 可作为合成脂肪的原料。具体是，糖分解代谢过程中生成磷酸二羟丙酮经脱氢转变成甘油；乙酰 CoA 经从头合成途径转变成脂肪酸，从而合成脂肪。而脂肪转化为糖的途径非常有限：甘油可以作为糖异生的前体，而脂肪酸分解产物乙酰 CoA 不能作为糖异生前体。

知识点 4 糖代谢与蛋白质代谢的相互关系

生物体内，糖与蛋白质能够相互转变，见图 12-2。首先，介绍糖转变为蛋白质的主要路径。通过糖酵解途径，糖生成丙酮酸；通过三羧酸循环，丙酮酸可转变为 α-酮戊二酸和草酰乙酸；通过转氨基作用，酮酸分别形成相应的氨基酸，丙氨酸、谷氨酸和天冬氨酸。接着，介绍蛋白质转变为糖的主要路径，通过脱氨作用，氨基酸生成 α-酮酸，如丙酮酸、α-酮戊二酸、琥珀酸和草酰乙酸，这些都是糖异生的前体，通过糖异生途径合成葡萄糖。这样的氨基酸是生糖氨基酸。20 种氨基酸中，只有亮氨酸和赖氨酸不是生糖氨基酸。此外，糖分解代谢产生的能量也可用于氨基酸合成代谢。

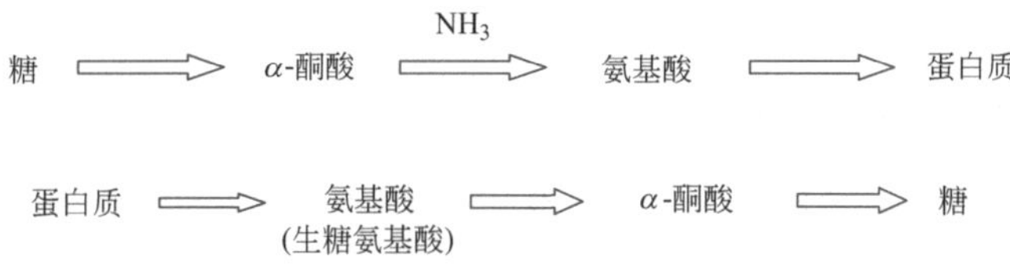

图 12-2 糖代谢与蛋白质代谢的相互转化

例题

不能经糖异生合成葡萄糖的物质是（　　）。

A. α-磷酸甘油　　B. 丙酮酸

C. 乳酸　　D. 乙酰 CoA

E. 生糖氨基酸

解析

乙酰 CoA 不能作为糖异生的前体，因为在三羧酸循环中乙酰 CoA 无法净合成草酰乙酸，从三羧酸循环总反应式可以看出，每一次进入三羧酸循环的乙酰 CoA，即 2 个碳原子进入循环，又有 2 个碳原子以 CO_2 形式离开循环。α-磷酸甘油通过转变为磷酸二羟丙酮进入糖异生途径；丙酮酸是糖异生途径的起始物，2 分子丙酮酸合成 1 分子葡萄糖；乳酸通过氧化还原反应生成丙酮酸，进入糖糖异生；生糖氨基酸通过脱氨基作用生成丙酮酸及三羧酸循环的中间产物，再进入糖异生途径合成糖。

答案

D

知识点 5　脂代谢与蛋白质代谢的相互关系

生物体内，脂与蛋白质能够相互转变，见图 12-3。首先，介绍脂肪转变为蛋白质的主要路径，通过脂肪酶水解反应，脂肪分解为甘油和脂肪酸；甘油可转变为丙酮酸，再转变为 α-酮戊二酸和草酰乙酸，这些 α-酮酸是氨基酸的碳骨架，通过接受氨基分别转变为丙氨酸、谷氨酸和天冬氨酸。脂肪酸通过 β-氧化作用生成乙酰 CoA，乙酰 CoA 进入三羧酸循环，从而跟谷氨酸和天冬氨酸相联系。由于需要消耗三羧酸循环中间产物，如无及时补充，利用脂肪酸合成氨基酸的途径非常有限。接着，介绍蛋白质转变为脂肪的主要路径，有些氨基酸，即

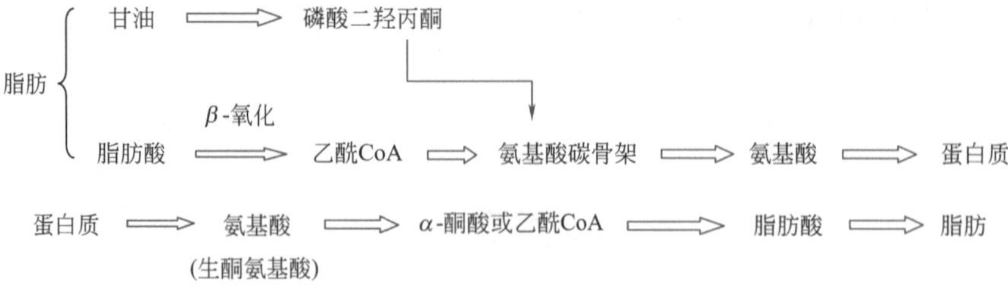

图 12-3　脂代谢与蛋白质代谢的相互转化

生酮氨基酸，脱氨生成 α-酮酸后可转变生成乙酰 CoA，乙酰 CoA 是脂肪酸合成原料，也是胆固醇的合成原料。生酮氨基酸有亮氨酸、异亮氨酸和芳香族氨基酸等。生糖氨基酸形成的丙酮酸，可以转变为甘油，也可以转变为乙酰 CoA，进而合成脂肪酸。

例题

为什么缺乏胆碱会诱发脂肪肝？

答案

甘油磷脂合成过程中，正常情况下，脂酰 CoA 和 α-磷酸甘油缩合生成磷脂酸，磷脂酸脱磷酸生成 1, 2-甘油二酯，1, 2-甘油二酯与 CDP-胆碱（由胆碱转化）形成磷脂酰胆碱。磷脂酰胆碱合成需要胆碱，如果缺乏胆碱，那么磷脂酰胆碱合成受到限制。1, 2-甘油二酯转向与另 1 分子脂酰 CoA 形成甘油三酯。肝脏中累积甘油三酯而形成脂肪肝。胆碱主要是由丝氨酸转变而来，丝氨酸脱去羧基形成胆胺，胆胺接受蛋氨酸的甲基，即形成胆碱。

知识点 6 核酸与蛋白质、糖类和脂类代谢的相互关系

生物体内，核酸与蛋白质、糖类和脂类代谢的相互转变，见图 12-4。核酸是细胞内重要的遗传物质，控制着蛋白质的合成，影响细胞的成分和代谢类型。各类物质代谢都离不开具备高能磷酸键的各种核苷酸，如 ATP 是能量的“通货”，此外 UTP 参与多糖的合成，CTP 参与磷脂合成，GTP 参与蛋白质合成与糖异生作用。核苷酸的一些衍生物具重要生理功能（如 CoA、NAD^+、$NADP^+$、cAMP、cGMP）。同时，核酸生物合成需要糖和蛋白质的代谢中间产物参加，而且需要酶和多种蛋白质因子。核苷酸合成需要的核糖-5-磷酸由磷酸戊糖途径提供。核苷酸中嘌呤的合成需要多种氨基酸，如甘氨酸、天冬氨酸和谷氨酰胺，嘧啶的合成需要的氨基酸有天冬氨酸和谷氨酰胺。

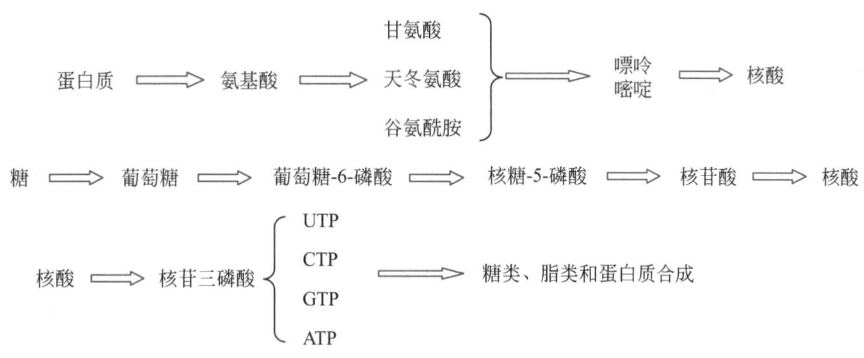

图 12-4　核酸与蛋白质、糖类和脂类代谢的相互关系

例题

核酸、蛋白质、糖类和脂类代谢途径中关键的三个中间代谢物是（　　）、（　　）和（　　）。

解析

核酸、蛋白质、糖类和脂类代谢途径之间可通过一些枢纽性中间代谢物发生联系，相互作用或相互转化。这些共同中间代谢物使各代谢途径相互沟通，形成良好的代谢网络通路。其中三个关键的中间代谢物是葡萄糖-6-磷酸、丙酮酸和乙酰 CoA。

答案

葡萄糖-6-磷酸、丙酮酸和乙酰 CoA。

第三节 / 分子水平的调节

知识点 7 酶活性的调节代谢——别构调节

酶可以驱动生物体各种代谢变化。酶具有两种功能，一是作为生物催化剂，二是作为代谢的调节元件，调节和控制代谢的速度、方向和途径。酶水平的调节即是分子水平的调节，可分为酶活性的调节和酶浓度的调节。酶活性的调节包括酶的别构调节和共价修饰两种方式，酶浓度的调节属于基因表达调节。

酶的别构调节是指调节物与别构酶的别构中心结合后，诱导出或稳定住酶分子的某种构象，使酶活性中心对底物的结合与催化作用受到影响，从而调节酶的反应速度及代谢过程。

别构酶一般具多个亚基，在结构上除具有酶的活性中心外，还具有可结合调节物的别构中心。活性中心负责酶对底物的结合与催化，别构中心负责调节酶反应速度。代谢调控的关键酶多为别构酶，通过别构激活或别构抑制对代谢过程进行快速而准确的调控。例如，在胞苷三磷酸 CTP 合成中，需要合成尿嘧啶核苷酸 UMP，合成尿嘧啶核苷酸 UMP 的过程分为三个阶段，第一阶段生成的氨甲酰磷酸在天冬氨酸转氨甲酰酶（ATCase）催化下，与天冬氨酸反应生成氨甲酰天冬氨酸，再通过一系列反应生成 CTP。其中，天冬氨酸转氨甲酰酶（ATCase）是别构酶，该酶的别构激活剂是 ATP，别构抑制剂是 CTP，见图 12-5。ATP 和 CTP 相互竞争别构中心，高水平的 ATP 可阻止 CTP 对该酶的抑制作用，而高浓度 CTP 可阻断合成途径。

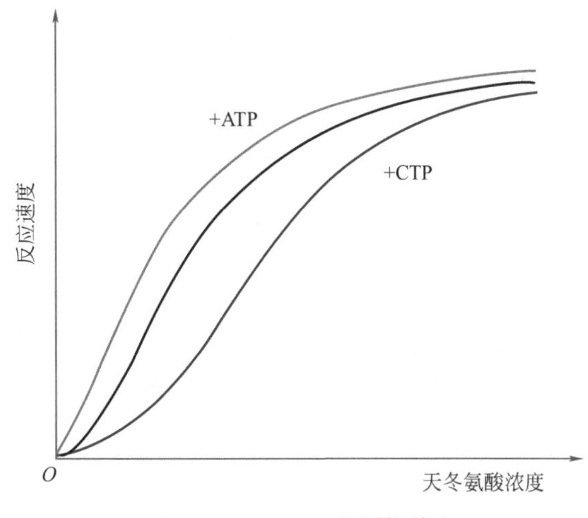

图 12-5　ATCase 的别构效应

例题

大肠杆菌天冬氨酸转氨甲酰酶（ATCase）别构抑制剂是（　　）。

A. ATP　　B. CTP　　C. UTP　　D. ADP

解析

天冬氨酸转氨甲酰酶(ATCase)是一种别构酶，也是 CTP 合成途径的关键调节酶。当合成产物 CTP 积累时，就会与合成代谢途径的限速反应的关键酶天冬氨酸转氨甲酰酶（ATCase）的别构中心结合，即成为别构抑制剂，从而阻断合成代谢途径。

答案

B

知识点 8 酶活性的调节代谢——共价修饰调节

共价修饰是通过某种化学修饰基团与酶分子发生可逆的共价结合，从而改变酶的活性。共价修饰调节类型有磷酸化与脱磷酸化、腺苷化与脱腺苷化、乙酰化与脱乙酰化以及甲基化与脱甲基化等。共价修饰调节能够快速地改变酶的催化活性。例如，磷酸化和脱磷酸化反应可发生在不到 1s 的时间内，主要在细胞信号转导途径中进行。磷酸化作用是最常见的共价修饰调节类型。催化磷酸化修饰反应的酶称为蛋白激酶，由 ATP 提供磷酸基和能量；催化脱磷酸反应的酶是蛋白磷酸酶。可见磷酸化和脱磷酸化分别由不同酶催化完成。如图 12-6，磷酸化酶激酶使无活性的磷酸化酶 b 发生磷酸化，形成有活性的磷酸化酶 a，又在磷酸化酶磷酸酶催化水解下，使有活性的磷酸化酶 a 脱磷酸而形成无活性的磷酸化酶 b。磷酸化酶 a 和磷酸化酶 b 的互变就是磷酸化与脱磷酸化之间的转变。

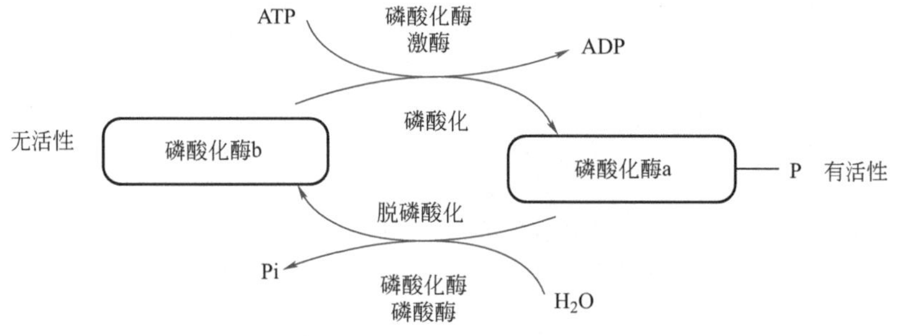

图 12-6 磷酸化酶的磷酸化与脱磷酸化

例题

下列哪项不是酶化学修饰调节的主要方式（ ）。

A. 乙酰化与去乙酰化　　B. 甲基化与去甲基化

C. 磷酸化与去磷酸化　　D. 酶蛋白的合成与降解

解析

共价修饰类型共有 6 种，分别是①磷酸化与脱磷酸化，②腺苷化与脱腺苷化，③乙酰化与脱乙酰化，④甲基化与脱甲基化，⑤尿苷酰化与脱尿苷酰化，⑥S—S/SH 相互转变。选项 D 不属于。

答案

D

酶浓度的调节代谢——基因表达调节

某些诱导物能促进细胞内酶的合成，称为酶合成的诱导作用。如乳糖操纵子，由 3 个结构基因、1 个操纵基因和 1 个启动基因组成。当诱导物乳糖不存在时，细胞内阻遏蛋白处于活性状态，阻遏蛋白与操纵基因结合，阻止了结合在启动基因上的 RNA 聚合酶向前移动，转录不能进行，结构基因自然也无法转录，见图 12-7。

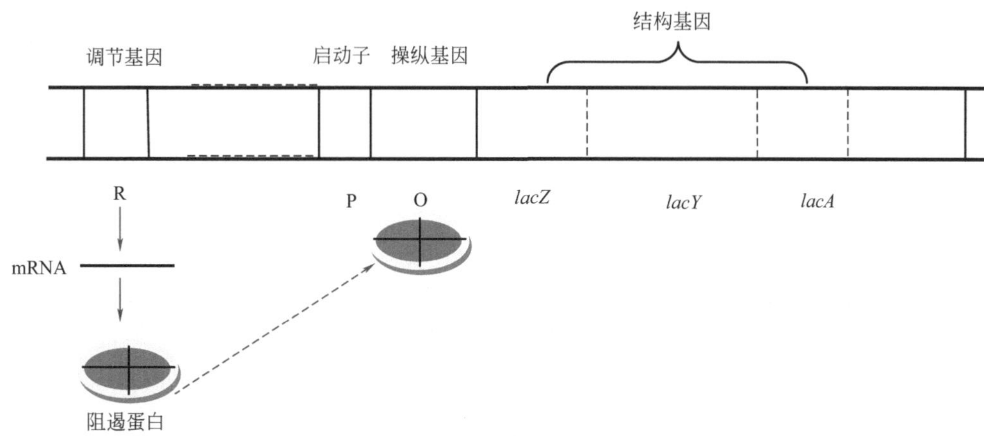

图 12-7　乳糖操纵子的阻遏状态

当诱导物乳糖存在时，乳糖与阻遏蛋白结合使其处于失活状态，不能与操纵基因结合，结合在启动基因上的 RNA 聚合酶可以向前移动，转录可以进行，结构基因得以转录，从而使吸收和分解乳糖的 3 种酶被诱导产生，见图 12-8。

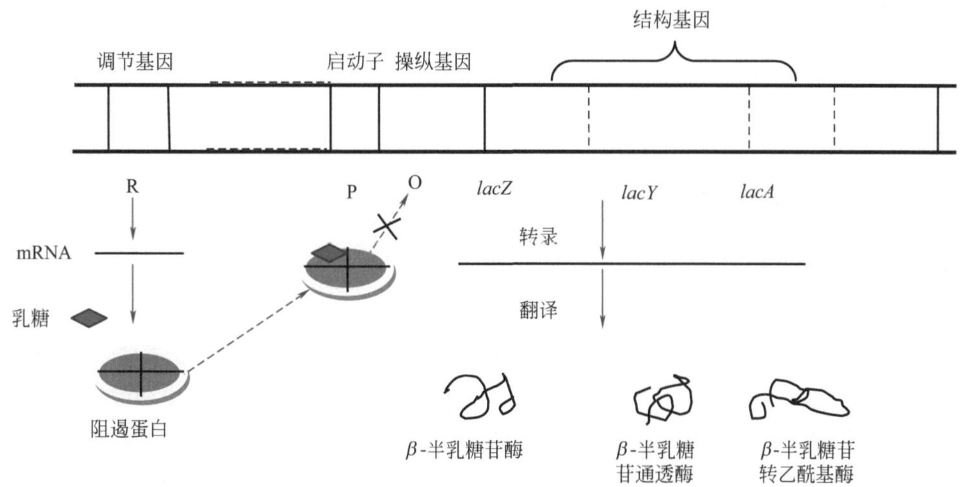

图 12-8　乳糖操纵子的诱导状态

例题

在乳糖操纵子模型中，操纵基因专门控制（　　）是否转录与翻译。

A. 结构基因　　B. 调节基因　　C. 起动因子　　D. 阻遏蛋白

解析

乳糖操纵子中，结构基因转录与翻译形成诱导酶，操纵基因通过阻遏蛋白结合控制是否转录，启动基因与 RNA 聚合酶结合。

答案

A

第四节 / 细胞及整体水平的调节

知识点 10 细胞水平的调节

（1）细胞结构与酶的空间分布

原核生物没有明显的细胞器，其细胞膜上分布着代谢所需要的各种酶。真核生物细胞中存在细胞核、线粒体、叶绿体、核糖体以及高尔基体等细胞器，其中细胞核、线粒体和叶绿体都有双层膜，是最重要的细胞器。酶基于细胞内的不同部位有不同的空间分部并进行着不同的代谢过程，见表 12-1。例如，糖酵解途径的酶、糖原合成与分解的系列酶存在于细胞质，三羧酸循环和 β-氧化途径的酶位于线粒体基质，电子传递和氧化磷酸化有关的酶位于线粒体内膜，核酸合成相关的酶位于细胞核。由于真核生物细胞内存在各种膜结构，导致细胞内形成各种胞内区域，酶的区域化分布对于代谢的协调具有很大作用。

（2）细胞的膜结构对代谢的调节和控制

除了细胞膜之外，细胞内还广泛存在内膜系统，将细胞分隔成许多特殊区域，形成各种细胞器。各种膜结构对代谢的调节和控制作用表现在：①控制跨膜离子浓度梯度和电位梯度，这是基于生物膜的选择透性。②控制细胞和细胞器的物质运输，这是由于膜结构能够吸收代谢底物，转移出代谢产物。③内膜系统对代谢途径的分隔作用，细胞分隔有利于酶促反应之间互不干扰，也有利于代谢途径的调节。④膜与酶的可逆结合，酶通过与膜结合型和非结合型的互变实现酶活性的调节。

表 12-1　细胞内的不同部位的代谢途径

细胞器	代谢途径
线粒体	丙酮酸氧化脱羧、三羧酸循环、尿素循环(部分)、脂肪酸 β-氧化、电子传递、氧化磷酸化等
细胞质	糖酵解、磷酸戊糖途径、糖原合成与分解、糖异生、尿素循环(部分)、脂肪酸的合成等
核糖体	蛋白质合成相关的代谢途径
细胞核	核酸合成相关的代谢途径

例题

在线粒体中进行的反应是（　　）。

A. 脂肪酸 β-氧化　　B. 脂肪酸合成

C. 糖酵解途径　　D. 乙醛酸循环

解析

脂肪酸合成、糖酵解途径和乙醛酸循环发生在细胞质，脂肪酸 β-氧化发生在线粒体。

答案

A

知识点 11　激素水平的代谢调节

激素对代谢的调节是通过与靶细胞受体特异结合，将激素信号转化为细胞内一系列化学反应。肾上腺素和胰高血糖素的主要作用是调节糖代谢，促进糖原的分解，增加血糖。肾上腺素作用于肝细胞和肌肉细胞，胰高血糖素只作用于肝细胞。肾上腺素（或胰高血糖素）作用于肝细胞表面的受体，使 **G** 蛋白（GTP 结合蛋白，依赖于 GTP 的调节蛋白）释放 GDP 而与 GTP 结合被激活，转变过程见图 12-9。激活的 G 蛋白可活化腺苷酸环化酶，导致肝脏中 cAMP 浓度增加，cAMP 作为“第二信使”能与蛋白激酶结合使其活化，活化的蛋白激酶再激活磷酸化酶激酶，磷酸化酶激酶催化无活性的磷酸化酶 b 变成有活性的磷酸化酶 a，最终糖原在磷酸化酶 a 的催化下发生降解，生成葡萄糖，增加血糖水平。

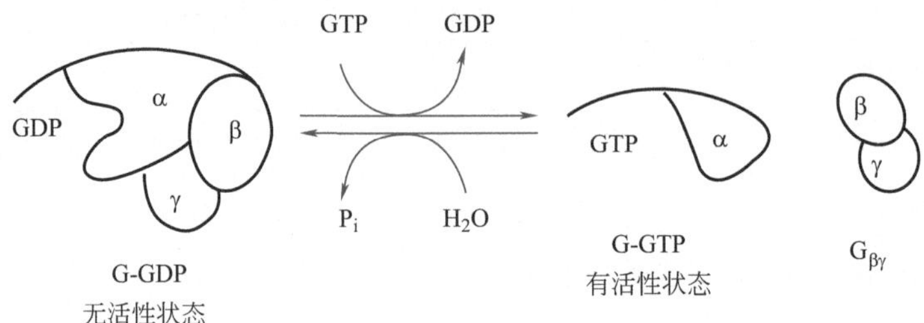

图 12-9　G 蛋白的活性转变过程

胰岛素的释放是饮食后血液葡萄糖和氨基酸浓度增加的响应。胰岛素的作用主要表现在促进葡萄糖通过细胞膜、促进葡萄糖磷酸化、促进葡萄糖氧化、促进糖原合成以及抑制糖异生，胰岛素还具有抑制腺苷酸环化酶活性的作用，使其产生 cAMP 浓度显著减少，导致糖原分解速度减慢。胰岛素的生理功能与肾上腺素相反。胰岛素是促进蛋白质、糖原和脂合成的合成代谢激素。

例题

下列哪一项不是胰岛素的作用（　　）?

A. 促进肌肉、脂肪组织的细胞对葡萄糖的吸收

B. 促进肝糖异生作用

C. 降低 cAMP 水平，抑制糖原分解

D. 抑制脂肪酶活性，降低脂肪动员

解析

胰岛素抑制糖异生作用。

答案

B

知识点 12 反馈调节

代谢底物和代谢产物通过影响代谢过程关键酶的活性，进而促进或抑制代谢过程。由代谢底物对代谢过程产生的影响，称为前馈；由代谢产物对代谢过程产生的影响，称为反馈。如果代谢产物使代谢过程加快，称为正反馈，反之，为负反馈。负反馈广泛存在，而正反馈情况比较少。

负反馈也称**反馈抑制**，在系列反应过程中，代谢终产物对反应序列前面的酶产生抑制作用，从而导致整个代谢反应速度降低，使终产物的生成降低或受到抑制，受反馈抑制的酶一般为别构酶。例如，以天冬氨酸和氨甲酰磷酸为原料合成 CTP 的系列反应中，天冬氨酸转氨甲酰酶（ATCase）催化第一步反应，也是系列反应的关键酶，CTP 是代谢终产物。当 CTP 浓度高，即出现反馈抑制，抑制系列反应关键酶的活性，见图 12-10。当 CTP 浓度降低，即不出现反馈抑制，酶活性升高。再例如，在脂肪酸合成代谢过程中，代谢终产物脂肪酸的积累，即出现反馈抑制，脂肪酸合成过程关键酶乙酰 CoA 羧化酶受到反馈抑制。还例如，在胆固醇合成中，代谢终产物胆固醇对关键酶羟甲基戊二酸单酰 CoA 还原酶的抑制，就是反馈抑制。

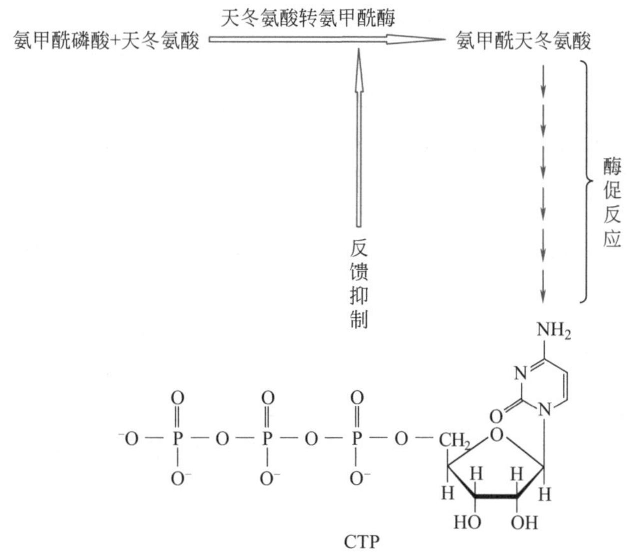

图 12-10　天冬氨酸转氨甲酰酶的反馈抑制

例题

反馈调节作用中下列（　　）说法是错误的。

A. 有反馈调节的酶都是变构酶　　B. 酶与效应物的结合是可逆的

C. 反馈作用都是使反应速度变慢　　D. 酶分子的构象与效应物浓度有关

解析

反馈调节分为正反馈和负反馈，负反馈作用是因为代谢终产物的积累抑制了关键酶的活性。选项 C 应改为负反馈作用使反应速度变慢。

答案

C

知识点 13 代谢调节在发酵工业生产中的应用

运用代谢调节理论指导发酵生产实践，主要针对微生物发酵菌的选育和改善细胞膜的通透性。目前，采用营养缺陷型突变菌株，例如，高丝氨酸缺陷型突变菌株能够解除代谢末端产物对关键酶的反馈抑制。在培养基中适当补充高丝氨酸以维持菌的生长繁殖，该代谢途径的公共中间产物全部流向赖氨酸。利用高丝氨酸缺陷型突变菌株作为发酵菌，可实现大量积累赖氨酸的目的。还可以利用抗代谢类似物突变菌株，例如，6-巯基嘌呤是嘌呤的结构类似物，5-氟尿嘧啶是嘧啶的结构类似物。这些结构类似物与相应的代谢物一样，对关键酶产生反馈抑制。抗代谢类似物突变菌株，就是在诱发突变中产生的一些对高浓度的代谢产物类似物不敏感的菌株。这些突变菌株既能抗高浓度结构类似物的抑制，也能抗相应的代谢终产物反馈抑制。

在发酵生产中，常通过改善细胞膜的通透性，使代谢产物及时分泌到细胞外，不在细胞内积累，以避免发生反馈抑制。例如，生物素是乙酰 CoA 羧化酶的辅酶，而乙酰 CoA 羧化酶是脂肪酸合成代谢的关键酶，脂肪酸是生物膜磷脂的组成成分。因此，生物素能影响生物膜的通透性。在谷氨酸发酵生产中，通过控制生物素浓度，既能维持磷脂的生物合成，又使其合成受到抑制。结果是生物膜虽然能组建起来，但由于疏松，细胞具有良好的通透性，谷氨酸才能边合成边分泌到细胞外，不在细胞内积累谷氨酸，有利于谷氨酸排出，避免发生反馈抑制。

例题

发酵生产中，利用微生物营养缺陷型能达到什么目的?

答案

利用营养缺陷型突变菌株作为发酵菌，可通过阻断代谢途径或改变代谢途径方向，实现代谢产物积累的目的。

知识网络框图

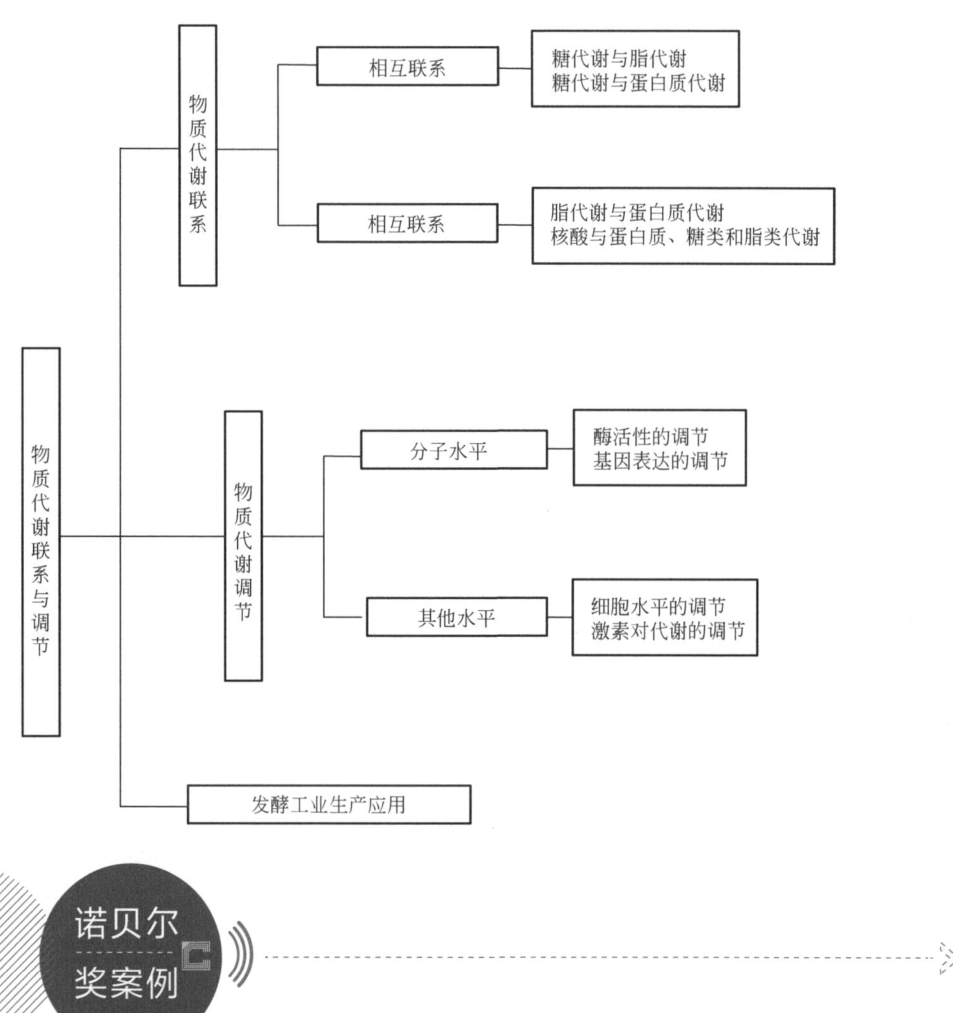

诺贝尔奖案例

关于酶的调节代谢，科学家雅各布和莫诺提出解释原核生物基因表达调节的操纵子模型，乳糖操纵子通过阻遏蛋白的负调控，以及通过 CAP 的正调控，控制分解代谢相关酶的基因是否转录，于 1965 年获诺贝尔生理学或医学奖。

关于激素水平的代谢调节（第一信使），胰岛素是促进蛋白质、糖原和脂合成的合成代谢激素。特别是关于血糖浓度的调节，应用于糖尿病治疗。关于胰岛素的发现，科学家班廷成功提取胰岛素并应用于糖尿病治疗，于 1923 年获诺贝尔生理学或医学奖。而桑格因测定胰岛素序列，解析胰岛素结构，于 1958 年获诺贝尔化学奖。科学家雅洛利用放射免疫测定法发现胰岛素抗体，于 1977 年获诺贝尔生理学或医学奖。

关于激素水平的代谢调节（第二信使），科学家萨瑟兰确定环磷酸腺苷 cAMP 的化学组成，研究发现激素作用于生物细胞时，细胞内会促进产生 cAMP，cAMP 具有调节生物体物质代谢功能，被称为生命的第二信使，于 1971 年获诺贝尔生理学或医学奖。

关于激素水平的代谢调节（信息的传令将），科学家吉尔曼和罗德贝尔发现一种运送 GTP 的蛋白质，即 G 蛋白，以及其在细胞信号转导中的作用。G 蛋白也被喻为生命信息的传令将，G 蛋白的发现为人类探索生命的本质提供重要线索。他们于 1994 年获诺贝尔生理学或医学奖。还是 G 蛋白研究领域，科学家莱夫科维茨和克比尔卡研究 G 蛋白偶联受体，发现其通过与 G 蛋白偶联向细胞内传递信号。G 蛋白偶联受体的发现为药理学相关研究翻开崭新的一页，他们于 2012 年获诺贝尔化学奖。

第十三章

DNA的生物合成

第一节 DNA 复制的基本规律

知识点1 半保留复制

由亲代 DNA 生成子代 DNA 时，一条链来自亲代 DNA，而另一条链则是新合成的。因此，每一个新合成子代 DNA 分子都包含一条亲代 DNA 链和一条新合成的 DNA 链，这种复制方式称半保留复制，该复制方式见图 13-1。

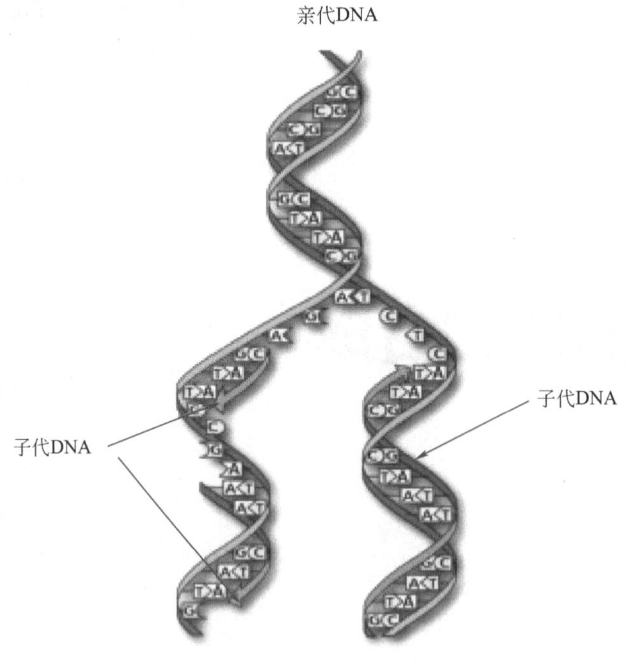

图 13-1 DNA 的半保留复制

例题

某 DNA 分子经过三次复制后，所得到的第四代 DNA 分子中，含有第一代 DNA 分子中脱氧核苷酸链的条数有（　　）。

A. 1　　B. 2　　C. 4　　D. 6

解析

依据半保留复制原则，第二代 DNA 的 4 条链有 2 条链来自第一代 DNA，这 2 条来自第一代亲链的 DNA 复制时又形成了第三代中的 4 条子链，根据半保留复制原则，其中 2 条子链依然来自第一代亲代 DNA。所以无论 DNA 复制多少代，第一代 DNA 分子都会依据半保留复制原则保留下来。

答案

B

知识点 2 双向复制

DNA **双向复制**是指复制起始位点向两侧分别形成复制叉，向相反方向移动。这种复制方式最为普遍，双向复制模式见图 13-2。这里面有一个“复制叉”的新概念，是指 DNA 复制时，解旋酶等先将 DNA 的一段双链解开，形成复制点，这个复制点的形状像一个叉子，故称为复制叉。

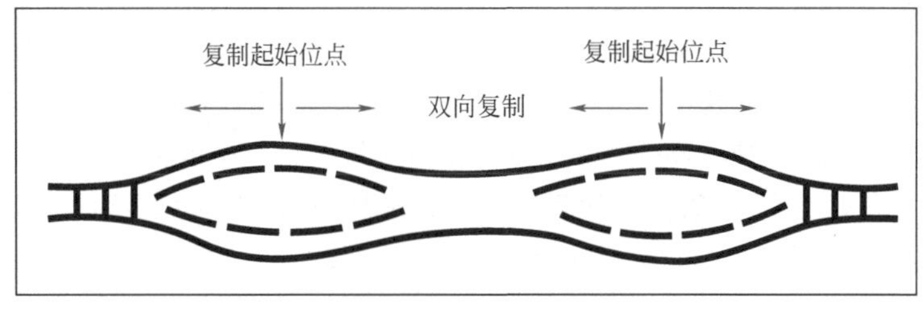

图 13-2　DNA 的双向复制

实验表明，无论是原核生物还是真核生物，DNA 的复制主要是从固定的起始点以双向等速复制方式进行的。真核细胞特别是人细胞 DNA 分子上存在很多复制起始点，故在每个复制起始点上所进行的双向复制可使复制时间大大缩短。

例题

某 DNA 中含 48 502 个碱基对，子链复制的延伸速度是每分钟 10^5 个碱基对，实际完成复制时间为 2 分 20 秒。我们可以简单认为该类型 DNA 的复制是________。

解析

本题考查对 DNA 双向复制的理解情况。如果 DNA 是单向复制，按照每分钟 10^5 个碱基对的复制速度，48 502 个碱基对完成复制需要 4 分 50 秒，但实际复制完成时间少了约一半，这说明 DNA 复制速度是加倍进行的，而只有 DNA 的双向复制才能解释这一现象。

答案

双向复制。

知识点 3 复制的半不连续性

DNA 复制时，没有任何一种 DNA 聚合酶可以使 DNA 链沿 3′→5′ 方向合成，因此新链的合成方向只能是沿 5′→3′ 方向进行而不是相反。但 DNA 分子的两条链在化学极性上是相反的，即反向平行排列。生物体内的 DNA 复制时不可能完全处于单链状态，因此不可能两端同时复制。

DNA 复制时，在一个复制叉上同时进行两个方向的 DNA 复制（都是各自沿 5′→3′ 方向进行）。因此，一条链的合成是连续的，另外一条链的合成是不连续的，先合成一系列 5′→3′ 的短片段（冈崎片段，Okazaki fragment），然后在 DNA 连接酶的作用下连接成完整的 DNA 链，所以是不连续复制。在复制叉处，连续合成的链总是领先于不连续合成的链，因此，连续合成的链称为前导链(leading strand)，而不连续合成的那条链称为滞后链（legging strand），DNA 的半不连续复制见图 13-3。前导链的连续复制和滞后链的不连续复制在生物界具有普遍性，故称为 DNA 的半不连续复制。

例1

关于 DNA 复制的叙述，下列哪项是错误的（　　）？

A. 为半保留复制　　B. 为不对称复制

C. 为半不连续复制　　D. 新链合成的方向均为 3′→5′

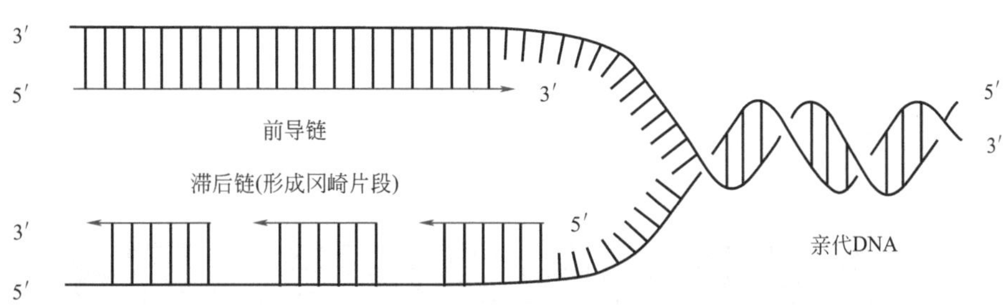

图 13-3　DNA 的半不连续复制

解析

选项 A、B、C 都为 DNA 复制的正确描述，选项 D 混淆了 DNA 复制方向和复制叉附近的 DNA 排列方向。所有 DNA 的复制都是 5′ →3′ 移动方向，所以选项 D 错误。

答案

D

例2

在前导链上 DNA 沿 5′ →3′ 方向合成，在滞后链上则沿 3′ →5′ 方向合成。(　　)

解析

本题考查滞后链的不连续复制情况。为了完成两条链的等速复制，滞后链复制的方向与复制叉移动方向相反，只有按照 5′ →3′ 方向形成不连续的冈崎片段，然后才能合成完整的 DNA 子链。

答案

错误。

第二节 / 参与复制的酶及蛋白因子

知识点 4 原核生物与真核生物的 DNA 聚合酶

① 大肠杆菌中至少存在 5 种 DNA 聚合酶（Ⅰ、Ⅱ、Ⅲ、Ⅳ和Ⅴ），有关 DNA 聚合酶Ⅰ、Ⅱ、Ⅲ（主要 DNA 聚合酶）的活性、功能及特点等归纳如表 13-1。

表 13-1　大肠杆菌 DNA 聚合酶Ⅰ、Ⅱ、Ⅲ（主要 DNA 聚合酶）的活性、功能及特点

性质	聚合酶Ⅰ	聚合酶Ⅱ	聚合酶Ⅲ
3′→5′外切活性	+	+	+
5′→3′外切活性	+	−	−
新生链合成	−	−	+
分子量（$\times10^3$）	10^3	90	900
细胞内分子数	400	不确定	10～20
生物学活性	1	0.05	15

DNA 聚合酶Ⅰ是第一个被鉴定出来的 DNA 聚合酶，但它不是复制大肠杆菌染色体的主要聚合酶。该蛋白可以被蛋白酶切成两个区域。占蛋白 2/3 的 C 端区域又称为 Klenow 片段，同时具有 DNA 聚合酶活性和 3′→5′ 核酸外切酶活性，既可合成 DNA 链，又能降解 DNA，保证了 DNA 复制的准确性。另外，它的 N 端区域具有 5′→3′ 核酸外切酶的活性，可作用于双链 DNA，又可水解 5′ 末端的磷酸二酯键，因而该酶被认为在切除由紫外线照射而形成的嘧啶二聚体中起着重要的作用。它也可用以除去冈崎片段 5′ 端 RNA 引物，保证连接酶将片段连接起来。

DNA 聚合酶Ⅱ具有 5′→3′ 方向聚合酶活性，但酶活性很低，也不是复制中主要的酶。其 3′→5′ 核酸外切酶活性可起校正作用。目前认为 DNA 聚合酶Ⅱ的生理功能主要是起修复

DNA 的作用。

DNA 聚合梅Ⅲ为二聚体形式，包含 7 种不同的亚单位和 9 个亚基。它既有 5′→3′ 方向聚合酶活性，也有 3′→5′ 核酸外切酶活性。该酶的活性较强，为 DNA 聚合酶 Ⅰ 的 15 倍，DNA 聚合酶 Ⅱ 的 300 倍，它能在引物的 3′-OH 上以每分钟约 5 万个核苷酸的速率延长新生的 DNA 链，所以 DNA 聚合酶 Ⅲ 是大肠杆菌 DNA 复制中链延长反应的主导聚合酶。

DNA 聚合酶Ⅳ和Ⅴ主要在细菌 SOS 修复过程中发挥功能。

② 真核生物 DNA 聚合酶有 15 种以上，主要有 5 种 DNA 聚合酶起作用，分别称为 DNA 聚合酶 α、β、γ、δ 和 ε，其特性总结如表 13-2。

表 13-2　真核生物 DNA 聚合酶特性比较

性质	DNA 聚合酶 α	DNA 聚合酶 β	DNA 聚合酶 γ	DNA 聚合酶 δ	DNA 聚合酶 ε
亚基数	4	1	2	2～3	≥1
细胞内分布	核内	核内	线粒体	核内	核内
功能	DNA 引物合成	DNA 损伤修复	线粒体 DNA 复制	主要 DNA 复制酶	DNA 复制和修复
3′→5′外切活性	−	−	+	+	+
5′→3′外切活性	−	−	−	−	−

DNA 聚合酶 α 的功能主要是引物合成，即能起始前导链和滞后链的合成，它与引发酶(primase)形成复合体，具有引发、延伸链的双重功能。DNA 聚合酶 β 活性水平稳定，可能主要在 DNA 损伤的修复中起作用，属于高忠实性修复酶。DNA 聚合酶 γ 在线粒体 DNA 的复制中发挥作用。DNA 聚合酶 δ 是主要负责 DNA 复制的酶，主导前导链和滞后链的合成。而 DNA 聚合酶 ε 与滞后链合成有关，在 DNA 合成过程中核苷切除以及碱基的切除修复中起重要的作用，在细胞的重组过程中也可能具有某些功能。

真核细胞的 DNA 聚合酶和细菌 DNA 聚合酶基本性质相同，聚合时必须有模板链和具有 3′-OH 末端的引物链，链的延伸方向为 5′→3′。但真核细胞的 DNA 聚合酶一般不具有核酸外切酶活性，因此一定有另外的酶在 DNA 复制中起校对作用。

例题

大肠杆菌 DNA 聚合酶 Ⅰ 的生物功能有________、________和________作用。用蛋白水解酶作用 DNA 聚合酶 Ⅰ，可将其分为大、小两个片段，其中________片段叫 Klenow 片段，具有________和________作用，另外一个片段具有________活性。

解析

主要考查对原核生物 DNA 聚合酶功能的熟悉程度。具体解析内容参考知识点 4 中①有关原核生物 DNA 聚合酶的阐述。

答案

DNA 链聚合、5′→3′ 核酸外切酶和 3′→5′ 核酸外切酶。2/3 的 C 端较大区域，DNA 聚合酶活性和 3′→5′ 核酸外切酶，5′→3′ 核酸外切酶活性。

知识点 5 DNA 复制的损伤修复

DNA 在复制过程中会由于错配、重组等情况发生损伤，DNA 修复（DNA repairing)就是细胞对 DNA 受损伤后的一种反应，这种反应可能使 DNA 结构恢复原样，重新执行它原来的功能，它是维持基因组完整性的重要机制。

大肠杆菌在 DNA 修复系统的复制保真性中涉及许多酶类，大致存在以下几种情况。

（1）错配修复

错配修复（mismatch repair）机制可以将 DNA 复制中的错配几乎完全修正，这个修复机制涉及一系列特殊酶类。

（2）切除修复

切除修复（excision repair）是修复 DNA 损伤最为普遍的方式，主要分为碱基切除修复（base-excision repair)和核苷酸切除修复（nucleotide-excision repair)两种，对多种 DNA 损伤包括碱基脱落形成的无碱基位点、嘧啶二聚体、碱基烷基化、单链断裂等可起修复作用。这种修复过程需要多种酶的一系列作用。

（3）重组修复

重组修复（recombinant repair)是一种发生在复制之后的修复，又称为“复制后修复”。重组修复不能完全去除损伤，损伤的 DNA 片段仍然保留在亲代 DNA 链上，只是重组修复后合成的 DNA 分子是不带损伤的，但经多次复制后，损伤就被“冲淡”了，在子代细胞中只有一个细胞是带有损伤 DNA 的。

（4）直接修复（光修复）

除以上三种修复系统以外，生物体内还存在多种 DNA 损伤以后直接修复（direct repair)，而不需要切除碱基或核苷酸。最常见的是在 DNA 光解酶（光激活酶类）的作用下把在光下或经紫外光照射形成的环丁烷胸腺嘧啶二聚体解聚为单体。

（5）SOS 修复

SOS 修复也称 SOS 反应（SOS response)，是细胞 DNA 受到损伤或复制系统受到抑制的紧急情况下，细胞为求生存而产生的一种应急措施。

当 DNA 两条链的损伤邻近时，损伤不能被切除修复或重组修复，这时在核酸内切酶、外切酶的作用下造成损伤处的 DNA 链空缺，再由损伤诱导产生的一整套的特殊 DNA 聚合酶-SOS 修复酶类，催化空缺部位 DNA 的合成，这时补上去的核苷酸几乎是随机的，但仍然保持了 DNA 双链的完整性，使细胞得以生存，但这种修复带给细胞很高的突变率。人类遗传性疾病中不少与 DNA 修复缺陷有关，这些 DNA 修复缺陷的细胞表现出对辐射和致癌剂的敏感性增加。

例1

说明 DNA 损伤与 DNA 突变之间的区别和相互关系。

解析

生物体内外很多因素都会造成 DNA 损伤，生物体内的损伤在一定条件下可以修复。DNA 突变是核苷酸的序列改变的结果，包括由于 DNA 损伤和错配得不到修复而引起的突变。从概念能够看出，能够修复的损伤不会导致突变，而损伤一旦不能修复，就会导致突变，但突变不一定都是由损伤引起的。

答案

DNA 损伤不一定导致突变，DNA 损伤如果得不到修复就会导致突变。引起 DNA 损伤的因素都能导致突变。

例2

紫外线引起 DNA 损伤有几种修复机制?

解析

紫外线引起的 DNA 损伤的光修复机制。紫外线照射可以使 DNA 分子中同一条链两条相邻胸腺嘧啶碱基之间形成二聚体（TT）。胸腺嘧啶二聚体的修复常见的有光复活修复（photoreactivation repair)和暗修复（dark repair)。光复活修复是一种高度专一的直接修复方式，只作用于紫外线引起的 DNA 嘧啶二聚体。在高等动物中更重要的是暗修复，先切出含嘧啶二聚体的核酸链，然后再修复合成。

答案

紫外线照射可以使 DNA 分子中同一条链两条相邻胸腺嘧啶碱基之间形成二聚体。胸腺嘧啶二聚体的修复主要有光复活修复。这是一种高度专一的直接修复方式，只作用于紫外线引起的 DNA 嘧啶二聚体。

第三节

DNA 的生物合成过程

知识点 6 DNA 复制的起始阶段

双链 DNA 的复制是一个比较复杂的过程，一般分为复制的起始、延伸和终止。无论原核还是真核生物的 DNA 复制都需要许多酶和蛋白质的参与。复制的起始过程包括双螺旋解旋和复制的引发两个阶段。

（1）DNA 双螺旋的解旋

DNA 在复制时，其双链首先解开形成复制叉，这是一个有多种蛋白质及酶参与的复杂过程：首先在拓扑异构酶 I 的作用下解开负超螺旋，并与解旋酶共同作用，在复制起始点处解开双链。参与解链的除一组解旋酶外，还有 Dna 蛋白等，一旦局部解开双链就必须有 SSB 蛋白来稳定解开的单链，以保证该局部结构不会恢复成双链，接着由引发酶等组成的引发体迅速作用于两条单链 DNA 上。不论是前导链还是滞后链，都需要一段 RNA 引物以起始子链 DNA 的合成。双螺旋解旋过程需要的酶与蛋白质主要种类见图 13-4。

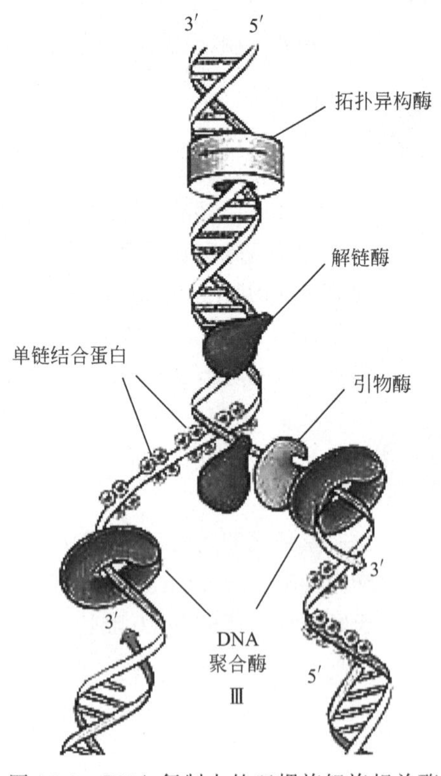

图 13-4　DNA 复制中的双螺旋解旋相关酶

① DNA 解旋酶（DNA helicase）。DNA 解旋酶能通过水解 ATP 获得能量来解开双链 DNA。大部分 DNA 解旋酶可沿滞后链模板的 5′→3′ 方向并随着复制叉的前进而移动，只有另一种解旋酶如 Dna B 是沿前导链模板的 3′→5′ 方向移动。因此推测 Rep 蛋白和特定 DNA 解旋酶分别在 DNA 的两条母链上协同作用，以解

开双链 DNA。

② **单链结合蛋白**（single-strand binding protein，SSB 蛋白）。SSB 蛋白可以在远低于解链温度时使双链 DNA 分开，并牢牢地结合在单链 DNA 上。原核生物的 SSB 蛋白与 DNA 结合时还表现出协同效应：若第一个 SSB 蛋白结合到 DNA 上去的能力为 1，第二个 SSB 结合能力则可高达 10^3。真核生物则不表现上述协同效应。SSB 蛋白的作用是保证被解旋酶解开的单链在复制完成前能保持单链结构，它以四聚体形式存在于复制叉处，待单链复制完成后才离开重新进入循环。SSB 蛋白的作用是保持单链的存在，并没有解链的作用。

③ DNA 拓扑异构酶（DNA topoisomerase）。大多数天然状态下的 DNA 分子都具有适度的负超螺旋，可以形成部分的单链结构，利于蛋白质与 DNA 的结合。在复制过程中，随着 DNA 的解旋，双螺旋的盘绕数减少，而超螺旋数增加，使正超螺旋增加，未解链部分的缠绕更加紧密，形成的压力使解链不能继续进行。拓扑异构酶能够消除解链造成的正超螺旋的堆积，消除阻碍解链继续进行的这种压力，使复制得以延伸。

（2）DNA 复制的引发

所有 DNA 的复制都是从一个固定起始点开始的，而目前已知的 DNA 聚合酶都只能延长已存在的 DNA 链，而不能从头合成 DNA 链，那么一个新 DNA 的复制就需要特殊的引发体才能开始。

所有的 DNA 聚合酶都从 3′ -OH 端起始 DNA 合成。DNA 复制时，往往先由一种特殊的 RNA 聚合酶即引发酶（primase）在 DNA 模板上合成一小片段 RNA 链（引物，primer），接着由 DNA 聚合酶从 RNA 引物端开始合成新的 DNA 链。无论前导链还是滞后链开始 DNA 合成时，都需要 RNA 引物引发复制。对于滞后链来说，引发过程就十分复杂，需要多种蛋白质和酶的协同作用，还牵涉到冈崎片段的形成和连接。

原核生物 DNA 的引发及相关酶类见图 13-5。

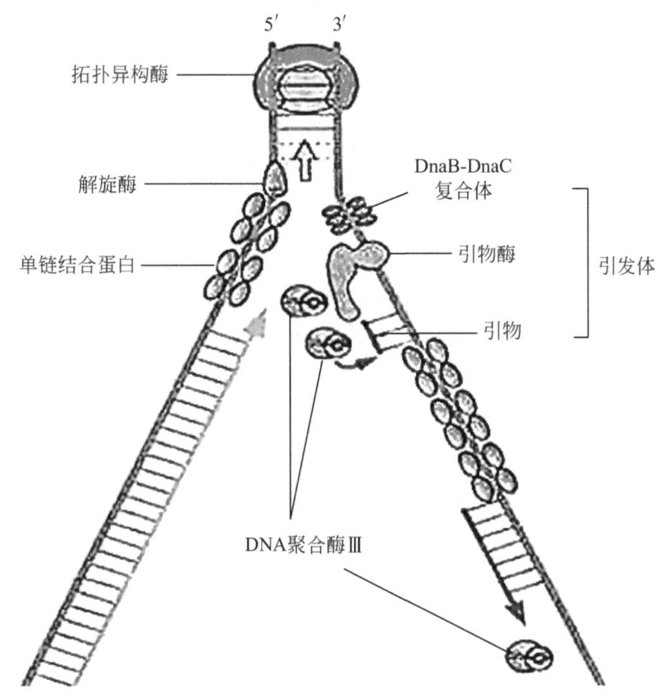

图 13-5　原核生物 DNA 复制的引发及相关酶类

例题

DNA 复制过程需要①DNA 聚合酶 Ⅲ 、②解旋酶、③DNA 聚合酶 Ⅰ 、④DNA 指导的 RNA 聚合酶、⑤DNA 连接酶参加，其作用的顺序是（　　）

A. ④，③，①，②，⑤　　B. ②，③，④，①，⑤

C. ④，②，①，⑤，③　　D. ④，②，①，③，⑤

E. ②，④，①，③，⑤

解析

DNA 复制的解旋阶段需要解旋酶、拓扑异构酶、DNA 结合蛋白，引发阶段需要引发酶，延伸阶段需要 DNA 聚合酶 Ⅲ 、DNA 聚合酶 Ⅰ 和 DNA 连接酶。

答案

E

知识点 7　DNA 复制的延伸阶段

在复制的延伸过程中，前导链和滞后链的合成同时进行。前导链持续合成，由 DNA 聚合酶 III 和前导链模板结合，在引物 RNA 合成的基础上，连续合成新的 DNA，其合成方向与复制叉一致。滞后链的合成分段进行，形成中间产物冈崎片段，再通过共价连接成一条连续完整的新 DNA 链。

DNA 复制的延伸过程分为 4 个步骤。

① 首先引物酶合成约 10 个核苷酸大小的新引物。两个引物间的距离在细菌中为 1 000～2 000 个核苷酸，在真核细胞中为 100～400 个核苷酸。

② 原核生物中 DNA 聚合酶 Ⅲ 以 5′→3′ 方向延伸该引物，直到遇见邻接引物的 5′ 端。这个新合成的 DNA 片段就是冈崎片段。

③ 在大肠杆菌中，DNA 聚合酶 Ⅰ 具有外切酶的活性，被用来去除引物。

④ DNA 连接酶连接相邻的冈崎片段使之成为一条完整的子代链。

例题

关于 DNA 聚合酶 Ⅲ 的描述中哪项不对（　　）?

A. 需要四种三磷酸脱氧核苷酸作底物

B. 具有 5′→3′ 外切酶活性
C. 具有 5′→3′ 聚合酶活性
D. 是 DNA 复制中链延长反应中的主导 DNA 聚合酶

解析

本题考查 DNA 复制延伸中 DNA 聚合酶 Ⅲ 的基本功能，注意要与其他聚合酶功能作区分。根据聚合酶 Ⅲ 的功能分析可知，其本身并没有 5′→3′ 外切酶活性，所以该条描述是错误的。

答案

B

知识点 8 DNA 复制的终止阶段

除 Tus 蛋白以外，链的终止看起来不需要太多蛋白质的参与。当复制叉前移，遇到约 22 个碱基的终止子序列 Ter 时，Ter-Tus 复合物能使 DnaB 不再将 DNA 解链，阻挡复制叉的继续前移，等到相反方向的复制叉到达后停止复制，其间仍有 50～100bp 未被复制，由 DNA 修复机制填补空缺，其后两条链解开。在 DNA 拓扑异构酶Ⅳ的作用下使复制叉解体，释放子链 DNA。

例题

参与 DNA 复制中解旋、解链的酶和蛋白质有（　　）。
A. 解旋酶
B. DNA 结合蛋白
C. DNA 拓扑异构酶
D. 核酸外切酶
E. 引发酶

解析

本题考查是否熟悉 DNA 复制中各阶段所需的酶类。DNA 复制的解旋阶段需要解旋酶、拓扑异构酶、DNA 结合蛋白，引发阶段需要引发酶（DNA 指导的 RNA 聚合酶），延伸阶段需要 DNA 聚合酶 Ⅲ 、DNA 聚合酶 Ⅰ 和连接酶。

答案

ABC

知识网络框图

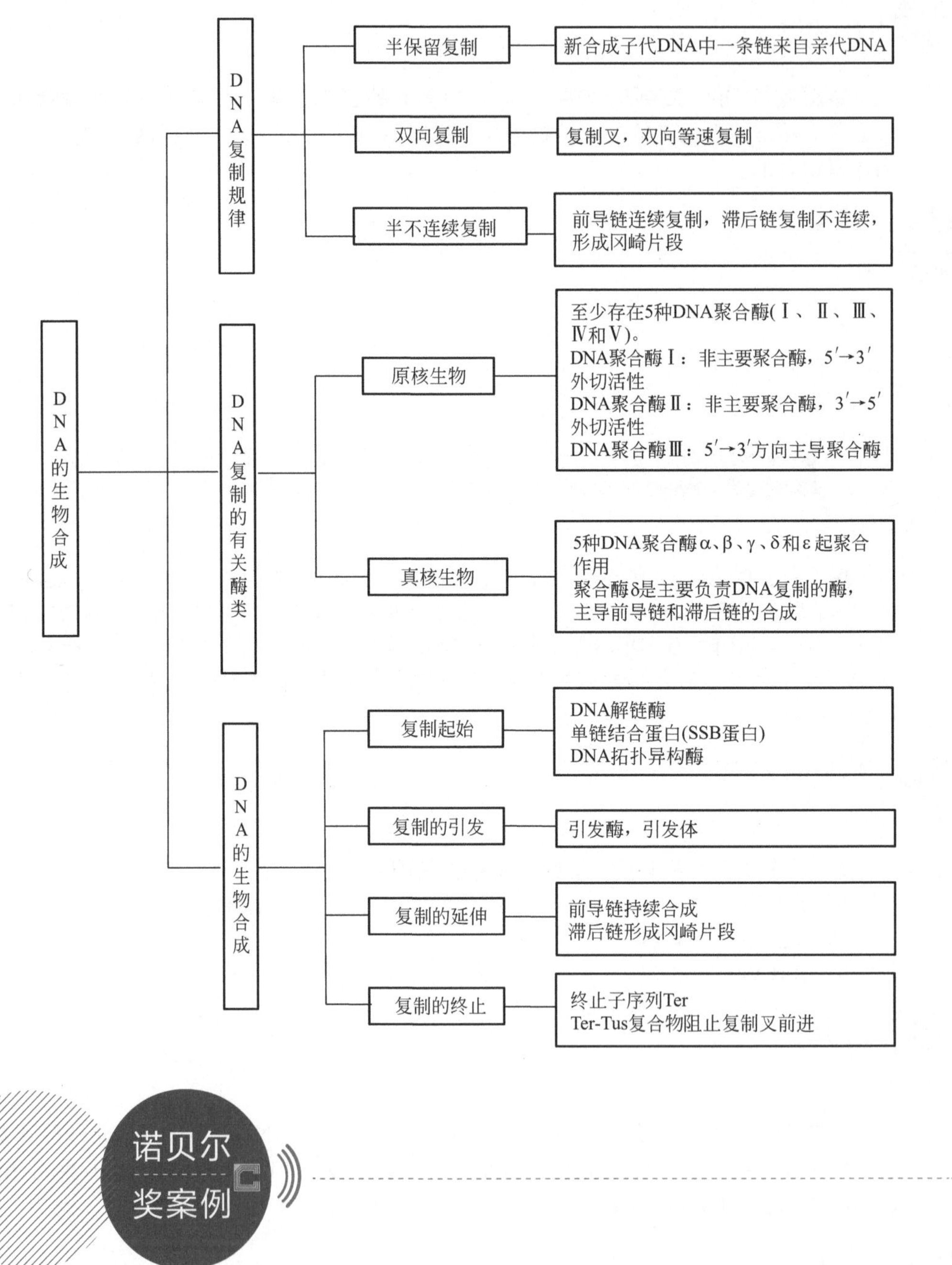

诺贝尔奖案例

DNA与RNA是生物体中非常重要的生物大分子，涉及生命体的深层结构和构成有机体的蛋白质（包括酶）与带有遗传信息的核酸的组成、结构以及它们在生命过程中的代谢作用。因此，有关 DNA 与 RNA 的发现及结构分析等突破性研究，多次获得诺贝尔奖。1943 年生物学家德尔布吕克、卢里亚和赫尔希合作发现了病毒的复制机制，后来又分别发现在上述复制机制中起决定作用的遗传物质是 DNA，他们于 1969 年获诺贝尔奖。这些发现不仅启发沃森、克里克建立了 DNA 双螺旋结构模型，而且意味着分子生物学的诞生。1953 年生化学家沃森、克里克在生物学家富兰克林等人研究成果的基础上，首先提出了 DNA 的双螺旋结构模型，3 人一起于 1962 年获诺贝尔奖。这一模型的建立，揭开了生物遗传信息传递的秘密，从遗传物质结构变化的角度解释了遗传性状突变的原因，并标志着遗传学完成了由“经典遗传学”向“分子生物学”时代的过渡。1956 年科学家科恩伯格分离并提纯出了 DNA 聚合酶，1957 年科学家奥乔亚与科恩伯格人工合成了 DNA 和 RNA，两位科学家于 1959 年获诺贝尔化学奖。他们的研究成果标志着人类首次掌握了制造遗传物质的方法，为改变基因、控制遗传特征，进而为治疗癌症和各种遗传疾病开辟了道路。

第十四章

RNA的生物合成

第一节
依赖 DNA 的 RNA 合成

知识点1 转录 RNA 的模板链

DNA 转录与 DNA 复制的一个显著差别是转录只发生在 DNA 分子上特定的区域。转录是指以 DNA 的一条链为模板在 RNA 聚合酶催化下，按照碱基配对原则，合成一条与 DNA 链的一定区段互补的 RNA 链的过程，是基因表达的核心步骤。DNA 分子并不是所有的区段都会转录，而能转录的区段也不是始终都在转录，这也是转录不对称性的体现。此外，DNA 两条链也并非都会被转录，某些基因会以 DNA 的其中一条链为模板，而其他基因以另一条链为模板。

对于一个特定的基因来说，双螺旋 DNA 分子上与 mRNA 序列相同的那条 DNA 链称为编码链（coding strand）或有义链（sense strand），把另一条根据碱基互补配对原则指导 mRNA 合成的 DNA 链称为模板链（template strand)或反义链（antisense strand）。存在任何基因中的生物信息都必须首先被转录生成 RNA，才能得到表达。

例题

由于 DNA 分子中两条链互补配对，可以用一条链的碱基序列表示特定基因的序列。在 GenBank 等数据库中基因序列一般是模板链的序列。请判断对错。

解析

模板链序列与转录产物 mRNA 序列反向互补，而编码链序列与转录产物 mRNA 序列一致（在 mRNA 中 U 取代 DNA 中 T）。在 GenBank 等数据库中基因序列一般是编码链序列。

答案

错误。

知识点 2 RNA 聚合酶

RNA 聚合酶是 DNA 转录过程中最关键的酶。以 DNA 为模板的 RNA 聚合酶主要以双链 DNA 为模板（若以单链 DNA 为模板，则活性大大降低），以 4 种核苷三磷酸为底物，并以 Mg^{2+} /Mn^{2+} 为辅因子，催化 RNA 链的起始、延伸和终止，它不需要任何引物。催化生成的产物是与 DNA 模板链互补的 RNA。RNA 或 RNA-DNA 双链杂合体都不能作为模板。

原核和真核生物的 RNA 聚合酶虽然都能催化 RNA 的合成，但在分子组成、种类和生化特性上不同。

（1）原核生物的 RNA 聚合酶

大多数原核生物 RNA 聚合酶的组成是相同的，大肠杆菌 RNA 聚合酶由 2 个 α 亚基，1 个 β 亚基，1个 β′ 亚基和 1 个 ω 亚基组成，称为核心酶，加上 1 个 σ 亚基后成为聚合酶全酶。与 DNA 聚合酶不同，RNA 聚合酶催化转录过程不需要引物，在启动子（RNA 聚合酶识别和结合的 DNA 序列）特定起始位点从头合成 RNA。

五种亚基的功能分别为：α 亚基——可能与核心酶的组装及启动子识别有关，并参与 RNA 聚合酶和部分调节因子的相互作用；β 亚基——起催化作用，催化形成磷酸二酯键；ω 亚基——在全酶中存在，功能不清楚；β′ 亚基——与 DNA 模板结合功能；σ 亚基——负责模板链的选择和转录的起始，它是酶的别构效应物，使酶专一性识别模板链上的启动子。其特性见表 14-1。

表 14-1　原核生物的 RNA 聚合酶特性

基因	亚基	分子量	亚基数	功能	组分
rpoC	β′	155 000	1	β 与 β′共同形成 RNA 合成的活性中心	核心酶
rpoB	β	151 000	I	β 与 β′共同形成 RNA 合成的活性中心	核心酶
rpoD	σ	70 000	1	存在多种 σ 因子，用于识别不同的启动子	σ 因子
rpoA	α	36 500	2	核心酶组装，启动子识别	核心酶
	ω	11 000	1	未知	核心酶

（2）真核生物的 RNA 聚合酶

真核生物中共有 3 类 RNA 聚合酶，其结构比大肠杆菌 RNA 聚合酶复杂，但有很多相似性，存在两条普遍遵循的原则：一是聚合酶中有两个分子量超过 1×10^5 的大亚基；二是同种生物 3 类聚合酶有“共享”小亚基的倾向，即有几个小亚基是其中 3 类或 2 类聚合酶所共有的。

3 类 RNA 聚合酶在细胞核中的位置不同，负责转录的基因不同，因此由它们催化的转录产物也各不相同，对 α-鹅膏蕈碱的敏感性也不同。其特性见表 14-2。

表 14-2 真核生物的 RNA 聚合酶特性

酶	细胞内定位	转录产物	相对活性	对 α-鹅膏蕈碱
RNA 聚合酶Ⅰ	核仁	rRNA	50%～70%	不敏感
RNA 聚合酶Ⅱ	核质	hnRNA	20%～40%	敏感
RNA 聚合酶Ⅲ	核质	tRNA	约 10%	存在物种特异性

例题

细菌细胞用一种 RNA 聚合酶转录所有的 RNA，而真核细胞则有三种不同的 RNA 聚合酶。请判断对错。

解析

本题考查原核与真核细胞的 RNA 聚合酶种类。在细菌中，一种 RNA 聚合酶几乎负责所有的 mRNA、rRNA 和 tRNA 的合成；真核生物中共有 3 类 RNA 聚合酶，分别是 RNA 聚合酶Ⅰ、Ⅱ、Ⅲ，它们在细胞中的位置不同，负责转录的基因也不同。

答案

正确。

第二节 RNA 的生物合成过程

知识点 3 转录起始

RNA 的生物合成过程就是转录的过程：在 RNA 聚合酶的催化下，以一段 DNA 链为模板合成 RNA，从而将 DNA 所携带的遗传信息传递给 RNA 的过程。包括转录起始、转录延伸和转录终止阶段。

转录的起始是基因表达的关键阶段，而这一阶段的主要问题是 RNA 聚合酶与启动子的相互作用。转录起始位点是指与新生 RNA 链第一个核苷酸相对应 DNA 链上的碱基，通常为嘌呤。把起点 5′ 末端的序列称为上游 (upstream)，而把其 3′ 末端的序列称为下游 (downstream)。起点为 + 1，下游方向依次为 + 2、 + 3…，上游方向依次为 - 1、 - 2、 - 3…。绝大部分原核生物启动子都存在位于 - 10 bp 的 TATAAT(Pribnow box)和位于 - 35 bp 的 TTGACA，这两个区域是 RNA 聚合酶与启动子的结合位点，能与 σ 因子相互识别而具有很高的亲和力。真核基因启动子在 - 25 ~ - 35 区含有 TATA 序列，在 - 70 ~ - 80 区含有 CCAAT 序列，在 - 80 ~ - 110 含有 GCCACACCC 或 GGGCGGG 序列。习惯上将 TATA 区上游的保守序列称为上游启动子元件 (upstream promoter element，UPE)或称为上游激活序列 (upstream acativating sequence，UAS)。TATA 区的主要作用是使转录精确起始，而 CAAT 区和 GC 区主要控制转录起始频率，基本不参与起始位点的确定。

例题

原核生物转录起始点上游 - 35 区的保守序列是 (　　)，- 10 的保守序列是 (　　)，- 10 序列又称为 (　　)。

解析

对于原核生物的启动子，有两个共有序列，- 10 序列和 - 35 序列。- 35 序列与聚合酶识别有关，- 10 序列富含 A-T，有利于 DNA 局部解链。

答案

TTGACA，TATAAT，Pribnow box。

知识点 4 转录延伸

转录起始后，直到形成 9 个核苷酸短链的阶段。此时，RNA 聚合酶一直处于启动子区，新生的 RNA 链与模板 DNA 的结合不够牢固，很容易从模板 DNA 上脱落并导致转录重新开始。一旦 RNA 聚合酶成功合成 9 个以上核苷酸并离开启动子区，转录就进入正常的延伸阶段。通过启动子的时间长短代表一个启动子的强弱。一般来说，通过启动子的时间越短，该基因转录起始的频率也越高。

转录的延伸是指原核生物 RNA 聚合酶释放 σ 因子离开启动子后，核心酶沿模板 DNA

链移动并使新生的 RNA 链不断延长的过程。一旦 RNA 聚合酶启动了基因转录，它就会沿着模板 5′→3′ 方向不停地移动合成 RNA 链，直到遇到终止信号时才释放新生的 RNA 链，并与模板 DNA 脱离。延伸中的转录复合物区域也叫转录泡(transcription bubble)。随着 RNA 聚合酶前移，转录产物 RNA 不断移出转录泡，已转录完毕的 DNA 双链又重新复合而不再打开。“转录泡”区域中，新生 RNA 链（转录本，transcript）从 5′→3′ 延伸与模板链形成 DNA-RNA 杂合双链。RNA 的转录泡及转录延伸情况见图 14-1。

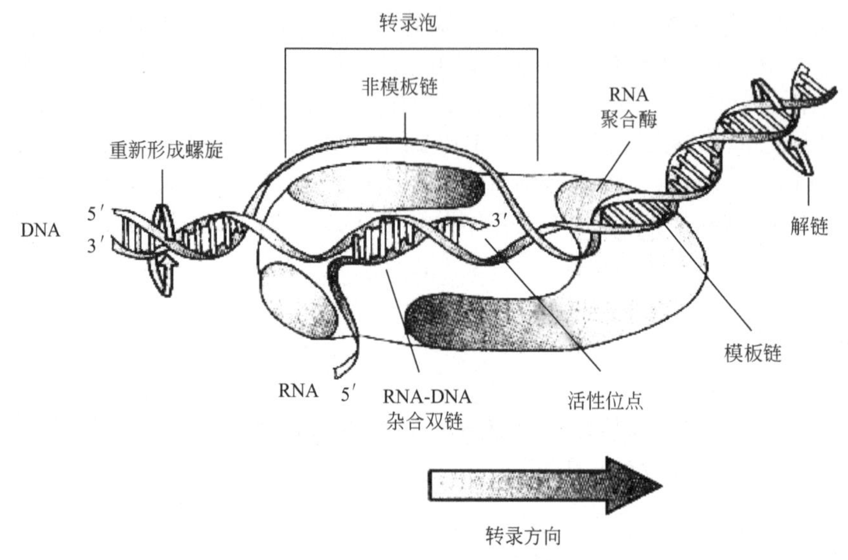

图 14-1　RNA 转录泡及转录延伸

例题

原核生物转录时，第一个磷酸二酯键形成后，σ 因子与全酶解离，转录起始状态转入延伸状态。请判断对错。

解析

转录起始后，合成 9 个核苷酸后，σ 因子才与全酶解离，RNA 聚合酶开始移位，转录进入延伸阶段。

答案

错误。

知识点 5 转录终止

当 RNA 链延伸到转录终止位点时，RNA 聚合酶不再形成新的磷酸二酯键，RNA-DNA 杂合体分开，转录泡瓦解，DNA 恢复成双链状态，而 RNA 聚合酶和 RNA 链都被从模板上释放出来。转录终止信号即终止子序列可以分为两类。

① 依赖于 ρ 因子的转录终止。ρ 因子能使 RNA 聚合酶在 DNA 模板上准确地终止转录。**ρ** 因子是六聚体蛋白，它能水解各种核苷三磷酸，实际是一种 NTP 酶，通过催化 NTP 的水解促使新生 RNA 链从三元转录复合物中解离出来，从而终止转录。依赖于 ρ 因子的转录终止模式见图 14-2。

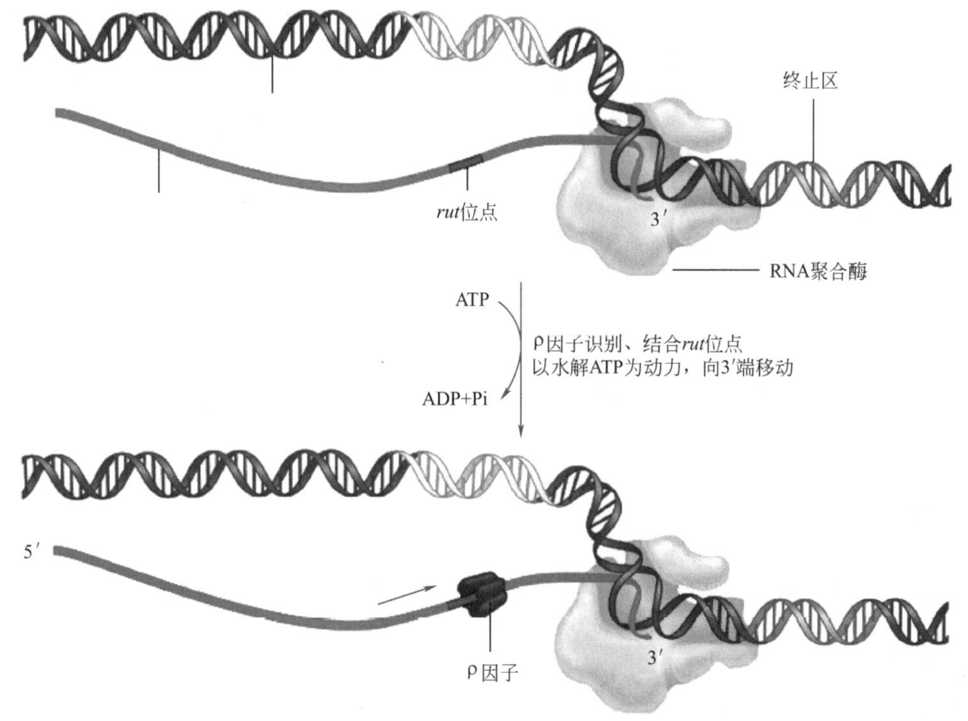

图 14-2　依赖于 ρ 因子的转录终止模式

② 不依赖于 ρ 因子的转录终止。模板上存在终止转录信号即终止子，每个基因或操纵子都有一个启动子和一个终止子。终止位点上游一般存在一个富含 GC 碱基的二重对称区，由这段 DNA 转录产生的 RNA 容易形成发卡式结构。在终止位点前面有一段 4～8 个腺嘌呤核苷酸组成的序列，因此转录产物 3′ 端为寡聚 U。这种结构特征的存在决定了转录的终止。新生发卡式结构会导致 RNA 聚合酶暂停，破坏 RNA-DNA 杂合双链 5′ 端正常结构。寡聚 U 的存在使杂合链的 3′ 端部分出现不稳定的 rU · dA 区域。两者共同作用使 RNA 从三元转录复合物中解离出来。不依赖于 ρ 因子的转录终止模式见图 14-3。

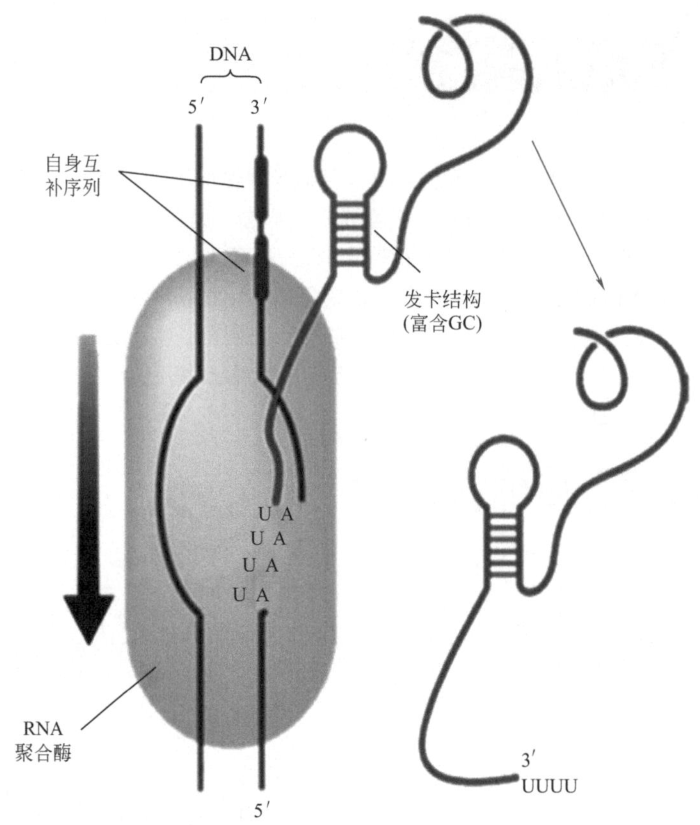

图 14-3　不依赖于 ρ 因子的转录终止模式

例题

大肠杆菌不依赖 ρ 因子的终止子结构的共同特征是（　　）和（　　）。

解析

考查大肠杆菌不依赖 ρ 因子终止子的结构特征。该结构特征有：①终止位点上游一般存在一个富含 GC 碱基的二重对称区，由这段 DNA 转录产生的 RNA 容易形成发卡式结构。该结构会导致 RNA 聚合酶暂停，破坏 RNA-DNA 杂合双链 5′ 端正常结构。②在终止位点前面有一段 4～8 个腺嘌呤组成的序列，因此转录产物 3′ 端为寡聚 U。这种结构特征的存在决定了转录的终止。新出现的发卡式结构会导致 RNA 聚合酶暂停，破坏 RNA-DNA 杂合双链 5′ 端正常结构。寡聚 U 的存在使杂合链的 3′ 端部分出现不稳定的 rU・dA 区域。两者共同作用使 RNA 从三元转录复合物中解离出来。

答案

终止位点上游一般存在一个富含 GC 碱基的二重对称区，在终止位点前面有一段 4～8 个腺嘌呤组成的序列。

第三节 RNA 转录产物的加工修饰

知识点 6 真核生物 mRNA 的剪接和修饰

真核基因表达往往伴随着 RNA 的剪接过程，从 mRNA 前体分子中切出被称为内含子的非编码区，并使基因中被称为外显子的编码区拼接形成成熟的 mRNA。

（1）真核生物 mRNA 的剪接

① 由 snRNA（核内小 RNA）参与的剪接。此种方式存在于绝大多数真核细胞的蛋白质基因中。由五种 snRNA 即 UI、U2、U4、U5、U6 及一些剪接因子（splicing factor，SF)在 RNA 剪接位点上逐步装配形成剪接体而完成。

② 自我剪接。由于内含子的 RNA 本身具有催化活性，能够进行内含子的自我剪接，而无需借助于形成剪接体。分为 I 类内含子的自我剪接和 II 类内含子的自我剪接两类。

I 类内含子的自我剪接：四膜虫 pre-RNA 的剪接反应是 I 类的典塑代表。剪接反应实际上是发生了两次磷酸二酯键的转移，其特点是需要鸟苷酸（或鸟苷）参与。

II 类内含子的自我剪接：不需要鸟苷酸（或鸟苷）参与，而由其自身结构决定。特点是形成套索内含子。由内含子本身的近 3′ 端的腺苷酸 2′ -OH 作为亲核基闭攻击内含子的 5′ 端的磷酸二酯键，从上游切开 RNA 后形成套索状结构，再由上游外显子的自由 3′ -OH 作为亲核基团攻击内含子 3′ 位核苷酸上的磷酸二酯键，使内含子被完全切开，上下游两个外显子通过新的磷酸二酯键重新连接。II 类内含子的自我剪接模式见图 14-4。

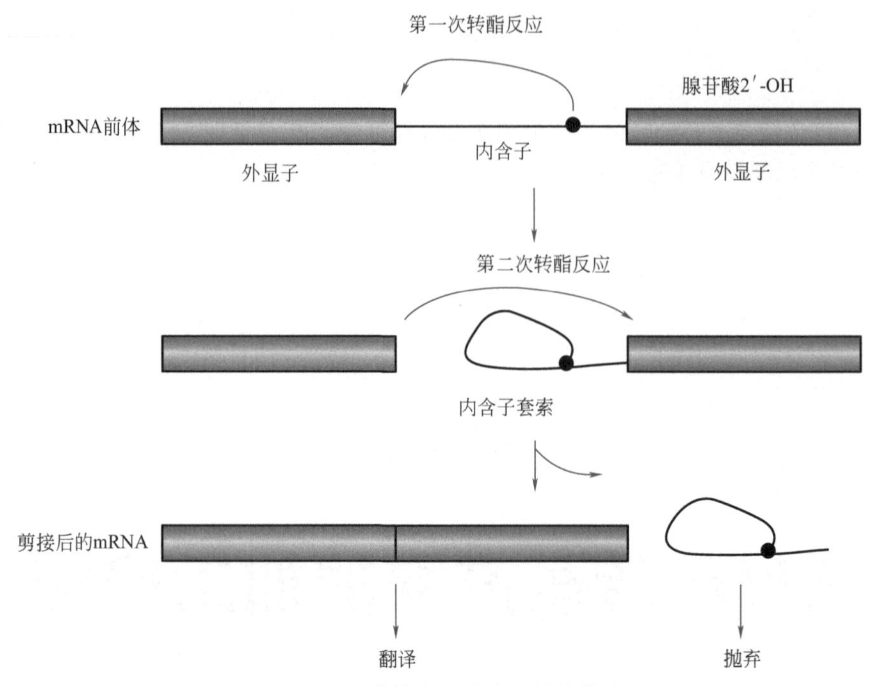

图 14-4 Ⅱ类内含子的自我剪接模式

（2）真核生物 mRNA 的转录后修饰

① 5′-端形成帽子结构($m^7GpppNmp-$)。真核生物 mRNA 的 5′ 末端由稀有的 7-甲基鸟嘌呤通过 5′，5′-磷酸二酯键与初始转录物的起始核苷酸连接形成 7-甲基鸟苷三磷酸（m^7Gppp），称为“帽子结构”（图 14-5）。帽子结构使 mRNA 从细胞核向胞质运转，而且是翻译起始必需的因子。此外，帽子结构在核内生成，m^7Gppp 结构能有效地封闭 mRNA 的 5′ 末端，保护 mRNA 免受 5′ 核酸外切酶的降解，增强 mRNA 的稳定。

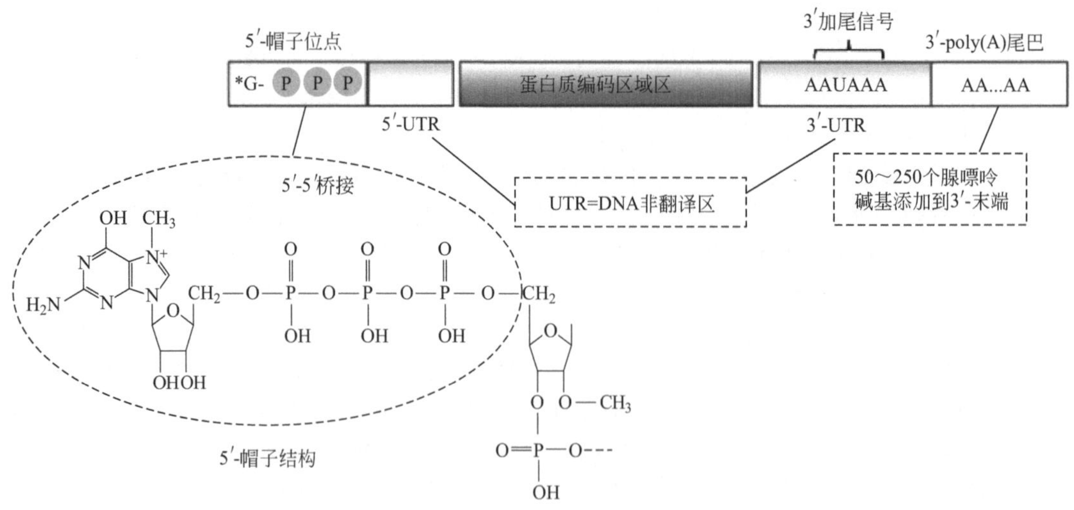

图 14-5 真核生物 mRNA 的 5′帽子结构和 3′的 poly（A）加尾结构

② 3′-端加上多聚腺苷酸尾巴(poly A)。3′-端 poly A 尾巴的出现不依赖 DNA 模板，依据加尾信号，即 3′-末端出现 AAUAAA，这对于切割和加上 poly A 尾巴是必需的（图 14-5）。加尾过程：在两序列之间由特异的核酸内切酶切除多余的核苷酸，然后加上 poly A。尾部修饰和转录终止同时进行。poly A 的有无及长短是维持 mRNA 作为翻译模板的活性、增加 mRNA 本身稳定性的因素。真核生物 5′-端帽子结构和 3′-端加尾结构见图 14-5。

③ mRNA 甲基化和碱基转换（化学修饰）。真核生物 mRNA 分子中有许多甲基化的碱基，主要是：N^6-甲基腺嘌呤（m^6A），其次为 7-甲基腺嘌呤（m^7A）。

例题

真核生物基因转录 RNA 后加工包括________、________和________等过程。

解析

考查真核生物的 mRNA 加工过程。真核生物的 mRNA 加工过程中，5′ 端在磷酸酶、鸟苷酸转移酶和甲基转移酶的共同作用下，生成 m^7GpppNmp 的帽子结构；多聚 A 尾巴的生成是多聚 A 聚合酶的催化下，由 ATP 聚合而成；在核酸内切酶作用下剪切掉内含子，然后在连接酶作用下，将外显子各部分连接起来，成为成熟的 mRNA，这是内含子的剪接作用。

答案

5′ 端加帽，3′ 端加 poly A 尾巴，内含子的剪接。

知识点 7 核糖体 RNA 和转运 RNA 的转录后修饰

（1）核糖体 RNA 转录后修饰

大多数真核生物 rRNA 基因无内含子，但由于前体 rRNA 的长度约为成熟 rRNA 的两倍，rRNA 前体必须被剪切，此过程在核仁中进行。真核生物 rRNA 前体修饰模式见图 14-6，主要包括 4 个步骤。

① 在 5′ 端切除非编码序列，生成 41S rRNA 中间产物。

② 41S rRNA 再被切割为两段，一段为 32S，另一段为 20S。

③ 32S rRNA 进一步被剪切成 28S rRNA 和 5. 8S rRNA。

④ 20S rRNA 被剪切成 18S rRNA。

（2）转运 RNA 的转录后修饰

tRNA 核酸内切酶切割前体分子中的内含子，RNA 连接酶催化外显子的连接；tRNA 核

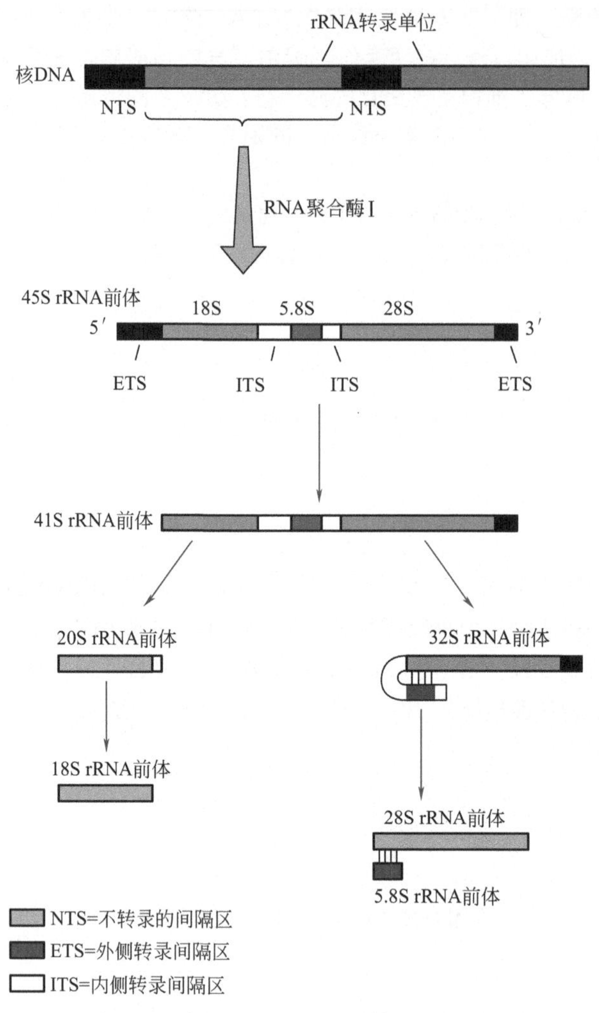

图 14-6　真核生物 rRNA 前体的修饰模式

苷酸转移酶催化 tRNA 前体分子在其 3′ 端添加 CCA；核苷酸进一步修饰；tRNA 分子中稀有碱基较多，其修饰很频繁。原核生物 tRNA 前体修饰模式见图 14-7。

例题

简述真核生物 RNA 的转录后加工及其意义。

解析

考查 RNA 转录后加工的方式。在细胞内，由 RNA 聚合酶合成的原初转录物往往需要经过一系列的变化，包括链的裂解、5′ 端与 3′ 端的切除和特殊结构的形成、核苷的修饰和糖苷键的改变以及拼接和编辑等过程，才能成为成熟的 RNA 分子，此过程

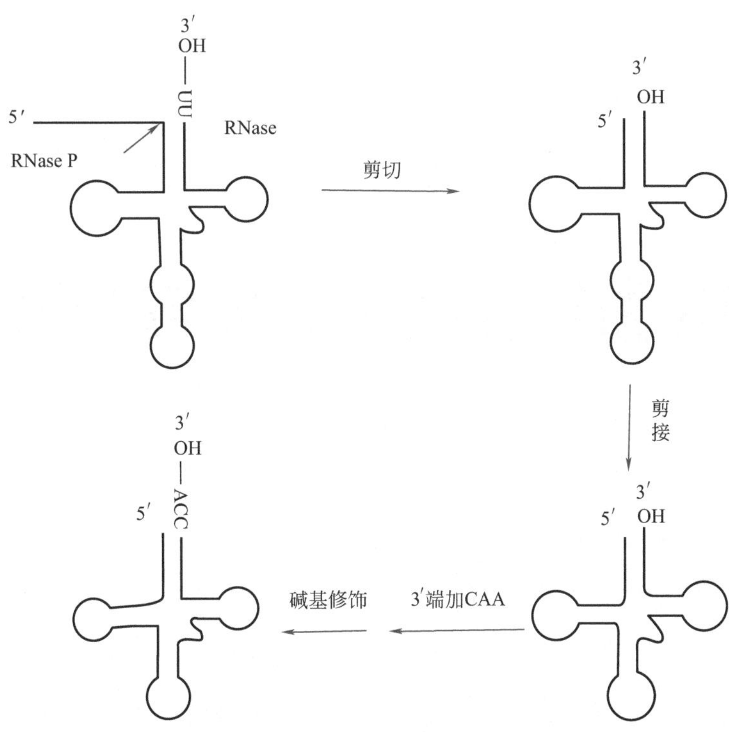

图 14-7　原核生物 tRNA 前体的修饰

总称为 RNA 转录后加工。原核生物 mRNA 一般不需要加工，但 rRNA、tRNA 都要经过一系列加工才能成为有活性的分子。真核生物 RNA 一般都需进行转录后加工。

答案

RNA 转录后的加工有三种形式：①减少部分片段，如切除 5′ 端前导序列、3′ 加尾序列和中部的内含子剪接；②增加部分片段，如 mRNA 的 5′ 加帽结构，3′ 加上 poly A 尾巴，通过编辑加入一些碱基；③碱基修饰，如对某些碱基进行甲基化等。

意义：RNA 转录后的一系列加工可使 RNA 转录后的初产物变成成熟的、有功能的 RNA，有些加工还可改变 RNA 携带的遗传信息，有利于生物的进化，是对“中心法则”的校正和补充。

第四节 / 以 RNA 为模板的 DNA 与 RNA 合成

知识点 8 反转录的概念

（1）反转录概念及过程

以 DNA 为中间物的 RNA 复制最为关键的一步是反转录反应，这一步通过反转录酶来实现。反转录（reverse transcription）也称为逆转录（有时也指体内的反转录过程），是指：以 RNA 为模板合成 DNA 的过程，即 RNA 指导下的 DNA 合成。此过程中，遗传信息的流动方向（RNA→DNA）与核酸转录过程（DNA→RNA）相反，故称为反转录。反转录过程是 RNA 病毒的复制形式之一，反转录过程在真核细胞中也同样存在，例如反转座子和端粒 DNA 的延长均存在反转录过程，需反转录酶的催化。

反转录过程由反转录酶催化，该酶也称依赖 RNA 的 DNA 聚合酶（RNA-dependent DNA polymerase，RdDP）。反转录酶的作用是以 dNTP 为底物，以 RNA 为模板，在 tRNA 的 3′-末端上，按 5′→3′ 方向合成一条与 RNA 模板互补的 cDNA（complementary DNA，cDNA）单链，它与 RNA 模板形成 RNA-cDNA 杂交体。随后又在反转录酶的作用下，水解掉 RNA 链，再以 cDNA 为模板合成第二条 DNA 链，再转录成 mRNA。至此，完成由 RNA 指导的 DNA 合成过程。反转录过程见图 14-8。

（2）反转录酶的主要活性功能

① DNA 聚合酶活性。以 RNA 为模板，催化 dNTP 聚合成 DNA 的过程。此酶需要 RNA 为引物，多为赖氨酸的 tRNA，在引物 tRNA 3′ 末端以 5′→3′ 方向合成 DNA。反转录酶中不具有 3′→5′ 外切酶活性，因此没有校正功能，由反转录酶催化合成的 DNA 出错率比较高。

② RNase H 活性。由反转录酶催化合成的 cDNA 与模板 RNA 形成的杂交分子，将由 RNase H 从 RNA 5′ 端水解掉 RNA 分子。

③ DNA 指导的 DNA 聚合酶活性。以反转录合成的第一条 DNA 单链为模板，以 dNTP 为底物，再合成第二条 DNA 分子。

④ 有些反转录酶还有 DNA 内切酶活性，这可能与病毒基因整合到宿主细胞染色体 DNA 中有关。

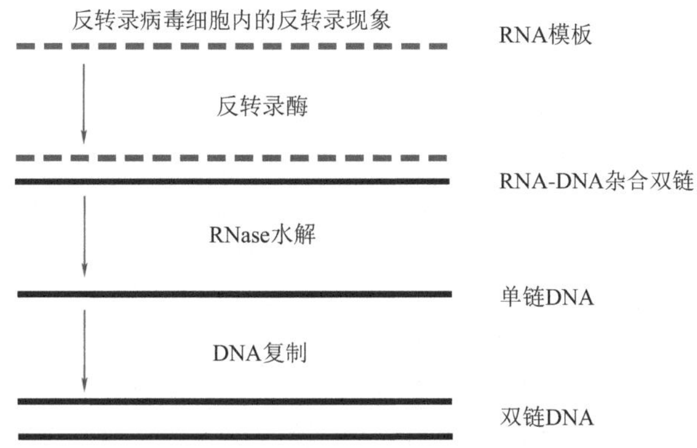

图 14-8　病毒体内的反转录过程

反转录酶的发现对于遗传工程技术起了很大的推动作用，它已成为一种重要的工具酶。用组织细胞提取 mRNA 并以它为模板，在反转录酶的作用下，合成出互补的 cDNA，由此可构建出 cDNA 文库(cDNA library)，从中筛选特异的目的基因，这是在基因工程技术中最常用的获得目的基因的方法。

例题

简述反转录酶的主要酶活性。

解析

本题考查对反转录酶功能知识点的熟悉程度。根据正文中对反转录酶活性介绍可知，其主要酶活性有 RNA 为模板指导的 DNA 聚合酶活性（DNA 聚合酶的 5′ →3′ 方向聚合活性），DNA 为模板指导的 DNA 聚合酶活性（以反转录合成的第一条 DNA 单链为模板再合成第二条 DNA 分子），RNase H 活性（从 RNA 5′ 端水解掉 RNA 分子），部分反转录酶还有 DNA 内切酶活性。

答案

①RNA 为模板指导的 DNA 聚合酶活性；②DNA 为模板指导的 DNA 聚合酶活性；③RNase H 活性；④部分反转录酶还有 DNA 内切酶活性。

知识点 9　端粒酶

端粒酶（telomerase）主要存在于真核生物染色体的端粒部位，是一种特殊的反转录酶。真核生物端粒（telomere）是指真核生物染色体线性 DNA 分子末端的结构部分，通常膨大成粒状。细胞分裂中线性 DNA 在复制完成后，其末端由于引物 RNA 的水解而可能出现缩短。故需要在端粒酶的催化下进行端粒的延长反应。

端粒酶是一种由催化蛋白和 RNA 模板组成的反转录酶复合体，它可以利用自身携带的 RNA 模板和聚合酶反转录合成新的 DNA 片段。通常端粒酶含有约 150 个碱基的 RNA 链，其中含一个半拷贝的端粒重复单位的模板。端粒酶将自身 RNA 模板合成的 DNA 序列加在滞后链亲链的 3′ 端，然后再以延长的亲链为模板，由自身聚合酶活性合成子链。端粒酶的作用机制见图 14-9。端粒酶 RNA 亚基内重要序列缺乏保守性，但都有保守的二级结构。端粒酶使端粒 DNA 修复延长，让端粒不会因细胞分裂而有所损耗，使得细胞分裂的次数增加。端粒在不同物种细胞中对于保持染色体稳定性和细胞活性（缩短的端粒其细胞复制能力受限）有重要作用，端粒酶能使缩短的端粒延长，从而增强体外细胞的增殖能力。

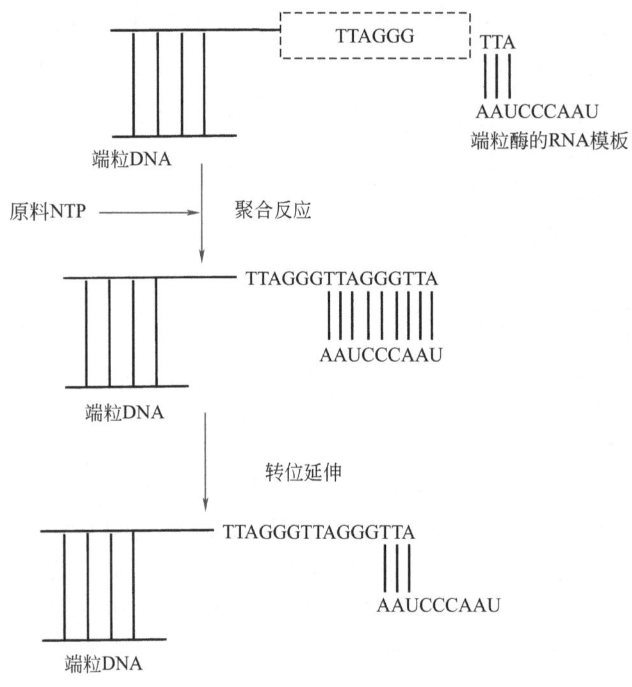

图 14-9　端粒酶的作用机制

例题

简述哺乳动物是如何解决染色体 DNA 末端稳定性问题的。

解析

本题考点是端粒酶的作用机制。哺乳动物染色体呈线性，由于 DNA 聚合酶的性质，导致每一链的 3′ 端在复制中不能完成，且 DNA 修复的末端连接酶的冗余，导致染色体 DNA 末端具有潜在的不稳定性。这种潜在的不稳定性能够通过端粒结构和端粒酶防止。

答案

哺乳动物能够通过形成端粒结构和具有反转录酶活性的端粒酶来防止 DNA 复制时产生的染色体末端不稳定问题的。端粒是真核细胞线性染色体末端的一组短的串联重复 DNA 序列，它能防止染色体的重组和末端降解酶的作用，从而维持染色体的稳定。端粒是由端粒酶加到 DNA 末端上的。端粒酶带有自身 RNA 与催化蛋白，其蛋白组分具反转录酶的活性，它以自身 RNA 上的一个片段为模板通过反转录合成端粒重复序列，并通过一引物延伸模板转换的机制添加到染色体 3′ 末端，以维持端粒一定的长度，从而防止染色体的短缺损伤。

知识网络框图

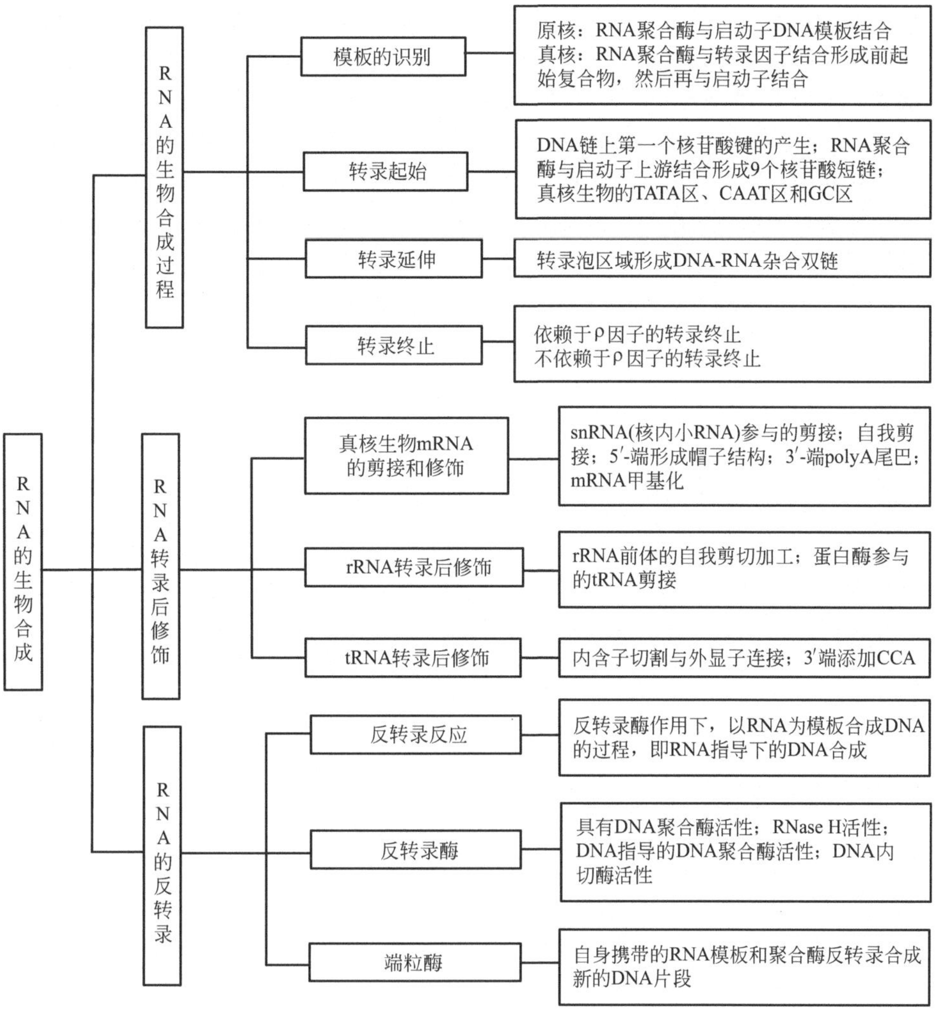

- RNA的生物合成
  - RNA的生物合成过程
    - 模板的识别
      - 原核：RNA聚合酶与启动子DNA模板结合
      - 真核：RNA聚合酶与转录因子结合形成前起始复合物，然后再与启动子结合
    - 转录起始
      - DNA链上第一个核苷酸键的产生；RNA聚合酶与启动子上游结合形成9个核苷酸短链；真核生物的TATA区、CAAT区和GC区
    - 转录延伸
      - 转录泡区域形成DNA-RNA杂合双链
    - 转录终止
      - 依赖于ρ因子的转录终止
      - 不依赖于ρ因子的转录终止
  - RNA转录后修饰
    - 真核生物mRNA的剪接和修饰
      - snRNA(核内小RNA)参与的剪接；自我剪接；5′-端形成帽子结构；3′-端polyA尾巴；mRNA甲基化
    - rRNA转录后修饰
      - rRNA前体的自我剪切加工；蛋白酶参与的tRNA剪接
    - tRNA转录后修饰
      - 内含子切割与外显子连接；3′端添加CCA
  - RNA的反转录
    - 反转录反应
      - 反转录酶作用下，以RNA为模板合成DNA的过程，即RNA指导下的DNA合成
    - 反转录酶
      - 具有DNA聚合酶活性；RNase H活性；DNA指导的DNA聚合酶活性；DNA内切酶活性
    - 端粒酶
      - 自身携带的RNA模板和聚合酶反转录合成新的DNA片段

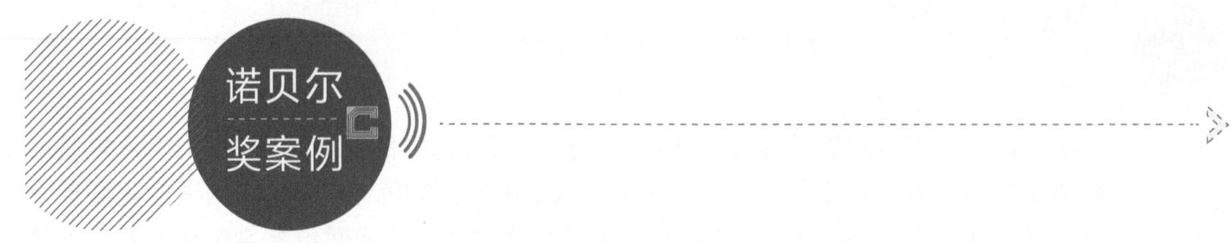

对生物体内 DNA 和 RNA 的研究，一直是生物学界和医学界的热点。1961 年科学家雅各布与莫诺合作提出了“mRNA”和“操纵子”概念，阐明了 RNA 在遗传过程中的信息传递作用和乳糖操纵子在蛋白质生物合成中的调节控制机制，于 1965 年获诺贝尔奖。美国病毒学家杜尔贝科发现了病毒与 RNA 之间的相互作用，特明提出了著名的“逆转录”假说，随后实验证明在病毒中存在反（逆）转录酶。同时，科学家巴尔的摩也发现了反（逆）转录酶。逆转录酶的发现最终解开了致癌病毒的核心秘密，反转录酶也成了基因工程领域的关键物质。他们 3 人因发现逆转录酶而共享 1975 年诺贝尔生理或医学奖。1978 年和 1981 年科学家奥尔特曼、切赫分别发现了核酶 RNA，揭示了 RNA 自身具有生物催化作用，不仅为探索 RNA 的复制能力提供了线索，而且说明了最早的生命物质就是具有生物催化功能和遗传功能的 RNA，打破了蛋白质是生物起源的定论，他们于 1989 年获诺贝尔奖。生物化学家布莱克本和绍斯塔克发现了端粒的一种独特 DNA 序列，能保护染色体免于退化。在此基础上生物化学家格雷德和布莱克本发现了端粒酶，端粒酶是形成端粒 DNA 的关键机制。他们 3 人因为发现并阐明了在细胞分裂时端粒酶如何解决染色体完整自我复制的问题，共同获得了 2009 年诺贝尔生理学或医学奖。

第十五章

蛋白质的生物合成

第一节 / 蛋白质的生物合成体系

知识点1 信使 RNA 是蛋白质合成的模板

信使 RNA（mRNA）是蛋白质生物合成过程中直接指令氨基酸掺入的模板。就是说蛋白质的氨基酸序列是由模板 mRNA 的核苷酸序列决定，mRNA 中核苷酸序列与蛋白质中氨基酸序列之间的对应关系称为遗传密码。mRNA 由四种核苷酸组成，而蛋白质是由 20 种氨基酸（常见）组成。按照数学推算，由 1 种核苷酸代表 1 种氨基酸，那只能代表 4 种氨基酸；由 2 种核苷酸代表 1 种氨基酸，那可以有 $4^2=16$ 种排列方式，就能够代表 16 种氨基酸，还是不能给 20 种氨基酸全部编码；由 3 种核苷酸代表 1 种氨基酸，即可以有 $4^3=64$ 种排列方式，就可以满足 20 种氨基酸编码的需求。mRNA 上每 3 个相邻的核苷酸编码蛋白质的一个氨基酸，这三个核苷酸就称为一个密码子或三联体密码，见图 15-1。

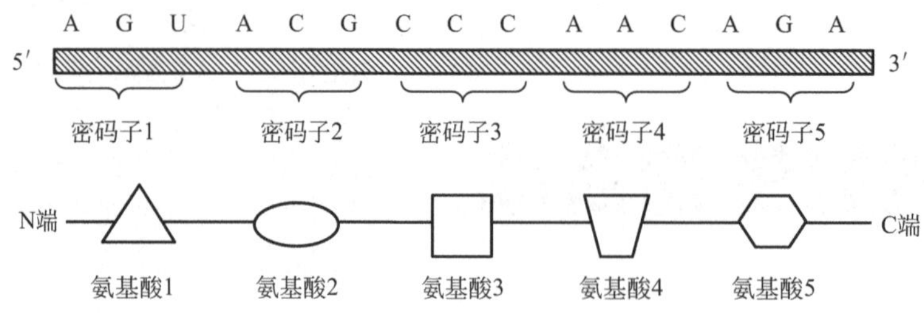

图 15-1 mRNA 是蛋白质合成过程的模板

1961 年 Nirenberg 关于核苷酸同聚物的翻译实验、1964 年 Nirenberg 结合核糖体的研究以及由 Jones 等人利用人工合成的重复核苷酸聚合物的翻译研究，这些实验结果证明密码子是以三联体密码形式，即由 3 个连续的核苷酸组成。

在前期研究基础上，1965 年完全弄清了 20 种氨基酸的密码子，即全部密码子都被破译，共有 64 个，其中 61 个密码子是编码氨基酸的，3 个密码子是终止密码子。遗传密码表见表 15-1。

表 15-1 遗传密码表

5′-碱基（第 1 位）	中间碱基（第 2 位）				3′-碱基（第 3 位）
	U	C	A	G	
U	苯丙氨酸（Phe）	丝氨酸（Ser）	酪氨酸（Tyr）	半胱氨酸（Cys）	U
	苯丙氨酸（Phe）	丝氨酸（Ser）	酪氨酸（Tyr）	半胱氨酸（Cys）	C
	亮氨酸（Leu）	丝氨酸（Ser）	终止密码子	终止密码子	A
	亮氨酸（Leu）	丝氨酸（Ser）	终止密码子	色氨酸（Trp）	G
C	亮氨酸（Leu）	脯氨酸（Pro）	组氨酸（His）	精氨酸（Arg）	U
	亮氨酸（Leu）	脯氨酸（Pro）	组氨酸（His）	精氨酸（Arg）	C
	亮氨酸（Leu）	脯氨酸（Pro）	谷氨酰胺（Gln）	精氨酸（Arg）	A
	亮氨酸（Leu）	脯氨酸（Pro）	谷氨酰胺（Gln）	精氨酸（Arg）	G
A	异亮氨酸（Ile）	苏氨酸（Thr）	天冬酰胺（Asn）	丝氨酸（Ser）	U
	异亮氨酸（Ile）	苏氨酸（Thr）	天冬酰胺（Asn）	丝氨酸（Ser）	C
	异亮氨酸（Ile）	苏氨酸（Thr）	赖氨酸（Lys）	精氨酸（Arg）	A
	蛋氨酸（Met）	苏氨酸（Thr）	赖氨酸（Lys）	精氨酸（Arg）	G
G	缬氨酸（Val）	丙氨酸（Ala）	天冬氨酸（Asp）	甘氨酸（Gly）	U
	缬氨酸（Val）	丙氨酸（Ala）	天冬氨酸（Asp）	甘氨酸（Gly）	C
	缬氨酸（Val）	丙氨酸（Ala）	谷氨酸（Glu）	甘氨酸（Gly）	A
	缬氨酸（Val）	丙氨酸（Ala）	谷氨酸（Glu）	甘氨酸（Gly）	G

遗传密码具有以下特点。①密码子是无标点符号的且相邻密码子互不重叠。正确阅读密码，需从起始密码子开始，依次连续 3 个核苷酸为一个密码，一个不漏地读，直至碰到终止密码子。mRNA 链上插入或删除一个核苷酸，就会造成框移，使该位点以后的读码发生错误，称为移码。下游翻译出来的氨基酸也随之完全改变，这样由移码引发的突变就是移码突变。②密码子的简并性。由一种以上密码子编码同一个氨基酸的现象称为简并性，对应于同一氨基酸的密码子称为同义密码子。密码的简并性可以减少有害突变。大多数氨基酸都存在几个密码子，在遗传密码表中，只有色氨酸和蛋氨酸各有 1 个密码子。③密码子的摆动性（变偶性）。密码子的专一性主要是由第一位和第二位碱基所决定，tRNA 上的反密码子与 mRNA 密码子配对时，密码子的第一位和第二位碱基是严格配对的，第三位碱基可以有一定的变动。因此，密码子的摆动性就是 tRNA 反密码子第一位碱基（与 mRNA 密码子第三位碱基配对），除了 A、G、C 和 U 之外，还存在次黄嘌呤 I。在反密码子中，位于反密码子第一位碱基，次黄嘌呤 I 能够与 A、C 和 U 都产生配对。带有次黄嘌呤 I 的反密码子能够识别更多的简并密码子。密码子前 2 位碱基就能够确定一个氨基酸，这可以用来解释密码子的简并性，见表 15-2。④密码子的通用性，原核生物和真核生物都用同一套遗传密码。⑤64 个密码子中有 3 个密码子是多肽链合成的终止密码子：UAG、UAA、UGA，不编码任何氨基酸。⑥AUG 既是甲硫（蛋）氨酸的密码子，又是起始密码子。在如何识别起始密码的问题上，原核生物和真核生物 mRNA 具有某些特点。在原核生物 mRNA 的 −10 区有一段富含嘌呤的序列，即 **SD 序列**。原核生物依靠 SD 序列与核糖体小亚基 16S rRNA 的 3′ 端的序列互补，这样 mRNA 与核糖体结合，该结合位点使得核糖体能够识别正确的起始密码 AUG。真核生物 mRNA 的 5′ 端有一个帽子结构，即 m^7G-5′ ppp-N-3′ 。帽子结构使 mRNA 能与核糖体小亚

基结合并开始合成蛋白质，对于真核生物翻译的起始具有重要作用。

表 15-2　密码子与反密码子之间的碱基配对

反密码子 第一位碱基	密码子 第三位碱基
A	U
C	G
G	U、C
U	A、G
I	A、U、C

例题

密码子 UAC 能与下列哪个反密码子配对结合（　　）？

A. AUG　　B. AUI　　C. IUA

D. IAU　　E. CUA

解析

mRNA 遗传密码与 tRNA 反密码的方向都是 5′→3′，密码子 UAC 的反密码子应是 GUA。同时由于密码子的摆动性，tRNA 反密码第 1 位常是次黄嘌呤 I。因此，反密码子 IUA 可以与密码子 UAC 配对。

答案

C

知识点 2　转运 RNA 是蛋白质合成的搬运工具

转运 RNA（tRNA）是蛋白质合成的搬运工具，是携带氨基酸的载体。tRNA 在蛋白质合成中处于关键地位，不仅是联系 mRNA 核苷酸序列与氨基酸序列信息间的接合体，还能准确无误地将活化的氨基酸运送到核糖体中 mRNA 模板上，见图 15-2。tRNA 具有接头作用，是由于 tRNA 上有与蛋白质合成相关的位点，分别是：①3′ 端上的氨基酸接受位点；②识别氨酰-tRNA 合成酶的位点；③核糖体识别位点；④反密码子位点。

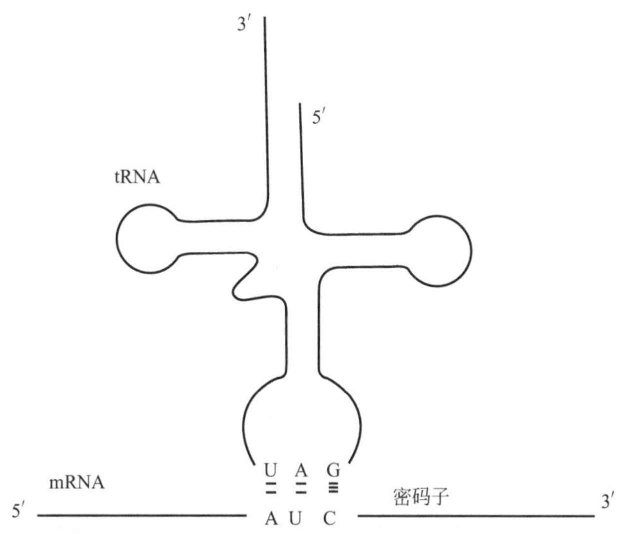

图 15-2　tRNA 是转运氨基酸的载体

例题

一个 tRNA 的反密码子为 IGC，它识别的密码子是（　　）。

A. GCA　　B. GGG　　C. CCG

D. ACG　　E. GCT

解析

tRNA 携带对应的氨基酸通过反密码环上的反密码子与模板 mRNA 上的密码子结合。tRNA 的反密码子与 mRNA 的密码子配对时，密码子第一位和第二位严格按照碱基配对原则，第三位碱基可以有一定的变动。tRNA 的反密码中，除了 A、G、C 和 U 之外，还存在次黄嘌呤 I，位于反密码子的第 1 位。次黄嘌呤 I 能够与 A、C 和 U 都产生配对，结果是使得带次黄嘌呤 I 的反密码子可以识别更多的简并密码子，如本题 tRNA 的反密码子 IGC 可以识别的密码子有 GCU、GCC 和 GCA。

答案

A

知识点 3 核糖体是蛋白质合成的场所

核糖体由核糖体 RNA（rRNA）和蛋白质组成，是蛋白质的合成场所。核糖体是由大小两个亚基组成。在原核生物中，小亚基沉降系数是 30S，称为 30S 小亚基，同样，大亚基沉降系数是 50S，称为 50S 大亚基。30S 小亚基和 50S 大亚基组装形成 70S 核糖体。需要注意的是，沉降系数 S 只是间接表示分子大小的一个指标，由于受到分子的大小与形状的共同影响，30S 结合 50S 不会出现 30S + 50S = 80S 情况。原核生物核糖体中 30S 小亚基含 16S rRNA 和 21 种蛋白质；50S 大亚基含 5S rRNA、23S rRNA 和 36 种蛋白质。真核生物核糖体由 40S 小亚基和 60S 大亚基组装形成 80S 核糖体，40S 小亚基含 18S rRNA 和 33 种蛋白质；60S 大亚基含 5S rRNA、5.8S rRNA、28S rRNA 和 49 种蛋白质，见表 15-3。

表 15-3 核糖体的组成

	核糖体类型	小亚基和大亚基	rRNA	蛋白质
原核生物	70S 核糖体	30S 小亚基	16S rRNA	21 种
		50S 大亚基	5S rRNA、23S rRNA	36 种
真核生物	80S 核糖体	40S 小亚基	18S rRNA	33 种
		60S 小亚基	5S rRNA、5.8S rRNA、28S rRNA	49 种

原核生物核糖体上有 3 个 tRNA 结合位点，分别是 P 位（结合或接受肽酰 tRNA 的部位）、A 位（结合或接受 AA-tRNA 的部位）和 E 位（脱落肽酰 tRNA 的部位），见图 15-3。P 位主要位于小亚基，A 位大亚基 5S rRNA 有一序列能与氨酰-tRNA 中 TψC 环的保守序列互补，以有利于氨酰-tRNA 进入 A 位点，而起始氨酰-tRNA 没有互补序列，直接进入 P 位。在蛋白质合成过程中，核糖体将 2 个携带肽或氨基酸的 tRNA 正确定位在核糖体的 P 位和 A 位。

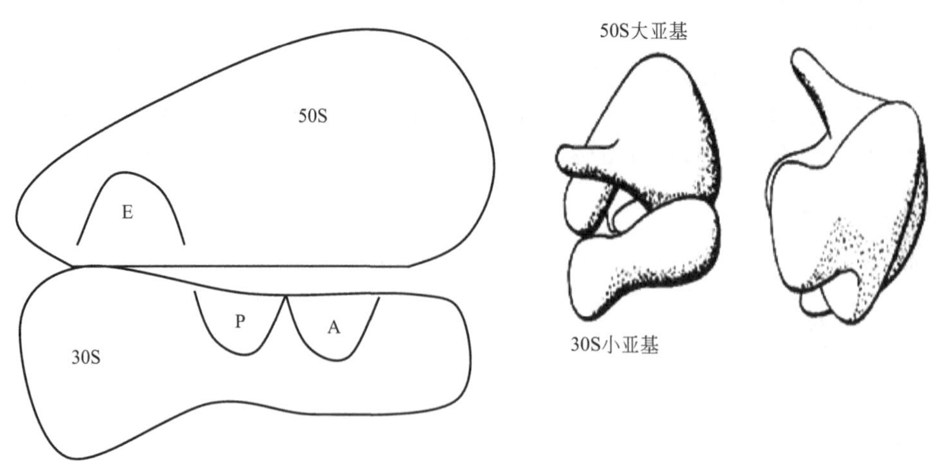

图 15-3 原核生物核糖体结构示意图

例题

蛋白质生物合成的部位是（　　）。

A. 核小体　　B. 线粒体　　C. 核糖体　　D. 细胞核

解析

核糖体是蛋白质合成的工厂，1950 年科学家用放射性同位素标记实验获得了验证。细胞质中存在核糖体，用于合成细胞质蛋白质；线粒体、叶绿体和细胞核也有自己的核糖体，用于合成分泌蛋白和细胞器蛋白。

答案

C

第二节 / 蛋白质的生物合成过程

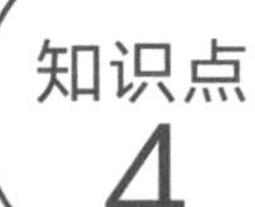

知识点 4 氨基酸的活化

氨基酸的活化是蛋白质合成第一阶段。氨基酸的活化是形成氨酰-tRNA 的过程。氨酰-**tRNA 合成酶**有 2 个结合位点，一个是识别氨基酸的位点，另一个是识别 tRNA 的位点。活化反应分两步进行：①在氨酰-tRNA 合成酶催化下，氨基酸的羧基与 ATP 的磷酸发生反应，形成氨基酸-AMP-酶的中间三元复合物，同时释放出焦磷酸。②氨基酸从氨基酸-AMP-酶转移到相应的 tRNA 上，形成氨酰-tRNA。

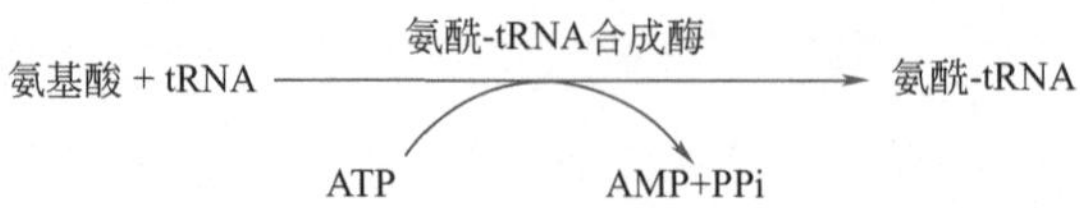

氨酰-tRNA 合成酶具有高度的专一性。首先，对氨基酸有极高的专一性，每一种氨基酸由一种氨酰-tRNA 合成酶催化，氨酰-tRNA 合成酶只作用于 L-氨基酸，不作用于 D-氨基酸；专一性还表现在对 tRNA 具有极高专一性。如果氨基酸与其特定的 tRNA 出现配对错误，氨酰-tRNA 合成酶还具有校对作用，即氨酰-tRNA 合成酶可以水解错误配对的氨基酸。由于氨酰-tRNA 合成酶的高度专一性和校对作用，保证了氨基酸与其特定的 tRNA 准确配对。氨酰-tRNA 的结构见图 15-4。

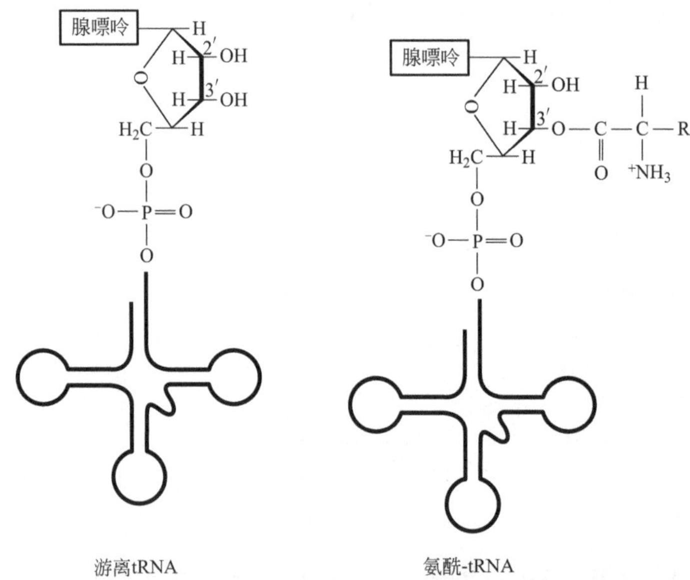

图 15-4　氨酰-tRNA 的结构

例题

氨酰-tRNA 合成酶既能识别（　　），又能识别（　　）。

解析

氨酰-tRNA 合成酶催化氨基酸与 tRNA 结合，氨基酸本身被活化，有利于下一步进行肽键形成反应，而且装载在 tRNA 上的氨基酸通过 tRNA 上的反密码子阅读 mRNA 上的密码子，被携带到 mRNA 上的指定位点，有利于氨基酸被掺入到多肽链合成中。

答案

氨基酸，tRNA。

知识点 5 肽链合成的起始

肽链合成的起始是一个复杂的过程，以原核生物为例进行介绍。起始过程需要 30S 小亚基、50S 大亚基、mRNA、*N*-甲酰甲硫氨酰-tRNA、3 个**起始因子**（initiation factor，缩写为 IF）IF-1、IF-2 和 IF-3。原核生物的起始氨基酸是 Met，而新合成蛋白质的起始氨基酸是甲酰化 Met，对应 tRNA 即是起始 tRNA，*N*-甲酰甲硫氨酰-tRNA，记做 fMet-$tRNA_f^{Met}$。许多蛋白质在翻译后再将甲酰化 Met 切除。

肽链合成的起始就是组装起始复合物的过程，分三步进行。

① 核糖体大小亚基分离，起始因子 IF-3 结合在 30S 小亚基上，IF-1 协助 IF-3 与 30S 小亚基结合，促使 70S 核糖体解离。30S 小亚基中 16S rRNA 的 3′ 端富含嘧啶核苷酸的序列与 mRNA 中富含嘌呤核苷酸的 SD 序列结合，使核糖体移动到 mRNA 的起始密码子 AUG 处，形成 30S 亚基 · mRNA · IF-3 · IF-1 复合物，见图 15-5。

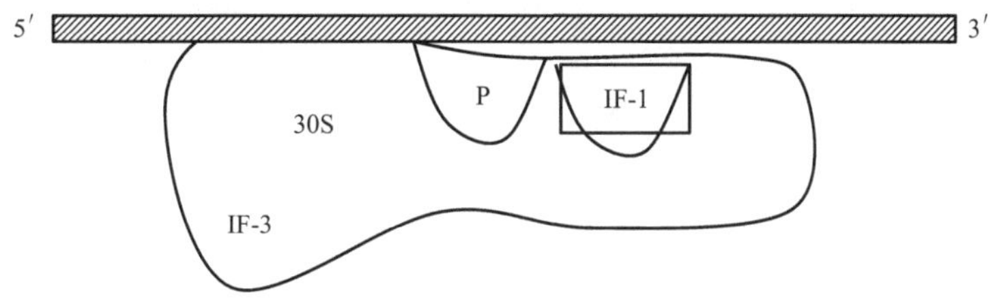

图 15-5 核糖体大小亚基分离

② 起始氨酰-tRNA 与小亚基结合，IF-2 结合 GTP，形成 IF-2 · GTP，其可以识别和结合 fMet-$tRNA_f^{Met}$，然后 IF-2 · GTP 结合到 30S 小亚基，与第一步反应形成的 30S 亚基 · mRNA · IF-3 · IF-1 复合物结合，形成 30S 起始复合物，见图 15-6。

③ 核糖体大小亚基结合，形成的 30S 起始复合物释放 IF-3 后，导致 50S 亚基与 30S 亚基重新结合，同时另外两个起始因子 IF-1 和 IF-2 也离开，至此，形成 70S 起始复合物。在 **70S 起始复合物中**，P 位点被 fMet-tRNA 占据，A 位点空闲，准备接受下一个氨酰-tRNA，见图 15-7。

例题

原核生物蛋白质合成中，防止大亚基和小亚基过早地结合的起始因子是（　　）。

A. IF-1　　B. IF-2　　C. IF-3　　D. IF-4

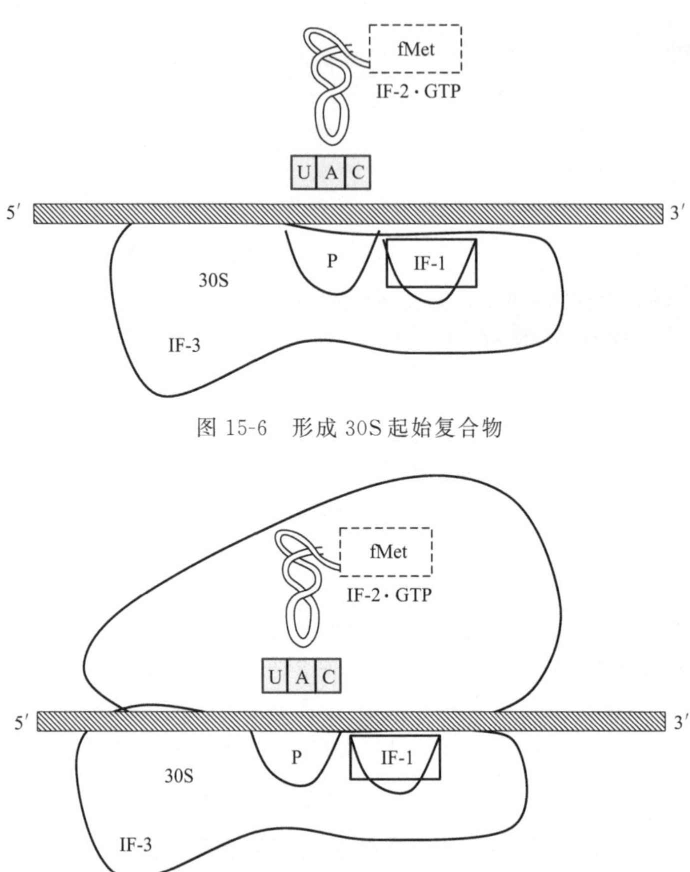

图 15-6　形成 30S 起始复合物

图 15-7　形成 70S 起始复合物

解析

原核生物有 3 个起始因子，IF-1 作用是占据 A 位防止结合其他 tRNA；IF-2 作用是促进起始氨酰-tRNA 与小亚基结合；IF-3 作用是促进大小亚基分离。

答案

C

知识点 6 肽链合成的延长

70S 起始复合物形成后，肽链合成进入延长阶段。延长阶段需要的辅助性因子是延长因子（elongation factor，EF）。原核生物的延长因子有 EF-Ts、EF-Tu 和 EF-G。原核生物肽链合成的延长阶段分为三步。

① **进位**。起始阶段中，P 位点被 fMet-tRNA 占据，A 位点空闲。延长阶段中，正确的氨酰-tRNA 结合到 A 位点，即是进位，见图 15-8。延长因子 EF-Tu 首先与 GTP 结合，再与氨酰-tRNA 结合，形成氨酰-tRNA・EF-Tu・GTP 三元复合物。这个三元复合物的结构适合核糖体 A 位点形状，其中氨酰-tRNA 通过反密码子识别并结合到 A 位点，结合过程需要 GTP 提供能量，GTP 水解为 GDP 和 Pi，导致 EF-Tu・GDP 游离出来，在另一个延长因子 EF-Ts 协助下，重新生成 EF-Tu・GTP，以结合下一个氨酰-tRNA。

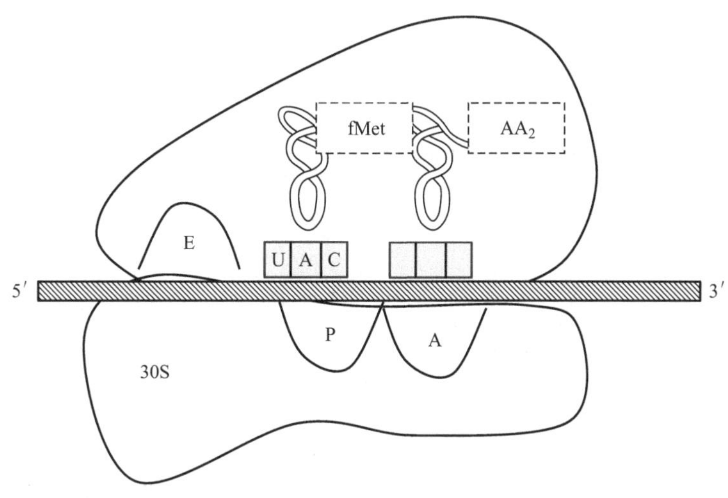

图 15-8　进位

② **转肽**。当氨酰-tRNA 结合到 A 位点，肽基转移酶催化 A 位点氨基酸的氨基攻击 P 位点甲酰甲硫氨酸的羰基碳，形成肽键。结果是，P 位点 tRNA 空载，A 位点 tRNA 携带一个二肽，见图 15-9。

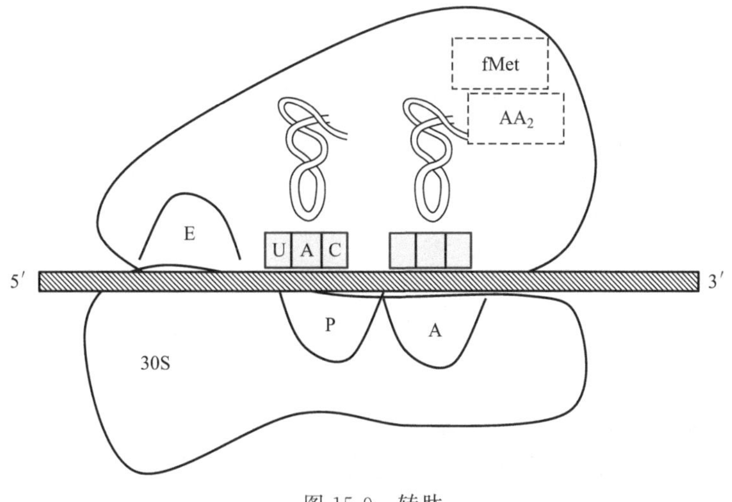

图 15-9　转肽

③ **移位**。核糖体相对于 mRNA 移动一个密码子，原来位于 P 位点空载的 tRNA 进入到

E 位点；新生成的肽酰-tRNA 从 A 位转移到 P 位。此时，核糖体的 A 位留空，与下一个密码相对应的氨酰-tRNA 即可再进入，重复以上循环过程，使多肽链不断延长，见图 15-10。移位过程需要延长因子 EF-G，EF-G 结合 GTP，再与核糖体结合，使空载的 tRNA 从 E 位点释放出去，GTP 水解提供移位所需要的能量。

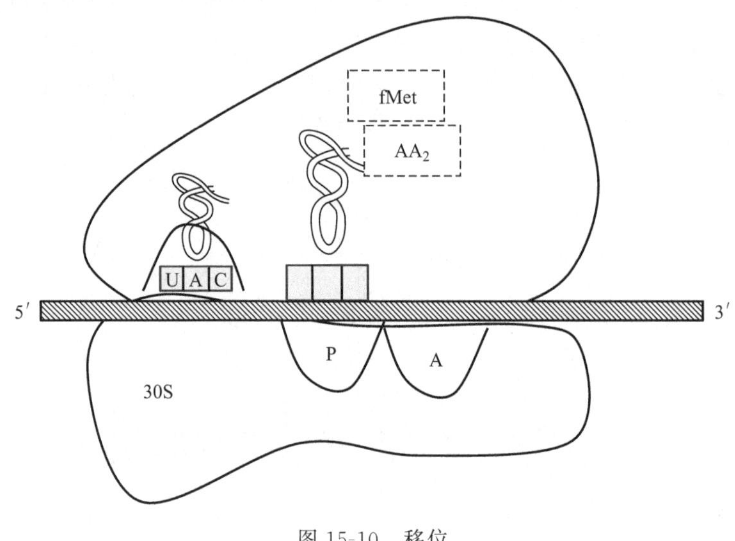

图 15-10　移位

例题

为肽链合成的延长阶段提供能量的分子是（　　）。

A. ATP　　B. GTP　　C. UTP　　D. CTP

解析

肽链合成的延长阶段分为进位、转肽和移位。其中进位和移位过程都需要能量，由 GTP 提供。

答案

B

知识点 7 肽链合成的终止

与多肽链合成终止并使之从核糖体上释放相关的因子称为释放因子（release factor,

RF）。原核生物释放因子有 3 种，RF-1、RF-2 和 RF-3。核糖体沿 mRNA 链移动，不断使多肽链延长，直到终止密码进入 A 位。释放因子能够识别终止密码，并改变肽基转移酶的活性使之成为水解酶，水解位点是 P 位点多肽与 tRNA 之间的酯键。结果是多肽链和空载的 tRNA 释放出来，同时释放过程需要 RF-3，RF-3 与 GTP 结合，通过 GTP 水解提供能量，70S 复合物解离，释放出 RF、tRNA、mRNA 以及核糖体的大亚基和小亚基。这为另一条肽链的合成做准备。

例题

原核生物肽链合成的终止阶段需要哪些辅助因子?

解析

需要释放因子，原核生物释放因子有 3 种，RF-1、RF-2 和 RF-3。RF-1 识别终止密码 UAA、UAG，RF-2 识别终止密码 UAA、UGA，RF-3 是一种 G 蛋白，不参与终止密码的识别，RF-3 与 GTP 结合可激活 RF-1 或 RF-2。

答案

释放因子 RF-1、RF-2 和 RF-3。

知识点 8 蛋白质合成的抑制剂

许多抗生素作为蛋白质合成的抑制剂而达到抑菌或杀菌的目的。蛋白质合成的起始和延长阶段是许多抗生素的主要抑制点，见图 15-11。四环素和土霉素由于能占据封闭细菌 30S 亚基上的 A 位点，阻止氨酰-tRNA 进入 A 位点，从而导致多肽合成的延长阶段受到抑制。氯霉素、红霉素和阿奇霉素能够与细菌的 50S 亚基相互作用，抑制肽基转移酶活性，阻止肽键的形成，导致多肽合成的延长阶段受到抑制。链霉素与细菌 30S 亚基结合，改变核糖体构象，抑制 70S 起始复合物的形成，导致多肽合成的起始阶段受到抑制。上述这些抗生素都是抑制原核生物蛋白质合成过程。由于原核生物与真核生物蛋白质合成过程存在较明显的差别，这些抑制原核生物蛋白质合成过程的抗生素不会抑制人体的蛋白质合成过程。因此，四环素、土霉素、氯霉素、红霉素、阿奇霉素以及链霉素常用作抗生素治疗细菌感染。

嘌呤霉素可以抑制原核生物和真核生物蛋白质合成过程，不能用于临床治疗，对人体是有毒的。白喉毒素是一种对真核生物蛋白质合成过程产生抑制的毒素蛋白，极微量即有毒性。

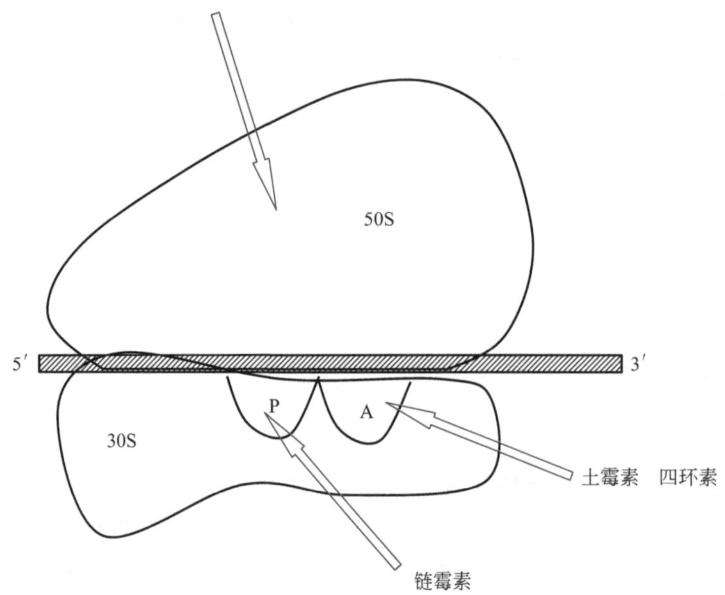

图 15-11　抗生素抑制蛋白质合成的位点

例题

下列哪种抑制剂对原核生物和真核生物蛋白质合成过程都有抑制作用（　　）?

A. 氯霉素　　　　B. 嘌呤霉素

C. 四环素　　　　D. 链霉素

解析

许多抗生素和毒素都可以抑制蛋白质合成，氯霉素、四环素和链霉素专门抑制原核生物的蛋白质合成，嘌呤霉素既能抑制原核生物蛋白质合成过程，又能抑制真核生物蛋白质合成过程。

答案

B

第三节 / 翻译后加工

知识点 9 一级结构的修饰

mRNA 翻译出来的多肽是没有功能的，称为蛋白质前体，一般要经过多种形式的修饰加工处理，才能转变成为有生物活性的蛋白质。不同蛋白质前体的加工修饰方式是不同的。常见有以下几种类型：①N 端甲酰基或 N 端氨基酸的切除。原核生物蛋白质合成的起始氨基酸是甲酰甲硫氨酸，在脱甲酰基酶催化下，水解除去 N 端甲酰基，再在氨肽酶催化下，切去一个或多个氨基酸。真核生物中，N 端的起始氨基酸甲硫氨酸在肽链还没有完全合成结束，就已被切除。②信号肽的切除。在分泌蛋白的合成过程中，新合成肽链的 N 端有一段 20～30 个氨基酸组成的肽段，即信号肽，其作用是将分泌蛋白质引导进入内质网，之后信号肽被切除。③二硫键的形成。mRNA 没有胱氨酸的密码子，二硫键是通过两个半胱氨酸的巯基氧化形成的。二硫键在蛋白质空间构象的形成中具有重要作用，对于蛋白质的活性是必需的。④共价化学修饰。有些氨基酸不是遗传密码直接编码的，而是在肽链合成后，通过共价化学修饰而形成。修饰方式，如磷酸化、羟化、糖基化、甲基化以及乙酰化等。

例如，胰岛素原的加工是从核糖体上合成出无规卷曲的前胰岛素原开始，切除信号肽后，折叠成稳定构象的胰岛素原，再形成成熟的胰岛素分子。

例题

简介一下信号肽。

答案

信号肽是新合成肽链的 N 端一段 20～30 个氨基酸组成的肽段，肽段的两端是一些极性的氨基酸残基，中间是较多的疏水性氨基酸残基。多肽合成之后要运输到细胞不同部位。每一种需要运输的多肽都含有一段信号肽，引导多肽进入不同的转运系统。

知识点10 高级结构的修饰

肽链折叠是指从多肽链的氨基酸序列形成具有正确三维空间结构的蛋白质的过程。体内多肽链的折叠目前认为至少有两类蛋白质参与，称为助折叠蛋白。①酶：蛋白质二硫键异构酶（PDI）。②分子伴侣。Lasky于1978年首先提出分子伴侣（mulecular chaperone）的概念，这是一类在细胞内能帮助新生肽链正确折叠与装配组装成为成熟蛋白质，但其本身并不构成被介导的蛋白质组成部分的一类蛋白因子。分子伴侣一般与没有折叠的多肽链的疏水表面结合，诱发多肽链折叠，直至形成成熟的空间构象。分子伴侣在原核生物和真核生物中广泛存在。

具有四级结构的蛋白质，其各个亚基相互聚合时需要的信息，蕴藏在肽链的氨基酸序列之中。此外结合蛋白，如糖蛋白、脂蛋白和色素蛋白分别需要糖链、脂以及细胞色素的附加，才能成为有活性的蛋白质。

例题

已发现生物体内大多数蛋白质正确的构象的形成需要（　　）的帮助。

解析

多肽链的氨基酸序列包含着蛋白质高级结构的全部信息。刚翻译出来的多肽链需要准确折叠才能形成蛋白质正确的构象。折叠过程需要辅助蛋白质参与，这种辅助蛋白质称为分子伴侣。在分子伴侣的帮助下，可防止多肽链之间相互聚合或错误折叠。

答案

分子伴侣。

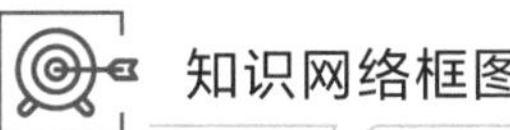

知识网络框图

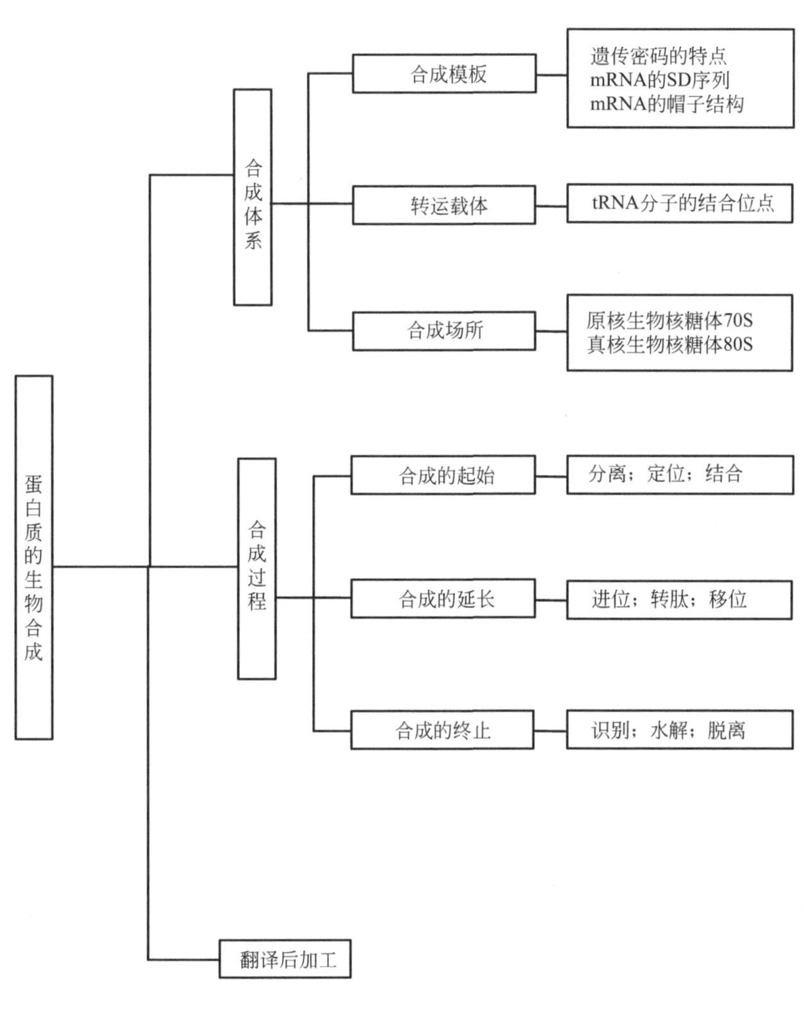

关于蛋白质合成中转运氨基酸载体的研究，科学家霍利等人首次测出酵母丙氨酸 **tRNA** 的一级结构即核苷酸排列顺序，科学家科拉纳和尼伦伯格解读了遗传密码及其在蛋白质合成方面的机能，他们共同获 **1968** 年诺贝尔生理学或医学奖。

关于蛋白质合成后的去向问题，科学家布洛贝尔发现"信号肽具有控制蛋白质在细胞内转移和定位功能"。其机制是通过内在信号与靶位相互作用，从而能够指导蛋白质在细胞内的转运和定位，解决了蛋白质合成后的去向问题，他于1999年获诺贝尔生理学或医学奖。

关于蛋白质合成场所核糖体的研究，2009年度诺贝尔化学奖颁给科学家莱马克里斯南、施泰茨和尤纳斯，以表彰他们在“核糖体的结构和功能”研究方面作出的巨大贡献。

主要参考书目

[1] 张丽萍，杨建雄．生物化学简明教程．第5版．北京：高等教育出版社，2015.

[2] 王镜岩，朱圣庚，徐长法．生物化学．第3版．北京：高等教育出版社，2002.

[3] 王艳萍．生物化学．北京：中国轻工业出版社，2013.

[4] 王希成．生物化学．第4版．北京：清华大学出版社，2015.

[5] 魏述众．生物化学．北京：中国轻工业出版社，2011.

[6] 欧伶，俞建瑛，金新根．应用生物化学．北京：化学工业出版社，2001.

[7] Nelson D L，Cox M M. Lehninger. 生物化学原理．第3版．周海梦，等译．北京：高等教育出版社，2005.

[8] 朱玉贤，李毅，郑晓峰，等．现代分子生物学．第5版．北京：高等教育出版社，2019.

[9] 赵伟康，齐治家．生物化学．上海：上海科学技术出版社，1988.

[10] 何凤田，李荷．生物化学与分子生物学．北京：科学出版社，2017.

[11] 刘松梅，赵丹丹，李盛贤．生物化学．哈尔滨：哈尔滨工业大学出版社，2013.

[12] 黄志纾，欧田苗，古练权．生物化学．北京：高等教育出版社，2017.

[13] 范继业，于文国．生物化学．北京：中国轻工业出版社，2012.

[14] 李刚，贺俊崎．生物化学精编笔记与考研指南．北京：科学技术文献出版社，2013.

[15] 翟静，吴剑．生物化学与分子生物学应试向导．上海：同济大学出版社，2015.

[16] 戴余军，李建华，陈锦华．生物化学辅导与习题集．第3版．武汉：崇文书局，2010.

[17] 张来群，谢丽涛，李宏．生物化学习题集．北京：科学出版社，2002.

[18] 毛慧玲，朱笃．生物化学考研精解．第2版．北京：科学出版社，2019.

[19] 杨荣武．生物化学学习指南与习题解析．北京：高等教育出版社，2007.

[20] 刘曼西，王玮．生物化学精要与题解．北京：高等教育出版社，2010.